高等职业教育“十四五”规划教材
智慧农业专业群系列规划教材

无人机飞行控制技术

戴华兵◎主编

WURENJI FEIXING KONGZHI JISHU

中国农业大学出版社
China Agricultural University Press
·北京·

内容简介

本教材以“新工科”教育理念为指导，以产教融合为突破口，面向企业需求组织内容，从教学和实际应用出发，全面、系统地介绍无人机飞行控制技术。本教材以目前国内应用比较广泛的STM32F103系列单片机和典型的多旋翼无人机型为例，介绍无人机飞行控制技术和开发方法，包括无人机控制基础、单片机STM32及外设应用、无人机遥控器、基本飞行控制、无人机综合控制、无人机导航和测控系统。本教材内容选择合理、结构清晰，并含有适于实训课程的任务活页，适合作为高等职业院校、职业本科院校和技师学院无人机应用技术等专业的教学用书，也可作为职业本科院校智能制造工程技术、机械电子工程技术、机器人技术等专业的选修课教材。

图书在版编目(CIP)数据

无人机飞行控制技术 / 戴华兵主编. -- 北京：中国农业大学出版社，2023.10

ISBN 978-7-5655-3071-5

Ⅰ.①无… Ⅱ.①戴… Ⅲ.①无人驾驶飞行－飞行控制－高等职业教育－教材 Ⅳ.①V279

中国国家版本馆CIP数据核字(2023)第180578号

书　名 无人机飞行控制技术
Wurenji Feixing Kongzhi Jishu

作　者 戴华兵　主编

策划编辑 张　玉　　**责任编辑** 张　玉　贾梦婕

封面设计 李尘工作室

出版发行 中国农业大学出版社

社　址 北京市海淀区圆明园西路2号　　**邮政编码** 100193

电　话 发行部 010-62733489，1190　　读者服务部 010-62732336

编辑部 010-62732617，2618　　出　版　部 010-62733440

网　址 http://www.caupress.cn　　**E-mail** cbsszs@cau.edu.cn

经　销 新华书店

印　刷 运河(唐山)印务有限公司

版　次 2024年3月第1版　2024年3月第1次印刷

规　格 210 mm×285 mm　16开本　22印张　650千字

定　价 66.00元

编审人员

主　　编　戴华兵（北京农业职业学院）

副 主 编　肖　谧（天津大学）

　　　　　余　浪（贵州航空职业技术学院）

　　　　　李光明（河北科技工程职业技术大学）

主　　审　郭　辉（北京农业职业学院）

前言

“无人机飞行控制技术”是无人机应用技术专业（简称“无人机专业”）的核心专业课程，该专业是许多高职院校在《国务院办公厅关于促进通用航空业发展的指导意见》（国办发〔2016〕38号）政策指导下的新设专业，很多课程设置正处于探索阶段，教材也严重缺乏。目前，市面上多是本科教材，理论性强，不适合高职院校学生使用。还有一些著作针对特定的无人机编写，缺乏普适性。“无人机飞行控制技术”作为该专业的核心课程之一，迫切需要适合高职学生特点的教材。根据相关企业的实际生产经验和职业能力要求，结合校企合作企业的无人机飞控开发平台，我们组织编写了本教材。

党的二十大报告指出，“统筹职业教育、高等教育、继续教育协同创新，推进职普融通、产教融合、科教融汇，优化职业教育类型定位”，再次明确了职业教育的发展方向。从国内外职业教育实践来看，产教融合是职业教育的基本办学模式，也是职业教育发展的本质要求。职业教育战线要心怀“国之大者”，守正创新，坚持“以产引教、以产定教、以产改教、以产促教”的发展模式，始终如一地坚持产教融合发展方向。

本教材围绕高职教育“突出实际技能操作培养”的要求，贴近企业岗位需求，结合取证设置知识点，采用“项目教学法”，把内容分为无人机控制基础、单片机STM32及外设应用、无人机遥控器、基本飞行控制、无人机综合控制、无人机导航和测控系统6个单元，并配有任务活页，将教学体系中的理论知识点融入多个具体的任务或一些小的实践活动，紧紧贴近产教融合，增加学生动手、动脑环节，提高学生的学习兴趣和成就感，增强本教材的针对性、操作性和新颖性。

本教材有以下特点：

1. 以学生为主体，以就业为导向，注重职业素养与技能培养，融入取证知识点。

2. 编写强调理论知识和实际技能训练一体化，应用性强，使学生在技能训练中加深理论知识的理解和专业技能的提升，实现“做中学、学中做”的一体化教学理念。理论知识与实践操作紧密结合，以学生操作任务为考核体系，任务评价标准明确。

3. 采用任务活页和配套数字资源，便于学生理解掌握知识点。

4. 融入思政元素，引入本领域人物典范，培育学生劳模精神、劳动精神和工匠精神。

本教材由北京农业职业学院戴华兵统筹并担任主编，编写单元6；天津大学肖谧担任副主编，编写单元4；贵州航空职业技术学院余浪担任副主编，编写单元1和单元5；河北科技工程职业技术大学李光明担任副主编，编写单元2和单元3。北京中科浩电科技有限公司颜子楠对任务活页进行审核，田磊给予了技术支持。北京农业职业学院郭辉作为主审。北京中科浩电科技有限公司秦雪良，北京农业职业学院杨学坤在本教材编写、出版工作中提供了很大的支持和帮助。武汉城市职业学院于来宝、北京农业职业学院李翔、陕西职业技术学院刘晨、河北机电职业技术学院樊新乾、西安职业技术学院马建平、甘肃工业职业技术学院应建福、石家庄铁路职业技术学院孙亮、昆明冶金高等专科学校万保峰、河南林业职业学院李哲、黑龙江林业职业技术学院南明、吉林交通职业技术学院刘晓兵、承德应用技术职业学院邳鹏、辽宁农业职业技术学院乔军、聊城市茌平区职业教育中心学校高兵、邢台现代职业学校张彦锋、湖北十堰职业技术（集团）学校吴剑、金华九峰职业学校周彦春、南宁市第四职业技术学校刘华根在本书编写过程中提出了宝贵的意见。本教材在编写过程中参阅了本行业许多专家、老师的书籍、文献及航空领域企业的一些培训资料，在此一并表示衷心的感谢！相关数字资源可登录Easy云课堂获取，如有问题请联系相关人员，联系电话：15810552726。

由于编者水平有限，书中难免存在疏漏和不妥之处，恳请广大读者给予批评指正。

编　者

2023年1月

目录

单元 1　无人机控制基础

单元 2　单片机 STM32 及外设应用

单元3 无人机遥控器

单元4 基本飞行控制

单元5 无人机综合控制

单元6 无人机导航和测控系统

单元1　无人机控制基础

模块1　多旋翼无人机基础知识

模块描述

近年来，随着科技的进步，无人机在民用领域的发展如日中天，尤其是大疆无人机，作为消费型无人机广受青睐，程序闭源以及持续投入使得该企业技术遥遥领先，飞控的稳定性很好，产品畅销全球。以PIXHAWK和APM飞控为代表的开源飞控技术同样在近10年飞速发展，飞控的软、硬件全部开源，广泛吸引各类技术人员参与，各种算法和硬件设计在社交平台分享，促进了开源飞控技术质的飞跃。在市场上，军工技术的无人机也开始活跃，并逐渐向民用市场转化，使得无人机的成本越来越低。无人机的应用需求逐渐增加，无人机人才需求倍增，越来越多的职业院校开设无人机应用技术专业。近年来，该专业发展面临一定的瓶颈，很多学校对学生的培养只涉及了无人机的使用，并没有涉及无人机的原理，这就导致学生就业受到限制，就业质量普遍不高。无人机的基础知识是学习后续课程的基础。本模块详细介绍无人机的软、硬件构成，让学生全面掌握无人机的基础知识，为后续课程打下扎实的基础。

本模块由四个小节、一个任务组成，初步阐述无人机基础知识，通过任务认识、组装无人机以及飞行激发学生学习兴趣。

学习目标

1. 知道无人机的概况。
2. 知道无人机的应用领域及发展前景。
3. 知道无人机的组成。
4. 知道开源飞控的发展历史。

1.1 无人机概况

1.1.1 无人机的定义

无人驾驶飞机简称“无人机”，是利用无线电遥控设备和自备的程序控制装置操纵的不载人飞机。飞机上安装有自动驾驶仪、程序控制装置等设备，地面、舰艇或母机遥控站人员通过雷达等设备，对其进行跟踪、定位、遥控、遥测和数字传输。与载人飞机相比，它具有体积小、造价低、使用方便、对作战环境要求低、战场生存能力较强等优点。由于无人机对空战有着重要的意义，因此世界各国都在加紧进行无人机的研制工作。

中国军用无人机有无侦-8 无人机（图 1-1a）、翼龙-2 无人机、彩虹-7 无人机（图 1-1b）、翼龙-10 无人机（图 1-1c）、彩虹-5 察打一体无人机、WJ-700 猎鹰无人机、飞鸿-97 无人机（图 1-1d）、无侦-7 无人机、彩虹-6 无人机等。

(a) 无侦-8无人机

(b) 彩虹-7无人机

(c) 翼龙-10无人机

(d) 飞鸿-97无人机

图 1-1　中国军用无人机

美国的军用无人机有 RQ-4A 全球鹰无人机（图 1-2a）和 X-47B 无人机（图 1-2b）等。

(a) RQ-4A全球鹰无人机

(b) X-47B无人机

图 1-2　美国军用无人机

1.1.2 无人机的分类

按用途分类，无人机可分为军用无人机和民用无人机。军用无人机可分为侦察无人机、诱饵无人机、电子对抗无人机、通信中继无人机、无人战斗机以及靶机等；民用无人机可分为巡查/监视无人机、农用无人机、气象无人机、勘探无人机以及测绘无人机等。

按重量分类(民航法规)，无人机可分为微型无人机、轻型无人机、小型无人机、中型无人机以及大型无人机。微型无人机空机质量≤0.25 kg；轻型无人机空机质量＞0.25 kg但≤7 kg，最大飞行速度为100 km/h；小型无人机空机质量≤15 kg，微型无人机和轻型无人机除外；中型无人机空机质量＞15 kg但≤116 kg；大型无人机空机质量＞116 kg。

按活动半径分类，无人机可分为超近程无人机、近程无人机、短程无人机、中程无人机和远程无人机。超近程无人机活动半径在15 km以内；近程无人机活动半径为15～50 km；短程无人机活动半径为50～200 km；中程无人机活动半径为200～800 km；远程无人机活动半径大于800 km。

按任务高度分类，无人机可以分为超低空无人机、低空无人机、中空无人机、高空无人机和超高空无人机。超低空无人机任务高度一般为0～100 m；低空无人机任务高度一般为100～1 000 m；中空无人机任务高度一般为1 000～7 000 m；高空无人机任务高度一般为7 000～18 000 m；超高空无人机任务高度一般大于18 000 m。

按飞行平台构型分类，无人机可分为固定翼无人机、旋翼无人机、无人飞艇、伞翼无人机、扑翼无人机等。

1. 固定翼无人机

固定翼无人机是指机翼后掠角可随速度自动或手动调整的机翼固定的一类无人机(图1-3)。因其优良的功能、模块化集成，现已广泛应用于测绘、地质、石油、农林等行业，具有广阔的市场应用前景。

(a) 固定翼CY-09无人机　　(b) 垂直起降固定翼无人机

图1-3　固定翼无人机

2. 多旋翼无人机

多旋翼无人机也称多轴飞行器，其机身结构多种多样，根据可连接机臂数量区分可分为四旋翼、六旋翼、八旋翼等类型。不同机臂数量有各自的优势，根据应用场景不同可灵活选择，四旋翼无人机的优势是航时长，结构简单；六旋翼无人机和八旋翼无人机(图1-4)要比四旋翼无人机航时短，但其飞行稳定性相对四旋翼无人机有所提高。六旋翼无人机和八旋翼无人机另外一个优点是在飞行过程中其中一个机臂出现问题造成电机停转后，其他机臂依然可以控制无人机保持平稳，这项功能是四旋翼无人机所不具备的。在行业应用要求长航时，如植保、电力巡线，可采用四旋翼无人机；在航拍、摄影等要求无人机稳定、安全时，可采用六旋翼无人机。

图1-4　八旋翼无人机

1.2 无人机应用领域及发展史

1.2.1 无人机的应用领域

随着技术的发展，人类在力学、材料学、电子技术、自动控制、计算机等方面陆续取得进步，研制出了迷你无人机，与普通机型相比，机型更加小巧、性能更加稳定。如今，无人机的功能更加完善、智能化，应用场景不断扩展，在新闻里，我们可以看到无人机在各行各业的应用。

1. 空中拍照

航空摄影始于19世纪50年代，纳达尔是首位实现热气球航拍的摄影师，他于1858年在法国巴黎上空摄影。当时从热气球上用摄影机拍摄的城市照片，虽然只有观赏价值，却开创了从空中观察地球的历史。此后，随着飞机和飞行技术，以及摄影机和感光材料等的飞速发展，航空摄影照片的质量有了很大的提高，用途日益广泛。它不仅被大量用于地图测绘方面，而且在国民经济建设、军事和科学研究等许多领域中得到广泛应用。

近年来，大疆系列航拍无人机(图1-5)在消费型无人机市场非常火爆，在电影、电视拍摄，纪录片拍摄，短视频拍摄等方面应用很普遍，深受消费者青睐。大疆航拍无人机六大优势：高清视野，沉浸飞行，戴上飞行眼镜，高清、流畅的实况飞行画面展现在眼前，焕新的视觉体验，让人如飞鸟般开启更具沉浸感的畅快飞行；体感控制，人机合一，搭配飞行眼镜和DJI穿越摇杆，通过转动手杆实现体感控制，操作简单，新手也能轻松上手，随心飞行；4K视频，超广角的4K/60 fps的视频，画面震撼眼球，超强增稳和地平线增稳可以稳稳记录感动瞬间；小巧身型，穿梭自如；自带桨叶保护罩；1080P低延时图传。

(a)大疆 DJI Avata

(b)大疆 DJI Mavic 3

图1-5 大疆系列航拍无人机

2. 电力巡检

无人机巡检，其实就是利用无人机航点飞行功能，实现对规定线路或目标的巡航、拍摄等任务。随着航空、信息处理等技术的快速发展，无人机在巡检作业中发挥了重要的作用。传统的电网巡检方式是通过人工沿线路步行或借助交通工具，使用望远镜和红外热像仪等对线路设备进行近距离巡视与检测，具有巡线距离长、工作量大、步行巡线效率低等劣势。在遇到冰雪、地震、滑坡等自然灾害天气时，巡线工作难以正常开展。而无人机具有携带方便、操作简单、反应迅速、适用用途广、自主飞行等优势，可以为电网的精细化巡检赋能(图1-6)。

近年来，无人机技术日趋成熟，无人机已成为巡检人员高效、安全完成巡检作业的有效工具。那么，无人机如何为电力巡检赋能？无人机电力巡检能够对电网设施和环境进行自动化、精细化巡检，降低工作出错率与风险，大幅度提升巡检效率。在传统的电网巡检中，如果需要完成通道建模等任务，就需要使用载人飞机，载人飞机对场地要求高，同时成本也高。而无人机便于携带，起降灵活，对复杂地形有着较强的适应性，在山区也能获取高精度模型。此外，无人机巡检不受地理障碍限制，速度快，单次飞行覆盖范围广，可以大幅度提升作业效率。在使用场景上，无人机可以高效地完成树障巡检、红外巡检、故障巡检和夜间巡检等任务，为运维人员提供准确的数据支持。

图 1-6 无人机巡检电网

目前，无人机巡检又获得了进一步发展，实现了基站无人机精细化巡检。作业人员将无人机自动机场部署在基站铁塔作业场景中，无巡检任务时，无人机被存放在机库中；有任务时，机械臂自动安装无人机电池并开启舱门，无人机自动飞出作业。

无人机依据自动规划的飞行航迹，在 RTK 厘米级精度定位信号下进行复杂的自主飞行，并根据航线预设目标在指定位置悬停，控制云台指向目标并进行目标拍摄、识别。基站无人机巡检方案不仅可以缓解巡检人员需求量变大的问题，还可以实现灵活作业，进行全天候自动巡检，提高了巡检水平和巡检效率。

从传统的人工巡检到无人机巡检，再到基站无人机精细化巡检，在颠覆性的创新技术与效率革新下，无人机在电力巡检行业的应用，还有更多可能。

3. 无人机植保

作为农业大国的中国，有 18 亿亩的基本农田，每年需要大量的劳动力进行农业植保工作。植保无人机服务农业项目在国外应用广泛。1990 年，日本山叶公司率先推出世界上第一架无人机，主要用于喷洒农药。我国南方也将无人机用于水稻种植区喷洒农药。2016 年，无人机逐渐成为植保行业的新宠，陆续出现了众多应用无人机喷洒农药的案例。

近年来，我国的全面脱贫攻坚工作取得重大胜利，乡村振兴工作取得重大进步，植保无人机逐渐进入普通农民的视角。经过简单的培训，农民也能轻松使用植保无人机，一些专业合作社更是大批量地使用植保无人机对农产品进行农药喷洒，尤其是一些在山坡上种植的果树，以往人力喷洒效率低下，现在使用植保无人机在短时间内就能完成作业。可以说无人机现代化促进了农业的发展，推进了乡村振兴工作，同样，乡村振兴工作也加速了无人机的发展。国内植保无人机的生产企业有大疆、极飞科技、无锡汉和、山东晨诚科技等，无人机售价在数万元不等。大疆 GST620S 无人机（图 1-7a）、极飞科技植保无人机（图 1-7b）等都具有夜间巡航功能，配有超大水盖口、高压喷头、大容量药筒、药液反应器、大流量药泵、高精度 GPS 等，并且可以自动规划航线，一键作业，无药返航，自动化程度非常高，适合多种作业。

植保无人机的发展也面临不少问题，例如，植保无人机技术复杂，依赖基站信号、地面站、GPS 以及视觉传感器、导航等。因其系统非常复杂，一旦出现故障，一般的人员无法及时处理。售后远程服务也无法处理一些现场问题，只能靠技术人员不断积累经验，有时候一个简单的问题都得不到及时的处理。

植保无人机成本高昂，最便宜的也要数万元，一般的农户承受不起，而且维护成本也比较高，使植保无人机难以在短期内普及。

(a)大疆 GST620S 无人机　　(b)极飞科技植保无人机

图 1-7　植保无人机作业

无人机作业、维护与保养人员大量缺乏。近年来，职业院校开办无人机应用技术专业，进一步满足了社会对无人机技能人才的渴求，但作为新专业来说，存在教学设备昂贵、教学资源匮乏、教学经验缺乏等问题，不过相信在不久的将来，这些问题将会得到解决。

1.2.2　无人机的发展史

以四旋翼无人机为例，四旋翼无人机又叫四轴飞行器、四旋翼直升机。如今的四旋翼无人机具有小巧灵活、便携宜用的特点，有的还具有一定的智能。四旋翼无人机的外观虽然看似简单，但是它的发展历史却很悠久。

1. 沉寂期：1990 年之前

早在 1907 年的法国，在 C. Richet 教授的指导下，Breguet 兄弟进行了他们的旋翼式直升机的飞行试验。因为设计不切实际，该直升机只飞了 1.5 m，随后落下。E. Oemichen 于 1920 年开始设计多旋翼直升机，第一次试飞失败；经过重新设计之后，于 1923 年起飞成功并创造了当时直升机领域的世界纪录——该直升机首次实现了 14 min 的飞行时间。1921 年，G. De Bothezat 与 I. Jerome 在美国俄亥俄州西南部城市代顿的美国空军部建造了一架大型的四旋翼直升机，如图 1-8 所示，这架四旋翼直升机除了飞行员外还能承载 3 个人，原本期望的飞行高度是 100 m，但是最终只飞到 5 m 的高度，主要原因是发动机性能不行。

图 1-8　早期大型四旋翼直升机

20 世纪 50 年代，美国陆军开始测试各种垂直起降方案，和 Curtiss-Wright 等几家企业一起设计了一架“飞行吉普”，这种飞行器使用了杠杆燃气涡轮机作为动力，其中，Curtiss-Wright VZ-7 在 1959—1960 年实现了较为稳定的飞行，如图 1-9 所示。但是这架“飞行吉普”始终未能达到军方的高度和速度要求，最终也被放弃。从此，多旋翼无人机的发展陷入了长达 30 多年的停滞。

2. 复苏期：1990—2005 年

20 世纪 90 年代之后，随着微机电系统（MEMS，Micro Electro Mechanical System）研究的成熟，重量只有几克的 MEMS 被开发运用，使生产多旋翼飞行器的自动控制器成为现实。

图 1-9 Curtiss-Wright VZ-7

虽然 MEMS 已被广泛应用，但 MEMS 传感器处理数据时噪声很大，且不能直接读取并使用，于是人们又花费大量的时间研究去除噪声的各种数学算法。这些算法以及自动控制器本身通常需要运算速度较快的单片机，可当时的单片机运算速度有限，不足以满足需求。接着科研人员又花费若干年研究多旋翼飞行器的非线性控制系统结构，并为其建模、设计控制算法、实现控制方案。因此，直到 2005 年左右，真正稳定的多旋翼无人机自动控制器才被研发出来。

3. 复兴期：2010—2013 年

由于四旋翼无人机的概念与军事试验渐行渐远，它开始以独特的方式，通过遥控玩具市场进入消费领域。经过 6 年努力（2004—2010 年），法国 Parrot 公司于 2010 年推出消费级的 AR. Drone 四旋翼无人机玩具（图 1-10），从而开启了多旋翼无人机消费的新时代。AR. Drone 四旋翼无人机玩具在玩具市场非常成功，它的技术和理念也十分领先。

图 1-10 AR. Drone 四旋翼无人机玩具

AR. Drone 四旋翼无人机玩具的功能如下：

第一，采用光流技术，能够测量无人机速度，并且能够在室内悬停；

第二，可以做到一键起飞，操控性得到极大提升；

第三，采用手机、平板电脑或笔记本电脑控制，视频能够直接回传至设备，娱乐感较强；

第四，整个无人机为一体机，并带有防护装置，比较安全；

第五，开放了 API 接口，可供科研人员开发应用。

两年后，大疆推出的精灵 Phantom 一体机（图 1-11）正是借鉴了其设计理念。

图 1-11 大疆精灵 Phantom 一体机

2011 年，伴随着苹果公司在 iPhone 上大量应用加速度计、陀螺仪、地磁传感器等，MEMS 惯性传感器开始大规模兴起，六轴、九轴的惯性传感器也逐渐取代了单个传感器，成本和功耗进一步降低，成本仅为几美元。

2012 年，美国工程师协会的《机器人和自动化》杂志(*Robotics and Automation*)出版《空中机器人和四旋翼》(*Aerial Robotics and the Quadrotor*)专刊,总结了阶段性成果,展示了当时最先进的技术。在这期间,之前不具备多旋翼控制功能的开源自驾仪增加了多旋翼这一功能,同时也有新的开源自驾仪不断加入,这极大地降低了初学者的门槛,为多旋翼产业发展插上了翅膀。

4. 爆发期:2013 年至今

随着开源飞控的发展,各类旋翼无人机层出不穷,市场上逐渐衍生出以 APM 和 PIXHAWK 为代表的开源飞控产品,开源无人机的生态得到良好的建设,开源地面站 Mission Planner 等快速发展,如今只需千元左右就能购买各种模块,组装一架 DIY 无人机。以大疆无人机为代表的闭源飞控产品的研制成功,加之各种军用无人机技术逐渐向民用转化,各级政府部门积极采购,广泛应用于反恐侦查、环境监测,这些都推动着旋翼无人机的发展。

1.3 多旋翼无人机的组成

多旋翼无人机是直升机的一种,它通常有三个以上旋翼。无人机的机动性是通过改变不同旋翼的扭力和转速来实现的。相比于传统的单水平旋翼直升机,多旋翼无人机构造精简,易于维护,操作简便,稳定性高且携带方便。常见的多旋翼无人机有三旋翼无人机、四旋翼无人机、六旋翼无人机和八旋翼无人机。图 1-12 为北京中科浩电科技有限公司研制的 E360-D 工程实训机。

图 1-12 E360-D 工程实训机

多旋翼无人机一般由机架系统、动力系统(动力电池、电子调速器、电机、螺旋桨)、飞行控制系统(CPU、陀螺仪、加速度计、磁力计)、通信导航系统(遥控器与接收机、地面站控制系统、导航系统)、遥测链路(数传系统和图传系统)、任务载荷系统(云台和相机)等组成。

1.3.1 机架系统

机架是指多旋翼无人机的机身架,是整个飞行系统的飞行载体。机架就好像人体的骨骼,好的机架可以增加飞行过程中的稳定性,让飞行更顺畅。机架最重要的一个参数就是自身的重量,为了克服机身的自重,机架需要被设计得尽可能轻。因为机架重量越小,就意味着飞机的载重越大,所以机架的材料选择需要谨慎。

机架一般使用高强度、重量轻的材料,如塑料、碳纤维、PA66+30GF 等。塑料的密度较小,重量较轻,强度和刚度不大,制作比较容易,但多个机架部件在组装时通常采用螺丝固定,在桨高速转动时产生的振动可能会使螺丝松动,从而导致机身的轴臂有脱落的危险。而随着 3D 打印技术的成熟,使用 3D 打印机一次性将机架打印出来,既节省了螺丝钉的重量,又避免了轴臂松动的危险。采用碳纤维材料来作为无人机的机架也是比较常用的选择。碳纤维的密度小,强度和刚度都很大,非常适合作为无人机的机架材料。但碳纤维的加工比较困难,需要对整个碳纤维板进行切割、打孔,并与起落架等其他部件连接固定,相对来说比较困难。但因其强度和刚度都较大,所以无人机在飞行过程中会有减振效果,使飞行更加稳定。因此,塑料材质的机架价格低廉,更适合普通无人机和航模爱好者,而碳纤维材质的机架更多时候被用于商业或工业级无人机的设计当中。

常用的机架型号有 F450(图 1-13)、F550、F700、F330、S500、H150、QAV250 和 QAV280 等,数字代表机架轴距,单位是 mm,因此,该数值越大,意味着机架的尺寸也越大,需要更大的动力系统,同时也可以承载更大的飞行载荷系统。

以下参数是螺旋桨尺寸和轴距的搭配关系:

10 英寸桨搭配轴距 450 mm 机架

11 英寸桨搭配轴距 500 mm 机架
12 英寸桨搭配轴距 550 mm 机架
13 英寸桨搭配轴距 600 mm 机架
14 英寸桨搭配轴距 650 mm 机架
15 英寸桨搭配轴距 680 mm 机架
16 英寸桨搭配轴距 720 mm 机架
17 英寸桨搭配轴距 780 mm 机架
18 英寸桨搭配轴距 820 mm 机架
19 英寸桨搭配轴距 860 mm 机架
20 英寸桨搭配轴距 900 mm 机架

机架的形态尽管各式各样，但有以下几个必备的部件。

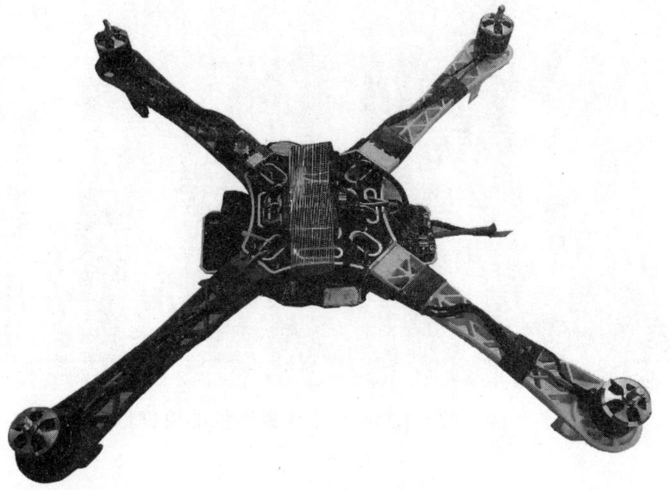

图 1-13　F450 机架

1. 中心板

中心板一般采用碳纤维、玻璃纤维或 FR4 等材料，分为 2～4 层不等，也可以根据应用要求增加，每层分别用于安装不同的设备和器件。如图 1-14 所示，中科浩电的 E360-D 工程实训机采用两层中心板设计，上中心板安装飞控，下中心板是电路模块，与机臂相连。

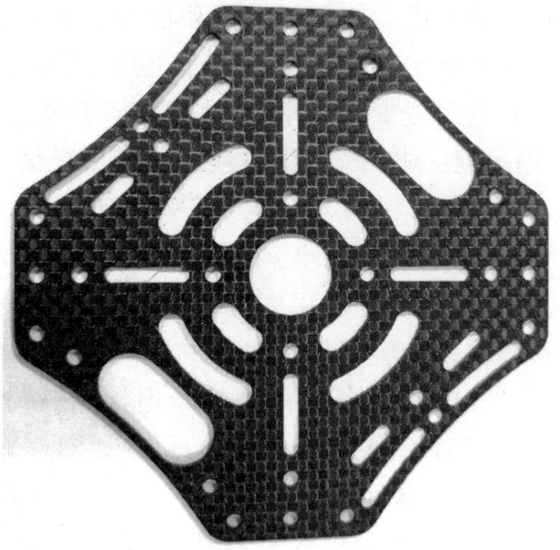

(a)上中心板

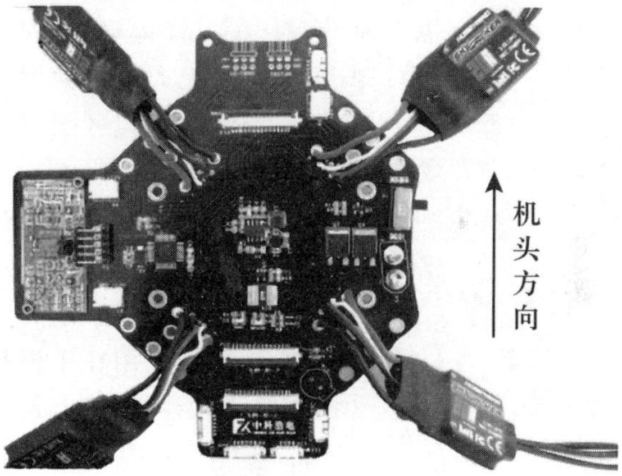

(b)下中心板

图 1-14　E360-D 工程实训机的中心板

2. 机臂

机臂一般采用碳管和 PA 等材料，有轻质、牢固的特点(图 1-15)。机臂一般固定在中心板上，另一端安装电机或者油机。也有小型多旋翼无人机采用中心板和机臂一体设计的结构，省去了连接部分的结构和固定。

3. 起落架

脚架，即无人机的起落架，用于将无人机垫起一定的高度，以便为云台等挂载设备腾出空间，还可以提供降落缓冲，保障机体安全。脚架的位置有时候会挡住云台相机的镜头，导致相机画面中出现云台的图像，因此比较高级的无人机都会采用可收起的脚架，在无人机起飞之后，能够抬起脚架，有的甚至以机臂实现起落架的功能。图 1-16 为 E360-D 工程实训机的起落架。

图 1-15　E360-D 工程实训机的机臂散件

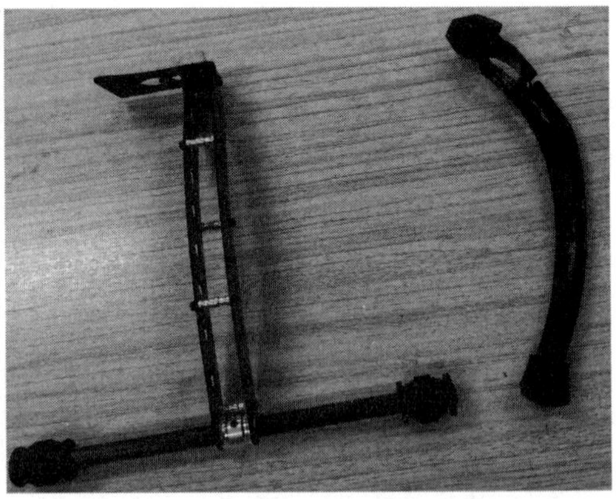

图 1-16　E360-D 工程实训机的起落架

1.3.2　动力系统

多旋翼无人机的动力系统一般由动力电池、电子调速器、电机、螺旋桨组成。动力来源一般是电池，电池将化学能转化成电能，再转化为机械能。

1. 动力电池

(1)动力电池概述

电池是存储能量的装置，将化学能转化为电能，为无人机的电机和机载设备提供能量。常见的电池种类有铅酸电池、镍镉电池、铁镍电池、锌镍电池、锂聚合物电池等。镍氢电池和镍镉电池因为重量重、能量密度小，已经逐渐被淘汰。目前，无人机最常用的动力电池为锂聚合物电池，主要优点是重量轻、能量密度大、放电能力强，主要缺点为温度适应区间窄，有燃爆风险。此外，专用电池必须采用平衡充电器进行充电。

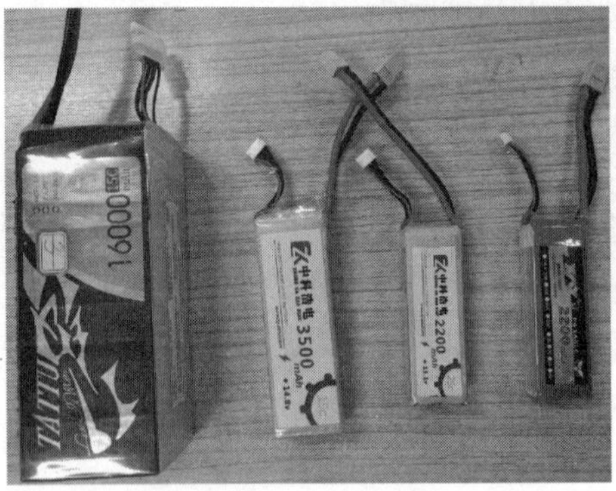

图 1-17　动力电池

锂离子聚合物电池的正极(＋)材料为导电高分子聚合物，负极(－)材料为锂金属或锂碳层间化合物，电解质常采用固态或胶态高分子电解质。多旋翼无人机上的锂离子电池与普通应用在手机和充电宝等电子设备上的锂离子电池，在特性和内部构造上是不一样的。为了提高放电倍率，可在正极采用不同的活性材料，扩大锂离子电池的迁移速度，从而提高放电倍率，这类锂离子电池称为锂离子聚合物电池。图 1-17 是几种常见的动力电池。

(2)性能参数

电池的容量：表示电池内存储的电量，单位为 mA · h，如 1 000 mA · h 和 2 200 mA · h 等。1 000 mA · h 的电池，以 1 000 mA 放电的话，可以持续 1 h；以 500 mA 放电的话，可以持续不到 2 h，因为电池的放电电流并非线性。电池的小电流放电的时间总是大于大电流放电的时间，所以可以算出电池在其他电流情况下放电的大概时间。

电池的型号：锂离子电池型号一般表示为 $xSyP$，x、y 为数字，如 3S1P 和 4S1P 等，x 表示电池串联的个数，单节电池电压标准为 3.7 V，因此 xS 的电池的电压为 $x\times3.7$ V；y 表示电池并联的个数，并联并不影响电压，但可以提供更大的电流，一般默认为 1。

电池的内阻：内阻是衡量电池性能的一个重要的技术指标，在正常情况下，一般用毫欧的单位来定义。内阻小的电池，放电能力强；内阻大的电池，放电能力弱。随着电池使用时间的增加，电池的内阻逐渐增大，直到报废。

充放电倍率：由于多旋翼无人机上的电机供电电流很大，需要采用能够支持高放电电流、可充电的锂离子电池。

放电电流的大小通常用放电倍率来表示，即 C 值。C 值表示电池的持续放电能力，也是放电快慢的一种度量，这是普通电池与动力电池的最大区别。锂离子电池的充放电倍率，决定了将一定能量存储到电池里的速度，或者将电池里的能量释放出来的速度。

此外，放电电流不但和放电倍率有关，还和容量有关，因此放电倍率小的电池有可能比放电倍率大的电池放电电流还要大。不论何种电池，放电倍率越大的寿命越短。

充电倍率，一般用于充电时限制最大放电电流，以免充电电流过大损坏电池的使用寿命。计算方法与放电电流相同，也用倍率 C 来表示，C 的倒数是电池放完电所用的时间，单位为 h。不能用低倍率的电池大电流充放电，这样会使电池损坏，甚至自燃。

充放电倍率(C)与充放电电流、额定容量关系如下：

$$\text{充放电倍率}=\frac{\text{充放电电流}}{\text{额定容量}}$$

2. 电子调速器

电子调速器(ESC)简称电调，可以将飞控的信号转换成电流信号，用于控制电机转速。调速的方式之一为PWM 脉宽调速，实际上，在电调里面存在几组开关，电调受飞控信号的控制，不断开、关这些开关，以使电机与电池直接接通，输出三路 PWM 信号驱动电机转动。一般分为单独的电调和多合一电调，多合一电调比单独的电调贵，它接收一组电压供电，如四合一电调，输出四组三路 PWM 信号，使用比较方便。还有带 BEC 功能的电调和不带 BEC 功能的电调，带 BEC 功能的电调可以将电池电压转换为 5 V，直接给飞控供电。图 1-18 是 E360-D 工程实训机的电子调速器。

图 1-18　E360-D 工程实训机的电子调速器

(1)电调的参数

电流：电调都会标上电流数，如 20 A、40 A。这个数字就是电调能够承受的瞬时极限电流，电流超过这个数字，电调可能就会烧坏。一般多旋翼无人机会选取悬停电流 4～5 倍规格的电调使用，这样可以给电流留够充足的余量，因为多轴机动时电流会增大；在大风天抗风时电流也会增大；起降时螺旋桨触地电流更会增大；等等，比如，常见的 2212 电机加 1045 桨悬停电流为 5 A，为了保险起见，需配置至少 20 A 以上的电调，如 25 A、30 A、40 A 等。大电流规格的电调可以兼容，用在小电流的地方，小电流规格的电调不能超标使用。但大电流规格的电调价格较贵。

电压范围：电调能够正常工作所允许输入的电压范围，也是重要的参数。

内阻：电调具有内阻，通过电调上的电流可以达到几十安培，所以电调的发热功率不能被忽略。电调的底座必须有一块散热性能良好的散热板。

(2)电调的选择

电调的选用遵循以下规则：

① 在选择电调之前，应比较各品牌电调的性能参数和性价比，选择合适的电调。

② 电调要和电机相匹配。

③ 电调的输出电流必须大于电机的最大电流，电调能够承受的最大电压必须大于电池的电压，电调的最大电压不能超过电机承受的最大电压。

④ 电调最大持续输出电流要小于电池的持续输出电流。在电池的放电电流达不到电调的电流

时，电调发挥不了最佳性能，而电池会发热爆炸。

3. 电机

(1)电机的分类

电机根据有无碳刷分为有刷电机和无刷电机，其中，无刷电机根据转子的情况可分为内转子电机和外转子电机。无人机常用的是外转子无刷电机。电机旋转的部分称为转子，固定的部分称为定子。所谓外转子电机，就是电机线圈外部的永磁体作为转子旋转。简单地说，就是电机整个上半部分都跟轴一起旋转，而内转子电机则只有伸出电机的轴在旋转。为什么选择无刷电机？因为电调的供电电流很大，电机运行时转速快，输出功率大，所以换向电流很大，导致有刷电机碳刷经常被烧毁。另外，需要减轻无人机电机的复杂程度，使电机重量更轻。图 1-19 是 E360-D 工程实训机的无刷电机。

(2)无刷电机的组成

无刷电机主要由转子(磁极)、定子(绕组和铁芯)、位置检测装置以及前后的端盖组成。图 1-20 为 E360-D 工程实训机无刷电机的内部结构。

图 1-19　E360-D 工程实训机的无刷电机

图 1-20　E360-D 工程实训机无刷电机的内部结构

(3)无刷电机的工作原理

无刷电机的工作原理与有刷电机一样，电枢绕组放置在定子上，磁极放置在转子上，电机上安装有位置传感器或者将换向的工作交给电调。在给电机供电后，磁极吸引着转子转动，通过电枢绕组换向通电使电机转动。电调和位置传感器的工作就是检测什么时候换向，电调通过电机反电动势的波形确定换向时机，而位置传感器一般安装在电机上面，通常使用霍尔位置传感器。

(4)无刷电机的主要性能指标

无刷电机的主要性能指标包括尺寸、KV 值、标称空载电流和电压、最大电流、内阻等。

尺寸：在每款无刷电机表面的铭牌上，我们都会发现类似的数字，如 2213 等，这是无刷电机的基本参数之一，其中，2213 的前两位代表着电机外壳内直径是 22 mm，后两位则代表电机外壳内高度为 13 mm。也就是说，这个数字代表着电机的外观大小。

KV 值：电机参数的一个重要指标，是指每施加 1 V 电压时，无刷电机空转转速增加的转速值，例如，920 KV 的含义是电机在空载状态下电压每增大 1 V，电机的空转转速增大 920 r/min。当然，这个电压指的是经过电调调制的方波的平均电压，而不是电池电压。假设我们用一块 11.1 V 锂电池驱动这款电机，当电调调制的方波占空比为 50%的时候，它的平均电压为 5.55 V，那么它在空载情况下，转速为 5 106 r/min。一般来讲，转速高的电机扭矩小，反之，转速低的电机扭矩大。由于多旋翼无人机需要驱动的桨的尺寸很大，因此大多使用低 KV 值的无刷电机来获得大扭矩，常见的盘式电机都在 1 200 KV 以下。

标称空载电流和电压：在进行空载实验时，对电机施加标称空载电压，使其不带任何负载空转，电子三相绕组中通过的电流称为标称空载电流。

最大电流：指的是电机正常工作的时候所能承受的电流的极值。一般情况下只允许短时间内出现，否则会使设备发生故障，缩短设备的使用寿命。在超过额定功率的情况下，电机可以持续工作的电流为最大电流，一般可以达到额定电流的1.2倍左右。

内阻：电机的内阻很小，但因为电机的工作电流很大，所以电机内阻不可忽略。

4. 螺旋桨

(1)螺旋桨的正、反桨

螺旋桨旋转推动气流流动产生气压差，进而产生的推力是无人机动力的直接来源。螺旋桨安装在电机上，有正桨和反桨之分，一般在螺旋桨上标有CCW标志的称为正桨，或从上往下看，顺时针旋转的时候迎风面在前的称为正桨；在螺旋桨上标有CW标志的称为反桨，或从上往下看，逆时针旋转迎风面在前的称为反桨。无人机产生升力的时候，正桨是逆时针旋转的，反桨是顺时针旋转的。为了抵消电机的反扭矩，不同的轴旋转方向不同，在旋翼无人机上，相邻桨叶的旋转方向一般相反。以四旋翼无人机为例，一般规定电机在右上角和左下角这一根轴上的两个螺旋桨为正桨，在左上角和右下角这一根轴上的螺旋桨为反桨。图1-21是E360-D工程实训机的螺旋桨。

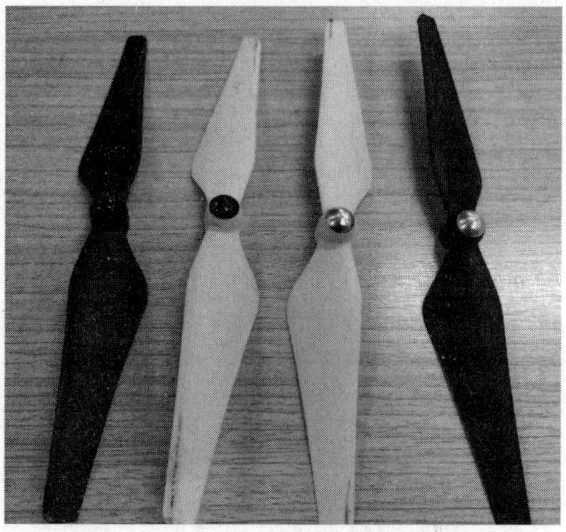

图1-21　E360-D工程实训机的螺旋桨

(2)螺旋桨的性能参数

① 螺距是指螺旋桨旋转一周旋转平面移动的距离，即桨叶旋转一周，无人机前进的距离。例如，螺旋桨的参数是1047，指的是桨的直径为10英寸，螺距为4.7英寸。需要注意的是，对于小于10英寸螺距的螺旋桨，我们会将螺距写在最前方，比如，8050，螺距为8英寸而并非80英寸。一些参数后边还会带有一个字母“R”，是单词“Reverse(相反的)”的首字母，意为反桨。

② 桨叶分为两叶桨和三叶桨，一般两叶桨的直径较大，三叶桨的直径较小。四旋翼无人机主要采用两叶桨。

③ 桨叶的排风量与螺距有关，排风量越大，则要求电机的输出转动力矩也越大。当电机的总功率一定时，力量越大，转速越低。

④ 螺旋桨的材料有尼龙、轻质塑料、碳纤维材料以及木质材料。碳纤维螺旋桨的韧性、刚度和性价比较高，大多数螺旋桨都采用这种材料。木桨是指使用木材制成的桨叶，硬度高、质量轻，材料多为榉木，经过风干、打蜡、上漆等工艺，以免受潮。早期的旋翼无人机使用木桨。

(3)螺旋桨的选用原则

在不超载的情况下，多旋翼无人机可以更换很多不同类型的螺旋桨，但是飞行效果和持续时间有所差别，所以螺旋桨必须根据载荷和机体的重量来选择。

不同材质的螺旋桨，价格和性能差别较大，应根据实际需要，选择适合的螺旋桨。

螺旋桨的型号必须与电机的型号匹配，可参考电机厂家推荐的型号。电机与螺旋桨的配型原则：螺旋桨越大，升力越大；螺旋桨转速越高，升力越大，需要驱的动力也越大；KV值越小，转动力越大，因此，高KV值电机配小型螺旋桨，低KV值电机配大型螺旋桨。如果高KV值电机配大型螺旋桨，则电机力量不够，螺旋桨不动，或低速运转，导致电机和电子调速器烧坏；如果低KV值电机配小型螺旋桨，螺旋桨运转没有问题，但升力不够无法起飞。

1.3.3　飞行控制系统

1. 飞行控制系统的硬件

无人机飞行控制系统(简称飞控系统)的功能有实时姿态解算、姿态控制、位置估计、位置控制、电机控制、实时通信、系统导航与航迹控制、无人机飞行管理、应急控制等。飞行控制器是无人机最核心的部件，近几年来，无人机的发展蒸蒸日上，原因是这一模块的研发取得重大成果，逐渐朝着智能化、小型化、集成化发展——模块上的陀螺仪、加速度仪等惯性导航元器件被研发出来，集成到一块微小的电路板上，灵敏度、精度得到空前的提高。气压计、GPS、光流等传感器的成功研发，让飞控系统的成本大大降低。开源飞控吸引了无数的开发者对硬件、软件进行开发、技术共享，软件设计也不断得到优化。现在只需几百元，就可以购得一块比较稳定的飞控系统模块。

无人机飞控系统的核心是CPU，采用微处理器作为控制中枢，现在被广泛使用的是ARM公司的Cortex-M系列单片机，如STM32系列单片机被广泛应用于无人机开发。这些处理器都有标准的I^2C、SPI以及UART等接口(在编程内容模块，相关符号均按实际书写)，飞控主板上使用的陀螺仪、加速度仪、磁力计、气压计、光流、GPS/北斗等模块的接口大多都是这些接口。主控CPU通过协议与各模块进行通信，获取各传感器的信息并进行处理，从而实现对无人机状态的预估，姿态的控制，定高、定点飞行等。随着电子技术的不断发展，现在的飞控稳定性非常好，模块更加小型化，技术越来越成熟，在一定程度上推动了旋翼无人机的发展。

2. 飞控系统的软件

现在的飞控系统软件算法也更加成熟，无人机上经常用到的融合滤波算法有互补融合滤波和卡尔曼滤波。互补融合滤波算法简单，但互补系数固定，无法准确预估无人机的最优状态。在PIX4D中采用的是改进型的互补滤波算法，在原有加速度计校准陀螺仪的基础上，增加磁力计和GPS的数据进行更进一步的四元素校准补偿。针对互补滤波器的研究和优化主要集中在算法参数如何调整，使得设计参数在不同状态下能够自适应调整。而卡尔曼滤波是一种递推线性最小方差估计的算法，对于大部分问题来说，是最优的，效率最高，也是最有用的解决方法。卡尔曼滤波器广泛应用于机器人控制、导航、传感器数据融合、信号处理和计算机图像处理等。传感器数据采集之后的滤波算法有高通滤波和低通滤波，如在姿态解算中，加速度仪受到高频扰动，我们用低通滤波，陀螺仪长期积分会产生累计误差，并且会产生零点漂移；我们用高通滤波，这就是一个互补融合滤波。对传感器的数据一般要进行的滤波处理方法有均值滤波、IIR滤波和FIR滤波，这些滤波器使得数据逼近真实、更加平滑。PID控制算法是整个飞机控制器的核心，如姿态控制器、位置控制器以及高度控制器，这些控制器一般都采用串级PID控制。

本次设计的小型四旋翼无人机主板采用的是一颗STM32C8T6的芯片，陀螺仪和加速度仪使用MPU6050，无线发射芯片选用的是NRF24L01，气压计选用的是SPL06001等基本的元器件，这些元器件在本文中都有详细的阐述，并配备程序案例加以讲解。

1.3.4 通信导航系统

1. 遥控器与接收机

目前，无论是玩具级、航模级还是航拍级的多旋翼无人机，都离不开遥控器。并不是飞控能力不足，而是无人机在天上难免有特殊情况发生。在视野范围内，遥控器的控制是最直接、快速的，对解决突发情况依然很有好处。遥控器常用的无线电波频率主要有72 MHz和2.4 GHz两种。72 MHz的无线电波的波长较长，其穿透障碍物的能力较强，但使用72 MHz频率的遥控器的天线也比较长，使用不太方便；由于其频率较低，因此抗干扰性能较差；该频段可使用的频点较少，在多人飞行的场景非常不适宜。所以针对72 MHz遥控器的不便，2.4 GHz遥控器诞生了。2.4 GHz遥控器使用2.4 GHz频段，属于特高频段无线电波，适用于短距离的通信；其波长较短，所以越障能力较弱，只能以地面空间波的形式进行有效传播，但是波长短也有好处，就是遥控器和接收机的天线相比于72 MHz的可以做得更短；其频率较高，抗干扰性能大大优于72 MHz；该频段可使用的频点非常多，一般都采用自动对频方式，使用起来非常方便。

遥控器和接收机是配对使用的，遥控器给接收机发送数据，接收机是与飞控相连接的，接收到指令以后飞控进行数据解析。接收机同样可以被设置为发送模式，遥控器被设置为接收模式，传回无人机的位置、高度等信息。也就是说，这两个模块之间是双向通信的，模式可以通过程序切换。图 1-22 是乐迪的无线收发模块(AT9S 遥控器和 R9DS 接收机)。

(a)乐迪 AT9S 遥控器

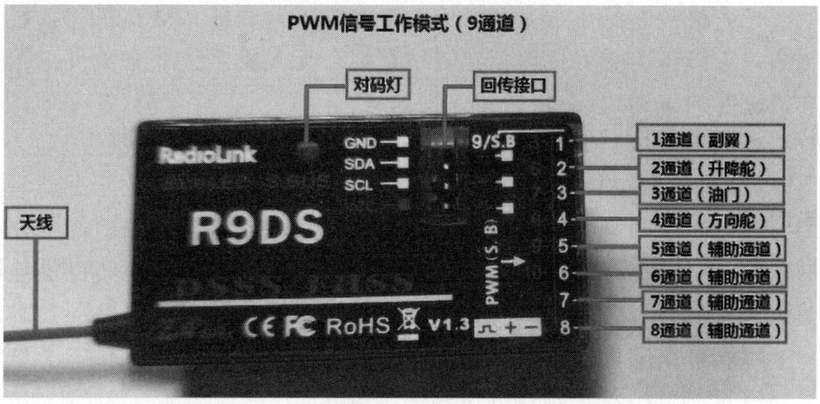

(b)乐迪 R9DS 接收机

图 1-22 乐迪的无线收发模块

市场上的遥控器在使用习惯上有美国手、日本手和反美国手(中国手)。美国手的操作方式是左手拇指控制油门和航向舵摇杆，右手拇指则控制升降舵和副翼摇杆，一般遥控器设置为 MODE2。日本手的操作方式与美国手的有较大区别，它是用左手拇指来控制升降舵和方向舵摇杆，右手拇指来控制油门和副翼摇杆的，一般遥控器设置为 MODE1。还有一种操作方式叫反美国手，也有一些人称其为中国手，它与美国手刚好相反，即用左手拇指控制升降舵和副翼摇杆，右手拇指控制油门和方向舵摇杆，一般遥控器设置为 MODE3。至于 MODE4，虽然遥控器都能够设置，但是很少有人使用。图 1-23 是日本手和美国手的遥控器示意图。

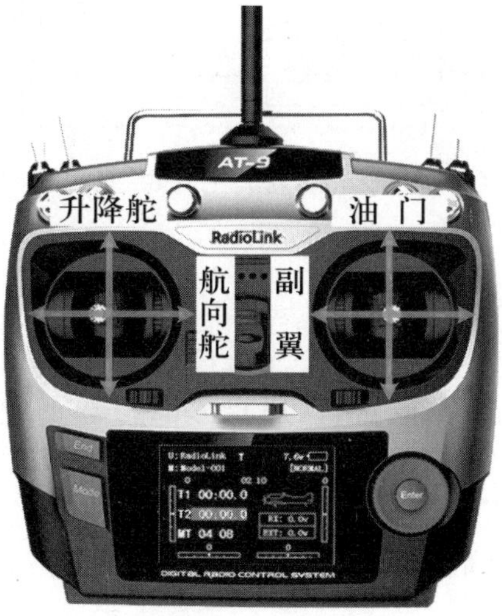

日本手

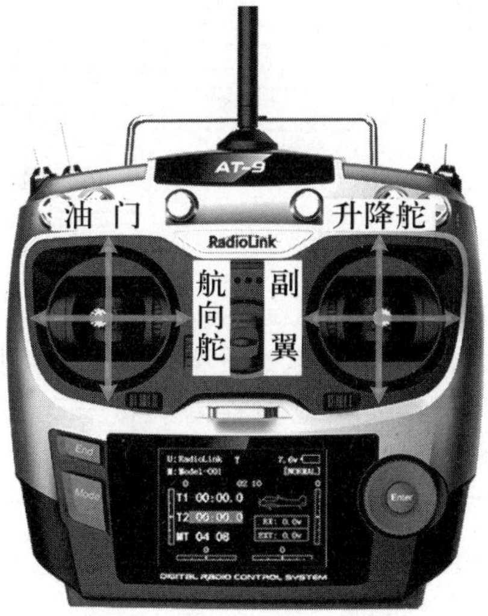

美国手

图 1-23 遥控器示意图

无人机上用来接收遥控器指令的设备就是接收机。接收机接收遥控器发来的无线电信号，将其变成多路或数字信号输出到飞控。一般接收机有两根天线，这两根天线之间的角度应为 90°，这样就可以保证在任何方向都能接收到来自遥控器的信号。

F150-T401 的飞控核心和遥控器上均采用了 NORDIC 公司的 NRF24L01 模块进行无线通信。利用 SPI 总线和单片机通信，由于直接采用了整体模块，故只需接入 SPI 总线即可，非常适合为嵌入式系统构建无线通信功能。可以轻松实现"点对点"，甚至"点对多"的无线通信。对于遥控器的设计，将在后续章节中详细阐述。

2. 地面站控制系统

无人机控制站是指具有对无人机飞行平台和任务载荷进行监控和操纵，包含无人机发射和回收控制的一组设备。无人机地面控制站是整个无人机系统非常重要的组成部分，是地面操作人员直接与无人机交互的渠道，具有包括任务规划、任务回放、实时监测、数字地图、通信数据链在内的集控制、通信、数据处理于一体的综合能力，是整个无人机系统的指挥控制中心。

(1)地面站控制系统的功能

飞行监控功能：无人机通过无线数据传输链路，下传当前的各种状态信息。地面站将所有的飞行数据保存，并将主要的信息用于虚拟仪表或其他控制件的显示，以供地面操作人员参考。同时根据无人机的状态，实时发送控制命令，操纵无人机。

地图导航功能：根据无人机下传的经纬度信息，将无人机的飞行轨迹标注在电子地图上。同时可以规划航点、航线，观察无人机任务执行情况。

任务回放功能：根据保存在数据库中的飞行数据，在任务结束后，使用回放功能可以详细观察飞机在飞行过程中的每一个细节，检查任务执行效果。

天线控制功能：地面控制站实时监控天线的轴角，根据天线返回的信息，对天线校零，使之能始终对准无人机，跟踪无人机飞行。

(2)地面站的系统结构

地面站的系统结构如图 1-24 所示。

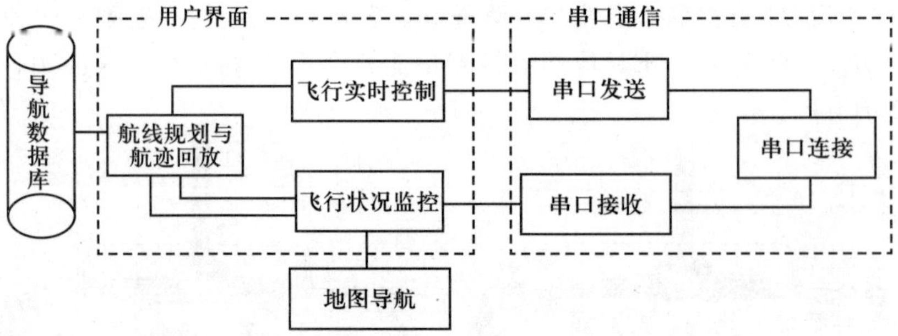

图 1-24　地面站的系统结构

导航数据库：导航数据库是无人机地面站系统中极其重要的一部分，航点及航线信息，任务记录信息，系统配置信息，历次飞行数据等都保存在数据库中，用户在界面上操作，可以频繁读写数据库。

用户界面：用户界面是地面控制人员与无人机交互的窗口，用户界面是基于 MFC 框架的对话框，基于该对话框，添加了地图操控的 ActiveX 控件、虚拟航空仪表控件、菜单和 MFC 基本控件等，力求界面简洁，操作方便。

地图导航：地图导航根据无人机下传的经纬度和高程信息，将无人机的当前位置标注在地图上，同时标注无人机的飞行轨迹。

串口通信：串口通信采用第三方串口通信类，地面站中实现了多线程、多串口的全双工通信，实时发送或接收数据。

3. 导航系统

导航系统通常分为卫星导航系统、惯性导航系统以及组合导航系统。现在的生活已经离不开导航系统，大到航空航天，小到个人出行，导航无处不在。在无人机系统中，卫星导航系统、惯性导航系统以及组合导航系统被广泛应用。

卫星导航系统:通过接收卫星信号来计算物体的位置、速度和时间等参数。卫星导航系统具有全球覆盖、高精度、全天候等特点,因此被广泛应用于民用和军事领域。但是,卫星导航系统需要依靠卫星信号,因此在某些环境下(室内或地下等)可能无法正常工作,并且数据更新频率和短期精度会受到卫星信号的限制。

惯性导航系统:是一种不依赖于外部信息、也不向外部辐射能量的自主式导航系统。其工作环境不仅包括空中、地面,还包括水下。惯性导航系统的基本工作原理以牛顿力学定律为基础,通过测量载体在惯性参考系的加速度,将它对时间进行积分,且把它变换到导航坐标系中,就能够得到在导航坐标系中的速度、偏航角和位置等信息。

组合导航系统:利用计算机和数据处理技术把具有不同特点的导航设备组合在一起,以达到优化的目的,整个系统由输入装置、数据处理和控制部分、输出装置以及外围设备组成。输入装置能够实时、连续地接收各种测量信息,由计算机将接收的信息进行综合处理,从而得到最优的结果,以便确定航向、航速、天文以及地文测算等,最后由输出装置,如显示器、打印机等对优化后的信息进行显示。组合导航系统最大的优势就是能够实现优势互补,提高导航系统的精度和可靠性。

1.3.5 遥测链路的数传系统和图传系统

1. 数传系统

无线数传电台又可称为“数传电台”,是指借助 DSP 技术和无线电技术实现的高性能专业数据传输电台。数传电台的使用从最早的按键电码、电报、模拟电台加无线电 MODEM,发展到数字电台和 DSP、软件无线电;传输信号也从代码、低速数据(300～1 200 bps)发展到高速数据,可以传输包括遥控遥测数据、数字化语音、动态图像等。美国 MDS 数传电台、芬兰 SATEL 数传电台为国际上比较知名的数据传输电台。无人机遥测链路主要应用于地面控制人员对无人机飞行状态的感知与定位,由数传模块和地面站两部分组成,数传模块又包含机载收发模块和地面站收发模块。

3DR 公司针对数传系统推出了 3DR Radio Telemetry 模块,是比较常用的通信数传模块。模块支持 MAVLink 协议传输、状态报告以及无线透传。它的机载端使用标准的 TTL 串行通信口与飞控系统连接,地面站模块使用 USB CDC 接口与地面站计算机连接。射频频率为 915 MHz 和 433 MHz 两个频点,空速可达 250 kbps,内带错误校验机制,可以纠正约 25%的数据错误。

如果需要更远距离传输的数传模块,则需要更大功率的数传电台,如加拿大 Microhard 公司的数传电台 N920-FENC。N920 采用调频扩频技术提高抗干扰能力,发射功率可达到 1 W,通信信道带宽可达到 12 Mbps,可以实现百公里的数据传输,并支持点对点的通信连接,以及中继转发星形组网等连接方式。

2. 图传系统

2016 年是中国无人机市场的元年,无人机能够一跃进入大众视野,并迅速在大众市场火热发展,是很多人始料未及的。从刚开始的空中摄录,到后来的实时摄录,方便的无人机图传功能无疑为无人机加足了筹码,赚足了眼球。从“图传”的叫法可以发现,这并非一个专业的定义,大概是从某些资深航模玩家口中发展而来的。专业的航空航天器并没有独立的视频图像传输设备,图传的概念只存在于消费类无人机领域。

对于专业航空航天器来说,频谱划分时已留有专门的测控频段,而消费类无人机只能老老实实地待在 ITU-R(ITU Radio Communication Sector,国际通信联盟无线电通信局)的 ISM 频段(Industrial Scientific Medical,工业化科学医疗频段)。13.56 MHz、27.12 MHz、40.68 MHz、433 MHz、915 MHz、2.4 GHz、5.8 GHz 都是 1 W 以内不需要执照就可以发射的。433 MHz 及以下频段通常很难满足高清图传的带宽要求;915 MHz 频段有一半已经被 GSM 占用。L 波带宽并不富裕,S 波段的 2.4 GHz 也就成了 1080P 远距离图传的首选,但 4K 或者更高清晰度的图传设计者却很难在 S 波段的带宽上获得折中的方案。C 波段的 5.8 GHz 可以做得更宽,不过在相同发射功率和接收灵敏度下,5.8 GHz 与 2.4 GHz 相比通信距离仅为 41.4%,并且其衰减对水气更敏感,实际通信距离则不到 30%,两者各有利弊。

无人机图传系统采用了适当的视频压缩、信号处理、信道编码以及调制解调技术。其中涉及的 OFDM(正交频分复用)技术是典型的实现多载波传输方案的技术之一,它可以有效对抗多径干扰(ISI),且可以自适应选择调制与编码,从而提高系统容量,因此被广泛用于多种图传/数传产品中。此外,QPSK(正交相移键控),也是一种常见的数字信号调制方式,具有较高的频谱利用率、较强的抗干扰性,在电路上实现也较为简单。MIMO(多入多出),是一种相当复杂的天线分集技术,主要有两种表现形式,即空间复用和空时编码。它利用多径效应来改善通信质量,极大地提高了信道容量,具有极高的频谱利用率,因此被广泛开发,应用到各种高速无线通信系统中。

除了以上的信道编码及调制解调技术,部分无人机图传场景也可能涉及 Wi-Fi 等无线局域网技术。Wi-Fi 早年采用扩频方案,后随着技术发展开始采用 OFDM、CCK(补码键控)等调制方案,近年来又逐渐引入 MIMO 概念。Wi-Fi 无线协议标准自 1997 年开始也经过了 802.11、802.11a 等各种版本的演变,并逐步实现了更大的带宽、更高的传输速率。但基于 TCP/IP 协议的双向握手机制很容易导致 Wi-Fi 图传无法实时传输航拍画面,通常无法解决大延时的多径问题。其协议为了追求传输速度和成本,只考虑了小空间范围内的传播延时,这也是 Wi-Fi 不适合远距离实时通信的一个重要原因。

1.3.6 任务载荷系统的云台和相机

无人机通过挂载任务载荷系统完成一定的任务,最常见的是挂载云台和相机执行航拍任务,挂载喷洒系统执行植保任务,挂载测绘系统执行测绘任务。近年来,无人机民用方面的应用越来越多。下面主要介绍一下云台和相机。

1. 云台

无人机云台主要分为两轴云台和三轴云台。三轴云台自由度更高,可以大大提高云台的灵活性和抗扰性,但是三轴云台的控制会更加复杂。云台是无人机搭载各类光学载荷的关键设备,作用是在隔离载机振动与姿态机动对成像质量影响的同时,实现对特定目标的稳定观测,可以使处在不稳定环境中的长焦距相机通过云台装置保持在稳定的位置,让获得的数据或信息受外部干扰的概率最小化。传统云台及光电吊舱多采用两自由度结构,两自由度结构较三自由度云台结构简单,多应用于要求有较大的探测离轴角的场景,一般采用极坐标结构。两轴结构通过内框中心的两自由度偏转,探测范围可涵盖迎面的大部分视场,但由于缺少一个转动自由度,针对载体三轴运动的扰动隔离性能较差,无法满足精确、快速跟踪目标的要求,图 1-25 是机载三轴云台结构。

三轴云台是目前研究的热点,应用也比较多,目前,像大疆主流无人机使用的都是三轴增稳云台。三轴增稳云台拥有多输入、多输出的特性,各输入、输出之间会出现交叉耦合的现象。高级的云台带有自稳系统,它内部集成了两轴或三轴自由度的高精度伺服电机,此外还集成了三轴陀螺仪和加速度仪,能够实时感知安装台的姿态,形成闭环控制,抵消机体振动的干扰,保证载荷系统的平稳姿态。云台还提供了舵机控制信号接口,接收高精度的控制信号,用户可以通过地面站或者遥控器控制云台的三轴转动,从而带动相机改变视角,达到全方位的拍摄、跟踪监视目标以及自动扫描区域的目的。一般来说,水平旋转的角度是 0°～360°,垂直旋转的角度是 0°～90°,如图 1-26 所示,大疆悟 Inspire 2 系列采用的是三轴云台。

2. 相机

相机是航拍无人机中不可或缺的设备之一,而图像传感器则是相机的核心部件。图像传感器可将

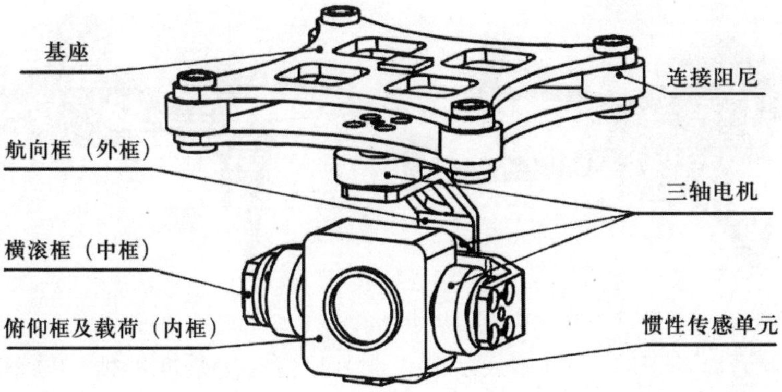

图 1-25 机载三轴云台结构

光学图像转换为电信号，可分为两种：一种是 CCD，一种是 CMOS。无人机上搭载的相机一般都为 CMOS 图像传感器。相机的厂商主要有三星、索尼等企业。无人机上的相机和普通相机不一样，因为无人机时刻在高速运动，一般的相机在如此高速度的状态下拍摄会有延迟，所以无人机常用的相机是运动相机。著名的运动相机厂商有 GoPro、大疆 DJI、索尼等企业。图 1-27(a)是 GoPro HERO11 Black 运动相机，主相机 2 700 万像素，支持电子防抖，支持广角拍摄，内置 Wi-Fi 传输，还有防水等功能。2019 年，大疆灵眸运动相机 Osmo Action 诞生。图 1-27(b)是大疆 Osmo Action 3 运动相机，主相机 6 400 万像素，支持全景拍摄，高清、防抖。

图 1-26 大疆悟 Inspire 2 系列三轴云台

大疆无人机精灵系列发展得如此之快，主要原因是航拍技术在无人机上的成功应用。2012 年，世界首款航拍一体机飞翔精灵 Phantom 诞生，开启了航拍无人机时代。2014 年，精灵 Phantom 2 诞生，推出了首款自带 4K 相机的可变形航拍器悟 Inspire 1，悟 Inspire 1 搭载了高清数字图像传输系统——筋斗云 S1000。图 1-28(a)是 Mavic 3 无人机，它搭载的是哈苏相机。图 1-28(b)是悟 Inspire 2 系列无人机，其影像处理平台升级到 CineCore 2.0，搭载“禅思 X7”相机，最高达到 6K 视频录制。航拍无人机的航拍效果不仅取决于相机的选取，还取决于影像处理系统、无线传输系统等。

(a)GoPro HERO 11 Black 运动相机

(b)大疆 Osmo Action 3 运动相机

图 1-27 运动相机

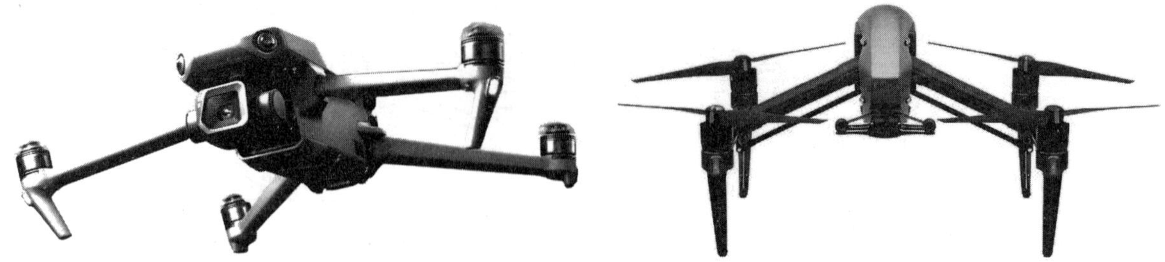

(a)Mavic 3 无人机

(b)悟 Inspire 2 系列无人机

图 1-28　大疆系列无人机

智能化、自动化是云台和相机的发展趋势，先进的光学设备加上增稳云台、影像处理系统的升级，给航拍爱好者提供了更大的创作空间，配合无人机环境感知系统，让拍摄更加安全，同时增加画质真实感、优美感。

1.4 | 开源飞控

1.4.1　Arduino

说到开源飞控的发展，就必须从著名的开源硬件项目 Arduino 谈起。Arduino 是最早的开源飞控，由 Massimo Banzi、David Cuartielles、Tom Igoe、Gianluca Martino、David Mellis 和 Nicholas Zambetti 等于 2005 年在意大利交互设计学院合作开发而成。Arduino 团队为电子开发爱好者搭建了一个灵活的开源硬件平台和开发环境，用户可以从 Arduino 官方网站取得硬件的设计文档，调整电路板及元器件，以满足自己实际设计的需要。Arduino 可以通过配套的 Arduino IDE 软件查看源代码并上传自己编写的代码，Arduino IDE 使用的是基于 C 语言和 C＋＋的 Arduino 语言，十分容易掌握，并且 Arduino IDE 可以在 Windows、Macintosh OS X 和 Linux 三大主流操作系统上运行。随着该平台逐渐被爱好者接受，各种功能的电子扩展模块层出不穷，其中最为复杂的便是集成了 MEMS 传感器的飞行控制器。为了得到更好的飞控设计源代码，Arduino 公司决定开放其飞控源代码，加快了开源飞控的发展进程。著名的开源飞控 WMC 和 APM 都是 Arduino 飞控的直接衍生产品。

1.4.2　APM

APM(Ardu Pilot Mega)是在 2007 年由 DIY 无人机社区(DIY Drones)推出的飞控产品(图 1-29)，是当今最为成熟的开源硬件项目。APM 基于 Arduino 的开源平台，对多处硬件做出了改进，包括加速度计、陀螺仪和磁力计组合惯性测量单元(IMU)。由于 APM 良好的可定制性，因此在全球航模爱好者范围内迅速传播开来。

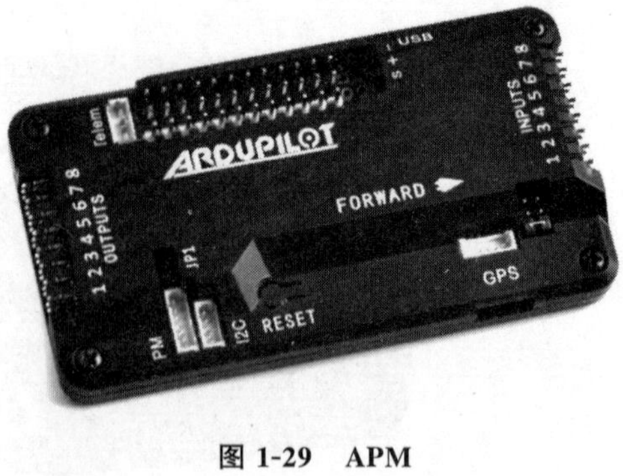

图 1-29　APM

通过开源软件 Mission Planner，开发者可以配置 APM 的设置，接受并显示传感器的数据，使用 Google Maps 完成自动驾驶等功能，但是 Mission Planner 仅支持 Windows 操作系统。目前 APM 已经成为开源飞控成熟的标杆，可支持多旋翼无人机、固定翼无人机、直升机和无人驾驶汽车等无人设备。针对多旋翼无人机，APM 支持各种四旋翼、六旋翼、八旋翼产品，并且连接外置GPS传感器以后能够增稳，使无人机完成自主起降、自主航线飞行、定高飞行、定点飞行等。此外，APM能够连接外置的超声波传感器和光流传感器，在室内实现定高飞行和定点飞行。

图1-30 PX4

1.4.3 PX4

PX4(图1-30)是一款用于自主飞行的开源飞控固件，它被设计用于各种飞行器，包括无人机(无人机)、飞行汽车和垂直起降飞机。PX4是一个完全开源的项目，其源代码托管在GitHub上。这使得开发者可以自由地查看、修改和共享代码，促进了广泛的爱好者参与。PX4被用于多种自主飞行器，包括四旋翼飞行器、六旋翼飞行器、八旋翼飞行器、直升机、固定翼飞机等。PX4可以在多种飞控硬件上运行，其中一些是专门为PX4设计的，包括PIXHAWK系列、Cube系列等。这些飞控板提供了各种接口和传感器，以支持不同类型的飞行器和应用。PX4通过融合多个传感器的数据来提供高精度的飞行控制，如陀螺仪、加速度计、磁力计、气压计等。PX4使用先进的传感器融合算法来提高飞行性能和稳定性，包括姿态控制、高度控制、位置控制等。这些算法能够实现各种飞行任务，如简单的悬停、复杂的航迹跟踪等。PX4支持高级的任务计划和航迹规划。开发者可以定义航点、航线和任务，使飞行器能够自主执行复杂的任务，如巡航、航测等。PX4支持多种通信协议，包括MAVLink，使其能够与地面站软件(如QGroundControl)进行通信。此外，PX4可以集成到ROS(机器人操作系统)等开源机器人框架中，以实现更广泛的应用。由于其开源性质，PX4拥有庞大的全球社区。社区成员可以提供支持、编写文档、共享经验，并贡献新的功能和改进。总体而言，PX4是一个功能强大且灵活的飞控固件，适用于各种自主飞行器的开发和应用。其开源性质和活跃的社区支持使其成为无人机行业中的一个重要组成部分。

1.4.4 PIXHAWK

PIXHAWK (图1-31)拥有168MHz的运算频率，并突破性地采用了整合硬件浮点运算核心的Cortex-M4的单片机作为主控芯片，内置两套陀螺仪和加速度计MEMS传感器，互为补充矫正，内置三轴磁场传感器并可以外接一个三轴磁场传感器，同时可外接一主一备两个GPS传感器，可以在故障时自动切换。

图1-31 PIXHAWK

PIXHAWK基于浮点运算核心，使用最先进的定高算法，可以仅凭气压高度计便将无人机高度固定在1 m以内。它支持目前几乎所有的多旋翼无人机类型，甚至包括三旋翼无人机和H4这样结构不规则的无人机产品。它使无人机拥有多种飞行模式，支持全自主航线、关键点围绕、鼠标引导、“Follow Me”、对尾飞行等高级飞行模式，并能够完成自主调参。PIXHAWK飞控的开放性非常好，几百项参数全部开放给爱好者调整，靠基础模式简单调试后亦可飞行。

习　题

1. 无人机通常由哪几大系统组成？每个系统又分为哪些子系统？

2. 多旋翼无人机机架一般采用的材料是什么？无人机常用的机架类型有哪些？机架尺寸与轴距有何关系？

3. 无人机电池的性能参数有哪些？试举例说明。

4. 无人机电机分为哪几类？说一说无刷电机的性能参数。进一步阐述无刷电机的工作原理。

5. 电调的作用是什么？带 BEC 功能的电调是什么意思？进一步阐述电调的工作原理。

6. 说一说螺旋桨的分类、材料以及选用原则。

7. 遥控器和接收机使用的无线电波频率有哪些？分析其特点。遥控器与接收机使用的通信信号有哪些？分析每一种信号的特点。

8. 阐述无人机是如何实现导航的。

9. 无人机主要应用在哪些方面？试举例说明。

10. 论述开源飞控和闭源飞控的发展现状、发展前景。

实践任务

请完成任务活页单元 1 模块 1 中的任务。

模块2 飞行控制原理

模块描述

随着科学技术的发展,无人机行业发展迅速。现在多以四旋翼无人机作为入门机型。无人机飞行控制技术涉及多个学科的知识,如自动控制原理、空气动力学以及导航系统等。本模块以四旋翼无人机为例,介绍了一些基本的控制理论的概念、无人机飞行的基本原理,深入浅出,为后续的课程学习打下基础。

学习目标

1. 知道无人机飞行控制基本概念。
2. 知道无人机飞行控制系统的基本原理。
3. 知道无人机的组成结构。

2.1 无人机控制器概述

2.1.1 无人机控制器的概念和功能

1. 控制器的概念

无人机控制器也叫自动驾驶仪,其核心是一款处理器,相当于人脑,指挥无人机的一切飞行动作。现在的无人机控制器非常先进,可以完成如无人机集群表演、植保无人机自动喷洒农药、航测无人机自动测绘等工作任务,这些都得益于现在的无人机硬件的性能更加先进,程序的算法更加完善。无人机控制器的算法深奥、模型复杂,尽管当前的无人机控制器的设计已经比较成熟,但还是无法做到完全脱离人为控制。我们对无人机控制器的研究永远不会停止。

2. 控制器的功能

无人机控制器的主要功能如下:

(1)实现姿态控制

无人机在飞行过程中会受到各种干扰,如传感器的噪声与漂移、强风与乱气流、载重量变化及倾角过大引起的模型变动,等等。让无人机在复杂环境中迅速实现姿态稳定是飞行控制的目标。姿态参数有俯仰角、滚转角、偏航角、垂直飞行速度、前后飞行速度以及左右飞行速度,而角度的控制取决于对三轴角速度的控制。姿态控制主要由惯性测量单元实现。后续将重点阐述姿态控制器及其程序实现。

(2)实现水平位置控制

对无人机水平位置的控制，主要是对无人机在空间中沿着 X 轴和 Y 轴的速度进行控制，通过惯性测量单元测量无人机在水平方向上的速度，通过速度对时间的积分运算解算机体在空间中的位置，最终实现水平位置控制。

(3)实现高度控制

高度控制主要依赖于高度传感器，将高度传感器和惯性测量单元测得的速度进行融合解算，得到相对精确的速度，进而控制无人机的高度。

(4)实现地面站或遥控器与飞控的数据交互

无人机飞行控制分为自动控制和手动控制，自动控制主要是使用地面站规划无人机的航线，通过数字电台和无人机飞控实现数据交互，将控制信息实时提供给飞控进行数据解算，并控制无人机执行飞行动作，而无人机的飞行速度、高度、气压等信息通过数传模块传回到地面站。手动控制主要是使用遥控器将控制信息通过无线通信模块传送给飞控，从而实现无人机六自由度运动。

3. 控制器的性能

根据无人机飞行性能的要求，无人机飞行控制器的技术指标参数如下：

① 姿态(俯仰、滚转)保持精度，如±2°；

② 航向保持精度，如±3°；

③ 气压高度保持精度，如±40 m(飞行高度>30 m)；

④ 巡航无线电高度保持精度，如±9 m(飞行高度≤300 m)；

⑤ 悬停无线电高度保持精度，如±3 m；

⑥ 空速保持精度，如±2.78 m/s；

⑦ 地速保持精度，如±2 m/s；

⑧ 自动悬停：高度保持精度，如±3 m；纵、横向地速保持精度，如±3 m/s；

⑨ 自动导航精度，如圆概率误差(CEP)50 m；

⑩ 发动机转速控制精度，如±1%。

2.1.2 无人机飞行控制的方法

无人机的飞行控制是无人机研究领域的主要问题之一。如前所述，无人机在飞行过程中受到的各种干扰，会严重影响无人机的飞行品质，因此无人机的控制技术便显得尤为重要。传统的控制方法主要集中于对姿态和高度的控制，除此之外还有速度控制、位置控制、航向控制、轨迹跟踪控制。多旋翼无人机的控制方法主要包括以下三个方面。

1. 线性飞行控制方法

常规的无人机控制方法以及早期对无人机控制的尝试都是建立在线性飞行控制理论上的，如 PID 控制、H∞控制、LQR 控制以及增益调度控制。

(1)PID 控制

PID 控制属于传统控制方法，是目前最成功、应用最广泛的控制方法。控制方法简单，无须前期建模，参数物理意义明确，适用于飞行精度要求不高的控制。

(2)H∞控制

H∞属于鲁棒控制方法。经典的控制理论并不要求被控对象的精确数学模型来解决多输入、多输出非线性控制系统问题。现代控制理论可以定量地解决多输入、多输出非线性控制系统问题，但完全依赖于描述被控对象的动态特性的数学模型。鲁棒控制可以很好地解决因干扰等因素引起的建模误差问题，但它的计算量非常大，依赖高性能的处理器，同时，由于是频域设计方法，调参也相对困难。

(3)LQR 控制

LQR 是被运用来控制无人机的比较成功的方法之一，对象是能用状态空间表达式表示的线性控制系统，目标函数为状态变量或控制变量的二次函数的积分。而且，Matlab 软件的使用为 LQR 提供了良好的仿真条件，更为工程实现提供了便利。

(4)增益调度控制

即在系统运行时，调度变量的变化导致控制器的参数随着改变，根据调度变量使系统以不同的控制规律在不同的区域内运行，以解决非线性控制系统问题。该算法由两部分组成，第一部分，事件驱动，实现参数调整，如果系统的运行情况改变，则可通过该部分来识别并切换模态；第二部分，误差驱动，其控制功能由选定的模态来实现。该控制方法在旋翼无人机的垂直起降、定点悬停及路径跟踪等控制方面具有很大的优势。

2. 基于学习的飞行控制方法

基于学习的飞行控制方法的特点就是无须了解无人机的动力学模型，只需要一些飞行试验和飞行数据，如模糊控制方法、基于人体学习的方法以及人工神经网络法。

(1)模糊控制方法(Fuzzy Control Methods)

模糊控制是解决模型不确定性的方法之一，在模型未知的情况下实现对无人机的控制。

(2)基于人体学习的方法(Human-based Learning Methods)

美国 MIT 的科研人员为了寻找能更好地控制小型无人机的控制方法，从参加军事演习进行特技飞行的飞机中采集数据，分析飞行员对不同情况下的飞机的操作，从而更好地理解无人机的输入序列和反馈机制。这种方法已经被运用到小型无人机的自主飞行中。

(3)人工神经网络法(Artificial Neural Networks)

经典 PID 控制结构简单、使用方便、易于实现，但当被控对象具有复杂的非线性特性、难以建立精确的数学模型时，往往难以取得满意的控制效果。人工神经网络自适应控制技术能有效地实现多种不确定的、难以确切描述的非线性复杂过程的控制，提高控制系统的鲁棒性、容错性，且控制参数具有自适应和自学习能力。

3. 基于模型的非线性控制方法

为了克服某些线性控制方法的限制，一些非线性的控制方法被提出并且被运用到无人机的控制中。这些非线性的控制方法通常可以归类为基于模型的非线性控制方法，如反馈线性化控制、模型预测控制、多饱和控制、反步控制以及自适应控制。

(1)反馈线性化控制(Feedback Linearization Control)

反馈线性化控制是非线性控制系统常用的一种方法。它利用数学变换的方法和微分几何学的知识，首先，将状态和控制变量转变为线性形式；然后，利用常规的线性设计方法进行设计；最后，将设计的结果通过反变换，转换为原始的状态和控制形式。反馈线性化理论有两个重要分支：微分几何法和动态逆法，其中，动态逆法较微分几何法推算更简单，因此更适合用在飞行控制系统的设计上。但是，动态逆法需要相当精确的无人机模型，这在实际情况中是十分困难的。此外，由于系统建模误差，加上外界的各种干扰，因此，在设计时要重点考虑鲁棒性的因素。动态逆法有一定的工程应用前景，现已成为飞控研究领域的一个热门话题。

(2)模型预测控制(Model Predictive Control)

模型预测控制是一类特殊的控制方法。它是指通过在每一个采样瞬间求解一个有限时域开环的最优控制问题，以获得当前控制动作。最优控制问题的初始状态为过程的当前状态，解得的最优控制序列只施加在第一个控制作用上，这是它和那些预先计算控制律的算法的最大区别。从本质上看，模型预测控制是求解一个开环最优控制的问题,它与具体的模型无关,但是实现则与模型相关。

(3)多饱和控制(Pested Saturation Control)

饱和现象是一种非常普遍的物理现象,存在于大量的工程问题中。运用多饱和控制的方法设计多旋翼无人机,可以解决其他控制方法所不能解决的很多实际问题。尤其是对于微小型无人机而言,由于大倾角的动作以及外部干扰,致动器会频繁出现饱和。致动器饱和会限制操作的范围并削弱控制系统的稳定性。很多方法都已经被用来解决饱和输入的问题,但还没有取得理想的效果。多饱和控制在控制饱和输入方面有着很好的全局稳定性,因此这种方法常被用来控制微小型无人机的稳定性。

(4)反步控制(Backstepping Control)

反步控制是非线性控制系统控制器设计的常用方法之一,比较适合用来进行在线控制,能够减少在线计算的时间。基于 Backstepping 的控制器设计方法,基本思路是将复杂的系统分解成不超过系统阶数的多个子系统,然后通过反向递推为每个子系统设计部分李雅普诺夫函数和中间虚拟控制量,直至设计完成整个控制器。反步控制方法被运用于飞控系统控制器的设计中,可以处理一类非线性、不确定性因素的影响,而且已经被证明具有比较好的稳定性。

(5)自适应控制(Adaptive Control)

自适应控制也是一种基于数学模型的控制方法,它最大的特点就是对系统内部模型和外部扰动的信息依赖比较少,与模型相关的信息是在运行系统的过程中不断获取的,逐步地使模型趋于完善。随着模型的不断改善,由模型得到的控制作用也会跟着改进,因此控制系统具有一定的适应能力。但同时,自适应控制比常规反馈控制要复杂,成本也很高,因此只是在常规反馈性能不能达到目的时,才会考虑采用自适应控制的方法。

2.2 无人机的 PID 控制器

上面讲述的无人机控制器的控制方法有多种,但我们常见的控制方法是经典控制理论,也就是线性控制系统的 PID 控制,这种方法不需要建立精确的数学模型即可使无人机在空中稳定飞行,本教材重点探讨的也是 PID 控制。无人机控制器主要是实现对无人机姿态、位置、高度方面的控制,因此本教材会重点阐述这三种控制器的原理。多旋翼无人机常使用的是串级 PID 控制器,比如,在姿态控制器中,内环为角速度环,外环为角度环;在高度控制器中,内环为速度环 PID 控制器,外环为高度位置 PID 控制器;在水平位置控制器中,内环为速度环 PID 控制器,外环为水平位置 PID 控制器。

2.2.1 PID 控制器的类型

1. 多旋翼无人机的姿态控制器

无人机的姿态控制器的设计是最为复杂的一环,也是最为关键的一环,只要姿态控制器设计完成,无人机即可飞起来。无人机的姿态控制主要是对无人机角运动(俯仰角、滚转角、偏航角)、线性运动(上下、前后、左右方向的运动)的控制。前面已经讲到无人机控制器上面集成了九轴传感器,如 MPU9250,根据牛顿力学的原理制成,能测量无人机在机体坐标系下的三轴加速度、围绕三轴的角速度以及磁感应强度。后续课程中将会讲到基于 STM32 单片机的微控制器读取芯片数据的方法,通过配置寄存器读取传感器的数据是比较容易的,关键是如何进行姿态解算。

描述无人机姿态的方法通常有欧拉角、方向余弦矩阵、四元素法,在单元 4 将会重点讲解姿态解算的方法。而加速度计和陀螺仪两种传感器测量的数据各有优缺点,不能只用其中一种数据,将两种数据进行融合处理是非常重要的。对数据进行处理的方法还有很多,比如卡尔曼滤波,这是最好的线性滤波器,在无人机状态预估中非常重要,常见的还有低通滤波器、均值滤波器、FIR 滤波器(非递归性滤波器)、IIR 滤波器(无限冲击响应滤波)等,这些滤波器在后续的单元中都会陆续提到。

数据处理是非常复杂的数学运算，在MPU9250的内部集成了处理单位，可以直接运算出四元素和姿态，大大简化了程序编程的复杂程度。DMP是数字运动处理的缩写，所以MPU9250不单单是一个传感器，内部还具有独立完成姿态解算的处理单元。在设计中使用DMP优势明显，对于初学者来说数据更加可靠，而且大大减轻了处理器的负担，使处理器有大量的时间去处理电机的调速问题，提高了系统的实时性。InvenSense公司还提供了MPL库，该库提供了传感器融合和动态校正所有的算法，它把传感器的数据送入MPL，MPL处理包含九轴传感器的数据。MPL所有的功能在配置之前先要启动MPL库，在MPL内部可以通过API动态开启和关闭。

有了姿态模块输出的数据，就能通过算法计算出四旋翼无人机相对于地心坐标系偏差的角度，以及此时偏差速度的大小(角速度)。姿态解算可以使用AHRS算法(航姿参考系统)和IMU(惯性测量单元)算法。AHRS由加速度计、磁场计和陀螺仪构成，参考来自地球的重力和地球的磁场，它的静态精度取决于地磁和重力的测量精度，而陀螺仪则决定了它的动态性能。AHRS是一种使用相对广泛的算法，优点是使用多种数据进行融合，保障了数据的准确性，缺点是太过依赖地磁数据进行融合。IMU则放弃了地磁数据，单纯利用角速度计算出角度，事实证明，当四旋翼无人机处于惯性参考系中，飞行效果和AHRS数据相差甚微，而当四旋翼无人机突然加速和减速，此时机体处于非惯性参考系下，加速度计数据短暂失真，表现在四旋翼无人机上就是发生振荡。图1-32是IMU的工作原理。

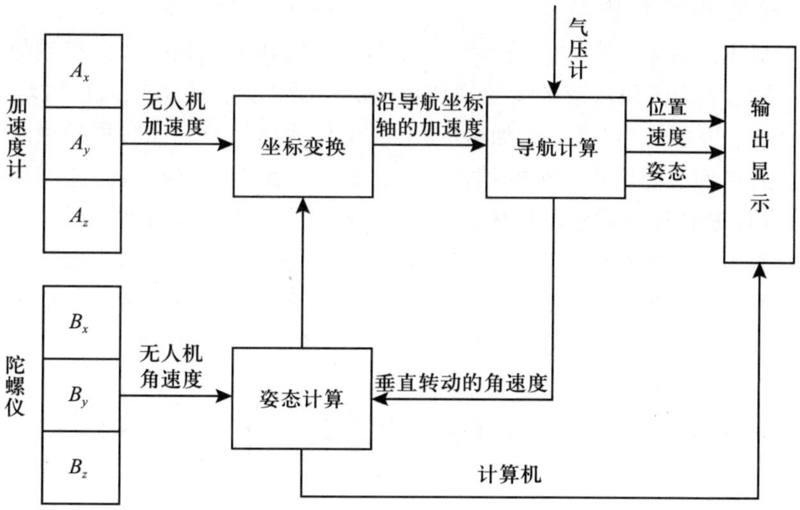

图1-32　IMU的工作原理

2. 多旋翼无人机的高度控制器

无人机高度控制的含义是让无人机在高度方向上达到期望值，在此过程中，通过气压传感器(室外高空测距)、激光测距传感器(室内测距)、超声波传感器(精度高)、GPS(室外测距、定位)等实时获取无人机的高度数据。此时，高度输入指令数据来自遥控器或者地面站，反馈数据来自传感器，将两个数据之差输入PID控制器，控制器的输出值驱动执行机构(输出PWM信号控制电调，进而控制电机)达到指定的高度，这就是单闭环控制。

但在无人机高度控制器中，一般也是使用串级PID控制器(图1-33)，也就是在上面的输入指令和反馈指令之差输入控制器的信号经控制器运算以后，可以得到无人机在Z轴上的速度值或者加速度值，这个值是期望值；上述传感器可以测出的无人机高度值，经过微分处理之后可以得到速度值或者加速度值，这是实际值，两值之差再输入无人机的第二级控制器(速度PID控制器)，经速度PID运算后的结果再驱动执行机构达到预定的高度值，这就是高度串级PID控制。并且，使用气压传感器等解算的高度值作为高度串级PID的外环输入；使用气压计解算的高度速度变化量作为串级PID的内环输入。

串级 PID 的可调参数比单级 PID 多,鲁棒性更好,控制性能也有所提高。

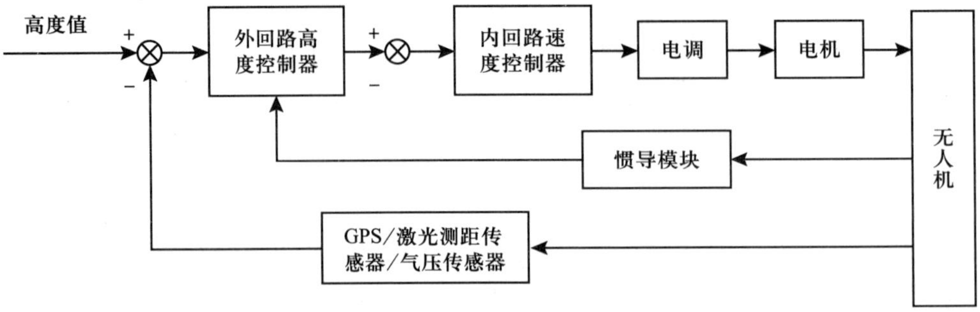

图 1-33　高度位置 PID 控制器的框架图

3. 多旋翼无人机的水平控制器

通过前述两种控制器的设计,无人机已经可以在空中稳定飞行并能到达指定的高度,但此时无人机在水平方向是不受控制的,也就是无人机无法悬停在某一位置。要想实现悬停还得控制无人机在水平面上沿纵轴和横轴方向的位置和速度,为此就需要一种传感器检测无人机在水平面的位置,比较常见的是光流传感器、惯导模块、GPS 模块等。

这里也是采用串级 PID 控制,图 1-34 是水平位置 PID 控制器的框架图。该控制器外环数据由遥控器或者地面站给定,反馈值为 GPS 模块或者惯导模块提供的位置。两值之差输入位置环 PID 控制器,经 PID 控制器解算,输出在纵轴和横轴的速度值或加速度值,此值作为期望值。此时惯导模块和光流传感器检测的数据经数据融合以后得到的数值作为实际值,将实际值和上级 PID 控制器的速度值和加速度值之差输入内环 PID 控制器,内环 PID 控制器输出值驱动电调控制电机,使无人机在水平位置上稳定下来。为什么要进行数据融合呢?因为惯导模块的加速度对时间积分为速度值,采用光流传感器定时去校正加速度计就可以获得比较准确的值。此外,当无人机只做旋转运动时,无人机在水平面 X 轴和 Y 轴上速度为 0,这时候就要利用陀螺仪去修正光流传感器的数据,这里在后续单元会详细阐述。

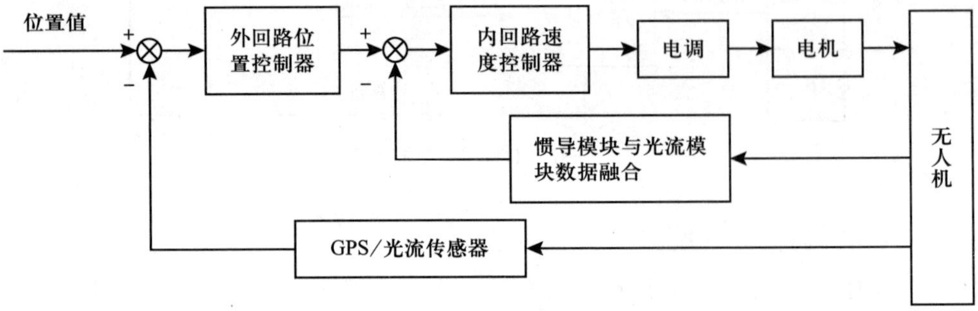

图 1-34　水平位置 PID 控制器的框架图

至此,在三种基本的控制器设计完成后,无人机将可以在空中保持姿态稳定,进行定高飞行和悬停等。

2.2.2　控制系统的性能指标

实际的物理系统存在惯性,输出量的改变与系统所存储的能量有关,而系统所存储的能量改变需要一个过程。系统响应分为动态过程和稳态过程,这两个过程分别定义了系统的动态性能指标和稳态性能指标,动态性能指标分为跟随性能指标和抗干扰性能指标。

1. 动态性能指标

动态系统的性能优劣是用单位阶跃响应来衡量的，如果系统在单位阶跃信号的作用下，动态性能可以满足要求，那么系统在其他信号的作用下，动态性能也可以满足要求。单位阶跃响应曲线 $c(t)$，如图 1-35 所示，系统动态性能指标如下：

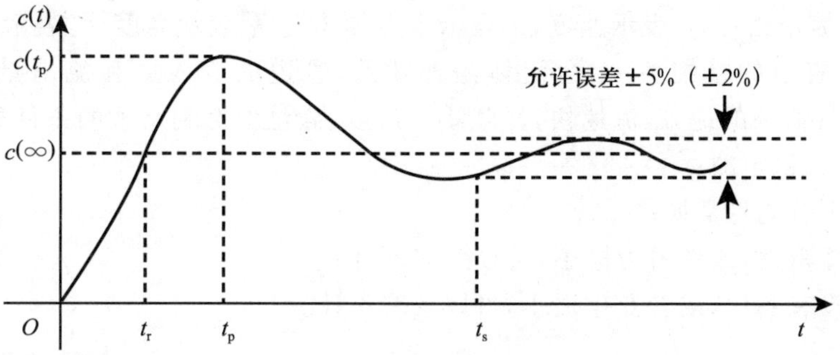

图 1-35 单位阶跃响应曲线

上升时间 t_r：对于不振荡系统，指的是阶跃响应从稳态值的 10%上升到 90%所需的时间；对于振荡系统，也可以定义为阶跃响应从零到第一次达到稳态值所需的时间。反映了系统的快速性。

峰值时间 t_p：阶跃响应从零上升到第一个峰值所需的时间。

调节时间 t_s：阶跃响应达到并保持在稳态值±5%（±2%）误差带内所需的时间，它反映了系统过渡过程的快慢。

超调量 σ：阶跃响应超出稳态值的最大偏离量与稳态值之比，它可以用来衡量系统的稳定性，即：

$$\sigma=\frac{c(t_p)-c(\infty)}{c(\infty)}\times 100\%$$

2. 稳态性能指标

控制系统的稳态性能一般是指稳态精度，常用稳态误差来表述。稳态误差是指时间趋近无穷时系统的实际输出值与理想输出值之差。稳态误差是对系统控制精度或抗扰动能力的一种度量。

2.3 旋翼无人机的力学原理

旋翼无人机产生的动力是电机带动螺旋桨运动，螺旋桨在空中切割空气，使两个面上的空气流速不一致，导致产生的气压不同，调整电机转向、螺旋桨的正反桨，即可使无人机产生向上的拉力或者下降的力量。此外，无人机在空中的时候还受到重力和空气对旋翼的摩擦阻力等因素，无人机在各个方向上运动的时候都得克服这些阻力。并且，螺旋桨在空中运动时候还会产生反扭矩，所以在旋翼无人机的设计中旋翼都是对称分布的。

2.3.1 升力

升力是无人机设计的重要指标，升力的产生主要是螺旋桨在运动时上表面和下表面的空气流速不一致，依据伯努利定理，流速大的压强小，流速小的压强大，从而在垂直方向上，被螺旋桨切割的空气的压强不一致，进而产生升力。

1. 伯努利定理

在一个流体系统，比如气流、水流中，流速越快，流体产生的压力就越小，这就是被称为“流体力学之父”的丹尼尔·伯努利于 1738 年建立的“伯努利定理”。伯努利定理是无人机起飞原理的依据，其在水力学和应用流体力学中有着广泛的应用。而且由于它是有限关系式，常用它来代替运动微分方程，因此在流体力学的理论研究中也有重要意义。

伯努利方程如下：

$$p+\frac{1}{2}\rho v^2+\rho gh=C$$

式中，p 表示压强，ρ 表示密度，v 表示速度，g 表示重力加速度，h 表示高度，C 表示常数。

如图 1-36 所示，管道的粗细不一致，流体是连续的，管道的流入量和流出量一致。管道粗的一端，流速慢，压强大；管道细的地方，流速快，压强小。所以，满足伯努利定理的条件如下：

① 流体是连续的、稳定的；

② 流体与外界没有能量交换；

③ 流体没有摩擦阻力，或者阻力极小，可以忽略不计；

④ 流体的密度没有变化，或者变化很小，可以忽略不计。

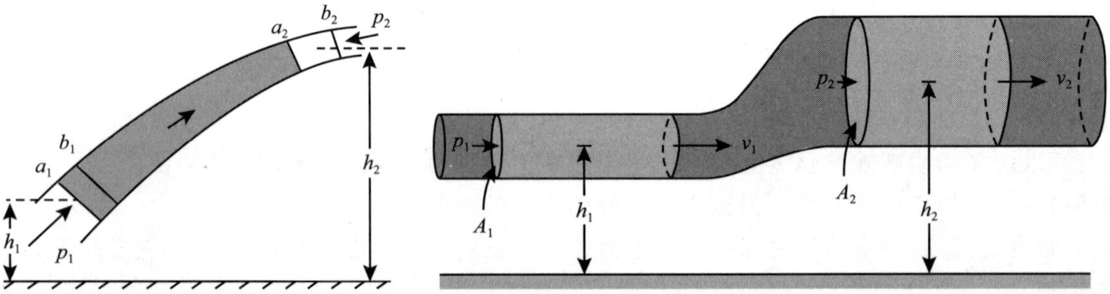

图 1-36 伯努利定理图解

2. 连续性定理

连续性定理是研究流体流经不同截面的通道时，流速与通道截面面积大小的关系。当流体连续不断且稳定地流过一个粗细不等的管子时，由于管中任何一部分的流体都不能中断或被挤压起来，因此在同一时间内，流进任意截面的流体质量和从另一截面流出的流体质量应该相等。

3. 无人机升力的产生

根据伯努利定理和连续性定理，旋翼无人机的螺旋桨切割空气，使得空气形成连续的流体。如图 1-37 所示，螺旋桨上表面面积大于下表面面积，螺旋桨旋转时，在单位时间内，空气流经上表面的速度大于流经下表面的速度，上、下表面产生的压力差使桨叶产生升力。

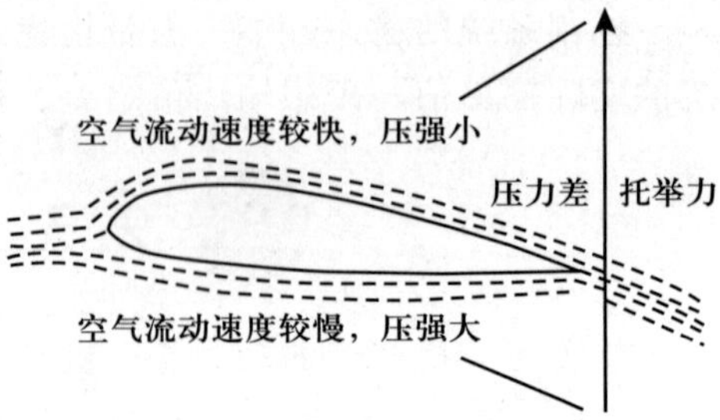

图 1-37 气流与升力示意图

2.3.2 阻力

无人机飞起来，不仅要克服重力的作用，还要克服摩擦阻力、压差阻力、干扰阻力以及诱导阻力等的影响，下面来分析一下这些阻力。

1. 摩擦阻力

由于空气本身的黏性，空气流过机翼时，紧贴机翼表面的一层空气速度减小为零，这些像黏贴在机翼表面的一部分空气与机翼表面一同运动，产生阻力，即摩擦阻力。摩擦阻力即与无人机运动方向相反、阻碍无人机前进的力。

2. 压差阻力

由于受机翼阻挡，前缘部分流速减慢，压力增大；后缘产生附面层分离形成涡流区，压力减小。前、后缘产生压力差，方向由前缘指向后缘，与无人机运动方向相反。机翼前、后产生压力差形成的阻力，即压差阻力。

3. 干扰阻力

无人机各个部件的结合部位，由于气流的相互干扰产生的附加阻力，即干扰阻力。

4. 诱导阻力

摩擦、压差、干扰阻力产生的根本原因都与空气黏性有关，除了这三种还会产生一种与黏性无关的诱导阻力。机翼产生的升力与相对气流方向垂直，这样就由升力产生了一种平行于原相对气流、与运动方向相反的分力，阻碍无人机前进，称为诱导阻力。

2.3.3 反扭矩

玩过竹蜻蜓的朋友都知道，螺旋桨产生了升力的同时，螺旋桨本身在空中也做旋转运动。螺旋桨在切割空气运动的时候，根据牛顿第三定理，此时空气对螺旋桨的反作用力，即反扭矩。

以旋翼直升机为例，对反扭矩进行解释。如图 1-38(a)所示，共轴双旋翼直升机在尾部安装了一个小的螺旋桨，作用是什么呢？当直升机做垂直运动的时候，空气对主螺旋桨产生反作用力，使直升机不平衡，做旋转运动，此时，这个小螺旋桨就会产生一个平衡力矩，使直升机稳定。如图 1-38(b)所示，并列双旋翼直升机两个螺旋桨对称分布，在产生升力的同时，空气对两螺旋桨的反扭矩相互抵消，可使直升机平衡。如图 1-38(c)所示，直列双旋翼直升机前、后旋翼在切割空气产生升力的同时，也会受到空气的反作用力，但调整螺旋桨的正桨或反桨，或者旋转方向，可使两旋翼反扭矩相互抵消。

(a)共轴双旋翼直升机 (b)并列双旋翼直升机 (c)直列双旋翼直升机

图 1-38 旋翼直升机

2.4 四旋翼无人机的结构和飞行原理

2.4.1 四旋翼无人机的结构

按照多旋翼机身和机臂的拓扑结构的不同，多旋翼无人机的机身布局可以分为星形结构和环形结构。在星形结构中，按照无人机所定义的机头方向和机臂相对位置的不同，还可分为十字形和 X 形。图 1-39 是 X 形和十字形无人机的两种结构，十字形的机架与某一机臂重合。十字形拓扑结构的优点是操控会稍简单点，因为在做姿态运动时，它以其中一个臂作为旋转轴，这个旋转轴上的机臂的电机不需要调整转速，但它的缺点也很明显，因为通常机载的前视相机对准机头方向，在十字形的设计中，相机容易被机臂遮挡，影响视角，而 X 形则采用两个机臂中间线作为机头方向，不会影响相机视角。X 形的旋翼无人机是目前非常流行的无人机。

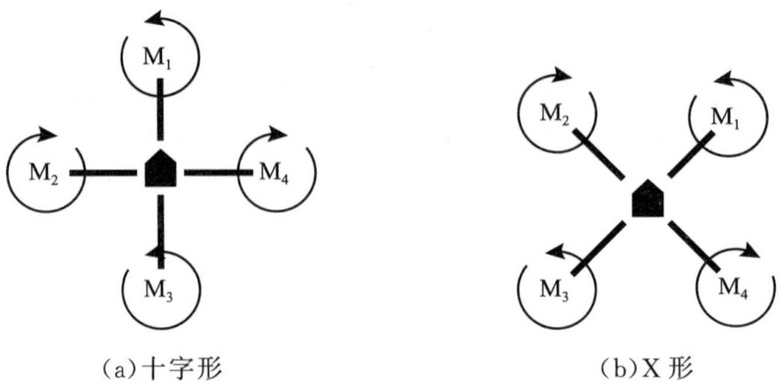

图 1-39　四旋翼无人机的两种结构

除了星形拓扑结构外，还有环形拓扑结构，如图 1-40 所示，这种拓扑结构的特点是机臂不是直接连接在中心板上的，而是通过环形连接组合而成的。这种结构的强度很高，比较牢固，可以减少振动，但整体重量会有所增加。此外，由于质量密度分散在外围，到中心之间的距离增加，导致机体振动惯量增加，机体的灵活性也就随之降低。

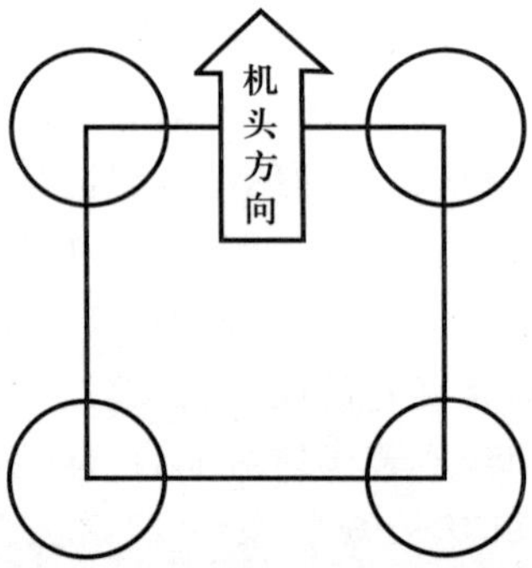

图 1-40　四旋翼无人机环形结构

2.4.2　四旋翼无人机的飞行原理

1. 六自由度运动

四旋翼无人机共有四个输入，分别是一个上升力和三个方向的转矩，但它在空间中却有六个自由度的输出坐标，如图 1-41 所示，可以进行三个坐标轴方向的平动运动和围绕三个坐标轴的旋转运动，分别是上、下运动，前、后运动，左、右运动和分别绕 X 轴、Y 轴、Z 轴的旋转运动。

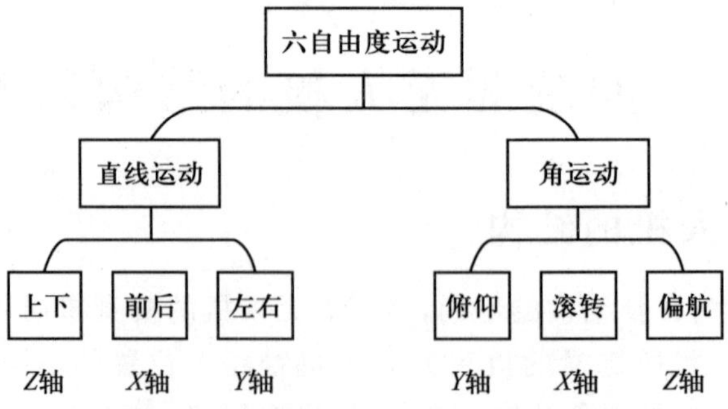

图 1-41　四旋翼无人机六自由度运动

根据四旋翼无人机的运动方式，将其飞行控制划分为四种基本的飞行控制方式：

① 垂直飞行控制(上升、下降、悬停)；

② 滚转飞行控制(绕 X 轴的旋转运动)；

③ 俯仰控制(绕 Y 轴的旋转运动);

④ 偏航控制(绕 Z 轴的旋转运动)。

2. 十字形四旋翼无人机运动控制原理

如图 1-42 所示,调节四个电机 M_1、M_2、M_3、M_4 的转速、转向,就可以使十字形结构的四旋翼无人机进行垂直运动、滚转运动、俯仰运动、偏航运动,下面介绍每一种运动的实现方法。

(1)垂直飞行控制

如图 1-42(a)所示,因有两对电机转向相反,可以平衡其对机身的反扭矩,当同时增加四个电机的输出功率时,电机转速上升使总的拉力增大,而当总拉力足以克服整机的重量时,四旋翼无人机便离地垂直上升;反之,同时减小四个电机的输出功率,四旋翼无人机则垂直下降,直至平衡落地,实现沿 Z 轴的垂直运动。当外界扰动量为零,桨叶产生的升力等于无人机的自重时,无人机便保持悬停状态。保证四个桨叶转速同步增加或减小是垂直运动的关键。

(2)滚转飞行控制

如图 1-42(b)所示,电机 M_4 的转速上升,电机 M_2 的转速下降,电机 M_1、电机 M_3 的转速保持不变,为了不因为桨叶转速的改变引起四旋翼无人机整体扭矩及总拉力的改变,桨叶 4 与桨叶 2 的转速改变量大小应相等。由于桨叶 4 的升力上升,桨叶 2 的升力下降,产生的不平衡力矩使机身绕 X 轴旋转。同理,当电机 M_4 的转速下降,电机 M_2 的转速上升,机身便绕 X 轴的另一个方向旋转,实现无人机的滚转运动。

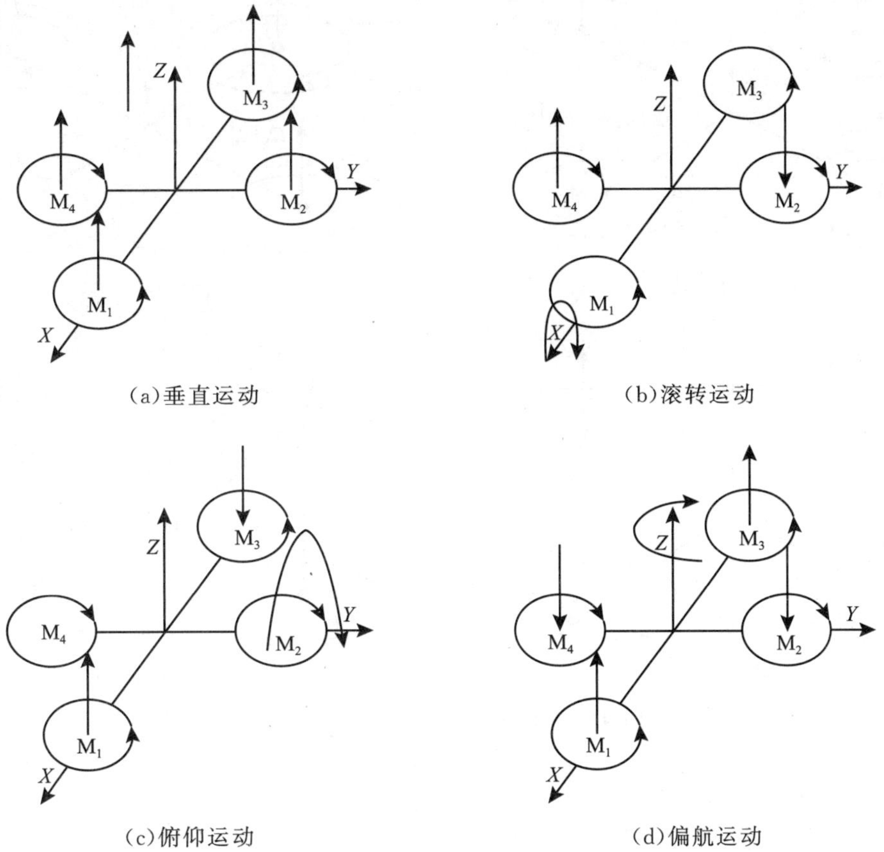

(a)垂直运动　　(b)滚转运动

(c)俯仰运动　　(d)偏航运动

图 1-42　十字形四旋翼无人机运动控制原理

(3)俯仰飞行控制

如图 1-42(c)所示,电机 M_1 的转速上升,电机 M_3 的转速下降,电机 M_2、电机 M_4 的转速保持不变。

为了不因为桨叶转速的改变引起四旋翼无人机整体扭矩及总拉力的改变，桨叶 1 与桨叶 3 的转速改变量大小应相等。由于桨叶 1 的升力上升，桨叶 3 的升力下降，产生的不平衡力矩使机身绕 Y 轴旋转。同理，当电机 M_1 的转速下降，电机 M_3 的转速上升，机身便绕 Y 轴向另一个方向旋转，实现无人机的俯仰运动。

(4)偏航飞行控制

如图 1-42(d)所示，四旋翼无人机偏航运动可以借助桨叶产生的反扭矩来实现。桨叶在转动过程中由于空气阻力作用会形成与转动方向相反的反扭矩，为了克服反扭矩影响，可使四个桨叶中的两个正转，两个反转，但要使对角线上的两个桨叶转动方向相同。反扭矩的大小与桨叶转速有关，当四个电机转速相同时，四个桨叶产生的反扭矩相互平衡，四旋翼无人机不发生转动；当四个电机转速不完全相同时，不平衡的反扭矩会引起无人机转动。当电机 M_1 和电机 M_3 的转速上升，电机 M_2 和电机 M_4 的转速下降时，桨叶 1 和桨叶 3 对机身的反扭矩大于桨叶 2 和桨叶 4 对机身的反扭矩，机身便在富余反扭矩的作用下绕 Z 轴转动，实现无人机的偏航运动，转向与电机 M_1、电机 M_3 的转向相反。

3. X 形四旋翼无人机运动控制原理

如图 1-43 所示，M_1、M_2、M_3、M_4 表示电机，Ω 表示电机转速，Δ_w 表示角速度增加值。X 形四旋翼无人机的飞行姿态与十字形四旋翼无人机的飞行姿态控制大体一样，只是在电机转向、调速上略微不同，下面进行详细介绍。

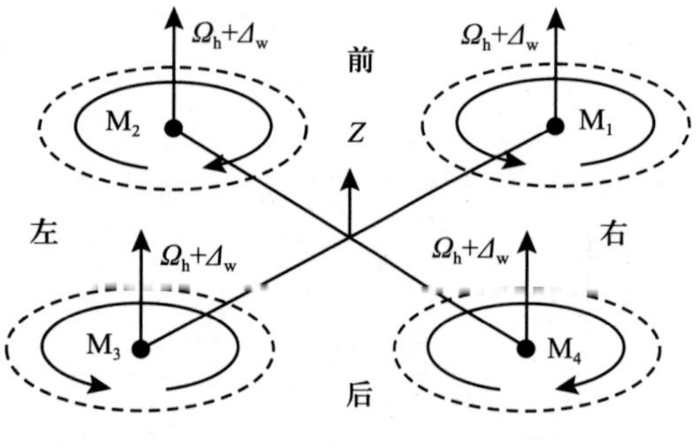

(a)垂直运动

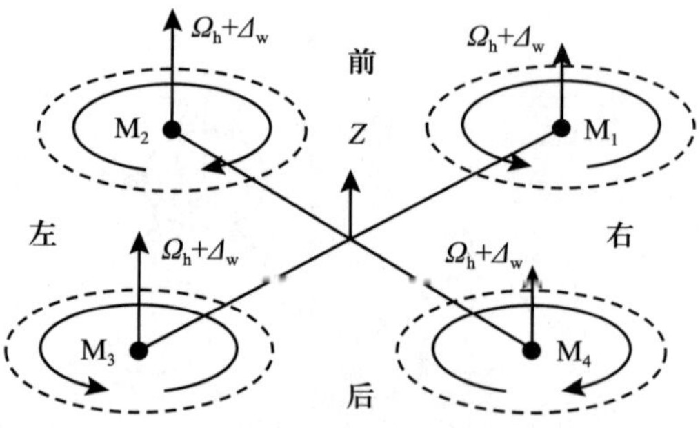

(b)滚转运动

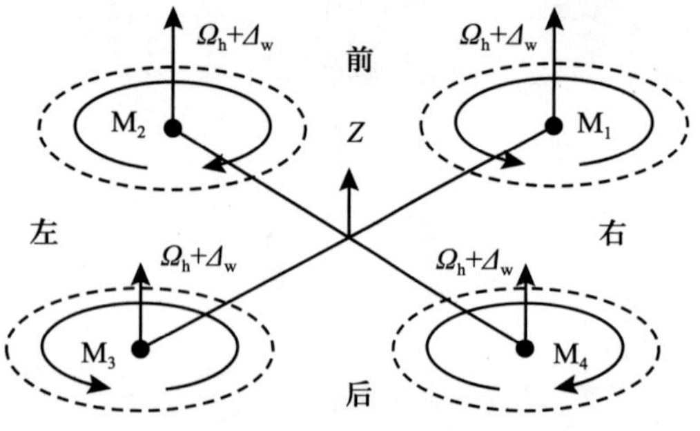

(c)俯仰运动

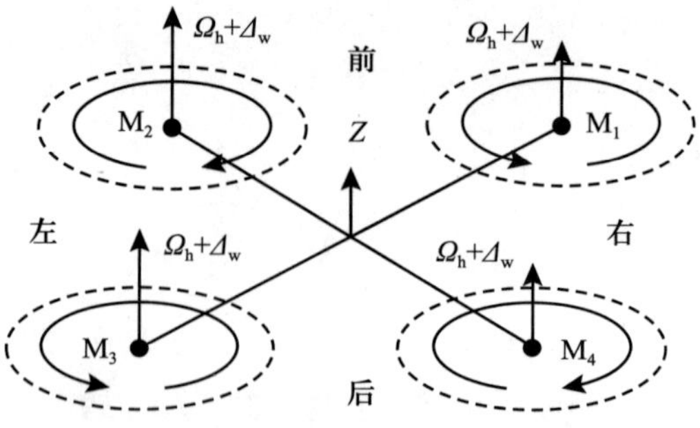

(d)偏航运动

图 1-43　X 形四旋翼无人机运动控制原理

(1)垂直飞行控制

如图 1-43(a)所示，X 形四旋翼无人机的垂直运动与十字形四旋翼无人机的相同，只要同时增加或减小电机 M_1、M_2、M_3、M_4 的转速，就能让无人机实现垂直运动。

(2)滚转飞行控制

如图 1-43(b)所示，如果想让四旋翼无人机左、右飞行，实现滚转运动，那么将电机 M_2、M_3 的转速增加或者将电机 M_1、M_3 的转速减小时，四旋翼无人机就会产生向右上方的合力，使四旋翼无人机向右飞行；反之，减小电机 M_2、M_3 的转速或者增加电机 M_1、M_4 的转速，四旋翼无人机会产生向左上方的合力，使四旋翼无人机向左飞行。

(3)俯仰飞行控制

如图 1-43(c)所示，如果想让四旋翼无人机前、后飞行，实现俯仰运动，那么将电机 M_1、M_2 的转速增加或者将电机 M_3、M_4 的转速减小时，四旋翼无人机就会产生向后上方的力，使四旋翼无人机向后飞行；反之，将电机 M_1、M_2 的转速减小或者将电机 M3、M4 的转速增加时，四旋翼无人机会产生向前上方的力，使四旋翼无人机向前飞行。

(4)偏航飞行控制

如图 1-43(d)所示，如果想让四旋翼无人机左、右转向，实现偏航运动，那么将电机 M_1、M_3 的转速增加或者将电机 M_2、M_4 的转速减小，四旋翼无人机会向左旋转，实现向左偏航；反之，将电机 M_1、M_3 的转速减小或者将电机 M_2、M_4 的转速增加，四旋翼无人机会向右旋转，实现向右偏航。

习 题

1. 无人机线性控制的方法有哪些？具体阐述每一种方法的内涵。

2. 多旋翼无人机 PID 控制器的类型有哪些？具体阐述每一种控制器的内涵。(要求绘图说明)

3. 什么叫伯努利定理？该定理与无人机升力的产生有何关系？

4. 什么叫反扭矩？反扭矩与无人机平衡有何关系？试举例说明。

5. 十字形四旋翼无人机在做垂直运动(上升、下降、悬停)、滚转运动、俯仰运动、偏航运动时，电机的转向和转速如何变化？(要求绘图说明)

6. X 形四旋翼无人机在做垂直运动(上升、下降、悬停)、滚转运动、俯仰运动、偏航运动时，电机的转向和转速如何变化？(要求绘图说明)

【单元小结】

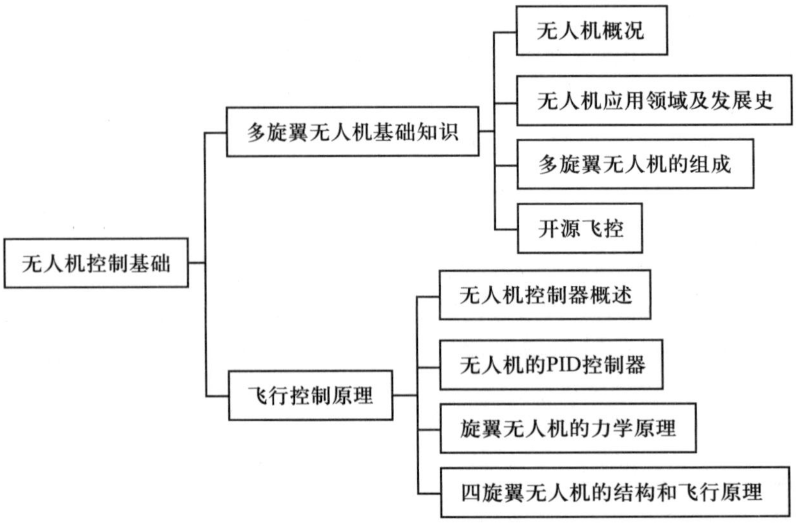

【思政案例】

近日，西北工业大学光电与智能研究院教授李学龙和同事们在“光动无人机”方面的研究取得突破性进展，利用智能信息传输处理和高能激光等技术，成功实现了对无人机的全天时智能视觉跟瞄和自主远程能量补充，开启了我国无限续航无人机的探索，实现了光学工程和人工智能的学科交叉。

该研究在无人机上搭载光电转换模块，使用高能激光对无人机进行远程供能，使无人机具备无限续航能力的可能。光动无人机主要具有三点技术优势：智能化、自适应和安全性。

目前，我国无人机飞行控制技术已达到世界领先水平。当前以大疆无人机为龙头的众多民族企业兴起，无人机相关领域的核心技术不断取得突破，使我国研制、生产的无人机受到普遍欢迎，这些都离不开科研团队的“协同配合，持续创新”。在无人机飞控技术方面，希望同学们不断积累知识，树立信心，建立团队，协同配合，持续创新，走技术技能路线，无论是在技术领域还是在生产制造领域，为祖国航空事业贡献力量。

单元 2　单片机 STM32 及外设应用

模块 1　STM32 认识及软硬件环境

模块描述

随着无人机智能化水平不断提高，无人机飞行控制技术也不断走向模块化、开源化，无人机飞控系统的开发作为无人机的核心技术越来越重要。无人机飞控常用的有 STM32 系列单片机、Arduino 系列单片机、MSP430 系列单片机等微控制器开发系统。

本模块以常用的 STM32F103 系列为例，介绍无人机飞控系统搭建和开发的基础理论知识，包括 STM32 的概念和发展历程，STM32 最小系统和主要基本内部构造，STM32 开发的软件和硬件环境，并简要介绍 STM32 单片机开发 C 语言基础知识。

学习目标

1. 知道单片机的发展史及其主要应用，知道 STM32 的由来，会 STM32 的引脚结构和最小系统的设计。
2. 知道与程序开发相关的部分单片机内部构造，主要包括存储结构、启动模块与时钟树。
3. 知道与 STM32 程序开发相关的软件与硬件知识，会 STM32 实物程序下载和调试操作。
4. 知道支持 STM32 开发的 C 语言基础知识。
5. 通过本模块学习，学生应树立严谨务实、一丝不苟的工匠精神，对电子技术开发和操作产生浓厚兴趣，对嵌入式程序开发领域产生浓厚兴趣。

1.1 STM32 概述

1.1.1 初识 STM32

1. 单片机的发展史及应用

单片机是一种采用超大规模集成电路技术，把具有数据处理能力的中央处理器 CPU、随机存储器 RAM、只读存储器 ROM、多种输入/输出口和中断系统、定时器/计数器等集成在一块硅片上，构成的一个完善的微型计算机系统。有些单片机还包括显示驱动电路、脉宽调试电路、模拟多路转换器、A/D 转换器等。

单片机诞生于 20 世纪 70 年代末，经历了 SCM、MCU、SOC 三大阶段：

① SCM(Single Chip Microcomputer，单片微型计算机)阶段。在这一阶段，单片机的主要发展方向是将计算机体系单片化，即将计算机的 CPU、RAM、ROM 等部件集成在一个芯片上，便于嵌入设备中。这一阶段代表产品有 Intel 公司的 MCS-48。

② MCU(Micro Controller Unit，微控制器)阶段。在实际项目中，单片机往往需要与各种外设芯片协同工作才能实现特定的控制功能，为了进一步简化单片机应用电路的设计，单片机芯片上集成了越来越多的外设，称为片内外设。在这一阶段，单片机上集成的片内外设越来越多，单片机控制板卡的独立外设芯片越来越少。在发展 MCU 方面，早期著名的厂家为 Philips 公司。STM32 就是 MCU 的一种。

③ SOC(System On Chip，嵌入式系统)阶段。与 MCU 相比，SOC 可以看作一种专用型单片机，例如，国产的乐鑫 ESP8266 的内核是一个 32 位的精简指令集处理器，自带一个 Wi-Fi 模块；高通的骁龙处理器，CPU 只占整个芯片面积的 15%，其余被 GPU(Graphics Processing Unit，图像处理器)、DSP(Digital Signal Processing，数字处理单元)、基带/射频前端、MODEM(调制解调器)等模块占据。

2. STM32 的诞生与发展

意法半导体(ST)是世界领先的提供半导体解决方案的公司，生产信号调节、传感器、二极管、功率晶体管、存储器、射频晶体管、微控制器等多达 32 类产品。2007 年 6 月 11 日，STM32 在北京发布，依靠中国市场，ST 公司成为位居全球前列的通用 MCU 厂商。STM32 的内核采用了英国 ARM 公司授权的 Cortex-M 系列内核，围绕该内核增加了片内外设并进行了封装。除了 STM32，目前市面上还有恩智浦(NXP)、新唐(Nuvoton)等知名半导体公司推出的基于 Cortex-M 内核的单片机产品。STM32 家族图谱如图 2-1 所示，STM32 主流系列微控制器面向广泛的应用，满足来自不同领域和应用的大多数融合需求。

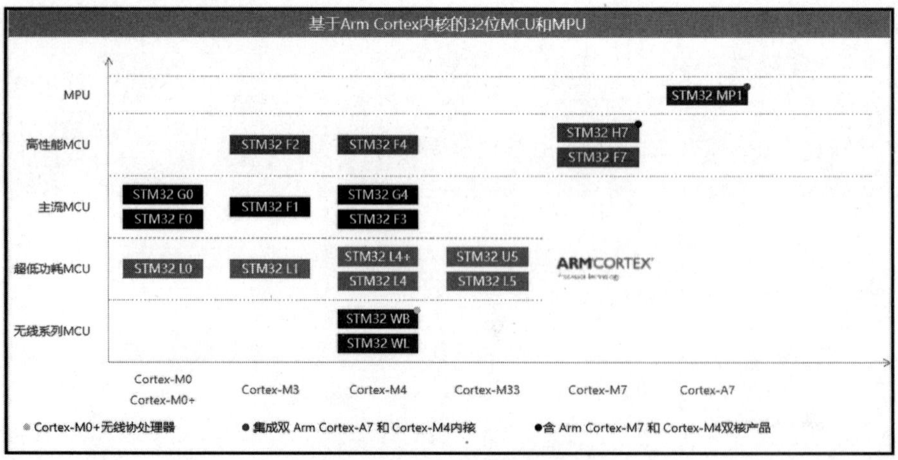

图 2-1 STM32 家族图谱

STM32F103 系列单片机芯片包括从 36 引脚至 100 引脚不同封装形式，不同的封装和丰富的资源使 STM32F103 系列适用于多种场景，如电机驱动和应用控制、PC 外设、变频器、打印机、报警系统和视频对讲设备等。STM32 系列命名遵循一定的规则，通过名字可以确定该芯片引脚、封装等信息。STM32 命名规则如图 2-2 所示。

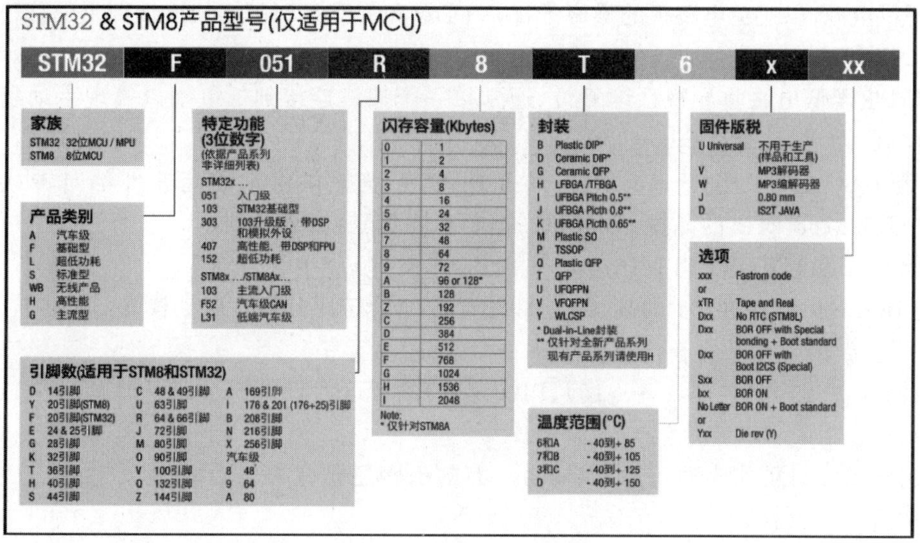

图 2-2 STM32 命名规则

1.1.2 STM32 硬件结构基础

1. STM32 的引脚构成

LQFP64 封装的 STM32F103R6 芯片如图 2-3 所示，各引脚按功能可分为电源、复位、时钟控制、启动配置和输入、输出，其中，输入、输出可作为通用输入、输出，还可经过配置实现特定的第二功能，如 ADC、USART、I^2C、SPI 等。下面按照功能简要介绍各引脚，涉及第二功能的引脚在后面会进行介绍。

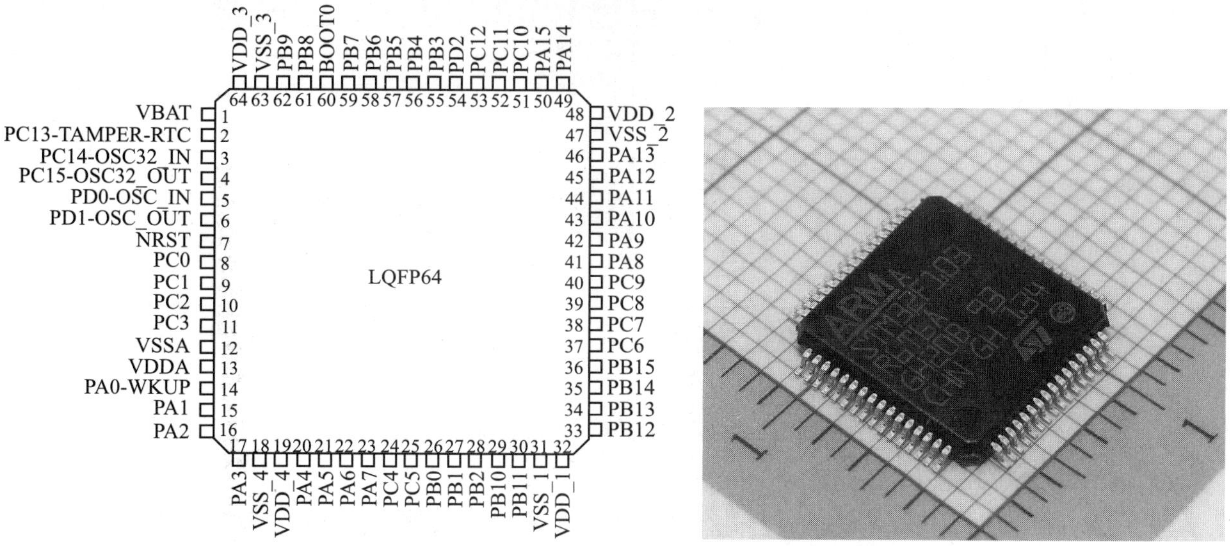

图 2-3 STM32F103R6 单片机引脚排布及外形

(1)电源：VDD_x(x=1,2,3,4)，VSS_x(x=1,2,3,4)，VBAT、VDDA、VSSA

STM32F103 系列单片机的工作电压在+2.0～+3.6 V，整个系统由 VDD_x(接在+2.0～+3.6 V 电

源)和 VSS_x(接地)提供稳定的电源供应。需要注意的是,首先,如果 ADC 被使用,VDD_x 就必须被控制在+2.4～+3.6 V;如果 ADC 未被使用,VDD_x 在+2.0～+3.6 V。VDD_x 引脚必须连接带外部稳定电容器的电压。其次,VBAT 引脚给 RTC 单元供电,允许 RTC 在 VDD_x 关闭时正常运行,需接外部电池(+1.8～+3.6 V),如果没有接外部电池,VBAT 引脚需要接到 VDD_x 电压上。最后,VDDA 和 VSSA 可为 ADC 单独提供电源,以避免电路板的噪声干扰,VDDA 和 VSSA 引脚必须连接两个外部稳定电容器。

(2)复位:NRST

NRST 引脚出现低电平将导视系统复位,通常接一个按键连接到低电平以实现手动复位功能。

(3)时钟控制

OSC_IN 和 OSC_OUT 接 4～16 MHz 的晶振,为系统提供稳定的高速外部时钟;OSC32_IN 和 OSC32_OUT 接 32.768 kHz 的晶振,为 RTC 提供稳定的低速外部时钟。

(4)启动配置:BOOT0、BOOT1(PB2)

通过设置 BOOT0 和 BOOT1 的高、低电平配置 STM32F103R6 的启动模块,为便于设置可通过跳线与高、低电平连接。

(5)输入、输出:PAx(x=0,1,2,…,15)、PBx(x=0,1,2,…,15)、PCx(x=0,1,2,…,15)、PDx(x=0,1,2,…,15)

四个输入、输出端口可作为通用输入、输出。有的引脚还具有第二功能。

2. STM32 的最小系统

单片机的最小系统就是单片机运行所需最小的外部条件,电路图如图 2-4 所示。

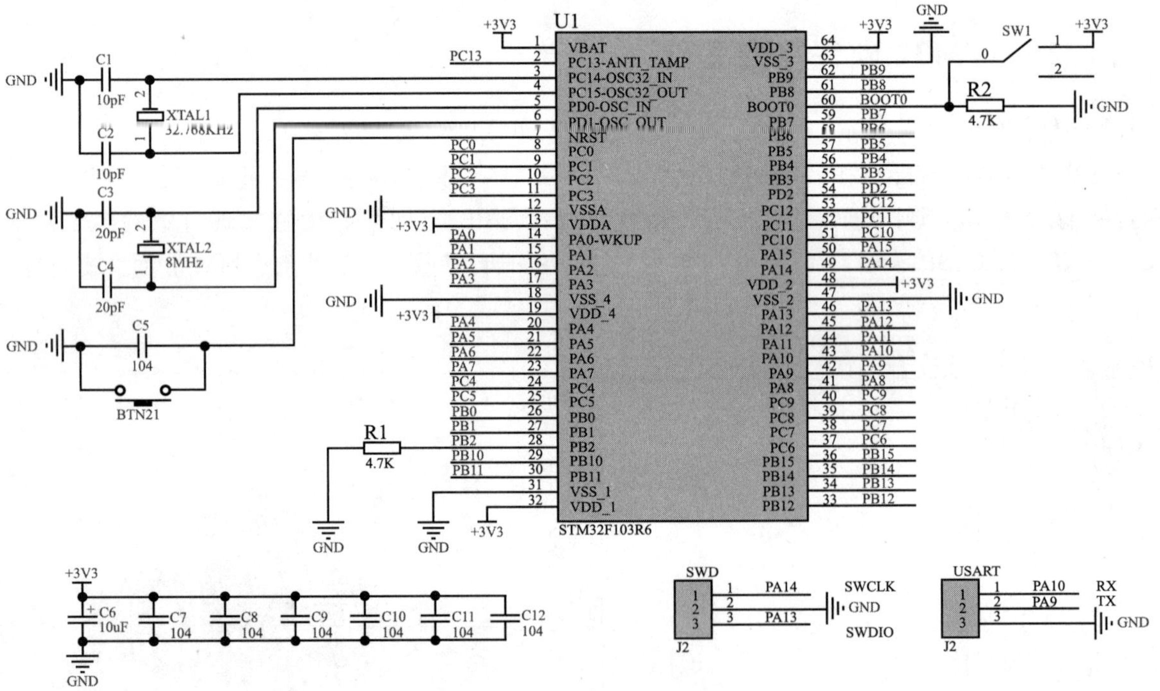

图 2-4 STM32 最小系统电路图

(1)电源

STM32 内部采用分区供电的方式,所以有 VDD_1～VDD_4 作为数字量电源正极,内部联通;VSS_1～VSS_4 为数字量电源负极,内部连通。VDDA、VSSA 为模拟量电源正、负极,若不需要 A/D 转换或对模拟量精度要求不高,可以直接与数字量电源正、负极相连。VBAT 作为电池正极输入端,一般用于 RTC 供电,若不需要 RTC 供电则直接与数字量电源正极相连。在实际使用中,通常给定电源电压为 3.3 V。

(2)复位电路

STM32 的复位方式有系统复位、上电复位、备份区域复位三种,其中,系统复位又分为外部复位、窗口看门狗复位、独立看门狗复位、软件复位、低功耗管理复位五种。外部复位如图 2-4 所示,当系统上电或在运行过程中按下图 2-4 中的按钮时,STM32 可按 BOOT 模式的设定进行复位。

(3)时钟电路

STM32 的时钟源输入、输出引脚共有四个,可划分如下两组:OSC_IN 引脚和 OSC_OUT 引脚用于连接 HSE 高速外部时钟信号,HSE 可选频率为 4～16 MHz,典型值为 8 MHz;OSC32_IN 引脚和 OSC32_OUT 引脚用于连接 LSE 低速外部时钟信号,LSE 典型值为 32.768 kHz,用于向实时时钟提供振荡源,通常不接。图 2-4 中所接晶振都是无源晶振,在一些强干扰应用方案设计中,可以根据实际需求选择有源晶振。当设计方案对时钟精度要求不高时,可以用 STM32 内部 RC 振荡器来代替外部晶振。HSI 和 LSI 的频率分别为固定值 8 MHz 和 40 kHz。

除电源、复位电路与时钟电路外,一般还应预留程序下载接口与调试接口。在实际应用中,可根据最小系统电路进行修改或扩展。

3. STM32 内部构造简介

与 STM32 应用开发有关的内部构造,主要包括存储器、启动模块和时钟系统。图 2-5 是 Cortex-

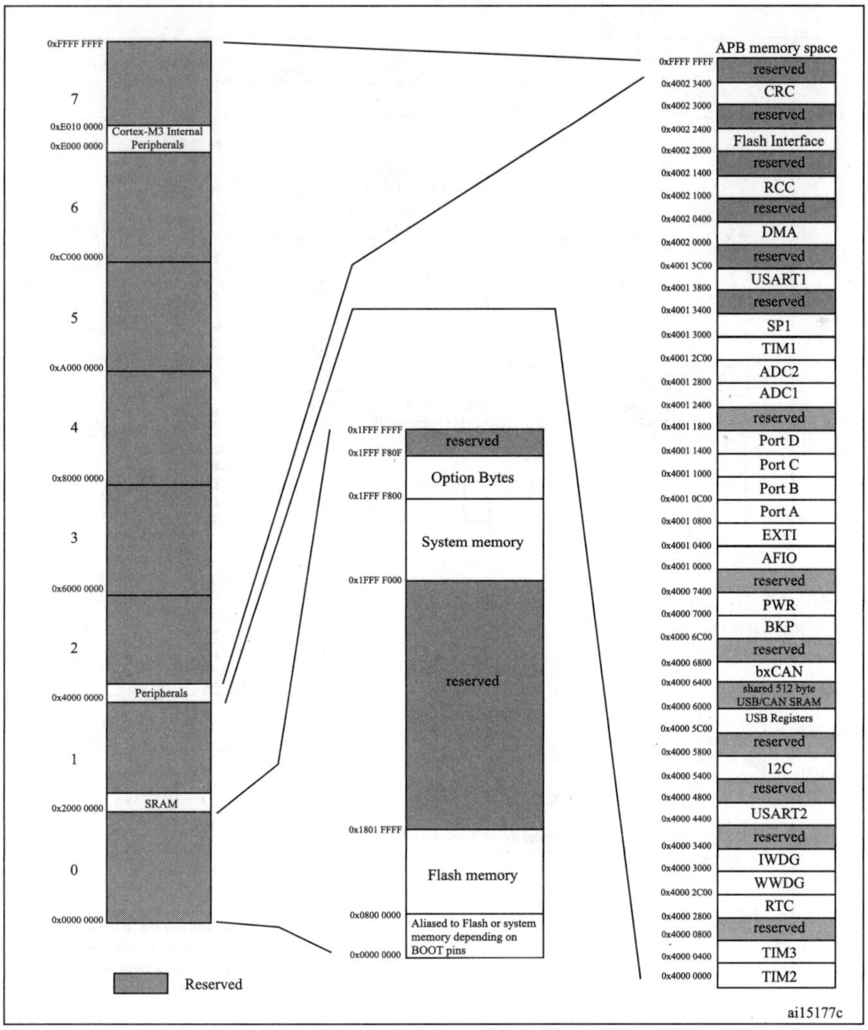

图 2-5　Cortex-M3 存储器结构示意图

M3 存储器结构示意图，32 位寻址方式的 STM32 内核 Cortex-M3 的存储器采用统一编址方式，寻址范围是 0x0000 0000～0xFFFF FFFF，共 4 GB 寻址空间。4 GB 寻址空间被分为 Block0～Block7，共八个主块，每块存储空间均为 512 MB，其中，Flash ROM 闪存只读存储器位于 Block0 中，地址范围为 0x0000 0000～0x1FFF FFFF。STM32F103R6 单片机 Flash ROM 也称为程序存储器，一般用于存放用户编写的单片机程序，具有断电保持功能。SRAM 静态随机存储器位于 Block1 中，地址范围为 0x2000 0000～0x2000 17FF。SRAM 也称为数据存储器，一般用于存放单片机运行过程中产生的临时变量，不具备断电保持功能。片上外设的映射地址位于 Block2 中，地址范围为 0x4000 0000～0x5FFF FFFF，作用是作为片上外设的接口，单片机程序通过片上外设的映射地址实现对片内外设的间接访问和控制。

STM32 的启动模块(BOOT)有三种，分别为主闪存存储器、系统存储器和内置静态随机存储器。从主闪存存储器和从系统存储器启动较为常见，从主闪存存储器启动，即启动后运行用户编写的程序；从系统存储器启动，即进入 ST 公司预置的 BootLoader 启动加载程序，一般用于从串口 1 下载用户程序。STM32F103R6 的 BOOT0 引脚为 60，BOOT1 引脚为 28。

STM32 时钟允许用户对各种外设的时钟信号进行配置，工作频率越高，功耗越高，由此构成了 STM32F10x 的时钟树，如图 2-6 所示，单片机内部可选 PPL，即锁相环能将总线频率的最高倍频调整至 72 MHz。

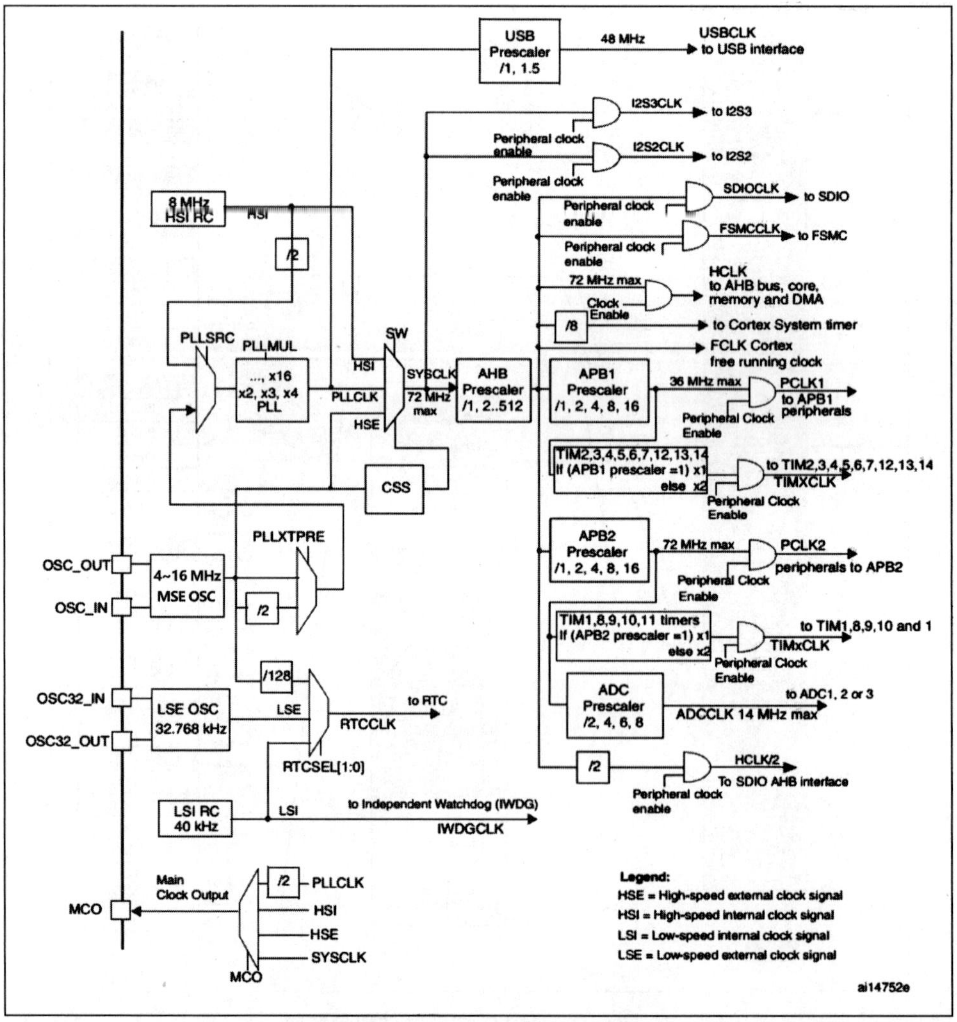

图 2-6　STM32F10x 的时钟树

1.2 STM32软硬件环境搭建(初始化)

1. STM32开发流程概述

STM32程序有多种开发平台，首先可使用STM32CubeIDE的图形化配置工具生成程序的工程框架与初始化代码，之后使用STM32CubeIDE的编程工具编写代码并生成STM32程序，然后结合实验板实物或Proteus虚拟仿真软件对程序进行调试，得到功能完善、运行稳定的STM32程序。普遍用于STM32程序开发的还有MDK-ARM软件，该软件是Keil公司推出的嵌入式集成开发环境，包括编译器、宏编译器、调试器、实时内核等组件，完美支持Cortex-M、Cortex-R及Cortex-A8等系列元器件。

STM32程序开发，目前主要分为两大类，即直接配置寄存器和基于固件库开发。直接配置寄存器这种方式开发难度大，但优点在于生成代码比较精练，效率比较高，因此也有部分工程师仍然在采用。很多工程师目前都已经转到基于固件库开发STM32项目，STM32固件库有两个版本。在F0/F1和早期部分F4系列中，ST公司推出了一个叫作标准库的固件库，在2014年又在标准库的基础上推出了HAL库，HAL即硬件抽象层。两种库本质上是一个意思，都是提供底层硬件操作接口函数。但与标准库相比，HAL库不但封装了底层寄存器，还封装了一些特定功能。也就是说，实现同样的功能，标准库写程序需要几行代码，但HAL库可能只要一行就可以。并且HAL库很好地解决了程序移植的问题，不同型号的STM32标准库不一样，例如，从F1向F4就很难移植。如果使用HAL库，只要使用的是相通的外设，程序移植起来就非常容易。HAL库也是ST公司目前力推的一个库，最近新出的芯片也不再提供标准库，只提供HAL库。而且ST公司还推出了与HAL库配套的STM32Cube软件包及带图形化配置界面的代码生成开发工具STM32CubeMX，甚至还推出了集成开发环境STM32CubeIDE。

2. STM32CubeIDE简介

STM32CubeIDE软件是ST公司推出的STM32专用集成开发环境，由两个工具软件整合而成，一个是ST公司推出的图形化配置工具STM32CubeMX，其主要用于自动生成STM32程序初始化代码，减轻程序员的工作负担；一个是ST公司收购Atollic的ARM编程工具TrueSTUDIO，主要用于编写STM32程序代码。STM32CubeIDE由开源项目Eclipse二次开发，其运行需要Java运行环境的支持。STM32CubeIDE和STM32CubeMX的操作过程和界面相似，两个可以相互参考操作。

1. 启动软件新建项目，打开STM32CubeMX，软件有时可能会更新一些组件，等待安装完成即可。	

2. 启动 STM32CubeMX 完毕之后，在界面中点 Start My project from MCU 下方的 ACCESS TO MCU SELECTOR，新建 Project。	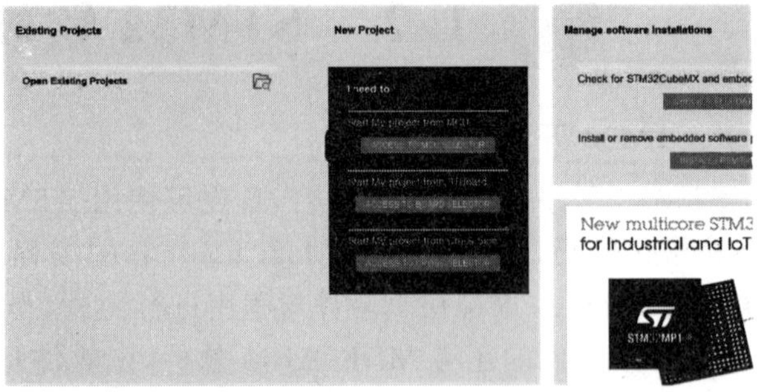
3. 选择 CPU 型号。根据实际工程需要选择 CPU 具体型号，在 Proteus 仿真中一般选择 STM32F103R6。我们可以直接在搜索框输入具体型号，如 STM32F103R6，如右图所示。最终在本页面下方点击 STM32F103R6，确认该型号为实际使用型号，随后点击 Start Project。	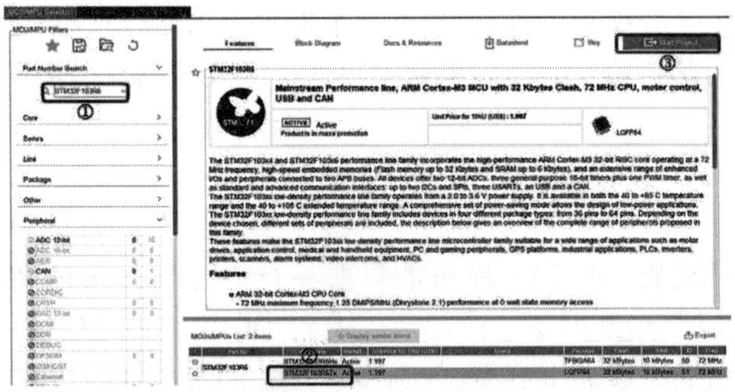
4. 配置 I/O 口。进入工程后点击左侧 System Core，再点击 GPIO 配置 I/O。随后在右下的搜索框里输入 PA，可以看到 PA 口所有 Pin 都在闪烁，继续输入 PA5，则只有 PA5 闪烁。	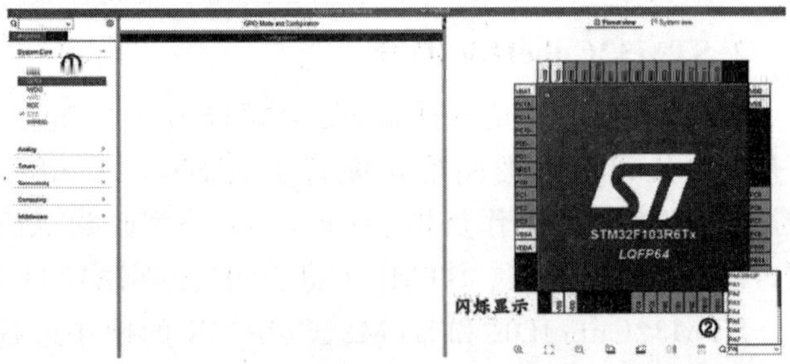
5. 在右下搜索框中输入 PA5 后，根据闪烁提示选中 PA5，在出现的浮动菜单中，选择 GPIO_Output，将 GPIOA 的 Pin5 设置为输出。注意，如果芯片视图过小，以致看不清管脚，可以点击下方的缩放按钮进行缩放操作。芯片视图也可以通过点击鼠标左键进行拖动操作。随后点击中间 GPIO 属性框中的 PA5，对下方出现的属性框内容进行修改。将 GPIO output level 默认值设为 High，设置 GPIO mode 为 Output Push Pull，GPIO Pull-up/Pull-down 设置为 No pull-up and no pull-down，Maximum output speed 设置为 High，User Label 设置为 LEDR。注意，此处的 User Label 也可不设置。如果不设置，在自动生成的代码中，对应该 Pin 有一个默认名，为 GPIO_Pin_5。	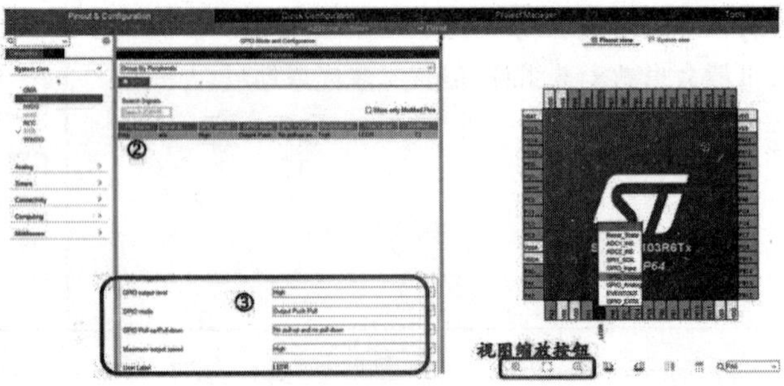

<table>
<tr>
<td>6. 配置 RCC 时钟源和系统时钟树。配置 GPIO 完毕后，点击左侧 System Core 下方的 RCC，打开 RCC 选项，当鼠标长时间停留在 RCC 上时，可显出浮动提示菜单。设置高、低速外部时钟 High Speed Clock 和 Low Speed Clock 均为 Crystal/Ceramic Resonator，即使用外部晶振作为 HSE 和 LSE 的时钟源。选定 RCC 时钟。</td>
<td>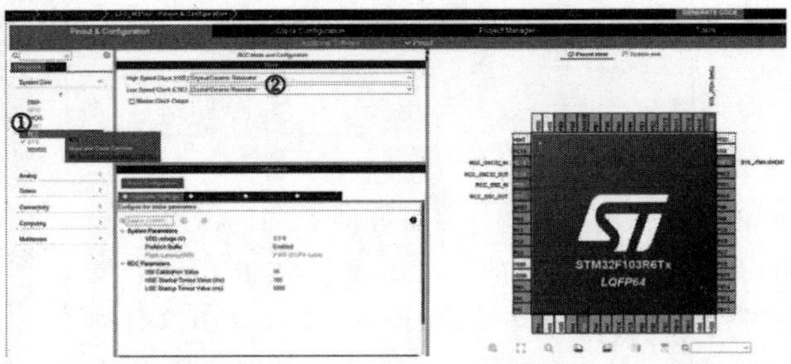
</td>
</tr>
<tr>
<td>7. 配置 RCC 时钟源步骤。
①点击上方的 Clock Configuration 进入配置时钟树选项卡；
②外部晶振数值填入 8 MHz；
③PLL Source Mux 通道选择 HSE，* PLLMul 倍频系数选择×9；
④System Clock Mux 选择 PLLCLK；
⑤APB1 Prescaler 选择二分频/2，APB2 Prescaler 保持/1 不变；
⑥选择 Cortex System timer 的分频系数为八分频/8，确定其时钟频率为 9 MHz。</td>
<td>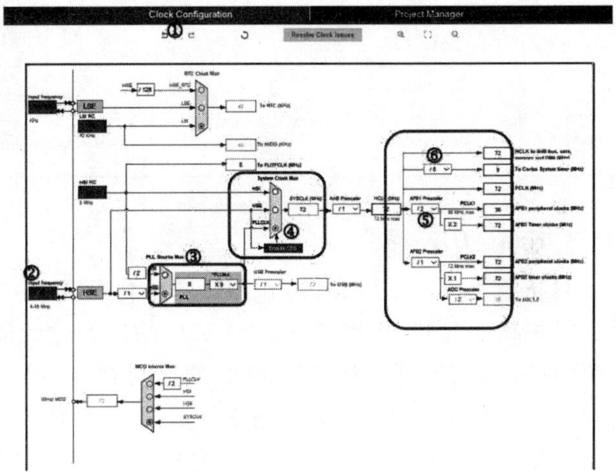
</td>
</tr>
<tr>
<td>8. 配置工程属性。接着选择 Project Manager 选项，配置工程的名称、路径、使用的 IDE 工具、堆栈。注意不要使用中文路径和工程名称。随后，点击 Code Generator 进一步设置工程属性。在 STM32Cube MCU packages and embedded software packs 部分，选择 copy only necessary library files。在 Generated files 部分，勾选 Generate peripheral initialization as a pair of .c/.h′files per peripheral，Keep User Code when re-generating 和 Delete previously generated files when not re-generated 选项。</td>
<td>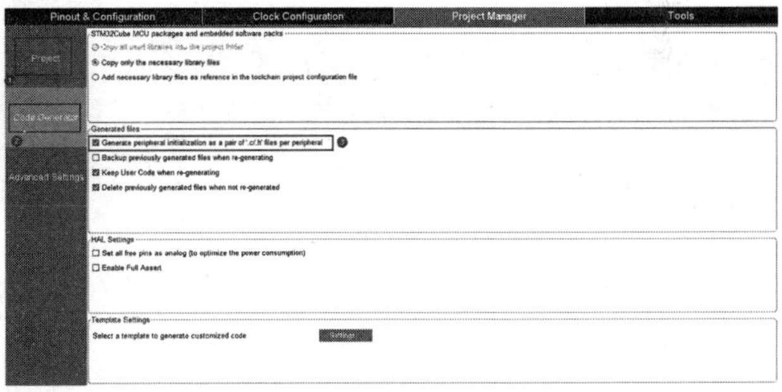
</td>
</tr>
<tr>
<td>9. 生成代码。完成以上设置后，如右图所示，点击右上角 GENERATE CODE，在设定的路径成功生成代码，选择打开工程 Open Project。</td>
<td>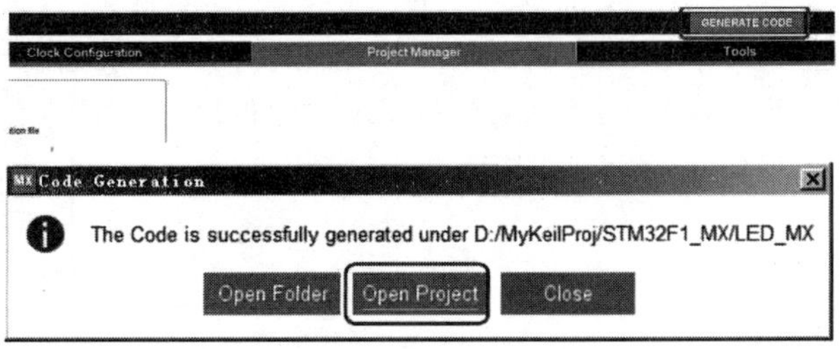
</td>
</tr>
</table>

10. 添加用户测试代码。在打开的 MDK-ARM 工程中，找到在 MDK 左侧的 Project 窗口，点击工程名，展开工程文件列表，点击 Application/User，展开文件列表，双击 main. c，在打开的 main. c 文件中找到 while (1)循环，在循环中添加代码实现 LED 闪烁功能。

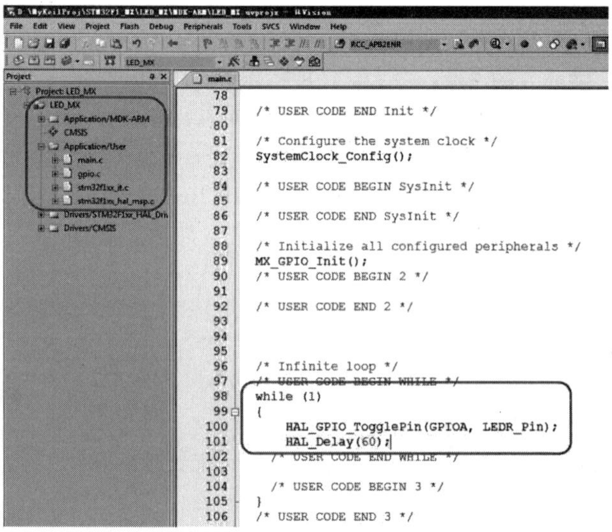

3. Keil MDK 简介

刚介绍了利用 STM32CubeMX 图形化配置工具新建 STM32 的 MDK 工程，利用该工具可以自动生成很多初始化代码，例如，GPIO 端口的初始化代码、系统内核以及各种时钟的初始化代码。然而，在方便的同时，可能也会有各种问题，如不同开发工具的版本冲突可能导致不能成功创建工程。而且，用这种方式创建工程，代码组织也不够清晰。利用 MDK 平台新建基于 HAL 库工程模板的方法，即以手工方式创建 HAL 库工程模板。作为模板，之后可以直接复制，在复本之上进行开发。接下来，我们需要 Keil MDK5.27 以上的开发环境，并到 ST 官网下载 HAL 库软件包。

1. 新建工程文件夹。在新建工程之前，建议在电脑的某个目录下面建立一个文件夹，以使工程目录更加清晰。这里建立一个名为 Template 的文件夹，这是工程的根目录文件夹，为了方便存放工程需要的一些其他文件，在 Template 目录下再建立几个子文件夹，如 CORE、HALLIB、OBJ 和 USER。

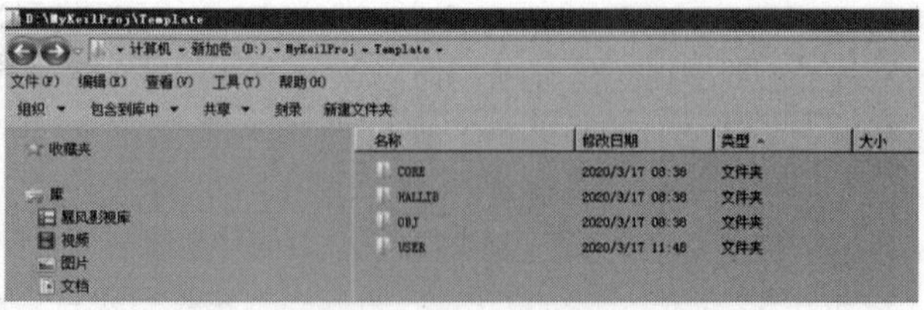

2. 新建工程选择芯片型号。打开 MDK，点击菜单 Project→New μVision Project，然后将目录定位到刚才建立的文件夹 Template 之下的 USER 子文件夹，工程取名为 Template 之后点击保存，之后的工程文件可以全部保存到 USER 文件夹下面。

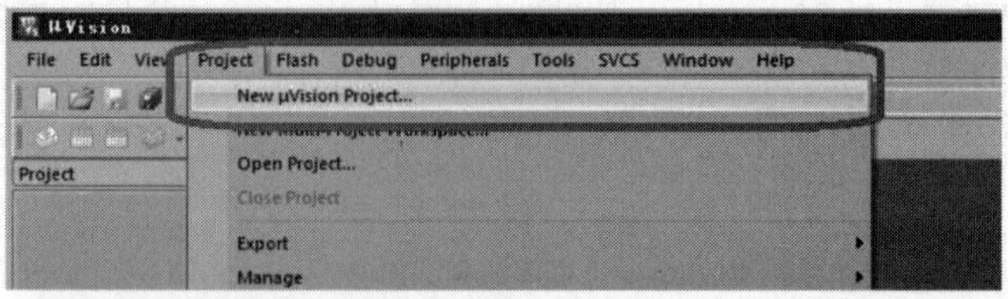

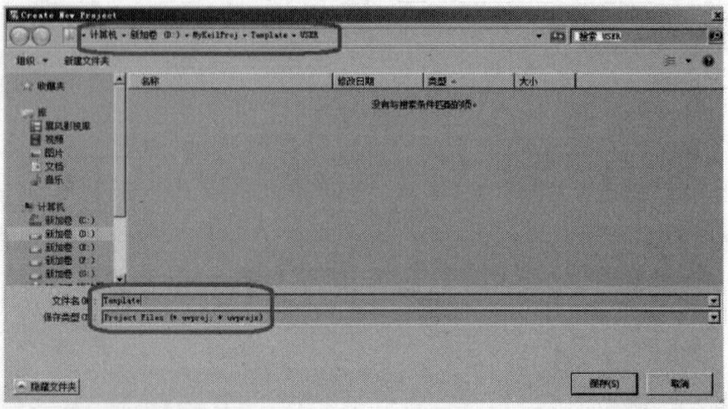

在弹出的选择 Device 的界面，选择芯片 CPU 型号，定位到 STMicroelectronics 下面的 STM32F103ZE。	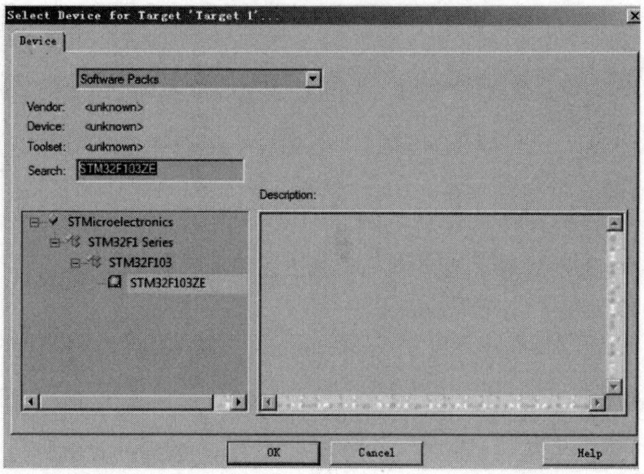
3. 如果在 Proteus 里仿真可以考虑选择 STM32F103R6。编译的 HEX 文件一样可以在 Proteus 里仿真。选定芯片 CPU 型号后，对于弹出的“在线添加库文件”对话框，直接选择“Cancel”。这是因为 MDK 服务器在国外，在线实时添加库文件速度会非常慢。	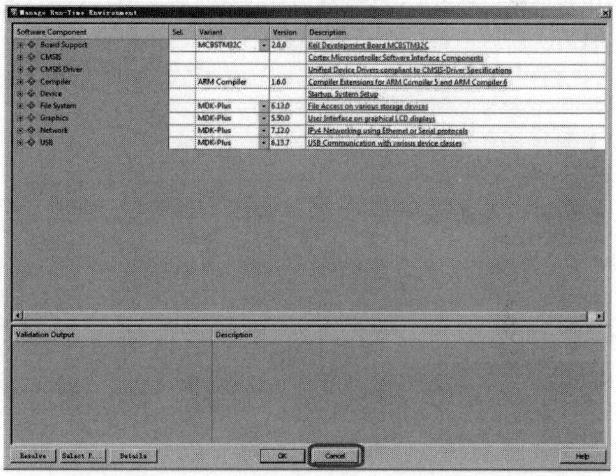 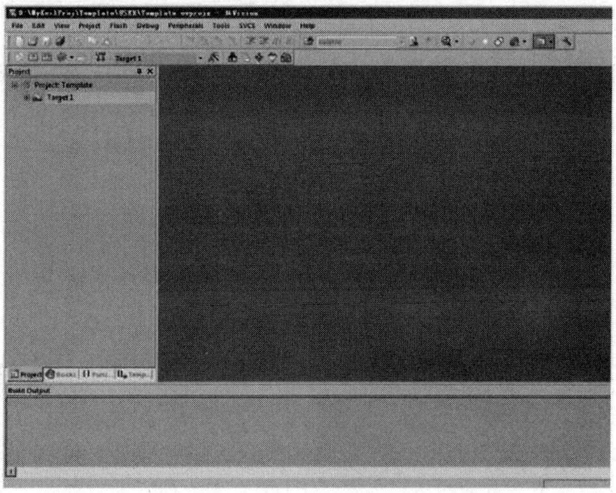

4. 新建工程初步完成后，在开始创建的 USER 文件夹下有了一些由 MDK 创建的内容，其中，Template.uvprojx 是工程文件，非常重要，不能轻易删除。MDK 生成的工程文件以 .uvprojx 为后缀。DebugConfig、Listings 和 Objects 三个文件夹是 MDK 自动生成的文件夹，其中，DebugConfig 文件夹用于存储一些调试配置文件；Listings 和 Objects 文件夹用来存储 MDK 编译过程的一些中间文件。可以把 Listings 和 Objects 文件夹删除，因为我们将把上述中间文件放到我们自己建立的 OBJ 文件夹。	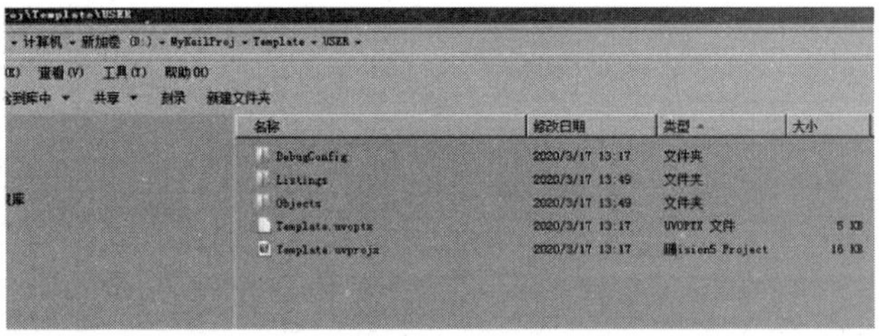
5. 接下来我们将从 STM32 CubeF1 软件包复制一些新建工程需要的关键文件到工程目录中，如源文件或文件夹等。 复制 HAL 库目录 Inc 和 Src 到 HALLIB 文件夹。将目录\STM32_Cube_FW_F1V1.8.0\Drivers\STM32F1xx_HAL_Driver 中的 Inc、Src 两个文件夹及其下所有文件复制到前述步骤所建立的 HALLIB 子文件夹下。在以上复制的两个目录中，Src 存放的是固件库的.c 源代码文件，Inc 存放的是对应的.h 头文件，每个外设对应一个.c 文件和一个.h 文件。	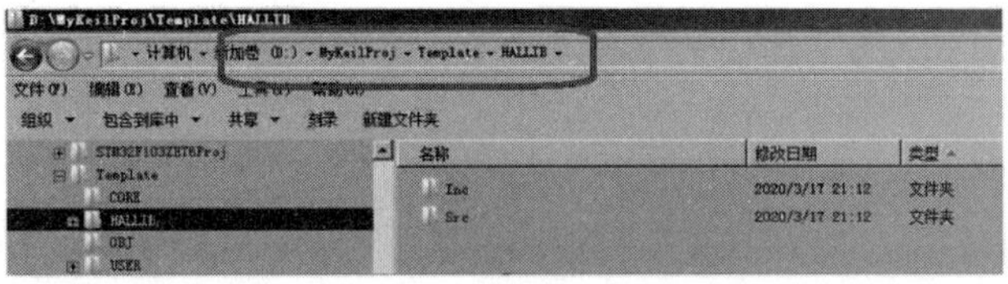
6. 复制启动文件和头文件到 CORE 文件夹。将目录\STM32_Cube_FW_F1V1.8.0\Drivers\CMSIS\Device\ST\STM32F1xx\Source\Templates\arm 中的文件 startup_stm32f103xe.s 复制到前述步骤所建立的 CORE 子文件夹下；将目录\STM32_Cube_FW_F1V1.8.0\Drivers\CMSIS\Include 中的四个.h 头文件：cmsis_armcc.h、cmsis_armclang.h、cmsis_compiler.h 和 core_cm3.h 复制到前述步骤所建立的 CORE 子文件夹下。复制完成后，目录\Template\CORE 内容如右图。	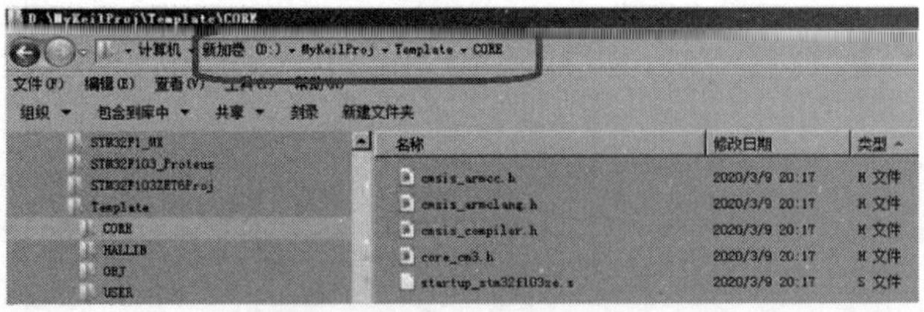
7. 复制.h 文件和.c 文件到 USER 文件夹。将目录\STM32_Cube_FW_F1V1.8.0\Drivers\CMSIS\Device\ST\STM32F1xx\Include 中的三个.h 文件：stm32f1xx.h、system_stm32f1xx.h、stm32f103xe.h 复制到前述步骤所建立的 USER 子文件夹下；将目录\STM32_Cube_FW_F1V1.8.0\Projects\STM3210E_EVAL\Templates\Inc 中的三个.h 头文件：stm32f1xx_it.h、stm32f1xx_hal_conf.h 和 main.h 复制到前述步骤所建立的 USER 子文件夹下；将目录\STM32_Cube_FW_F1V1.8.0\Projects\STM3210E_EVAL\Templates\Src 中的四个.c 文件：system_stm32f1xx.c、stm32f1xx_it.c、stm32f1xx_hal_msp.c 和 main.c 复制到前述步骤所建立的 USER 子文件夹下。复制完成后，目录\Template\USER 内容如右图。	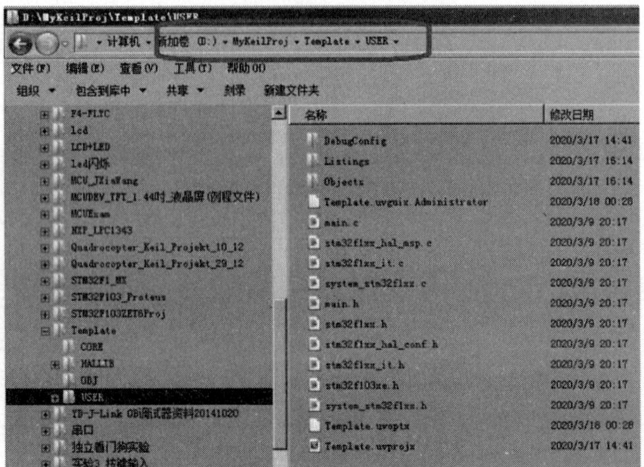

<table>
<tr>
<td>8.复制开发板厂商 ALIENTEK 提供的文件夹 SYSTEM 到 Template 目录下，以减少编写代码的工作量。SYSTEM 文件夹内容是正点原子 ALIENTEK 为其开发板用户编写的一套非常实用的函数库，提供了系统时钟初始化、串口打印、延时函数等功能代码，这些函数已经被应用于各种竞赛以及实际工程项目中。当然，也可以不复制 SYSTEM 文件夹内容，但系统时钟初始化等功能就需要自己实现。复制完成后，目录\Template\SYSTEM 内容如右图。</td>
<td>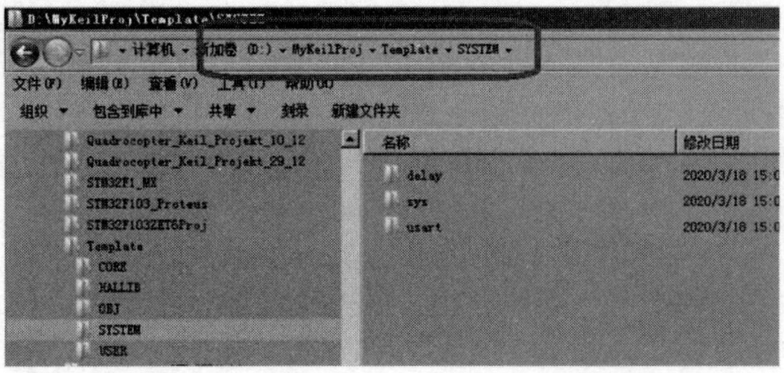
</td>
</tr>
<tr>
<td>9.在工程中添加文件分组。接下来将上述复制的文件添加到工程模板 Template 中。在 MDK 软件左侧工程管理窗口右键单击 Target 1，选择 Manage Project Items。</td>
<td>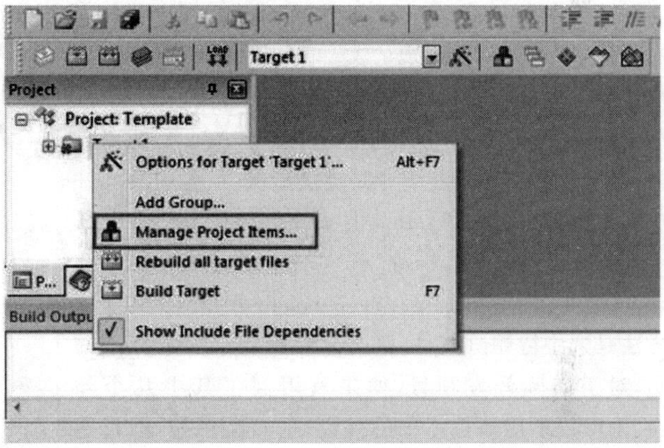
</td>
</tr>
<tr>
<td>10.在点击 Manage Project Items 后弹出的对话框中的 Project Targets 一栏，双击 Target 1，将 Target 1 修改为 Template，在 Groups 一栏，选中 Source Group 1 后点击删除按钮，将其删除，并点击新建 Group 按钮建立四个新 Group：USER、SYSTEM、CORE 和 HALLIB，然后点击 OK。</td>
<td>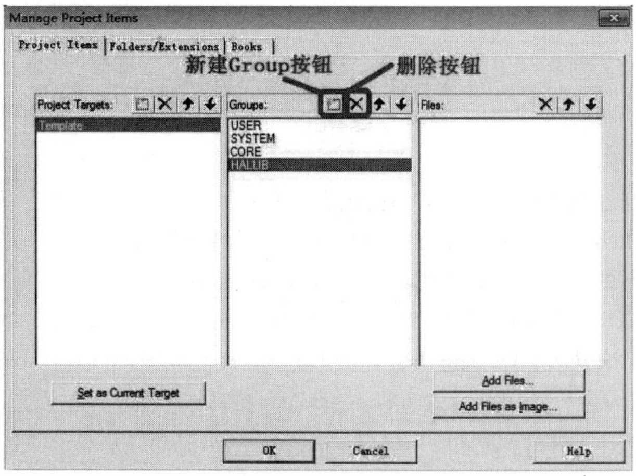
</td>
</tr>
</table>

就可以在 Project 管理窗口看到 Template 名称以及新建的 Group。	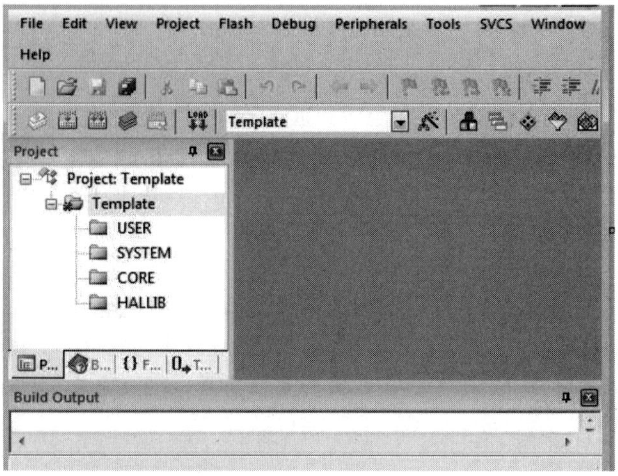
11. 添加文件到各个分组。接下来,向各 Group 添加所需文件。在 Project 管理窗口右键单击 Template,选择 Manage Project Items。随后选择需要添加文件的 Group,首先在 Groups 一栏中选中 HALLIB,然后单击右下的 Add Files,在出现的文件选择对话框中定位到前述步骤中复制的目录\Template\HALLIB\Src 下,选中全部文件(快捷键为 Ctrl+A),点击 Add 后再点击 Close。注意,为了防止编译时链接错误,在添加的文件中需要删除三个文件:stm32f1xx_hal_msp_template. c、stm32f1xx_hal_timebase_rtc_alarm_template. c 和 stm32f1xx_hal_timebase_tim_template. c。删除文件的方法是选中待删除文件,单击删除按钮。需要指出的是,对于实际开发项目,如果只用到了其中几个外设,则可以不用添加不用的外设库文件,例如,项目中只用到 GPIO,则可以只添加 stm32f1xx_hal_gpio. c,其他未用外设相关文件可以不用添加。此处,全部添加进来是为了创建模板,方便学习,以后不用再次添加。这样做的缺点是工程较大,编译速度较慢。	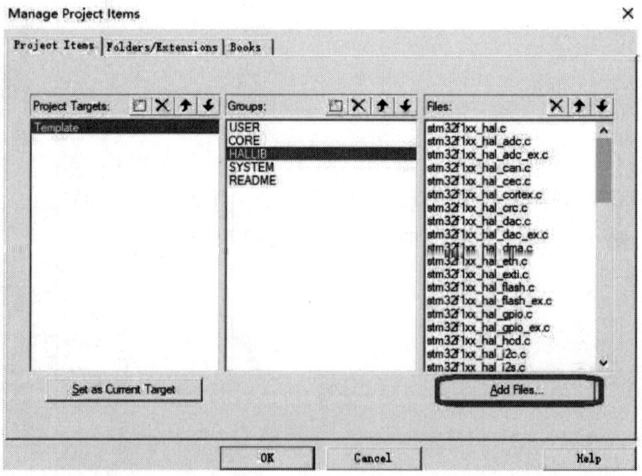
12. 用类似的方法分别将前述步骤中复制到\Template\CORE、\Template\USER 和\Template\SYSTEM 目录下的. c 和. s 等文件添加到对应的同名工程分组 CORE、USER 和 SYSTEM 中,其中,添加到 USER 分组的文件为\Template\USER 中的 main. c、stm32f1xx_hal_msp. c、stm32f1xx_it. c 和 system_stm32f1xx. c。	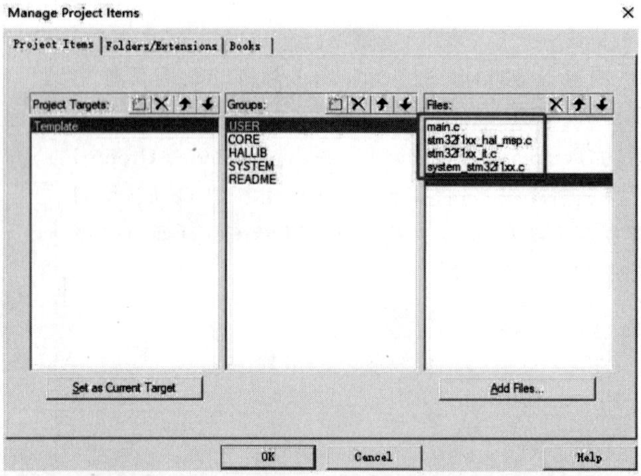

13. 添加\Template\CORE 中的.s 和.h 文件到 CORE 分组时，注意要更改文件类型为 All files(＊.＊)，才能看到添加到 CORE 分组的.h 和.s 文件。	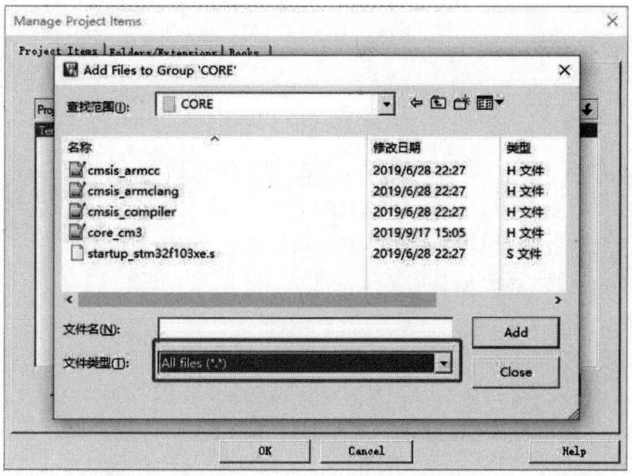 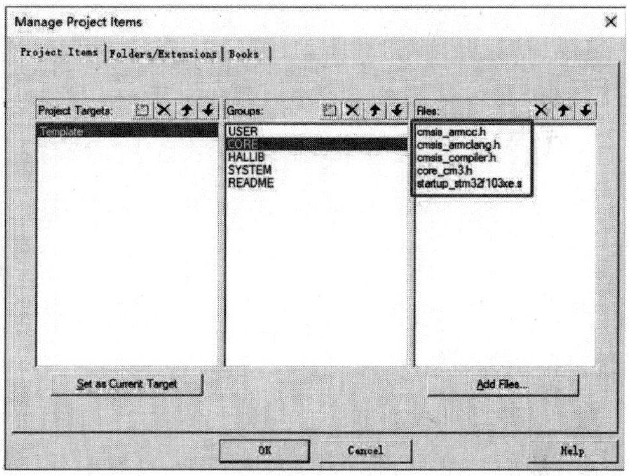
14. 最后添加文件到 SYSTEM 分组。\Template\SYSTEM 文件夹包含了三个子文件夹 sys、delay 和 usart。添加文件的时候，需要分别定位到三个子文件夹内部，分别添加子文件夹中的.c 文件。	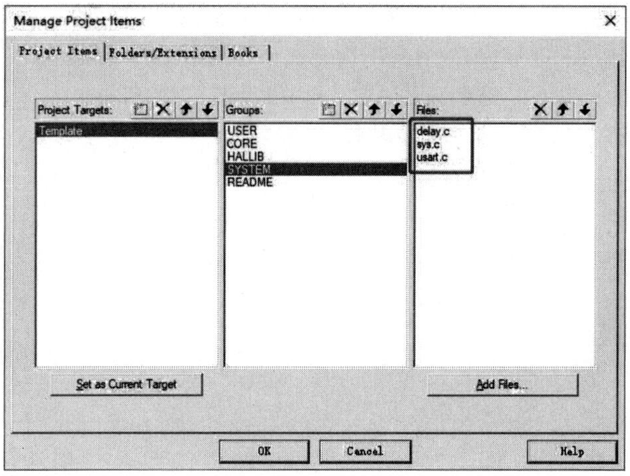

<table>
<tr>
<td>15. 在全部文件添加完成后，点击 OK 按钮回到 MDK 的工程主界面，Project 管理窗口中的 README 分组用来存放不参与编译的一些工程说明之类的文本、文档，可以不必添加。</td>
<td>
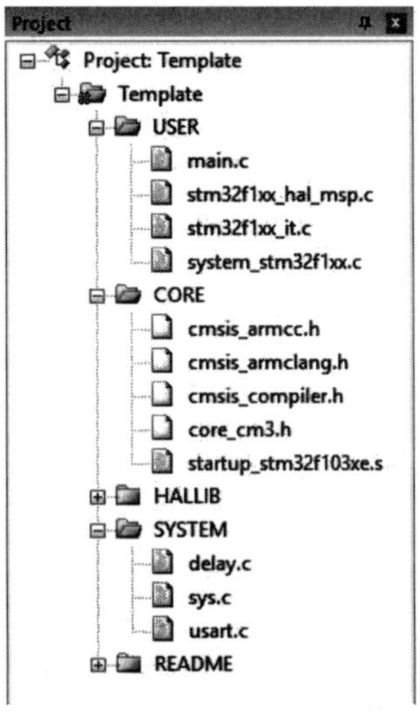

</td>
</tr>
<tr>
<td>16. 配置工程属性。接下来需要对工程进行一些设置。首先需要在 MDK 环境中设置头文件存放路径，也就是告诉 MDK 到哪些目录下搜索头文件。这一步骤非常重要，如果没有设置头文件路径，工程编译时就会报头文件路径找不到的错误。然后添加相应的头文件路径。在 SYSTEM 文件夹下面有三个子文件夹，下面都有 . h 头文件，这些头文件在工程中都用得到，所以必须将这三个子目录都添加进来。</td>
<td>
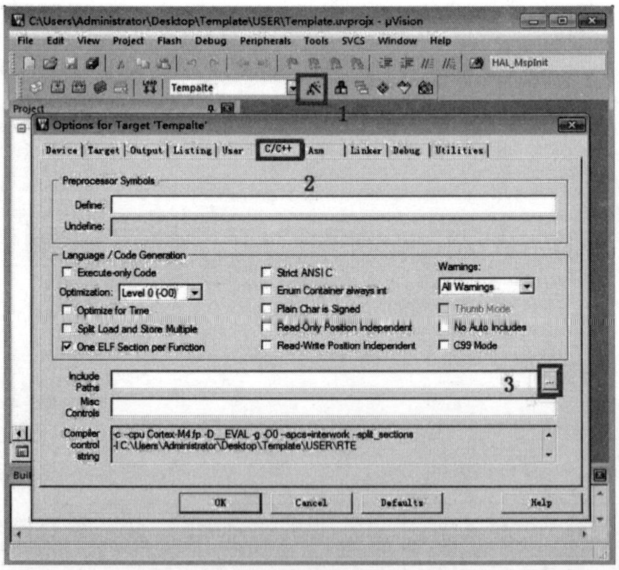

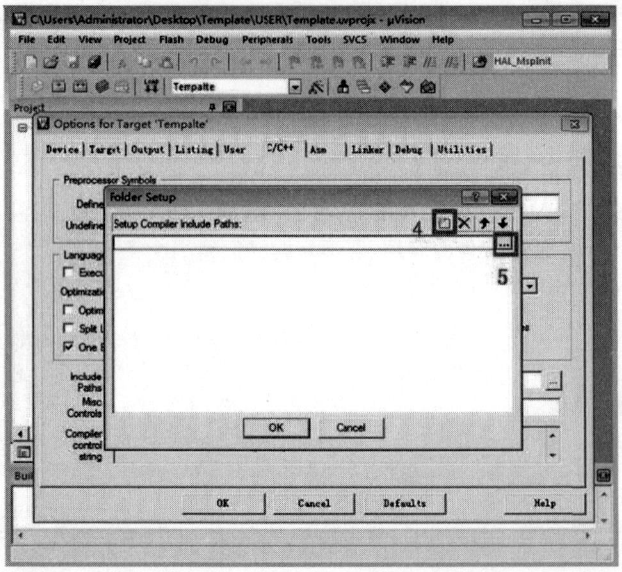

</td>
</tr>
</table>

需要添加的头文件路径包括：\Template\CORE、\Template\USER、\Template\SYSTEM\delay、\Template\SYSTEM\usart、\Template\SYSTEM\sys 和\Template\HALLIB\Inc。需要注意，HAL 库存放头文件的子目录是 HALLIB\Inc。添加的路径必须添加到头文件所在目录的最后一级。	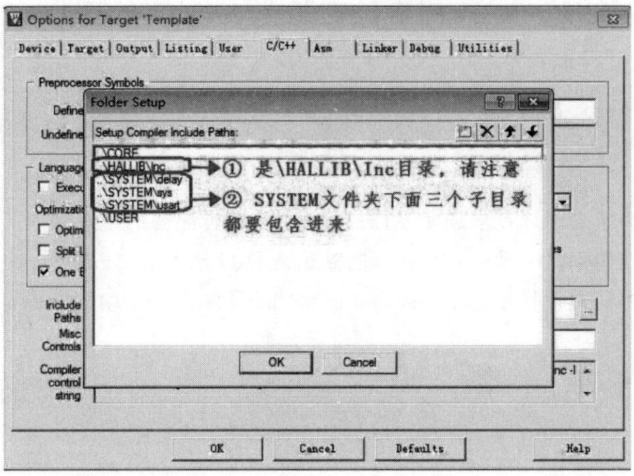
17. 对于 STM32F103 系列的工程，还需要添加全局宏定义标识符，所谓全局宏定义标识符，就是在工程中任何地方都可见。添加方法与添加头文件路径的第1、2 步相同，点击魔术棒按钮之后，进入 C/C++选项卡，然后在 Define 文本框中输入：USE_HAL_DRIVER，STM32F103xE。注意，这里是两个标识符 USE_HAL_DRIVER 和 STM32F103xE，它们之间用英文点号隔开。	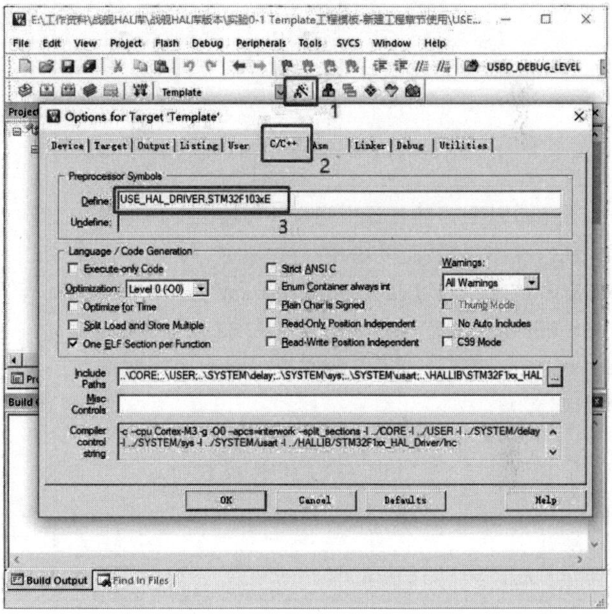
18. 需要选择编译中间文件编译后的存放目录。MDK 默认编译后的中间文件存放目录为 USER 目录下面的 Listings 和 Objects 子目录。	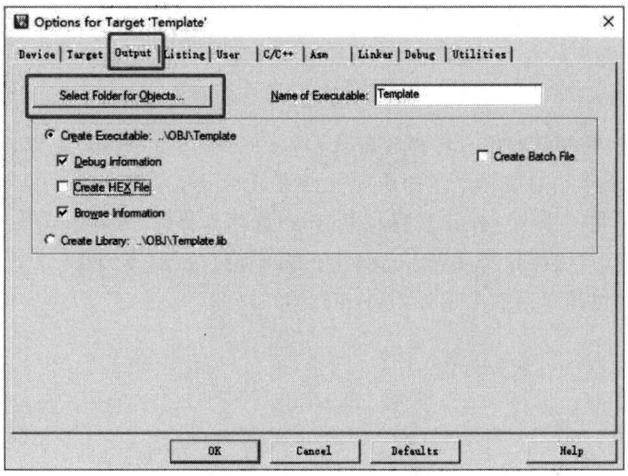

<table>
<tr>
<td>为了和后续正点原子 ALIENTEK 开发板配套的工程结构保持一致，这里选择把输出文件目录 Output 和中间文件目录 Listings 均存放到\Template\OBJ 中。</td>
<td>
</td>
</tr>
<tr>
<td>19. 选择 OBJ 目录为编译中间文件和输出文件存放目录之后，点击 OK 回到 Output 选项卡，勾上“Create HEX File”选项和“Browse Information”选项。Create HEX File 选项要求编译之后生成 HEX 文件，Browse Information 选项是为了方便查看工程中的一些函数变量定义等。</td>
<td>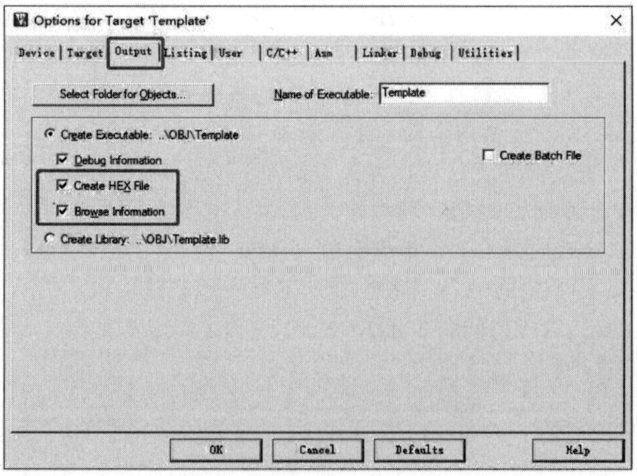
</td>
</tr>
<tr>
<td>20. 将默认输出文件存放目录 Objects 改到\Template\OBJ 后，对编译产生的中间文件存放目录 Listings 也做相同操作。操作步骤与 Output 选项卡操作步骤相同，点击按钮“Select Folder for Listings”，在出现的文件选择对话框中选择\Template\OBJ。</td>
<td>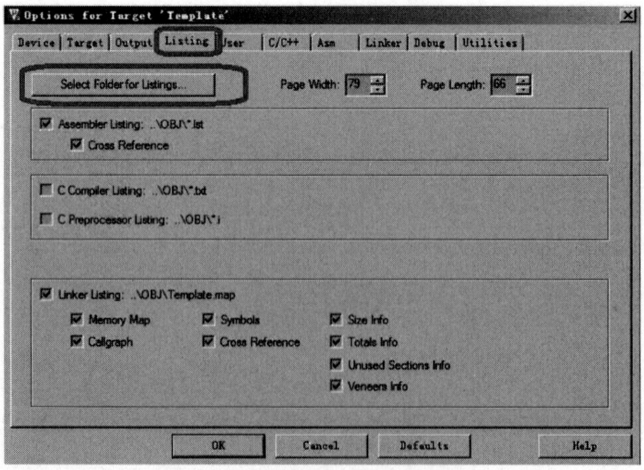
</td>
</tr>
</table>

21. 添加测试代码,编译工程。打开 core_cm3. h,注释或删除第 63 行,# include “cmsis_version. h”;注释或删除 main. h 文件中的第 26 行,# include “stm3210e_eval. h”。在 main. c 中,添加测试代码。首先,在 main 函数之前添加 GPIO 初始化函数 LED Init(0)。注意第 50 行开启 GPIOA 时钟的语句,开始是两个下划线符号。在 main 函数中调用 LED Init(),并在 while(1)循环中添加 LED 状态取反测试代码。

```
55 /*******************************************************************************
56  *                 CMSIS definitions
57  ******************************************************************************/
58 /**
59   \ingroup Cortex_M3
60   @{
61  */
62
63 //#include "cmsis_version.h"
64
65 /*  CMSIS CM3 definitions */
66 #define __CM3_CMSIS_VERSION_MAIN  (__CM_CMSIS_VERSION_MAIN)               /*!< \d
67 #define __CM3_CMSIS_VERSION_SUB   (__CM_CMSIS_VERSION_SUB)                /*!< \d
68 #define __CM3_CMSIS_VERSION       ((__CM3_CMSIS_VERSION_MAIN << 16U) | \
69                                     __CM3_CMSIS_VERSION_SUB          )  /*!< \d
70
71 #define __CORTEX_M                (3U)                                    /*!< Co
72
```

```
20 /* Define to prevent recursive inclusion -------------------------------------*/
21 #ifndef __MAIN_H
22 #define __MAIN_H
23
24 /* Includes ------------------------------------------------------------------*/
25 #include "stm32f1xx_hal.h"
26 //#include "stm3210e_eval.h"
27 /* Exported types ------------------------------------------------------------*/
28 /* Exported constants --------------------------------------------------------*/
29 /* Exported macro ------------------------------------------------------------*/
30 /* Exported functions ------------------------------------------------------- */
31
```

```
40 /**
41   * @brief  Main program
42   * @param  None
43   * @retval None
44   */
45
46 void LED_Init(void)
47 {
48     GPIO_InitTypeDef GPIO_Initure;
49
50     __HAL_RCC_GPIOA_CLK_ENABLE();                    //开启GPIOA时钟
51
52     GPIO_Initure.Pin=GPIO_PIN_5;                     //初始化PA5
53     GPIO_Initure.Mode=GPIO_MODE_OUTPUT_PP;           //推挽输出
54     GPIO_Initure.Pull=GPIO_NOPULL;                   //上拉
55     GPIO_Initure.Speed=GPIO_SPEED_FREQ_HIGH;         //高速
56
57     HAL_GPIO_Init(GPIOA,&GPIO_Initure);
58     HAL_GPIO_WritePin(GPIOA,GPIO_PIN_5,GPIO_PIN_SET);   //PA5置1, 默认初始化后灯灭
59 }
60
61
62
63
64 int main(void)
65 {
66
67   /* STM32F103xG HAL library initialization:
```

```
79   /* Configure the system clock to 72 MHz */
80   SystemClock_Config();
81
82
83   /* Add your application code here */
84
85     LED_Init();
86
87   /* Infinite loop */
88   while (1)
89   {
90     HAL_GPIO_TogglePin(GPIOA, GPIO_PIN_5);
91     HAL_Delay(60);
92   }
93 }
94
```

4. 硬件开发环境简介

学习或进行 STM32 嵌入式开发,实验电路板必不可少。实验电路板的选择有如下考虑:

第一是选择最小系统板。最小系统板由 STM32 处理器芯片加上电源、时钟、复位电路以及调试接口构成。若处理器芯片上没有存储器,最小系统板上还要加上必要的存储器。由于最小系统板只包含 STM32 运行或调试必备的电路,输入、输出接口都没有被占用,因此根据项目需要灵活加上外围电路就可以实现各种系统功能。这种方式比较适合进行开发。最小系统板可以自制或外购。

第二是官方评估板或第三方开发板。这种电路板是在最小系统的基础上,外扩了各种存储器、SD 卡、液晶屏、USB 接口、音频接口、CAN 总线、LED 指示灯及按键等外设构成。这种方式的好处是评估板电路比较完备,且例程资料丰富。但缺点是系统输入、输出接口或片内外设资源被占用,系统功能调整比较麻烦。因此这种方式比较适合初学者学习,不太适合进行项目开发。

进行嵌入式开发,仿真器是必不可少的工具。这一点与通用计算机软件开发不同。通用计算机的软件程序直接在通用计算机平台运用各种调试工具与手段对程序进行跟踪调试。然而,嵌入式系统软

件无法在嵌入式计算机系统中进行调试，只能在通用计算机平台上进行调试。而在通用计算机平台上编译链接后产生的可执行程序不能在通用计算机上运行，无法直接在通用计算机平台上对程序进行跟踪调试。因此有必要通过仿真器，配合集成开发环境对嵌入式程序进行跟踪调试，以迅速排除程序中的问题，加快嵌入式软件开发周期。

目前 STM32 比较主流的仿真器比较多，主要有：

J-Link 仿真器：由 SEGGER 公司为支持仿真 ARM 内核芯片推出的 JTAG 仿真器(图 2-7)，与 IAR、Keil 等开发环境无缝连接，通用性强。

ST-Link 仿真器：由 ST 公司针对 STM32 和 STM8 专门推出的仿真器(图 2-8)。

图 2-7　J-Link 仿真器

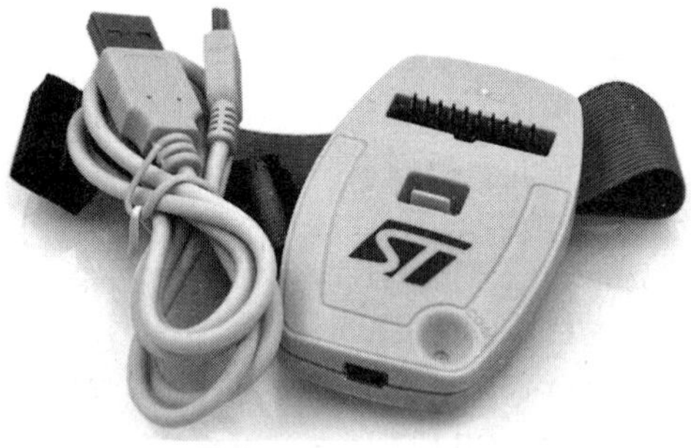

图 2-8　ST-Link 仿真器

ULINKplus 仿真器：专门针对 Keil 开发环境的仿真器(图 2-9)。

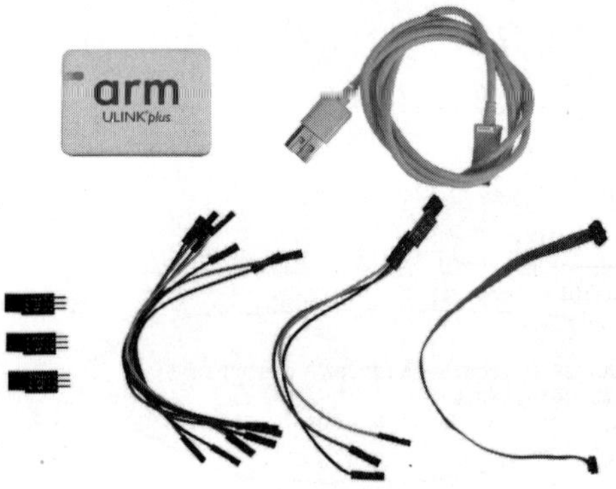

图 2-9　ULINKplus 仿真器

CMSIS-DAP 仿真器是 ARM 官方提供的开源仿真器，没有版权，兼容 JTAG 和 SWD 两种接口。

在集成开发环境编译链接生成可执行 HEX 文件后，程序要通过下载调试接口下载到开发板或系统板上运行。STM32 程序的下载方式有如下几种：

串口：速成的在线系统编程(ISP)方式，串口下载速度比较慢，不适合大型项目程序下载。

JTAG：得名于联合测试工作组(Joint Test Action Group)，是一种国际标准测试协议(IEEE 1149.1 兼容)，主要用于芯片内部测试。现在多数的高级器件都支持 JTAG 协议，如 DSP、FPGA 器件等。标准的 JTAG 接口是 4 线——TMS、TCK、TDI、TDO，分别为模式选择、时钟、数据输入和数据输出。

SWD：Serial Wire Debug，ARM 公司推出的调试接口，除电源和地线以外只需要 SWDIO 和 SWCLK 两根线，下载速度快。

1.3　STM32 C 语言编程简介

1. STM32 C 语言编程与顺序结构

STM32 的开发语言有汇编语言和 C 语言两种，由于汇编语言的开发效率过低，因此 C 语言成了 STM32 的常用开发语言。C 语言的三种基本结构：顺序结构、分支结构、循环结构。其中，顺序结构是 C 语言程序最简单的程序结构，因为计算机 CPU 本身在执行程序的时候就是自上而下逐条执行的。

2. 分支结构

分支结构也称为选择结构，它不同于顺序结构流程的唯一、固定，可以应对多种可能情况下不同的程序。C 语言的分支语句有 if 分支语句、switch 开关语句两种。

(1)if 分支语句

if 分支语句的通用格式：

```
if(条件表达式 1)分支语句 1；
else if(条件表达式 2)分支语句 2；
else if(条件表达式 3)分支语句 3；
……
else if(条件表达式 n)分支语句 n；
else 分支语句 n+1；
```

上述格式可根据实际需求自由裁剪。当程序进入 if 分支语句时，自上而下依次执行条件表达式，若某条件表达式执行结果为“真”，则进入该分支，执行完成后直接跳过下面所有的分支。如果分支语句由多条语句构成，那么也可以用大括号“{}”将这些语句括起来，由大括号括起来的多条语句成为复合语句。

例如：

```
if(x>100){y=1;}
else if(x>50){y=2;}
else if(x>30){y=3;}
else if(x>20){y=4;}
else {y=5;}
```

本形式相当于串行多分支选择结构。在 if 语句中含有一个或多个 if 语句，称为 if 语句嵌套。应注意 if 与 else 的对应关系，else 总是与它前面最近的一个 if 语句相对应。

(2)switch 开关语句

switch 开关语句的通用格式：

```
switch(表达式)
{
case 常量表达式 1:语句 1;break;
case 常量表达式 2:语句 2;break;
……
case 常量表达式 n:语句 n;break;
default:语句 n+1;
}
```

上述格式可根据实际需求控制条件个数，当程序进入 switch 开关语句时，自上而下对比各分支常量表达式的值是否与 switch 括号中的表达式相等，若相等则进入该分支，执行完对应语句后直接跳出 switch 开关语句。注意，每一个 case 的常量表达式必须互不相同，否则将会出现错误结果；每个 case 和 default 的出现次序，不影响程序执行的结果；如果在 case 语句中遗忘了 break 语句，则程序执行了本行后，不会按规定退出 switch 语句，而是将执行后续的 case 语句。

例如，常用 switch 语句作为键盘中按键按下的判别，并根据按下键的键号跳向各自的分支处理。程序如下：

```
……
switch(keynum)
{
case 1:key1( );break;          //如果按下键的键值为 1,则执行函数 key1( )
case 2:key2( );break;          //如果按下键的键值为 2,则执行函数 key2( )
case 3:key3( );break;          //如果按下键的键值为 3,则执行函数 key3( )
case 4:key4( );break;          //如果按下键的键值为 4,则执行函数 key4( )
……
}
```

3. 循环结构

循环结构可以完成重复性、规律性的操作,比如,求若干数的和、迭代求根等。构成 C 程序中循环结构的语句有三种:while 语句、do-while 语句和 for 语句。

(1)while 语句

while 语句的语法形式:

```
while(表达式)
{
循环体语句;
}
```

表达式是 while 循环能否继续的条件,如果表达式成立,就重复执行操作。首先必须对循环条件进行测试,如果条件不成立,则不执行循环体的操作。

比如,计算 1+2+3+…+100 的程序为:

```
unsigned int sum=0,i=1;
while(i<=100)
{
sum+=i;
i++;
}
```

(2)do-while 语句

do-while 语句的语法形式为:

```
    do
{
循环体语句;
}
while(表达式);
```

do-while 语句的特点是先执行内嵌的循环体语句,再计算表达式,如果表达式的值为非 0,则继续执行循环体语句,直到表达式的值为 0 时结束循环。由 do-while 构成的循环与 while 循环十分相似,它们之间的重要区别是:while 循环的控制出现在循环体之前,只有当 while 后面表达式的值非 0 时,才可能执行循环体;在 do-while 构成的循环中,总是先执行一次循环体,然后再求表达式的值,因此无论表达式的值是 0 还是非 0,循环体至少要被执行一次。与 while 循环一样,在 do-while 循环体中,要有能使

while 表达式的值变为 0 的操作，否则，循环会无限制地进行下去。

例如，实型数组存有 15 个采样值，编写程序段，要求返回其平均值，程序如下：

```
float avg(float * sample)
{
float sum=0;
char n=0;
do
{
sum+=sample[n];
n++;
}
while(n<10);
return(sum/10);
}
```

(3)基于 for 语句的循环

for 循环语句是经常被使用的，可用于循环次数已知的情况，也可用于只给出循环条件而循环次数不确定的情况，完全可以替代 while 循环语句。

for 循环的一般格式为：

```
for(表达式 1;表达式 2;表达式 3)
{
循环体语句;
}
```

for 是 C 语言的关键字，后面括号中通常含有三个表达式，各表达式之间用“;”隔开。这三个表达式可以是任意形式的表达式，通常用于 for 循环的控制。执行过程，step1：计算表达式 1 的值，表达式 1 通常称为初值设定表达式。step2：计算表达式 2 的值，表达式 2 通常称为终止条件表达式，若满足条件，转下一步；若不满足条件，终止循环执行 for 循环体之后的语句。step3：计算表达式 3 的值，表达式 3 通常称为条件更新表达式，执行一次 for 循环体语句。step4：转向执行 step2。

例如：

```
for(;;)
{
循环体语句;
}
```

小括号内的三个表达式都是空的，说明没有初值，没有条件判断，循环变量为增值，作用相当于 while(1)，是一个无限循环。在编程序需要无限循环时，可以采用上面的形式。此外，for 循环语句小括号里面的三个表达式均可缺失，循环体也可以缺失。

例如：

```
for(int t=0;t<1000;t++)
{;}
```

在程序设计中，常用到软件延时，可用循环结构来实现，用循环执行指令获取一段时间，比如，编写一个延时 1 ms 程序：

```
void delay_ms(int32_t   ms)
```

```
{
int32_t  i;
while(ms--)
{
for(;i<7500;i++)            //开发板晶振 8 MHz 时的经验值
{;}
}
}
```

(4)break 语句、continue 语句和 goto 语句

在循环体语句执行过程中,如果在满足循环判断条件的情况下跳出代码段,可使用 break 语句或 continue 语句;如果从任意地方跳转到代码的某个地方,可以用 goto 语句。

break 语句可以跳出 switch 循环体,在循环体结构中,可以使用 break 语句跳出本层循环体,即结束本层循环体。continue 语句用法与 break 语句类似,区别在于:当前循环遇到 break,是直接结束循环,若遇到 continue,则是停止当前这一次循环,然后直接执行下一次循环。所以 continue 并不是结束整个循环,而是中断当前这一次循环,然后跳到循环条件处,继续下一次循环。此外,如果跳到下一次循环条件处,判断条件不成立,则结束循环。goto 语句是一个无条件转移语句,当执行 goto 语句时,将程序指针跳转到 goto 给出的下一条代码。

break 语句程序如下:

```
void main(void)
{
int i,sum;
sum=0;
for(i=1;i<=10;i++)
{
sum=sum+i;
if(sum>5)
break;
printf("sum=%d/n",sum);
}
}
```

本段程序如果没有 break 语句,程序将进行 10 次循环。当 i=3 时,sum 的值为 6,此时,if 语句的表达式"sum>5"成立,于是执行 break 语句,跳出 for 循环,提前终止循环。

continue 语句程序如下:

```
void main(void)
{
int i,sum=0;
for(i=1;i<=100;i++)
{
if(i%10==3)
continue;
sum=sum+i;
}
```

```
printf("sum=%d/n",sum);
}
```

这是求 1～100 除掉所有个位为 3 的数累加值，执行每次循环体均判断 i 的个位数的值，如果 i 除以 10 取余数是 3，则结束本次循环后面的语句，跳转到下一次循环。

4. 函数与模块化程序的设计

C 程序一般是由一个主函数（main 函数）及若干其他函数构成的，主函数是整个程序执行的入口，不可或缺。将一段具有特定功能的代码封装成函数，既方便程序员在后续的开发中直接调用，也提高了代码的可维护性。每个函数都是一个独立的功能模块，所以 C 语言也被称为模块化程序设计语言。

(1)函数的定义和分类

函数的使用一般分为三步进行，即定义、声明、调用。定义的一般形式：

```
函数类型　函数名(形式参数表)
{
函数体;
}
```

从编程者的角度，普通函数可以分为用户自定义函数和标准库函数。

①用户自定义函数是用户根据自己的需要所编写的函数。从函数定义的形式上来分，可分为无参函数、有参函数和空函数。

无参函数：此种函数在被调用时，既无参数输入，也不返回结果给调用函数，只是为完成某种操作而编写的函数。

无参函数的定义形式为：

```
返回值类型标识符　函数名()
{
函数体;
}
```

无参函数一般不带返回值，因此函数的返回值类型的标识符可以省略，例如，函数 main()，该函数为无参函数，返回值类型的标识符可以省略，默认值是 int 类型。

有参函数：调用此种函数时，必须提供实际的输入函数。

有参函数的定义形式为：

```
返回值类型标识符　函数名(形式参数列表)
    {
    函数体;
    }
```

空函数：函数体内无语句，调用空函数时，什么工作也不做，不起任何作用。定义空函数的目的，并不是为了执行某种操作，而是为了以后程序功能的扩充，例如，先将一些基本模块的功能函数定义成空函数，占好位置，并写好注释，以后再用一个编写好的函数代替它。这样整个程序的结构清晰，可读性好，为以后扩充新功能提供方便。

空函数的定义形式为：

```
返回值类型标识符  函数名()
{              }
```

②标准库函数由C语言编译器提供。编程者在进行程序设计时，应该善于充分利用这些功能强大、资源丰富的标准库函数资源，以提高编程效率。用户可以直接调用C语言的库函数而不需要为这个函数写任何代码，只需要具有该函数说明的头文件即可，例如，调用输出函数 printf()时，要求程序在调用输出库函数前包含以下的 include 命令：

```
#include<stdio.h>
```

(2)函数的参数与返回值

C语言采用函数之间的参数传递方式，使一个函数能对不同的变量进行功能相同的处理，从而大大提高了函数的通用性与灵活性。函数之间的参数传递，是通过主调函数的实际参数与被调函数的形式参数之间进行数据传递来实现的。被调函数的最后结果由被调函数的 return 语句返回给调用函数。函数参数包括形式参数和实际参数。形式参数，函数名后面括号中的变量名称为形式参数，简称形参；实际参数，在函数调用时，主调函数名后面括号中的表达式称为实际参数，简称实参。在C语言的函数调用中，实际参数与形式参数之间的数据传递是单向进行的，只能由实际参数传递给形式参数，而不能由形式参数传递给实际参数。实际参数与形式参数的类型必须一致，否则会发生类型不匹配的错误。被调函数的形式参数在函数未调用之前，并不占用实际内存单元。只有当函数调用发生时，被调函数的形式参数才分配给内存单元，此时内存中调用函数的实际参数和被调函数的形式参数位于不同的单元。在调用结束后，形式参数所占有的内存被系统释放，而实际参数所占有的内存单元仍保留并维持原值。

函数的返回值是通过函数中的 return 语句获得的。1个函数可以有1个及以上的 return 语句，但是多于1个的 return 语句必须在选择结构(if 或 switch-case)中使用。函数返回值的类型一般在定义函数时，由返回值的标识符来指定，例如，在函数名之前的 char 指定了函数返回值的类型为整型数(char)。若没有指定函数的返回值类型，默认返回值为整型类型。当函数没有返回值时，则使用标识符 void 进行说明。

(3)函数的调用

在一个函数中需要用到某个函数的功能时，就调用该函数。调用者称为主调函数，被调用者称为被调函数。函数调用的一般形式为：

```
函数名(实际参数列表);
```

若被调函数是有参函数，则主调函数必须把被调函数所需的参数传递给被调函数。传递给被调函数的数据称为实际参数，实参必须与形参的数据在数量、类型和顺序上都一致，可以是常量、变量和表达式。

主调函数对被调函数的调用有以下三种方式。

①函数调用语句把被调函数的函数名作为主调函数的一个语句，例如：

```
max(a,b);
```

此时，并不要求函数返回结果数值，只要求函数完成某种操作。

②函数结果作为表达式的一个运算对象，例如：

```
result=2*max(a,b);
```

被调函数以一个运算对象出现在表达式中。这要求被调函数带有 return 语句，以便返回一个明确的数值参加表达式的运算。

③函数参数，即被调函数作为另一个函数的实际参数，例如：

```
m=sum(100,max(a,b))
```

max(a,b)函数的返回值作为 sum()函数的实际参数之一。

在一个函数调用另一个函数时，必须具备以下条件：第一，被调函数必须是已经存在的函数（库函数或用户自定义的函数）。第二，如果程序中使用了库函数，或使用了不在同一文件中的自定义函数，则应该在程序的开头处使用 # include 包含语句，将所有的函数信息包含到程序中来，例如，# include <stdio. h>将标准的输入、输出头文件 stdio. h（在函数库中）包含到程序中来。在程序编译时，系统会自动将函数库中的有关函数调入到程序中去，编译出完整的程序代码。第三，如果程序中使用了自定义函数，且该函数与调用它的函数同在一个文件中，则应根据主调函数与被调函数在文件中的位置，决定是否对被调函数进行说明，如果被调函数在主调函数之后，一般应在主调函数中，在被调函数调用之前，对被调函数的返回值类型进行说明；如果被调函数出现在主调函数之前，不用对被调函数进行说明；如果在所有函数定义之前，在文件的开头处，在函数的外部已经说明了函数的类型，则在主调函数中不必对所调用的函数再进行返回值类型说明。

习　题

1. 简述单片机发展的几个阶段。
2. STM32 微控制器最小系统常由哪些部分组成？
3. 简述 STM32CubeIDE 创建一个 STM32F103C8R6 开发平台工程项目的操作步骤。
4. 简述用 Keil 基于标准库创建一个 STM32F103C8R6 开发平台工程项目的操作步骤。
5. 简述 C 语言开发程序的基本流程。
6. C 语言分支结构常用的语句形式有哪些？
7. C 语言循环结构常用的语句形式有哪些？

实践任务

请完成任务活页单元 2 模块 1 中的任务。

模块 2　外设应用

模块描述

STM32 大部分的引脚都是输入、输出引脚，每个引脚有 2 个甚至 2 个以上不同的功能可以切换，输入、输出功能是这些引脚的基本功能。本模块对引脚的基本功能给出必要的诠释，结合一些项目，可以了解、掌握基本引脚功能的各种应用方案的设计，掌握应对各种不同项目需求的处理思路，熟悉 STM32 的程序开发流程。STM32 微控制器内部集成了大量的片内外设，大大简化了单片机控制电路的设计。本模块将通过一些小项目介绍 STM32 的复用引脚功能。

学习目标

1. 知道 STM32 基本外设功能，会编写控制 STM32 基本外设的程序。
2. 知道 STM32 GPIO 功能，会通过简单配置寄存器的方式编程控制引脚输入和输出。
3. 知道 STM32 外部中断 EXTI 功能，会外部中断编程方法。
4. 知道 STM32 通用定时器的功能、定时器中断触发原理，会延时中断程序编写方法，会利用定时器功能实现 PMW 控制信号输出的程序编写。
5. 知道 STM32 通过串口接收发送单字节的方法，知道单片机 ADC、DAC 和 DMA 功能，知道 STM32 SPI 和 I^2C 总线通信原理和应用方法。

2.1　GPIO 功能介绍

1. GPIO 简介

STM32 最常用的外设模块是 GPIO，它通常用于信号的输入和输出，具有八种输入和输出模式，在应用系统中，必须正确选用它的模式。对于 STM32F10x 系列微控制器，通过其芯片手册可以了解到 GPIO 的主要外部电气特性：多功能的双向 I/O 口，既可输入，也可输出；标准 I/O 口最高可承受 5 V 电压，但仅限于手册说明中带 FT 标识的引脚；I/O 口可吸纳 25 mA 电流，可配置输出速度达到 50 MHz，多达 16 路模拟输入。

如 STM32F103R6 单片机具有 51 个 GPIO 引脚，每个 GPIO 引脚的结构都相同，如图 2-10 所示。GPIO 引脚的八种设定工作模式见表 2-1。每个 GPIO 端口有两个 32 位配置寄存器(GPIOX_CRL 和 GPIOX_CRH)，两个 32 位数据寄存器(GPIOX_IDR 和 GPIOX_ODR)，一个 32 位置位/复位寄存器

(GPIOX_BSRR),一个16位复位寄存器(GPIOX_BRR)和一个32位锁定寄存器(GPIOXL_CKR)。此外,注意区分引脚和端口,引脚就是从集成电路(芯片)内部电路引出与外围电路的接线,端口则是芯片内部的一个接口电路,其中至少包含两个叫作“寄存器”的单元,一个用来存放输入、输出数据,一个用来配置该端口的工作模式。

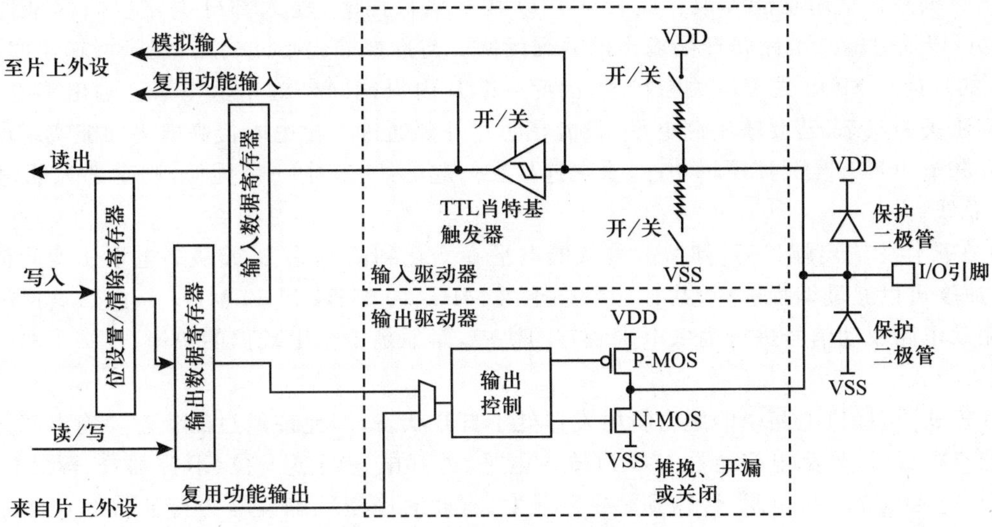

图 2-10 单个 GPIO 引脚结构图

表 2-1 GPIO 引脚的八种设定工作模式

输出模式	输入模式
通用推挽输出	通用模拟输入
通用开漏输出	通用浮空输入
复用推挽输出	通用下拉输入
复用开漏输出	通用上拉输入

在利用微控制器进行嵌入式开发时,对于每一个微控制器的I/O口,我们需要通过查阅芯片手册了解这样一些内容:引脚功能及引脚外部电气特性,以便将它和其他外设相连;接口的工作方式及工作特点,以便选择合适的工作方式;接口的初始化编程。

(1)输出模式

STM32F10x系列的输出模式可分为两大类:推挽输出和开漏输出。每一大类根据I/O口是作为连接LED、蜂鸣器或按键等元器件的通用I/O口,还是连接串口、SPI、I^2C等通信总线的复用I/O口,又可以进一步分为通用推挽输出、复用推挽输出、通用开漏输出和复用开漏输出四类。这里的复用就相当于51单片机P3口的第二功能。当GPIO被设置为推挽输出时,无论是通用还是复用,数据都会被送到输出控制电路中,经由一对P-MOS和N-MOS晶体管组成的推挽电路送到输出管脚。其区别只是在于通用推挽时,输出的数据来源于CPU,复用推挽的输出数据来源于串口、SPI、I^2C等复用功能外设。

GPIO输出数据时,输出部分的电路和输入部分的电路同时开启,此时送到I/O口的输出数据同时通过输入电路被送回到输入数据寄存器,被CPU读回。这一点与输入电路的工作情况是不同的。所谓推挽输出,是指可以输出高低电平,用于驱动连接的数字器件的电路,其中,高电平由VDD决定,低电平由VSS决定。推挽结构指两个晶体管受两路互补的信号控制,总是在一个导通的时候另外一个截止,优点是开关效率高,电流大,驱动能力强。输出高电平时,电流输出到负载,叫拉电流,可以理解成推;输出低电平时,负载电流流向芯片,叫灌电流,即挽。

当 GPIO 被设置为开漏输出时,无论是通用还是复用,与推挽输出类似的是,数据同样会被送到输出控制电路,经由 P-MOS 和 N-MOS 晶体管组成的推挽电路送到输出管脚,但此时推挽电路中的 P-MOS 管处于关断状态。通用和复用的区别在于输出数据来源不同,通用开漏输出数据来自 CPU,复用开漏输出数据来自复用功能外设。此外,GPIO 在开漏输出时,输入部分电路也同样是处于开启状态,CPU 也可以通过输入电路将开漏输出的数据读回。与推挽输出不同的是,在开漏输出时,推挽电路中接 VDD 的片内 P-MOS 处于被关断状态,因此在芯片内只能向外输出低电平。输出高电平时,芯片内部处于高阻关断状态,若要输出高电平,只能在芯片外部通过上拉电阻接高电平才能实现向负载输出高电平。开漏输出具有"线与"逻辑功能,直接连接在一起的线,其中一个为低,则全部为低,多用于 I^2C 和 SMBus 总线。

GPIO 在被作为输出端口运用时,信号从低电平 0 变化到高电平 1,或从高电平 1 变化到低电平 0 时,其翻转速度可以通过编程选择,共有三个选择:2 MHz、10 MHz 和 50 MHz。注意,这里的速度反映的是输出驱动电路驱动信号进行高低电平翻转的快慢,而不是指输出数据的快慢。

(2)输入模式

在输入模式下,接口电路中的施密特触发器处于打开状态,即允许通过的状态。输出部分的电路被禁止。在浮空模式下,外部电路通过 I/O 口输入电平,外部电平经过上拉、下拉部分(浮空模式下都关闭,既无上拉电阻也无下拉电阻)传输到施密特触发器(此时施密特触发器为打开状态),再继续传输到输入数据寄存器 IDR,CPU 通过输入数据寄存器 IDR 读取外部输入电平值。在浮空输入模式下,默认的电平是不确定的,由外部电路决定。在上拉模式下,信号传输路线与浮空模式一致,连接上拉电阻的开关闭合,只是默认输入电平值由上拉电阻确定为高电平。在下拉模式下,信号传输路线与浮空模式一致,连接下拉电阻开关闭合,默认输入电平值由下拉电阻确定为低电平。模拟输入用于 ADC 模块采集外部传感器上的模拟信号,如温度、湿度、光照或烟雾浓度等。在模拟输入模式下,信号传输路线与浮空模式一致,上拉、下拉电阻的开关都断开,施密特触发器也处于禁止通过的状态。模拟电压经模拟通道进行 ADC 模数转换后进入 CPU。模拟输入的电压范围一般为 0～3.3 V。

2. GPIO 寄存器

无论是 8 位的 51 系列还是 STM32 系列,实质都是要通过配置和使用寄存器来让单片机工作。这一点在 51 这样的单片机中体现得尤其明显。但是在 STM32 这样的单片机中,因为寄存器多达数百个,如果仍然像 51 那样通过配置寄存器来实现单片机功能,则开发效率太低。因此,目前主流的 STM32 开发模式是使用 ST 官方给出的固件库。固件库实现了对寄存器操作的封装。如果想深入了解固件库,更透彻地理解固件库的函数,就有必要了解一些关于 STM32 寄存器的内容。接下来,我们将通过使用寄存器点亮 LED 灯的实验来使大家对 STM32 寄存器有一个比较直观的认识。

寄存器是位于处理器芯片内部,用来存放数据的一些小型存储区域。寄存器用来暂时存放参与运算的数据和运算结果。因为寄存器位于处理器内部,拥有非常高的读写速度,所以在寄存器之间的数据传送非常迅速。

为了区分不同的寄存器,往往会给寄存器取一个别名,这个取别名的过程叫作寄存器映射,例如,51 单片机的 4 个 I/O 口对应了 4 个寄存器,P0、P1、P2 和 P3。STM32F10x 系列中,每组 GPIO 端口都包括 7 个寄存器,分别是配置寄存器(GPIOx_CRL、GPIO_CRH)、数据寄存器(GPIOx_IDR、GPIOx_ODR)、按位控制寄存器(GPIOx_BSRR、GPIOx_BRR)、锁定寄存器(GPIOx_LCKR)。配置寄存器配置 GPIO 的工作模式及状态,如输入/输出模式、复用功能及输出的最大翻转速度;数据寄存器保存了 GPIO 的输入电平或将要输出的电平;按位控制寄存器设置某引脚的输出数据为 1 或 0;锁定寄存器用来锁定引脚的配置,设置锁定某引脚后,其配置就不能修改。

上述 7 个寄存器对应了一组 GPIO 口,共 16 个,也就是说,每 7 个寄存器就可以控制一组 GPIO 的

16 个 I/O 口。因此，对于每个型号的 STM32F103 控制器的 GPIO，寄存器数目为组数×7，如 STM32F103ZE，共有 7×16 个，即 112 个寄存器。

现在我们来了解如何通过寄存器对 STM32 的 GPIO 进行初始化编程，如何对 GPIO 输入、输出的数据进行操作。STM32F10x 系列的 GPIO 口有两个 32 位的配置寄存器：CRL 和 CRH，其中，CRL 叫作 GPIO 低端口位配置寄存器，这里的低端口位是指这个寄存器是用来对 GPIO 的 Pin0～Pin7 这 8 个管脚进行配置的；CRH 则是 GPIO 高端口位配置寄存器，对应了 Pin8～Pin15 8 个管脚。两个寄存器的用法完全一样。

32 位的 CRL 共分为 8 组，每组 4 位，对应了 1 位 GPIO 口。这 4 位里的低 2 位叫作 MODE 位，用来初步配置 GPIO 的工作模式，比如第 4～7 位中的第 4、5 位，又比如第 16～19 位中的第 16、17 位。4 位中的高 2 位，叫作 CNF 位，根据 MODE 位的选择进一步指定 GPIO 的工作模式。

具体来讲，每一个 I/O 口的 4 位工作模式，首先看 MODE 位，当 MODE 的 2 位不是 00，则 GPIO 工作在输出模式，此时看 CNF 的 2 位，CNF 的组合是 00 则是通用推挽；CNF 是 01 则是通用开漏；CNF 是 10 则是复用推挽；CNF 是 11 则是复用开漏。当 MODE 不是 00，GPIO 被指定为输出模式，MODE 为 01 时，指定输出速度为 10 MHz；MODE 为 10 时，指定输出速度为 2 MHz；MODE 为 11 时，指定输出速度为 50 MHz。

当 MODE 为 00，GPIO 被指定为输入模式，CNF 用来进一步指定 GPIO 的输入模式。当 CNF 为 00 时，是模拟输入；当 CNF 为 01 时，是浮空输入；当 CNF 为 10 时，是上拉、下拉输入；当 CNF 为 11 时，无意义。当 CNF 为 10，GPIO 为上拉、下拉输入时，具体是上拉还是下拉则要看输出数据寄存器 ODR，当 ODR 为 0 时，是下拉，反之，当 ODR 为 1 时，则是上拉。

STM32F10x 的数据输入寄存器 IDR 是一个 32 位的寄存器，但只用了低 16 位，每个 I/O 口 1 位，高 16 位保留未用。IDR 低 16 位只能进行读取操作，不能写入。并且读取时是 16 位整体读出，不能按位逐一读取。读出的值也就是对应 I/O 口的状态。

与输入的 IDR 类似，STM32F10x 的数据输出寄存器 ODR 也是一个 32 位寄存器，同样只用了低 16 位，每个 I/O 口 1 位，高 16 位保留未用。ODR 低 16 位可读可写，并且只能以 16 位整体方式读、写，不能逐位操作。HAL 库函数中用来切换管脚电平的函数 HAL_GPIO_TogglePin，就是对 ODR 进行操作的。

STM32F10x 的置位/复位寄存器 BSRR 也是一个 32 位的用来进行数据输出的寄存器。32 位分为高 16 位和低 16 位两组，每组都对应了同一个 GPIO 口，其中，低 16 位用来给对应的 GPIO 口置位，即输出 1；高 16 位用来给对应的 GPIO 口复位，即输出 0。这个寄存器只能写入，不能读取。并且只有向对应的位写 1 才有效，写 0 则不会改变 I/O 口的输出状态。当低 16 位中的某一位或某几位写入 1，将使对应的 I/O 口输出 1；高 16 位中的某一位或某几位写入 1，将使对应的 I/O 口输出为 0，例如，BSRR 的第 5 位被写入 1，对应的 GPIO 口的第 5 脚输出为 1。要使对应的引脚输出为 0，则需要在 BSRR 的第(5+16)位，即第 21 位写入 1，使对应的第 5 脚输出改为 0。BSRR 可以按位逐一写入。如果某一个引脚的置位和复位的两位同时写入 1，则置 1 的优先级更高，也就是说，置位、复位同时有效时，最终输出为 1。

STM32F10x 的复位寄存器 BRR 是一个 32 位寄存器，其中，高 16 位保留未用。低 16 位用来给对应的每个 I/O 口复位，即输出为 0。该寄存器的功能和 BSRR 的高 16 位是重复的，因此不建议使用该寄存器。实际上，在 STM32F4 及以后的型号，该寄存器就被取消了。

端口配置锁定寄存器 GPIOx_LCKR 中的第 17 位至第 31 位是保留位，当执行正确的写序列设置了第 16 位(LCKK)时，该寄存器用来锁定端口位的配置。第 0 位至第 15 位是低 16 位，用于锁定 GPIO 端口的配置。在规定的写入操作期间，不能改变 LCKP 低 16 位。当对相应的端口位执行了 LOCK 序列后，在下次系统复位之前将不能再更改端口位的配置，每个锁定位锁定控制寄存器(CRL、CRH)中相应的 4 个位。

GPIO 应用实例

图 2-11 是本项目的硬件原理图(电阻单位默认为“Ω”,若是千欧,则后面只显示“k”)。其中关键的是红、绿、蓝三色混合 LED,即图中的 D2 元器件。图中另外增加一只按键,可用来对 LED 点亮效果进行控制。正如在 Keil 环境中建立 51 工程时要复制 STARTUP. A51,帮助启动 51 单片机系统,STM32 系列单片机在上电启动时也需要一个启动文件,这个启动文件由汇编语言编写,是系统上电以后执行的第一个程序。该程序在系统上电后完成中断向量表、堆栈、外部存储器及系统时钟等初始化工作,最终实现调用 main 函数。

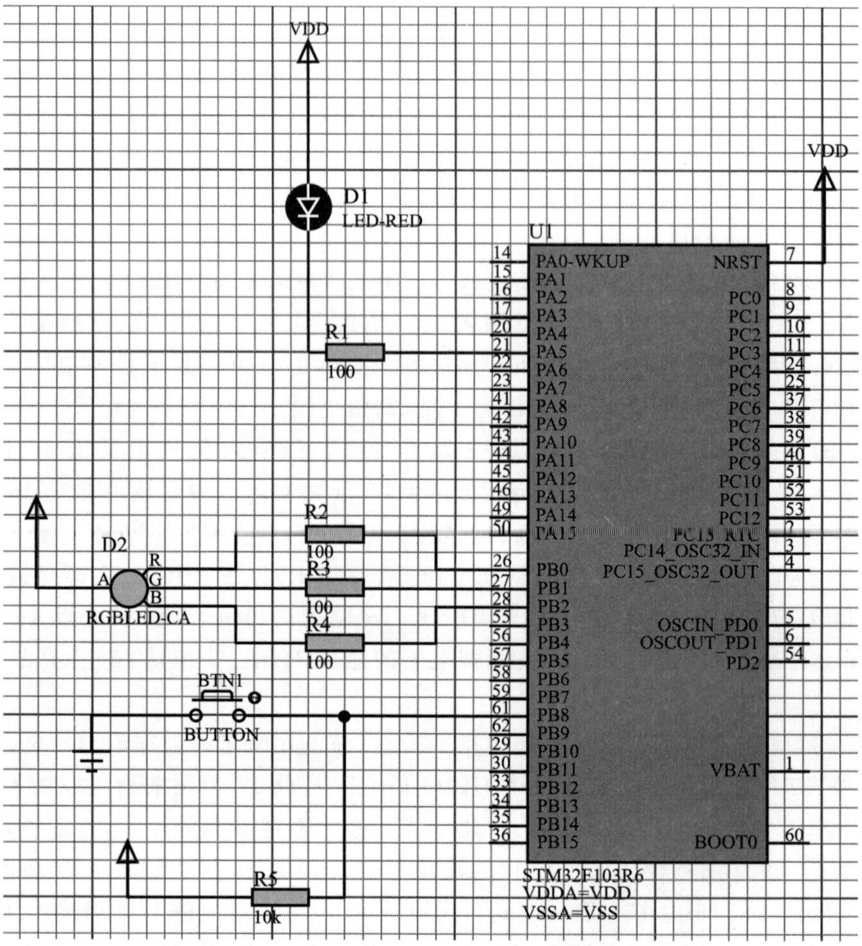

图 2-11 GPIO 应用实例硬件原理图

启动文件可以从 ST 公司给出的官方固件库中获得,不需要自己编写。在不同的固件库版本中,启动文件名不同。不同型号的微控制器,启动文件也不同。

在启动文件的汇编代码中调用了一个叫作 SystemInit 的函数,在寄存器版本的项目中,这个函数需要我们自己在代码中实现。如果没有实现该函数,编译的时候会报错。这里只是介绍寄存器开发模式,不做过多的项目开发,因此可以用一个空的 SystemInit 函数骗过编译器即可。

有了启动文件帮助启动系统以后,就可以进行 LED 灯点亮项目的程序代码编写了,但在编写代码之前还必须完成寄存器映射的工作。在 51 单片机点亮 LED 的项目中,我们在自己的代码中可以不用定义,直接引用端口寄存器 P0、P1 等。那是因为代码中包括了头文件 reg51. h 或者 reg52. h。这个头文件帮我们实现了寄存器映射的工作,也就是告诉系统 P0、P1 这些寄存器的地址在哪里。同样,在

STM32 微控制器里，也要有这样一个头文件，在头文件里实现 STM32 数百个寄存器的映射工作。当然，头文件也不需要我们自己编写，ST 的官方固件库中提供了这个文件。

在准备好必要的文件之后，现在来编写代码，实现点亮 LED 的操作。首先，我们看一下 GPIO 口的初始化编程。GPIO 口初始化编程有一定的规律，其步骤为：使能 I/O 口时钟；初始化 I/O 口的工作模式；控制 I/O 口输出高低电平。以上三步分别涉及寄存器 RCC_APB2ENR、CRL 或 CRH 以及 ODR 或 BSRR。

先来了解一下使能 GPIO 口时钟。

数字电路工作需要时钟，在时钟节拍的控制下完成电路功能。由于 STM32 微控制器片上资源丰富，功能强大，带有多种外设，而各种外设的工作速度都不一样，有的速度高，有的速度低，因此不可能像 51 单片机那样让不同外设使用同一个时钟。STM32 的每一个片上外设都有自己的时钟，这些时钟工作的时候需要消耗功率，因此，当外设不工作的时候，就需要把不工作的外设时钟关闭，以节省功耗。当需要使用某个外设的时候，首先要开启该外设的时钟。

STM32 的外设时钟由一个叫作 RCC，即复位与时钟控制的专门外设来管理。RCC 外设中有很多寄存器，其中，有一个叫作 RCC_APB2ENR 的寄存器，用来管理挂在 APB2 总线上的外设时钟。GPIO 口是挂在高速外设总线 APB2 上的，因此，GPIO 外设时钟要由 APB2 外设时钟使能寄存器 RCC_APB2ENR 控制。根据产品数据手册，该寄存器中的第 2 位到第 8 位，共 7 位，分别对应了一个 GPIO 口，要使能某一个 I/O 口的时钟，只要将相应的位置设置为“1”即可，例如，要使能 GPIOA、GPIOB 和 GPIOC 的时钟，只需要分别设置 RCC_APB2ENR 寄存器的第 2、第 3、第 4 位为 1 即可。

配置初始化 I/O 模式需要设置 CRL/CRH 寄存器，其中，CRL 配置 Pin0～Pin7 的工作模式，CRH 配置 Pin8～Pin15 的工作模式。

例如，可以通过下面的代码配置 Pin5 的模式：

```
//GPIOA 端口 Pin5 配置为通用推挽输出 50 MHz GPIOA_CRL &=～((0x0f)≪(4*5));
GPIOA_CRL |=((3)≪(4*5));
GPIOA_ODR |=(1≪5);
```

可以通过下面的代码配置 Pin8 的模式：

```
//GPIOA 端口 Pin8 配置为通用推挽输出 50 MHz GPIOA_CRH &=～((0x0f)≪(4*(8-8)));
GPIOA_CRH |=((3)≪(4*(8-8)));
GPIOA_ODR |=(1≪8);
```

寄存器点亮 LED 的最后一步，就是通过 ODR 或 BSRR 控制 I/O 口输出高低电平。分别通过 ODR 寄存器控制 GPIOA 口 Pin5、Pin8 引脚输出低电平亮灯以及输出高电平关灯，实现 LED 闪烁的效果。还可以通过按位异或操作，实现 GPIOA 的 Pin5 状态取反，同样可以实现 LED 闪烁效果。我们后面要介绍的 HAL 库函数中，HAL_GPIO_TogglePin 就是采用这种方法对管脚输出进行取反操作的。

代码如下：

```
GPIOA_ODR &=～(1≪5);          //GPIOA 口 Pin5 输出"0",点亮 GPIOA 口 Pin5 的 LED
GPIOA_ODR |=(1≪8);            //GPIOA 口 Pin8 输出"1",关闭 GPIOA 口 Pin8 的 LED
Delay(600000);
GPIOA_ODR |=(1≪5);            //GPIOA 口 Pin5 输出"1",关闭 GPIOA 口 Pin5 的 LED
GPIOA_ODR &=～(1≪8);          //GPIOA 口 Pin8 输出"0",点亮 GPIOA 口 Pin8 的 LED
Delay(600000);
```

```
GPIOA_ODR ^=1<<5;            //GPIOA 口 Pin5 输出状态取反
Delay(600000);
```

除了采用 ODR 寄存器控制 I/O 口输出高低电平外，BSRR 也可以用来控制 I/O 口输出高低电平。用 BSRR 控制 GPIOA 口 Pin5 和 Pin8 的代码，其中第一行，要让 Pin5 输出 0，必须要让 BSRR 高 16 位中对应 Pin5 的那一位置为 1，也就是让第(5+16)位置为 1，让 Pin5 输出 1，那么，直接让 BSRR 中低 16 位中对应 Pin5 的那一位置为 1 即可，也就是要把 BSRR 的第 5 位(从第 0 位开始数起)，置 1。因为 BSRR 是 32 位寄存器，低 16 位让管脚输出 1，高 16 位让管脚输出 0，都是写 1 才有效，写 0 则无意义。同样地，对 Pin8 也可以采取类似的操作。

```
GPIOA_BSRR=(1<<(5+16));      //GPIOA 口 Pin5 输出"0",点亮 GPIOA 口 Pin5 的 LED
GPIOA_BSRR=(1<<8);           //GPIOA 口 Pin8 输出"1",关闭 GPIOA 口 Pin8 的 LED
Delay(600000);
GPIOA_BSRR=(1<<5);           //GPIOA 口 Pin5 输出"1",关闭 GPIOA 口 Pin5 的 LED
GPIOA_BSRR=(1<<(8+16));      //GPIOA 口 Pin8 输出"0",点亮 GPIOA 口 Pin8 的 LED
Delay(600000);
GPIOA_BSRR=0x00200100;       //GPIOA 口第 5 脚置"0",第 8 脚置"1"
Delay(600000);
GPIOA_BSRR=0x01000020;       //GPIOA 口第 5 脚置"1",第 8 脚置"0"
Delay(600000);
```

2.2 STM32 复用引脚功能介绍

2.2.1 STM32 外部中断 EXTI

1. 中断的相关概念

当 CPU 在执行某一程序过程中突发紧急情况，CPU 中断当前正在执行的程序，自动转去执行为处理该事件而预先编写的服务程序，服务程序执行完后，CPU 继续执行原来的程序，这一过程称为中断。从广义上来说，只要是打断程序正常执行流程，处理突发事件都可以叫作异常，因此，中断也常常被称为异常。此外，系统软硬件故障也被归为异常。在很多场合，异常和中断这两个术语常常混用。

中断模块的基本概念有：中断源、中断向量、中断服务程序、中断优先级和中断嵌套。中断源也就是引起中断产生的突发事件。中断源向 CPU 提出中断请求后，系统硬件会自动将中断请求标志置 1。CPU 根据系统当前工作状态判断是否响应该中断，如果可以响应，则系统将自动调用中断服务程序，而不需要程序员去调用中断服务程序。系统调用中断服务程序的方式是从一张中断服务程序的入口地址表中，以查表方式找到中断服务程序的入口地址。中断服务程序的入口地址叫作中断向量，中断向量组成的地址表格叫作中断向量表。当系统中有多个中断源同时或先后(前一中断处理过程未结束)向 CPU 提出中断请求时，系统需要按照中断源突发事件的紧急程度进行优先级排队，为每一个中断源赋予一个中断优先级，中断优先级高者可以先于优先级低者得到响应，而且优先级高的中断还可以打断优先级低的中断，即实现中断嵌套。

EXTI(External Interrupt/Event Controller)，即外部中断/事件控制器，管理了控制器的 20 个中断/事件线。每个中断/事件线都对应一个边沿检测器，可以实现输入信号的上升沿检测和下降沿检测。EXTI 可以对每个中断/事件线进行单独配置，可以单独配置为中断或事件，以及触发事件的属性。图 2-12 为 EXTI 功能框图。

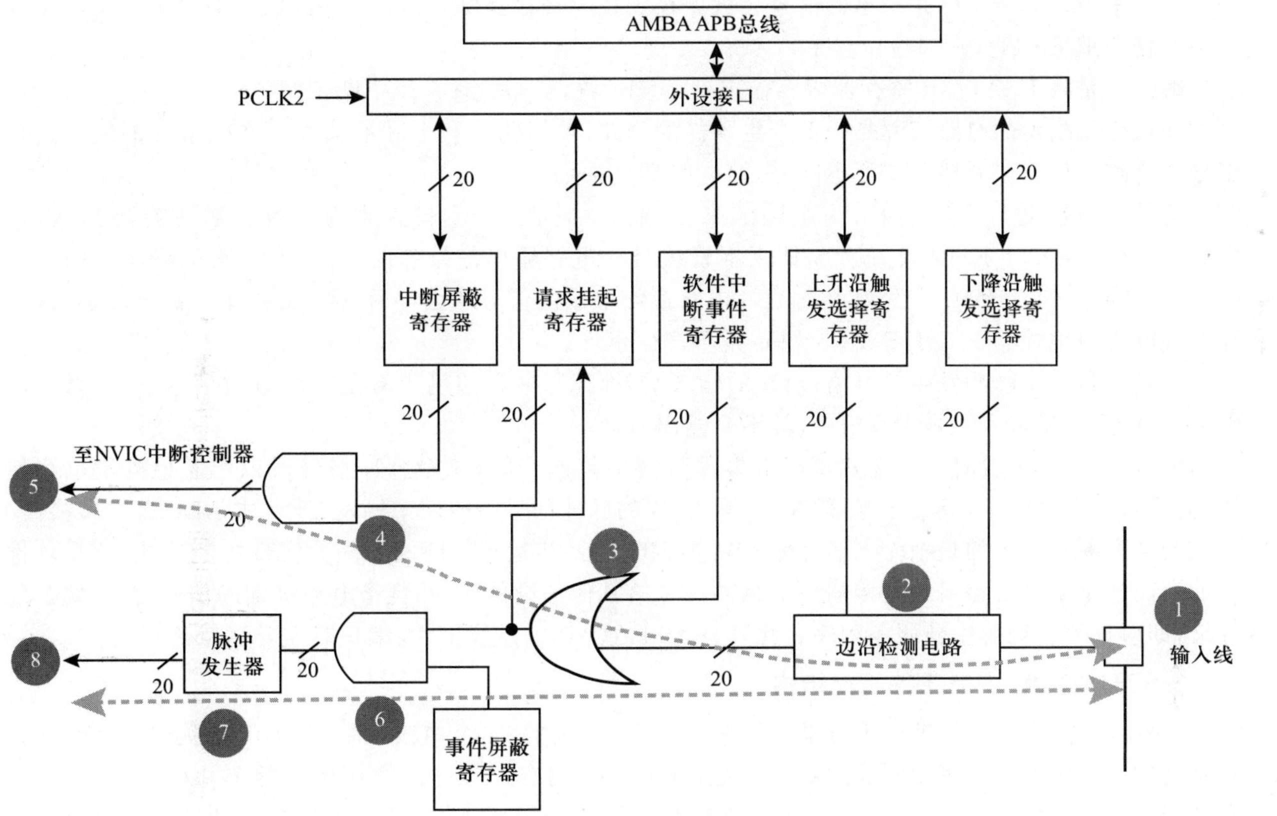

图 2-12 EXTI 功能框图

从 EXTI 功能框图中可以看到很多信号线上有一个斜杠并标注“20”字样，表示在控制器内部类似的信号线路有 20 个，这与 EXTI 总共有 20 个中断/事件线是吻合的（注意，STM32F103 只有 19 个中断/事件线，互联型产品 F107 才有 20 个中断/事件线）。EXTI 有两大功能：一是产生中断，二是产生事件，这两个功能从硬件上就有所不同。

首先看图中红色虚线指示的电路流程，它是一个产生中断的线路，最终信号流入嵌套中断向量控制器 NVIC 控制器内。

编号 1 是输入线，EXTI 控制器有 19 个中断/事件输入线，这些输入线可以通过寄存器设置为任意一个 GPIO，也可以是一些外设的事件。输入线上存在电平变化的信号。

编号 2 是一个边沿检测电路，它会根据上升沿触发选择寄存器（EXTI_RTSR）和下降沿触发选择寄存器（EXTI_FTSR）对应位的设置来控制信号触发。边沿检测电路以输入线作为信号输入端，如果检测到有边沿跳变就输出有效信号 1 给编号 3 电路，否则输出无效信号 0。而 EXTI_RTSR 和 EXTI_FTSR 两个寄存器可以控制检测何种类型的电平跳变过程，可以是仅上升沿触发、仅下降沿触发，或者上升沿和下降沿都触发。

编号 3 电路实际就是一个“或门”电路，它的一个输入来自编号 2 电路，一个输入来自软件中断事件寄存器（EXTI_SWIER）。EXTI_SWIER 允许我们通过软件直接触发外部中断/事件，这在某些地方非常有用。我们知道“或门”的作用就是有 1 就为 1，所以这两个输入其中一个有效就可以输出 1 给编号 4 和编号 6 电路。

编号 4 电路是一个“与门”电路，它的一个输入来自编号 3 电路，一个输入来自中断屏蔽寄存器（EXTI_IMR）。“与门”电路要求输入都为 1 才输出 1，导致的结果是，如果 EXTI_IMR 设置为 0，不管编号 3 电路的输出信号是 1 还是 0，编号 4 电路最终输出的信号都为 0；如果 EXTI_IMR 设置为 1，编号 4 电路最终输出的信号才由编号 3 电路的输出信号决定，这样我们可以简单地控制 EXTI_IMR 来决定是否产生中断。编号 4 电路输出的信号会被保存到挂起寄存器(EXTI_PR)内，如果确定编号 4 电路输出为 1 就会把 EXTI_PR 对应位置 1。

编号 5 是将 EXTI_PR 寄存器内容输出到 NVIC 内，从而实现系统中断控制。

绿色虚线指示的电路流程是一个产生事件的线路，最终输出一个脉冲信号。产生事件的线路是在编号 3 电路之后与中断线路有所不同，之前电路都是共用的。

编号 6 电路是一个“与门”，一个输入来自编号 3 电路，一个输入来自事件屏蔽寄存器(EXTI_EMR)。如果 EXTI_EMR 设置为 0，那么不管编号 3 电路输出信号如何，编号 6 电路最终输出的信号都为 0；如果 EXTI_EMR 设置为 1，编号 6 电路最终输出的信号才由编号 3 电路的输出信号决定，这样我们可以简单地控制 EXTI_EMR 来决定是否产生事件。

编号 7 是一个脉冲发生器电路，当它的输入端，即编号 6 电路输出端是一个有效信号 1 时，就会产生一个脉冲；如果输入端是无效信号，就不会输出脉冲。

编号 8 是一个脉冲信号，也就是产生事件线路最终的产物，这个脉冲信号可以给其他外设电路使用，如定时器 TIM、模拟数字转换器 ADC 等，这样的脉冲信号一般用来触发 TIM 或 ADC 开始转换。

产生中断线路目的是把输入信号输入到 NVIC，进一步运行中断服务函数实现中断功能，这是软件级的。而产生事件线路目的是传输一个脉冲信号给其他外设使用，并且是电路级别的信号传输，属于硬件级，即事件不会调用中断服务程序。此外，EXTI 在 APB2 总线上，在编程时需要注意这一点。

2. STM32F103 中断系统组成结构

Cortex-M3 内核单片机最多可以支持 256 个中断，包括 16 个内核中断和 240 个内核外中断，并且具有高达 256 级的可编程中断优先级。不过，在所有采用 Cortex-M3 内核架构的单片机中，几乎都没有使用 Cortex-M3 内核的全部中断资源。STM32 也不例外，STM32 系统中最多包括了 84 个中断，其中包括 16 个内核中断和最多 68 个可屏蔽中断(针对 STM32F105xx 和 STM32F107xx 互联型产品，STM32F101x 等只有 60 个可屏蔽中断)。STM32 实现了 16 级可编程中断优先级。

参考《STM32 中文参考手册》可知，在 STM32F103 系统中，系统中断有 8 个，如果算上 Reset 和 HardFault 则是 10 个，外部中断有 60 个。由于中断源众多，因此中断优先级就显得非常重要，在 NVIC 中，每一个中断都有一个编号和一个默认优先级号。优先级号数值越小，优先级越高。在 STM32F103 支持的中断源中，Reset、不可屏蔽中断 NMI 和 HardFault 的优先级是固定的，且为负值，因此上述 3 个中断源优先级最高。

STM32 中的全部中断源可参考 STM32 中文参考手册。表 2-2 给出了 STM32F103 系列中的 60 个外部中断源。

表 2-2　STM32F103 系列 60 个外部中断源

中断源编号	默认优先级号	优先级类型	中断源名称	说　明	中断向量
0	7	可设置	WWDG	窗口定时器中断	0x0000_0040
1	8	可设置	PVD	连到 EXTI 的电源电压检测(PVD)中断	0x0000_0044
2	9	可设置	TAMPER	侵入检测中断	0x0000_0048
3	10	可设置	RTC	实时时钟(RTC)全局中断	0x0000_004C
4	11	可设置	FLASH	闪存全局中断	0x0000_0050
5	12	可设置	RCC	复位和时钟控制(RCC)中断	0x0000_0054
6	13	可设置	EXTI0	EXTI 线 0 中断	0x0000_0058

续表2-2

中断源编号	默认优先级号	优先级类型	中断源名称	说 明	中断向量
7	14	可设置	EXTI1	EXTI 线 1 中断	0x0000_005C
8	15	可设置	EXTI2	EXTI 线 2 中断	0x0000_0060
9	16	可设置	EXTI3	EXTI 线 3 中断	0x0000_0064
10	17	可设置	EXTI4	EXTI 线 4 中断	0x0000_0068
11	18	可设置	DMA1 通道 1	DMA1 通道 1 全局中断	0x0000_006C
12	19	可设置	DMA1 通道 2	DMA1 通道 2 全局中断	0x0000_0070
13	20	可设置	DMA1 通道 3	DMA1 通道 3 全局中断	0x0000_0074
14	21	可设置	DMA1 通道 4	DMA1 通道 4 全局中断	0x0000_0078
15	22	可设置	DMA1 通道 5	DMA1 通道 5 全局中断	0x0000_007C
16	23	可设置	DMA1 通道 6	DMA1 通道 6 全局中断	0x0000_0080
17	24	可设置	DMA1 通道 7	DMA1 通道 7 全局中断	0x0000_0084
18	25	可设置	ADC1_2	ADC1 和 ADC2 的全局中断	0x0000_0088
19	26	可设置	USB_HP_CAN_TX	USB 高优先级或 CAN 发送中断	0x0000_008C
20	27	可设置	USB_HP_CAN_RX0	USB 低优先级或 CAN 接收 0 中断	0x0000_0090
21	28	可设置	CAN_RX1	CAN 接收 1 中断	0x0000_0094
22	29	可设置	CAN_SCE	CAN SCE 中断	0x0000_0098
23	30	可设置	EXTI9_5	EXTI 线[9:5]中断	0x0000_009C
24	31	可设置	TIM1_BRK	TIM1 刹车中断	0x0000_00A0
25	32	可设置	TIM1_UP	TIM1 更新中断	0x0000_00A4
26	33	可设置	TIM1_TRG_COM	TIM1 触发和通信中断	0x0000_00A8
27	34	可设置	TIM1_CC	TIM1 捕获比较中断	0x0000_00AC
28	35	可设置	TIM2	TIM2 全局中断	0x0000_00B0
29	36	可设置	TIM3	TIM3 全局中断	0x0000_00B4
30	37	可设置	TIM4	TIM4 全局中断	0x0000_00B8
31	38	可设置	I2C1_EV	I2C1 事件中断	0x0000_00BC
32	39	可设置	I2C1_ER	I2C1 错误中断	0x0000_00C0
33	40	可设置	I2C2_EV	I2C2 事件中断	0x0000_00C4
34	41	可设置	I2C2_ER	I2C2 错误中断	0x0000_00C8
35	42	可设置	SPI1	SPI1 全局中断	0x0000_00CC
36	43	可设置	SPI2	SPI2 全局中断	0x0000_00D0
37	44	可设置	USART1	USART1 全局中断	0x0000_00D4
38	45	可设置	USART2	USART2 全局中断	0x0000_00D8
39	46	可设置	USART3	USART3 全局中断	0x0000_00DC

续表2-2

中断源编号	默认优先级号	优先级类型	中断源名称	说 明	中断向量
40	47	可设置	EXTI15_10	EXTI 线[15:10]中断	0x0000_00E0
41	48	可设置	RTCAlarm	连到 EXTI 的 RTC 闹钟中断	0x0000_00E4
42	49	可设置	USB 唤醒	连到 EXTI 的从 USB 待机唤醒中断	0x0000_00E8
43	50	可设置	TIM8_BRK	TIM8 刹车中断	0x0000_00EC
44	51	可设置	TIM8_UP	TIM8 跟新中断	0x0000_00F0
45	52	可设置	TIM8_TRG_COM	TIM8 触发和通信中断	0x0000_00F4
46	53	可设置	TIM8_CC	TIM8 捕获比较中断	0x0000_00F8
47	54	可设置	ADC3	ADC3 全局中断	0x0000_00FC
48	55	可设置	FSMC	FSMC 全局中断	0x0000_0100
49	56	可设置	SDIO	SDIO 全局中断	0x0000_0104
50	57	可设置	TIM5	TIM5 全局中断	0x0000_0108
51	58	可设置	SPI3	SPI3 全局中断	0x0000_010C
52	59	可设置	UART4	UART4 全局中断	0x0000_0110
53	60	可设置	UART5	UART5 全局中断	0x0000_0114
54	61	可设置	TIM6	TIM6 全局中断	0x0000_0118
55	62	可设置	TIM7	TIM7 全局中断	0x0000_011C
56	63	可设置	DMA2 通道 1	DMA2 通道 1 全局中断	0x0000_0120
57	64	可设置	DMA2 通道 2	DMA2 通道 2 全局中断	0x0000_0124
58	65	可设置	DMA2 通道 3	DMA2 通道 3 全局中断	0x0000_0128
59	66	可设置	DMA2 通道 4	DMA2 通道 4 全局中断	0x0000_012C

EXTI 有 20 个中断/事件线，每个 GPIO 都可以被设置为输入线，占用 EXTI0～EXTI15，还有另外 4 根用于特定的外设事件，特定外设中断/事件线由外设触发(表 2-3)，具体用法参考《STM32F10xxx 参考手册(中文)V10》中对外设的具体说明。

表 2-3 EXTI 中断/事件线

中断/事件线	输入源
EXTI0	PX0(X 可为 A,B,C,D,E,F,G,H,I)
EXTI1	PX1(X 可为 A,B,C,D,E,F,G,H,I)
EXTI2	PX2(X 可为 A,B,C,D,E,F,G,H,I)
EXTI3	PX3(X 可为 A,B,C,D,E,F,G,H,I)
EXTI4	PX4(X 可为 A,B,C,D,E,F,G,H,I)
EXTI5	PX5(X 可为 A,B,C,D,E,F,G,H,I)
EXTI6	PX6(X 可为 A,B,C,D,E,F,G,H,I)
EXTI7	PX7(X 可为 A,B,C,D,E,F,G,H,I)

续表2-3

中断/事件线	输入源
EXTI8	PX8(X 可为 A,B,C,D,E,F,G,H,I)
EXTI9	PX9(X 可为 A,B,C,D,E,F,G,H,I)
EXTI10	PX10(X 可为 A,B,C,D,E,F,G,H,I)
EXTI11	PX11(X 可为 A,B,C,D,E,F,G,H,I)
EXTI12	PX12(X 可为 A,B,C,D,E,F,G,H,I)
EXTI13	PX13(X 可为 A,B,C,D,E,F,G,H,I)
EXTI14	PX14(X 可为 A,B,C,D,E,F,G,H,I)
EXTI15	PX15(X 可为 A,B,C,D,E,F,G,H,I)
EXTI16	PVD 输出
EXTI17	RTC 闹钟事件
EXTI18	USB 唤醒事件
EXTI19	以太网唤醒事件(只适用互联型)

EXTI0～EXTI15 用于 GPIO,通过编程控制可以使任意一个 GPIO 作为 EXTI 的输入源。由上表可知,通过 AFIO 的外部中断配置寄存器 AFIO_EXTICR1 的 EXTI0[3:0]位,EXTI0 可以选择的配置为 PA0、PB0、PC0、PD0、PE0、PF0、PG0、PH0 或 PI0(对于 STM32F103 来说只到 PG0),如图 2-13 所示。其他 EXTI 线(EXTI 中断/事件线)使用的配置都是类似的。

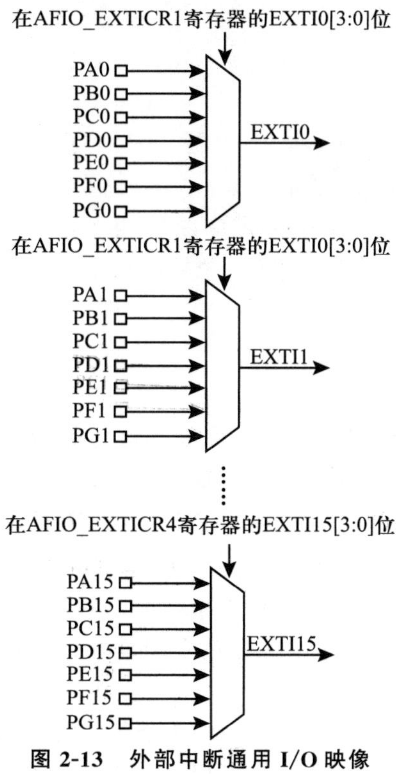

图 2-13 外部中断通用 I/O 映像

3. 中断控制

在采用 Cortex-M3 内核的系列单片机中,采用一个叫作嵌套中断向量控制器(NVIC)的外设对系统的中断进行管理。NVIC 是位于系统内核中的外设，与内核紧密耦合。不可屏蔽中断(NMI)和外部中断都由 NVIC 来处理，而 SysTick 不由其控制。各个芯片厂商在设计芯片的时候会对 Cortex-M3 内核里面的 NVIC 进行裁剪，把不需要的部分去掉，所以说 STM32 的 NVIC 是 Cortex-M3 的 NVIC 的一个子集。NVIC 相关的中断管理工作主要有使能中断(开中断)、除能中断(关中断)、设置中断请求标志、读中断请求标志、清除中断请求标志以及配置中断优先级等。NVIC 使用一组寄存器族来实现上述中断管理工作。在固件库中，NVIC 结构体定义给每个寄存器预留了很多位，STM32 只用了其中一部分，具体可参考《Cortex-M3 内核编程手册》中的 NVIC 寄存器映射。与 NVIC 相关的寄存器在固件库中以结构体的形式定义，从 core_cm3. h 头文件中可以查到 NVIC 结构体定义：

```
typedef struct
{
IOM uint32_t ISER[8U];
uint32_t RESERVED0[24U];
IOM uint32_t ICER[8U];
uint32_t RSERVED1[24U];
IOM uint32_t ISPR[8U];
uint32_t RESERVED2[24U];
IOM uint32_t ICPR[8U];
uint32_t RESERVED3[24U];
IOM uint32_t IABR[8U];
uint32_t RESERVED4[56U];
IOM uint8_t IP[240U];
uint32_t RESERVED5[644U];
IOM uint32_t STIR;
}  NVIC_Type;
```

STM32 中断在这些寄存器的控制下有序执行。只有了解这些中断寄存器，才能更好地进行 STM32 中断编程。下面重点介绍这几个寄存器。

ISER[8]:Interrupt Set-Enable Registers，即中断使能寄存器组。如前所述，Cortex-M3 内核支持 256 个中断，因此用 8 个 32 位寄存器来控制，每一位控制一个中断。不过 STM32F103 的可屏蔽中断只有 60 个，因此只用了其中两个(ISER[0]和 ISER[1])。ISER[0]的 bit0～bit31 分别对应编号为 0～31 的中断。ISER[1]的 bit0～bit27 对应编号为 32～59 的中断。ISER 的作用就相当于 8051 单片机中的开中断。

ICER[8]:Interrupt Clear-Enable Registers，即中断除能寄存器组。该寄存器组与 ISER 其实是一对。实质作用就相当于 8051 单片机的关中断。当编程向 ISER 中某一位写 1 时，ISER 和 ICER 对应的同一位同时被写入 1；向 ICER 中某一位写 1 时，ISER 和 ICER 对应的同一位实际都被写入 0。

ISPR[8]:Interrupt Set-Pending Registers，即中断挂起控制寄存器组。每一位对应的中断与 ISER 一样。当某个中断源发出中断请求，经系统判断有效，而 CPU 当前正在响应同级或优先级更高的中断时，即将该中断挂起。中断挂起后，即使中断源撤销中断请求，当该中断可以被 CPU 响应时，对应的中断服务程序仍然会被执行。

ICPR[8]:Interrupt Clear-Pending Registers，即中断解挂控制寄存器组。该寄存器组与 ISPR 是一对，与 ISER 和 ICER 的关系类似。通过写入 1，可以将挂起的中断解挂。写 0 无效。

IABR[8]:Interrupt Active Bit Registers，即中断激活标志位寄存器组。对应位所代表的中断与 ISER 一致。如果为 1，则表示该位对应的中断正在被响应。该寄存器为只读寄存器，通过它可以知道当前哪一个中断正在被响应。在中断响应完成后，由硬件自动清零。

IPR[240]：Interrupt Priority Registers，即中断优先级控制寄存器组。该寄存器组非常重要。STM32 的中断分组与这个寄存器组密切相关。Cortex-M3 原始设计中的 IP 寄存器组由 240 个 8 bit 的寄存器组成，每个可屏蔽中断占用 8 bit，这样可以表示 240 个可屏蔽中断。STM32F103 只用到其中的前 60 个。IPR[59]～IPR[0]分别对应中断 59～0。每个可屏蔽中断占用的 8 bit 没有被全部使用，只用到其中的高 4 位，这 4 位又分为抢占优先级和响应优先级。有些资料中也把响应优先级称为子优先级或从优先级。抢占优先级在前，响应优先级在后。而这两个优先级各占几位要根据系统控制模块 SCB 中的应用程序中断及复位寄存器 AIRCR 中的中断分组设置来确定。

抢占是指打断其他中断的属性，即低抢占优先级的中断 A 可以被高抢占优先级的中断 B 打断，执行完中断服务函数 B 后再返回继续执行中断服务函数 A，由此会出现中断嵌套。响应优先级属性则应用在抢占属性相同的情况下，即当两个中断源抢占优先级相同时，分以下几种情况：

① 如果两个中断同时到达，则中断控制器会先处理响应优先级高的中断。

② 当一个中断到来后，如果正在处理另一个中断，则这个后到的中断就要等到前一个中断处理完之后才能被处理(高响应优先级的中断不可以打断低响应优先级的中断)。

③ 如果它们的抢占式优先级和响应优先级都相等，则根据它们在中断表中的排位顺序，即中断编号决定先处理哪一个。

STM32F103 将中断分为 5 组，该分组的设置是由 SCB→AIRCR 寄存器的 bit10～bit8 来定义的。具体的分配情况见表 2-4。

表 2-4 抢占优先级和响应优先级分配情况

组	AIRCR[10:8]	bit[7:4]分配情况	分配结果
0	111	0:4	0 位抢占优先级，4 位响应优先级
1	110	1:3	1 位抢占优先级，3 位响应优先级
2	101	2:2	2 位抢占优先级，2 位响应优先级
3	100	3:1	3 位抢占优先级，1 位响应优先级
4	011	4:0	4 位抢占优先级，0 位响应优先级

其中，若抢占优先级 4 位，子优先级 0 位，则表示抢占优先级共 16 级，无子优先级；若抢占优先级 2 位，子优先级 2 位，则表示抢占优先级和子优先级各有 4 级。对应的优先级数值越小，优先级越高，例如，设置中断优先级组为 2，然后设置中断 3(RTC 中断)的抢占优先级为 2，子优先级为 1；中断 6(外部中断 0)的抢占优先级为 3，响应优先级为 0；中断 7(外部中断 1)的抢占优先级为 2，响应优先级为 0，那么，这 3 个中断的优先级顺序为：中断 7＞中断 3＞中断 6。

NVIC 中断管理相关函数主要在 HAL 库关键文件 stm32f1xx_hal_cortex.c 和 stm32f1xx_hal_cortex.h 中。设置优先级分组可以调用以下库函数实现：

```
void HAL_NVIC_SetPriorityGrouping(uint32_t PriorityGroup);
```

这个函数在系统中只需要被调用一次，一旦分组确定就最好不要更改，否则容易造成程序分组混乱。如果在某个中断得到响应之前，其挂起状态被清除，则中断被取消；新请求在得到响应时，由硬件自动清零其挂起标志位，一般在软件编写中也会进行解挂操作；如果中断源咬住请求信号不放，该中断就会在其上次服务例程返回后再次被置为挂起状态；如果某个中断在得到响应之前，其请求信号以若干的脉冲的方式呈现，则被视为只有一次中断请求；如果在服务例程执行时，中断请求释放了，但是在服务例程返回前又重新被置为有效，则 NVIC 会记住此动作，重新挂起该中断。

4. STM32 中断控制库函数简介

配置每个中断的编程要点如下：

(1)设置中断分组

确定组号，也就是确定抢占优先级和响应优先级的分配位数。设置函数为 HAL_NVIC_SetPriorityGrouping。对于 HAL 库，则是在文件 stm32f1xx_hal. c 内部定义的函数 HAL_Init 中，通过调用 HAL_NVIC_SetPriorityGrouping 函数进行分组相关设置。如果使用 CubeMX 工具，则会在生成的代码框架中，进一步在文件 stm32f1xx_msp_hal. c 中定义的 HAL_MSPInit 函数中，第二次调用 HAL_NVIC_SetPriorityGrouping 函数，按 CubeMX 中的设置重新进行分组设置。

(2)设置单个中断优先级及使能相应中断

使用的函数主要为 HAL_NVIC_SetPriority Graping 和 HAL_NVIC_EnableIRQ，其中，在配置中断源和优先级时，需要使用库函数：HAL_NVIC_SetPriority(IRQn，PreemptPriority，SubPriority)，参数 IRQn 表示中断源，要注意的是，不同中断的中断源不一样，不可写错，即使写错程序也不报错，只会导致不响应中断；PreemptPriority 表示抢占优先级，具体的值要根据优先级分组来确定；SubPriority 表示子优先级，具体的值要根据优先级分组来确定。

(3)编写中断服务函数

在启动文件 startup_stm32f103xe. s 中，预先为每个中断都写一个中断服务函数，只是这些中断函数都为空，目的只是初始化中断向量表。实际的中断服务函数需要我们重新编写，为了方便管理，我们把中断服务函数统一写在 stm32f1xx_it. c 这个库文件中。中断服务函数的函数名必须与启动文件里预先设置的一致，如果写错，系统在中断向量表中就会找不到中断服务函数入口，直接跳转到启动文件里预先写好的空函数，并且在里面无限循环，导致中断不能实现。

5. 外部中断使用流程及实例

外部中断配置步骤如下：

(1)使能 I/O 口时钟

初始化 I/O 口为中断输入，首先，我们要使用 I/O 口作为中断输入，所以我们要使能相应的 I/O 口时钟，具体的操作方法与按键实验一致。

(2)设置 I/O 口模式

触发条件，开启 SYSCFG 时钟，设置 I/O 口与中断线的映射关系，通过调用 HAL 库函数 HAL_GPIO_Init 完成。

例如，要设置 PA0 连接中断线 0，并且为上升沿触发，代码为：

```
GPIO_InitTypeDef GPIO_Initure;
GPIO_Initure.Pin=GPIO_PIN_0;                    //PA0
GPIO_Initure.Mode=GPIO_MODE_IT_RISING;          //外部中断，上升沿触发
GPIO_Initure.Pull=GPIO_PULLDOWN;                //默认下拉
HAL_GPIO_Init(GPIOA,&GPIO_Initure);
```

当我们调用 HAL_GPIO_Init 设置 I/O 的 Mode 值为 GPIO_MODE_IT_RISING(外部中断上升沿触发)、GPIO_MODE_IT_FALLING(外部中断下降沿触发)或 GPIO_MODE_IT_RISING_FALLING(外部中断双边沿触发)时，该函数内部会通过判断 Mode 的值来开启 SYSCFG 时钟，并且设置 I/O 口和中断线的映射关系。因为此处初始化的是 PA0，调用该函数后中断线 0 会自动连接到 PA0。如果我们又以同样方式初始化 PB0，那么 PA0 与中断线的连接将被清除，而直接连接 PB0 到中断线 0，即在 PAx 到 PGx 中，一次只能使用其中的一个作为外部中断输入。

(3)配置中断优先级(NVIC),并使能中断

设置好中断线和 GPIO 映射关系,然后设置好中断的触发模式等初始化参数。既然是外部中断,涉及中断,当然还要设置 NVIC 中断优先级。因在 NVIC 部分已经讲解,这里直接引用。

设置中断线 0 的中断优先级并使能外部中断 0 的代码是:

```
HAL_NVIC_SetPriority(EXTI0_IRQn,2,0);          //抢占优先级为 2,子优先级为 0
HAL_NVIC_EnableIRQ(EXTI0_IRQn);                //使能中断线 2
```

(4)编写中断服务函数

配置完中断优先级之后,要做的就是编写中断服务函数。中断服务函数的名字是在 HAL 库中事先定义的。此处需要说明的是,STM32F10x 的 I/O 口外部中断函数只有 7 个,分别为:

```
void EXTI0_IRQHandler( );
void EXTI1_IRQHandler( );
void EXTI2_IRQHandler( );
void EXTI3_IRQHandler( );
void EXTI4_IRQHandler( );
void EXTI9_5_IRQHandler( );
void EXTI15_10_IRQHandler( );
```

中断线 0~4,每个中断线对应一个中断函数;中断线 5~9,共用中断函数 EXTI9_5_IRQHandler();中断线 10~15,共用中断函数 EXTI15_10_IRQHandler()。

(5)编写中断处理回调函数 HAL_GPIO_EXTI_Callback()

在使用 HAL 库的时候,我们也可以直接在中断服务函数中编写控制逻辑。但是,HAL 库为了用户使用方便,提供了一个公共中断入口函数:HAL_GPIO_EXTI_IRQHandler(),在该函数内部直接调用回调函数 HAL_GPIO_EXTI_Callback()。我们可以看看 HAL_GPIO_EXTI_IRQHandler()函数定义:

```
void HAL_GPIO_EXTI_IRQHandler(uint16_t GPIO_Pin)
{
if(HAL_GPIO_EXTI_GET_IT(GPIO_Pin)! =0x00u)
{
HAL_GPIO_EXTI_CLEAR_IT(GPIO_Pin);
HAL_GPIO_EXTI_Callback(GPIO_Pin);
}
}
```

该函数的作用非常简单,就是清除中断标志位,然后调用回调函数 HAL_GPIO_EXTI_Callback()实现控制逻辑。我们编写中断控制逻辑,直接在中断服务函数中调用外部中断公共处理函数:HAL_GPIO_EXTI_IRQHandler(),然后在回调函数 HAL_GPIO_EXTI_Callback( )中通过判断中断来自哪个 I/O 口,编写相应的中断服务控制逻辑。

外部中断嵌套应用实例

将 3 个按键(BTN1~BTN3)作为外部中断输入,再准备 2 只 LED(颜色任选),3 个共阴极数码管。其中,连接 GPIOC 口的数码管 LED0 代表主函数功能,循环显示 0~9;BTN1 产生外部中断 EXTI1,调用 LED1 以 16 进制循环显示 0~15 的偶数;BTN2 产生外部中断 EXTI2,调用 LED2 以 16 进制循环显示 0~15 的奇数;BTN3 产生外部中断 EXTI3,调用 LED1 和 LED2 同时循环显示 9~0。外部中断 1,抢占优先级

为 1,响应优先级为 3;外部中断 2,抢占优先级为 3,响应优先级为 1;外部中断 3,抢占优先级为 3,响应优先级为 3。在 EXTI1 响应时,若有 EXTI2 或 EXTI3,点亮 D2 或 D1;在 EXTI2 或 EXTI3 中断响应时,若有 EXTI3 或 EXTI2 申请,则分别显示 D1 或 D2;无中断时,数码管默认显示横杠。

先按 BTN1,再先后按 BTN3 和 BTN2,观察实验现象;
先按 BTN2,再按 BTN1,观察实验现象;
先按 BTN3,再按 BTN1,观察实验现象;
先按 BTN3,再按 BTN2,观察实验现象。

实验步骤:

(1)硬件连接

外部中断嵌套实例硬件原理如图 2-14 所示。

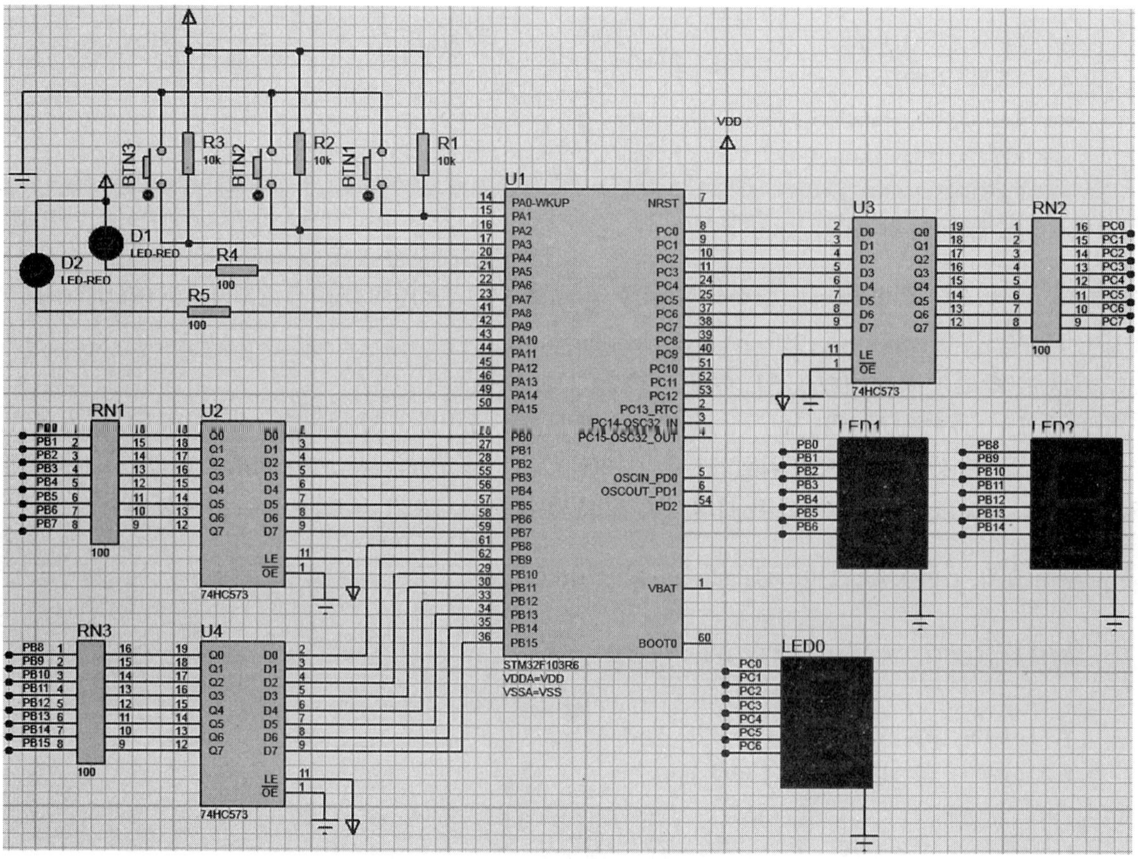

图 2-14 外部中断嵌套实例硬件原理图

(2)创建 MDK 工程

利用 STM32CubeMX 工具配置 I/O 口,创建项目工程,工程名为 EXTI。配置要点:主控芯片型号为 STM32F103R6;参考硬件原理图,数码管分别接在 PC0～PC7、PB0～PB7 和 PB8～PB15;3 个按键分别接在 PA1、PA2 和 PA3。D1 和 D2 指示灯分别接在 PA5 和 PA8;PA1～PA3 配置为外部中断输入,下降沿触发;PA5 和 PA8 设置为通用推挽输出。按照上述要求,使用 STM32CubeMX 工具创建自动代码框架。

(3)软件设计

打开 STM32CubeMX 自动生成的代码框架,在 main.c 中分别添加如下代码:

```
int main(void)
{
unsigned char i=0;
uint16_t Number[16]={ZERO,ONE,TWO,THREE,FOUR,FIVE,SIX,SEVEN,EIGHT,NINE,A,B,C,D,
E,F};
while(1)
{
for(i=0;i<10;i++)
{
HAL_GPIO_WritePin(GPIOC,Number[i],GPIO_PIN_SET);
HAL_Delay(30);
HAL_GPIO_WritePin(GPIOC,0xff,GPIO_PIN_RESET);
}
}
}
```

在 main.h 中添加数码管显示码：

```
//定义数码管 0x0 到 0x0f 的显示码
#define NON   (uint16 t)0x40
#define ZERO  (uint16 t)0x3f
#define ONE   (uint16 t)0x06
#define TWO   (uint16 t)0x5b
#define THREE (uint16 t)0x4f
#define FOUR  (uint16 t)0x66
#define FIVE  (uint16 t)0x6d
#define SIX   (uint16 t)0x7d
#define SEVEN (uint16 t)0x07
#define EIGHT (uint16 t)0x7f
#define NINE  (uint16 t)0x6f
#define A  (uint16 t)0x77
#define B  (uint16 t)0x7c
#define C  (uint16 t)0x39
#define D  (uint16 t)0x5e
#define E  (uint16 t)0x79
#define F  (uint16 t)0x71
```

在 stm32f1xx_it.c 文件中添加如下代码：

```
void HAL_GPIO_EXTI_Callback(uint16_t GPIO_Pin)
{
volatile unsigned char i,j,k;
uint16_t Number[16]={ZERO,ONE,TWO,THREE,FOUR,FIVE,SIX,SEVEN,EIGHT,NINE,A,B,C,D,
E,F};
switch(GPIO_Pin)
{
case GPIO_PIN_1:
```

```
HAL_GPIO_WritePin(GPIOB,NON,GPIO_PIN_RESET);
for(i=0;i<16;i+=2)
{
if(__HAL_GPIO_EXTI_GET_FLAG(GPIO_PIN_2))
HAL_GPIO_WritePin(GPIOA,GPIO_PIN_8,GPIO_PIN_RESET);
if(__HAL_GPIO_EXTI_GET_FLAG(GPIO_PIN_3))
HAL_GPIO_WritePin(GPIOA,GPIO_PIN_5,GPIO_PIN_RESET);
HAL_GPIO_WritePin(GPIOB,Number[i],GPIO_PIN_SET);
HAL_Delay(30);
HAL_GPIO_WritePin(GPIOB,Oxff,GPIO_PIN_RESET);
}
HAL_GPIO_WritePin(GPIOA,GPIO_PIN_5,GPIO_PIN_SET);
HAL_GPIO_WritePin(GPIOA,GPIO_PIN_8,GPIO_PIN_SET);
HAL_GPIO_WritePin(GPIOB,NON,GPIO_PIN_SET);
break;
case GPIO_PIN_2:
HAL_GPIO_WritePin(GPIOB,NON<<8,GPIO_PIN_RESET);
for(j=1;j<16;j+=2)
{
if(__HAL_GPIO_EXTI_GET_FLAG(GPIO_PIN_3))
HAL_GPIO_WritePin(GPIOA,GPIO_PIN_5,GPIO_PIN_RESET);
HAL_GPIO_WritePin(GPIOB,Number[j]<<8,GPIO_PIN_SET);
HAL_Delay(30);
HAL_GPIO_WritePin(GPIOB,Oxff<<8,GPIO_PIN_RESET);
}
HAL_GPIO_WritePin(GPIOA,GPIO_PIN_5,GPIO_PIN_SET);
HAL_GPIO_WritePin(GPIOB,NON<<8,GPIO_PIN_SET);
break;
case GPIO_PIN_3:
HAL_GPIO_WritePin(GPIOB,NON|NON<<8,GPIO_PIN_RESET);
for(k=10;k>0;k--)
{
if(__HAL_GPIO_EXTI_GET_FLAG(GPIO_PIN_2))
HAL_GPIO_WritePin(GPIOA,GPIO_PIN_8,GPIO_PIN_RESET);
HAL_GPI0_WritePin(GPIOB,Number [k-1]|Number[k-1]<<8,GPIO_PIN_SET);
HAL_Delay(30);
HAL_GPIO_WritePin(GPIOB,GPIO_PIN_A11,GPIO_PIN_RESET);
}
HAL_GPIO_WritePin(GPIOA,GPIO_PIN_8,GPIO_PIN_SET);
HAL_GPIO_WritePin(GPIOB,NON|NON<<8,GPIO_PIN_SET);
break;
}
}
```

2.2.2　STM32 定时器

1. STM32 定时器特点

在 STM32F10x 系列中，除了互联型的产品，其他产品最多有 8 个定时器。定时器主要分为基本定时器、通用定时器和高级定时器等。基本定时器 TIM6 和 TIM7 是 16 位只能向上计数的定时器，只能定时，没有外部 I/O 口；通用定时器 TIM2/3/4/5 是 16 位可以向上/向下计数的定时器，可以定时，可以输出比较，可以输入捕捉，每个定时器有 4 个外部 I/O 口；高级定时器 TIM1/8 是 16 位可以向上/向下计数的定时器，可以定时，可以输出比较，可以输入捕捉，还可以有三相电机互补输出信号，每个定时器有 8 个外部 I/O 口。更加具体的分类详情，见表 2-5。

表 2-5　定时器分类详情

	定时器	计数器频率分辨率	计数器类型	预分频系数	产生 DMA	捕获/比较通道	互补输出信号
高级定时器	TIM1	16 位	向上/向下	1～65536	可以	4	有
	TIM8	16 位	向上/向下	1～65536	可以	4	有
通用定时器	TIM2	16 位	向上/向下	1～65536	可以	4	没有
	TIM3	16 位	向上/向下	1～65536	可以	4	没有
	TIM4	16 位	向上/向下	1～65536	可以	4	没有
	TIM5	16 位	向上/向下	1～65536	可以	4	没有
基本定时器	TIM6	16 位	向上	1～65536	可以	0	没有
	TIM7	16 位	向上	1～65536	可以	0	没有

基本定时器的核心是时基，不仅基本定时器有，通用定时器和高级定时器也有。学习定时器，建议先从简单的基本定时器学起。因为 Proteus 仿真型号没有基本定时器 TIM6/7，所以在实训中使用了 TIM2 通用定时器，但 TIM2 在第一个实训中实际是作为基本定时器使用的。基本定时器的功能如图 2-15 所示。

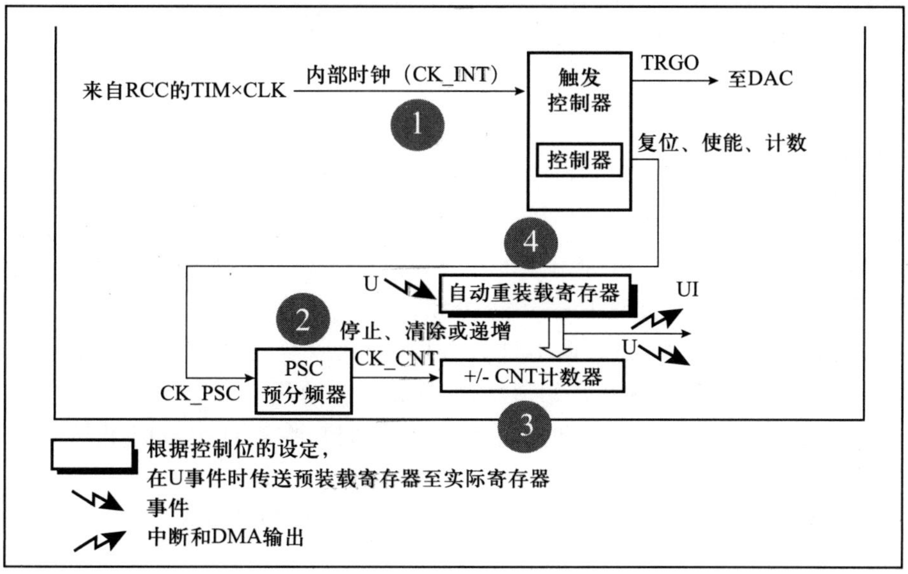

图 2-15　STM32 基本定时器功能框图

(1)时钟源(图 2-15 中标识 1 的部分)

定时器时钟 TIM×CLK,即内部时钟 CK_INT,经 APB1 预分频器后分频提供。如果 APB1 预分频系数等于 1,则频率不变,否则频率乘以 2。在库函数中,APB1 预分频的系数是 2,即 PCLK1=36 MHz,所以定时器时钟 TIM×CLK=36×2=72 MHz。

(2)计数器时钟(图 2-15 中标识 2 的部分)

定时器时钟(CK_INT 或 CK_PSC)经过 PSC 预分频器之后,产生计数器时钟,即 CK_CNT,用来驱动计数器计数。PSC 是一个 16 位的预分频器,可以对定时器时钟 TIM×CLK 1~65536 之间任何一个数进行分频。具体计算方式为:CK_CNT=TIM×CLK/(PSC+1)。

(3)计数器(图 2-15 中标识 3 的部分)

计数器 CNT 是一个 16 位的计数器,在基本定时器中只能往上计数,最大计数值为 65535。当计数达到自动重装载寄存器设置值的时候,会产生更新事件,并清零从头开始计数。

(4)自动重装载寄存器(图 2-15 中标识 4 部分)

自动重装载寄存器 ARR 是一个 16 位寄存器,这里面设置了计数器能计数的最大数值。当计数到这个值的时候,如果使能中断的话,定时器就会产生溢出中断。

(5)定时时间的计算

定时器的定时时间等于计数器的中断周期乘以中断的次数。计数器在 CK_CNT 的驱动下,计一个数的时间是 CK_CNT 的倒数,即 1/[CK_INT/(PSC+1)],定时时长 Tout 为:Tout=[(ARR+1)×(PSC+1)]/CK_PSC。

在 HAL 库函数头文件 stm32f1xx_hal_tim.h 中,对定时器外设建立了 4 个初始化结构体,基本定时器只用到其中一个,即 TIM_TimeBaseInitTypeDef,其他 3 个在高级定时器部分讲解。TIM_TimeBaseInitTypeDef 代码如下:

```
typedef struct
{
uint32_t Prescaler;
uint32_t CounterMode;
uint32_t Periodr;
uint32_t ClockDivision;
uint32_t RepetitionCounter;
uint32_t AutoReloadPreload;
} TIM_Time Base InitTypeDef;
```

其中主要成员含义为:

Prescaler:定时器预分频器设置,时钟源经该预分频器后才是定时器时钟,它设定 TIMx_PSC 寄存器的值。可设置范围为 0~65535,实现 1~65536 分频。

CounterMode:定时器计数方式,分为向上计数、向下计数以及三种中心对齐模式。基本定时器只能是向上计数,即 TIMx_CNT 只能从 0 开始递增,并且无需初始化。

Period:定时器周期,实际就是设定自动重装载寄存器的值,在事件生成时更新到影子寄存器。可设置范围为 0~65535。

ClockDivision:时钟分频,设置定时器时钟 CK_INT 频率与数字滤波器采样时钟频率分频比。基本定时不用设置。

RepetitionCounter:重复计数器,属于高级控制寄存器专用寄存器位,利用它可以非常容易地控制输出 PWM 的个数。基本定时不用设置。

虽然定时器基本初始化结构体有 5 个成员，但对于基本定时功能来说，只需要设置其中两个就可以。

基本定时器编程要点如下：

① 使能定时器时钟，如 TIM2；

② 初始化定时器参数，设置自动重装载值、分频系数、计数方式；

③ 使能定时器更新中断，使能定时器；

④ 配置中断控制器 NVIC，设置定时器中断优先级；

⑤ 编写中断处理函数。

当使用 STM32CubeMX 创建工程时，以上步骤中的 1～4 基本都由 STM32CubeMX 自动完成，开发者只需要在程序合适位置调用 HAL_TIM_Base_Start_IT() 函数使能定时器更新中断，并完成第 5 步的中断处理函数编写工作即可。在 HAL 库函数中，一般也只需要调用 HAL_TIM_PeriodElapsedCallback 等回调函数。

2. STM32 通用定时器应用

应用实例 1

采用 RGB-LED，连接到 PC 口第 6、第 7、第 8 脚。要求采用 STM32F103 通用定时器 TIM2 输出定时信号控制 RGB 灯以某种颜色（颜色自选）亮、灭。定时信号周期为 0.4 s，RGB 灯亮 0.2 s，灭 0.2 s。

（1）硬件连接

通用定时器应用实例 1 硬件原理图如图 2-16 所示。

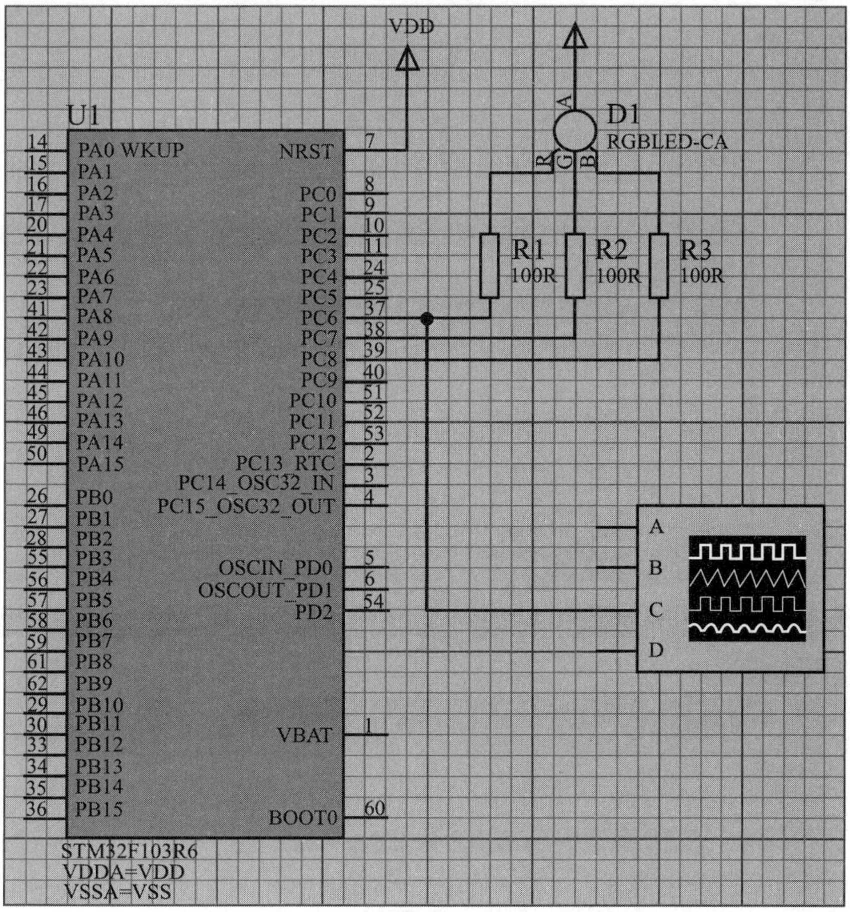

图 2-16　通用定时器应用实例 1 硬件原理图

(2)创建 MDK 工程

利用 STM32CubeMX 工具创建项目工程,工程名为 TIM2。配置要点为:主控芯片型号为 STM32F103R6Tx;芯片 GPIO 口中的 PC6～PC8 配置为通用推挽输出,高速;各端口默认输出高电平;RCC 高速时钟源选用外部晶振,高速外部晶振频率为 8 MHz;GPIO 外设时钟为 72 MHz;仅复制必要文件,GPIO 外设生成单独的.c 或.h 文件。

设置 Timers 的 TIM2,如图 2-17 所示,将 Mode 部分的第三项 Clock Source 设置为 Internal Clock,其余不变。

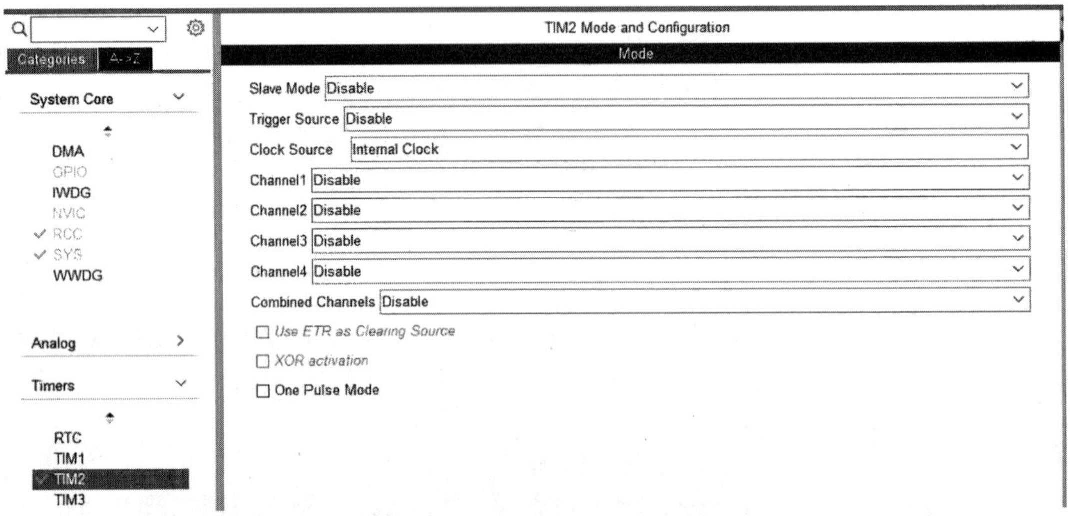

图 2-17　设置 Timers 的 TIM2

TIM2 参数部分,如图 2-18 所示,在 Parameter Settings 选项卡,设置 Prescaler 为 7199,Counter Period(AutoReload Register)为 1999。在 NVIC Settings 选项卡中勾选 Enabled,其余选项不变。

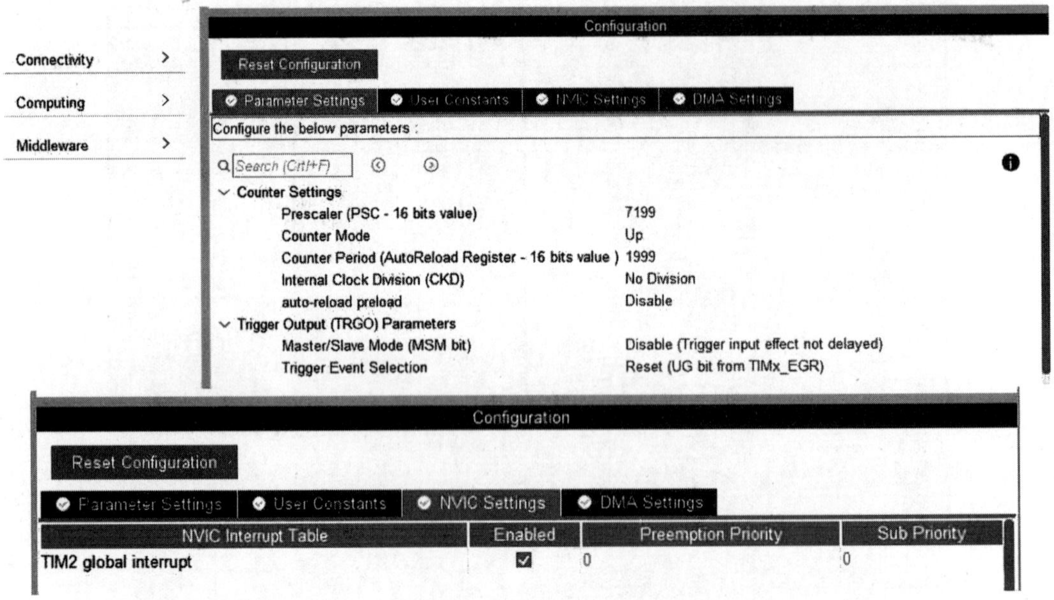

图 2-18　Timers 设置参数及 NVIC 设置

设置 NVIC,如图 2-19 所示,在 NVIC 选项卡选 TIM2 global interrupt,在 Code generation 选项卡

选 TIM2 global interrupt。

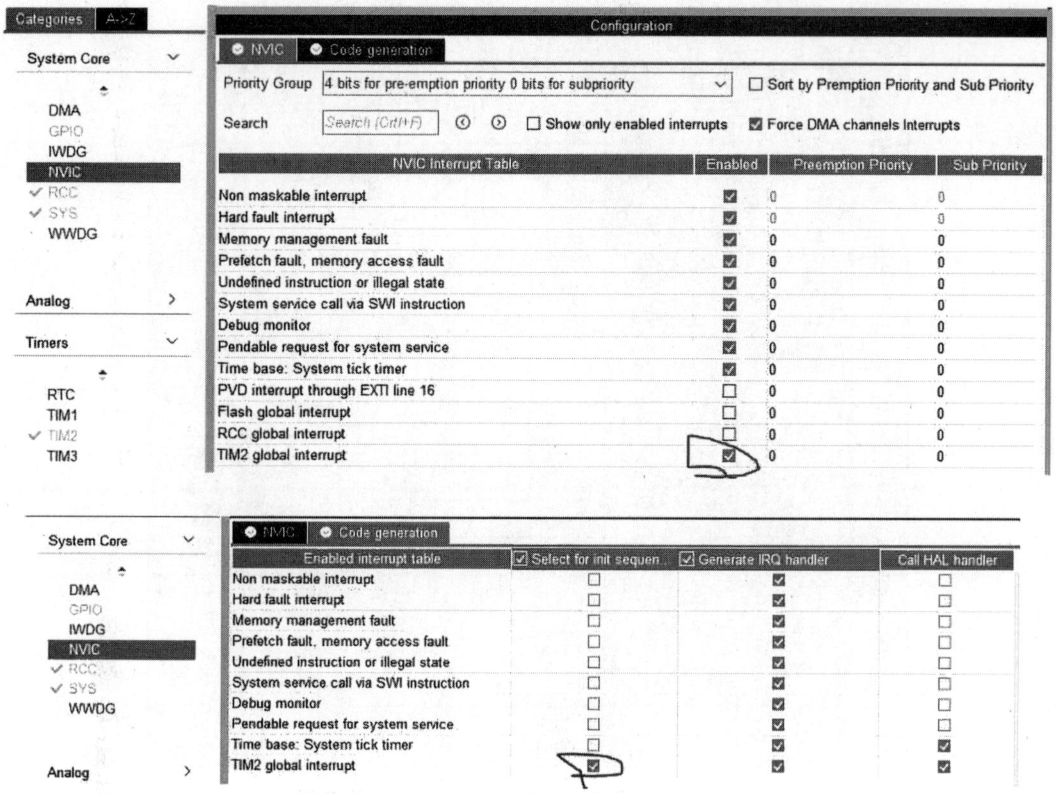

图 2-19 设置 NVIC

(3)软件设计

打开 STM32CubeMX 自动生成的代码框架,在 main.c 中按参考行号分别添加如下代码:

```
SystemClock_Config( );
_HAL_RCC_TIM1_CLK_ENABLE( );                    //Proteus Bug. Proteus 仿真需要
HAL_TIM_Base_Start_IT(&htim2);                  //使能 TIM2 计数溢出中断
void HAL_TIM_PeriodElapsedCallback(TIM_HandleTypeDef  * htim)
{
if(htim==&htim2)
{
HAL_GPIO_TogglePin(GPIOC,GPIO_PIN_6);
}
}
```

应用实例 2

要求采用 STM32F103 通用定时器输出占空比非 50%的基本定时信号。

实验步骤:

(1)硬件连接

通用定时器应用实例 2 硬件原理如图 2-20 所示。

(2)创建 MDK 工程

利用 STM32CubeMX 工具创建项目工程,先后创建工程 TIM2 和 TIM3。配置要点:主控芯片型

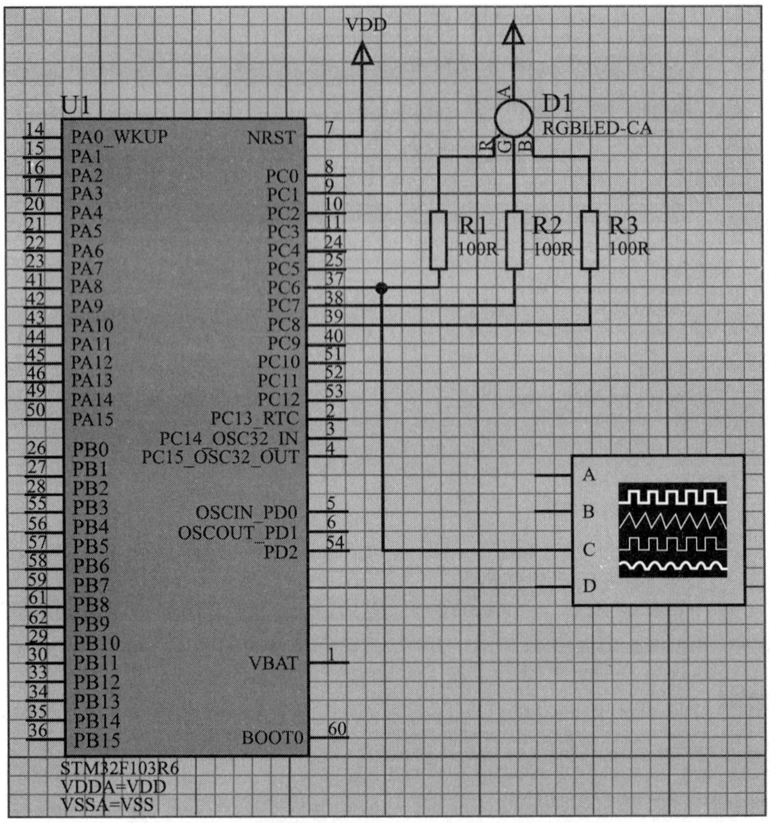

图 2-20　通用定时器应用实例 2 硬件原理图

号为 STM32F103R6Tx；芯片 GPIO 口中 PC6～PC8 配置为通用推挽输出，高速；各端口默认输出高电平；RCC 高速时钟源选用外部晶振，高速外部晶振频率为 8MHz；GPIO 外设时钟为 72 MHz；仅复制必要文件，GPIO 外设生成单独的.c 或.h 文件。以下以 TIM2 设置为例。TIM3 设置与 TIM2 相同。

①设置 Timers 的 TIM2，如图 2-21 所示，在 Mode 部分的第三项 Clock Source 选择为 Internal Clock，其余不变。

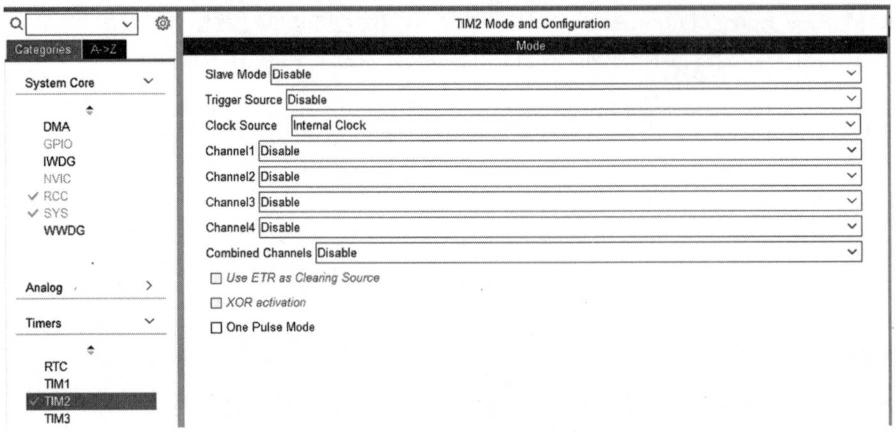

图 2-21　设置 Timers 的 TIM2

②TIM2 参数部分，如图 2-22 所示，在 Parameter Settings 选项卡，设置 Prescaler 为 7199，Counter Period(AutoReload Register)为 199。在 NVIC 选项卡勾中 Enabled TIM2 gloabal interrupt，其余选项不变。

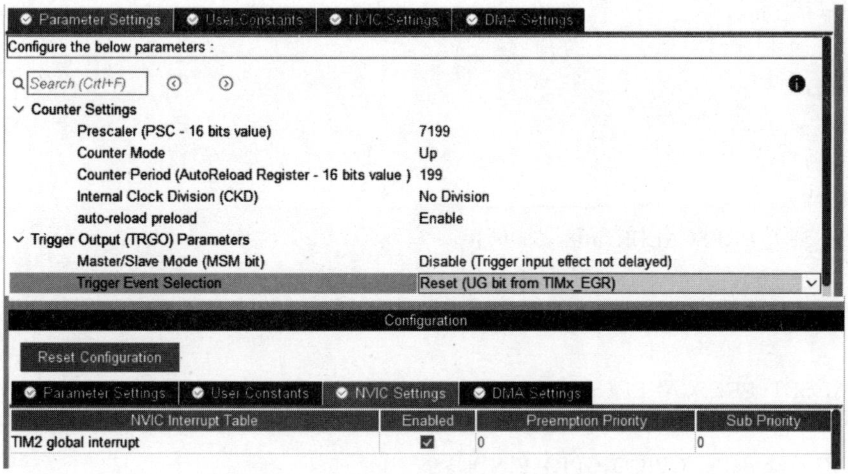

图 2-22　Timers 设置参数及 NVIC 设置

③设置 NVIC，如图 2-23 所示，在 NVIC 选项卡勾选 TIM2 global interrupt，在 Code generation 选项卡，勾选 TIM2 global interrupt。

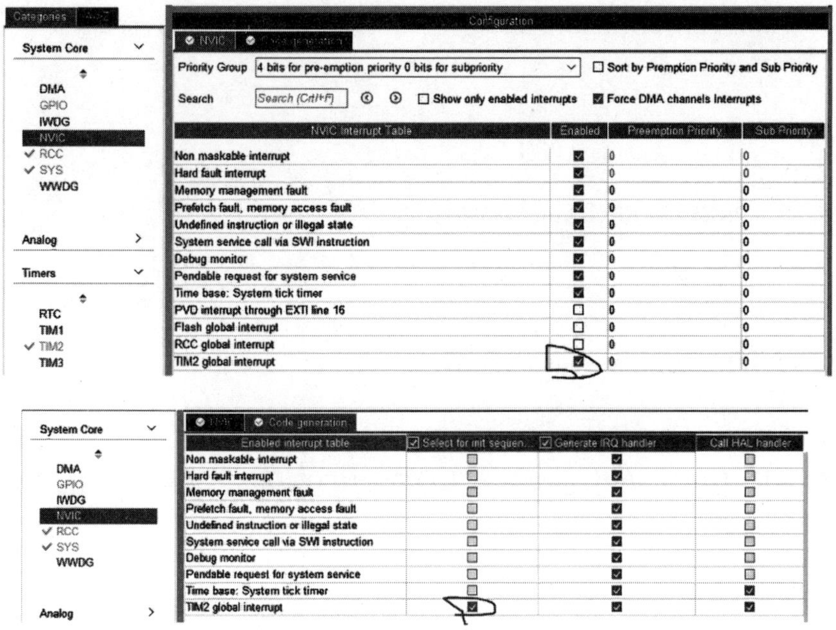

图 2-23　设置 NVIC

(3)软件设计

打开 CubeMX 自动生成的代码框架，在 main. c 中按参考行号分别添加如下代码。

①中断方法：

```
static uint8_t flag=0;                                //定义改变预分频系数或计数值标志
_HAL_RCC_TIM1_CLK_ENABLE();                           //Proteus Bug，Proteus 仿真需要
HAL_TIM_Base_Start_IT(&htim2);                        //启动 TIM2，并使能计数溢出中断
                                                      //处理计数溢出的中断回调函数
void HAL_TIM_PeriodElapsedCallback(TIM_HandleTypeDef  * htim)
{
```

```
if(htim==&htim2)
{
flag=! flag;
}
if(flag==1)
{
HAL_TIM_SET_PRESCALER(htim,3599);
}
else
{
HAL_TIM_SET_PRESCALER(htim,7199);
}
HAL_GPIO_TogglePin(GPIOC,GPIO_PIN_6);
}
```

②CPU 循环访问程序：

```
static uint8_t flag=0;                                    //定义改变预分频系数或计数值标志
_HAL_RCC_TIM1_CLK_ENABLE(&htim3);                         //Proteus 仿真需要
while(1)
{
if(flag==1)
{
HAL_TIM_SET_PRESCALER(&htim3,3599);
}
else
{
HAL_TIM_SET_PRESCALER(&htim3,7199);
}
HAL_TIM_CLEAR_FLAG(&htim3,TIM_FIAG_UPDATE);                        //清除溢出标志
while(_HAL_TIM_GET_FLAG(&htim3,TIM_FLAG_UPDATE)==RESET);  //等待溢出
flag=! flag;
HNL_GPIO_TogglePin(GPIOC,GPI0_PIN_6);
}
```

3. STM32 通用定时器 PWM 输出

脉宽调制(Pulse Width Modulation,PMW)是利用微处理器的数字输出来对模拟电路进行控制的一种非常有效的技术，广泛应用在测量、通信、功率控制与变换等许多领域中。

在模拟电路中，模拟信号的值可以连续变化，其时间和幅度的分辨率都没有限制。9 V 电池就是一种模拟器件，因为它的输出电压并不精确地等于 9 V，而是随时间发生变化，并可取任何实数值。与此类似，从电池吸收的电流也不限定在一组可能的取值范围之内。模拟信号与数字信号的区别在于，后者的取值通常只能属于预先确定的可能取值集合之内，例如，在{0 V,5 V}这一集合中取值。模拟电压和电流可直接用来进行控制，如对汽车收音机的音量进行控制。在简单的模拟收音机电路中，音量旋钮被连接到一个可变电阻。拧动旋钮时，电阻值变大或变小，流经这个电阻的电流也随之增加或减少，从而改变驱动扬声器的电流值，使音量变大或变小。与收音机一样，模拟电路的输出与输入成线性比例。尽管模拟控制看起来可能直观而简单，但它并不总是非常经济或可行的。其中一点就是，模拟电路容易随

时间漂移,因而难以调节。能够解决这个问题的精密模拟电路可能非常庞大、笨重和昂贵。模拟电路还有可能严重发热,其功耗与元器件两端电压和电流的乘积成正比。模拟电路还可能对噪声很敏感,任何扰动或噪声都会改变电流值的大小。

数字控制,通过数字方式控制模拟电路,可以大幅度降低系统的成本和功耗。此外,许多微控制器和DSP已经在芯片上包含了PWM控制器,这使数字控制的实现变得更加容易。简而言之,PWM是一种对模拟信号电平进行数字编码的方法。通过高分辨率计数器的使用,方波的占空比被调制用来对一个具体模拟信号的电平进行编码。PWM信号仍然是数字的,因为在给定的任何时刻,满幅值的直流供电要么完全有(ON),要么完全无(OFF)。电压或电流源是以一种通(ON)或断(OFF)的重复脉冲序列被加到模拟负载上去的。通,即直流供电被加到负载上;断,即供电被断开。只要带宽足够,任何模拟值都可以使用PWM进行编码。

图2-24显示了三种不同的PWM信号。a是一个占空比为10%的PWM输出,即在信号周期中,10%的时间通,其余90%的时间断;b和c显示的分别是占空比为50%和90%的PWM输出。这三种PWM输出编码的分别是强度为满度值的10%、50%和90%的三种不同模拟信号值,例如,供电电源为9 V,占空比为10%,则对应的是一个幅度为0.9 V的模拟信号。

图2-25是一个可以使用PWM进行驱动的简单电路。使用9 V电池来给一个白炽灯泡供电,如果将连接电池和灯泡的开关闭合50 s,灯泡在这段时间中将得到9 V供电;如果在下一个50 s中将开关断开,灯泡得到的供电将为0 V;如果在1 s内将此过程重复10次,灯泡将会点亮,相当于连接了一个4.5 V电池(9 V的50%)。在这种情况下,占空比为50%,调制频率为10 Hz。

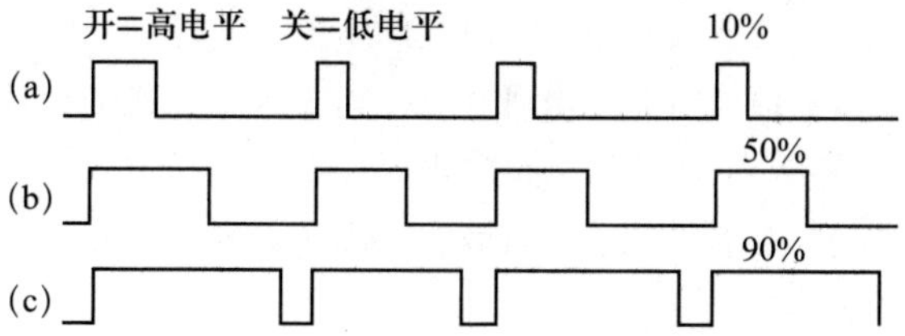

图2-24 三种不同的PWM信号

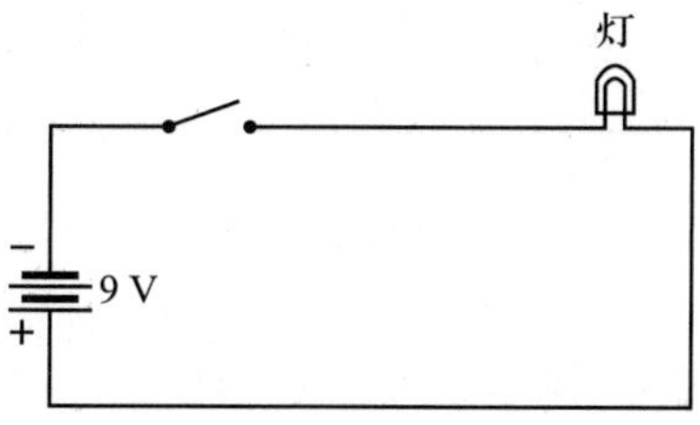

图2-25 使用PWM进行驱动的简单电路

大多数负载(无论是电感性负载还是电容性负载)需要的调制频率高于10 Hz。设想一下,如果灯泡先接通5 s,再断开5 s,然后再接通、再断开……占空比仍然是50%,但灯泡在前5 s内将点亮,在后5 s内将熄灭。要让灯泡取得4.5 V电压的供电效果,通、断循环周期与负载对开关状态变化的响应时间相比必须足够短。要想取得调光灯(但保持点亮)的效果,必须提高调制频率。在其他PWM应用场景也有同样的要求,通常调制频率在1 kHz到200 kHz。

硬件控制器,许多微控制器内部都有PWM控制器,例如,Microchip公司的PIC16C67内含两个PWM控制器,每一个都可以选择接通时间和周期。占空比是接通时间与周期之比;调制频率为周期的倒数。在执行PWM操作之前,这种微处理器要求在软件中完成以下工作:

①设置提供调制方波的片上定时器/计数器的周期;

②在PWM控制寄存器中设置接通时间;

③设置PWM输出的方向,这个输出是一个通用I/O管脚;

④启动定时器;

⑤使能PWM控制器。

虽然具体的PWM控制器在编程细节上会有所不同,但它们的基本思想通常是相同的。在通信与控制方面,PWM的一个优点是从处理器到被控系统信号都是数字形式的,无须进行数模转换。让信号保持为数字形式,可将噪声影响降到最小。噪声只有在强到足以将逻辑1改变为逻辑0或将逻辑0改变为逻辑1时，才能对数字信号产生影响。对噪声抵抗能力的增强是PWM相对于模拟控制的另外一个优点，而且这也是在某些时候将PWM用于通信的主要原因。从模拟信号转向PWM可以极大地延长通信距离。在接收端，通过适当的RC或LC网络，可以滤除调制高频方波并将信号还原为模拟形式。PWM广泛应用在多种系统中。作为一个具体的例子，我们来考察一种用PWM控制的制动器。简单地说，制动器是紧夹住某种东西的一种装置。许多制动器使用模拟输入信号来控制夹紧压力或制动功率的大小。加在制动器上的电压或电流越大，制动器产生的压力就越大。可以将PWM控制器的输出连接到电源与制动器之间的一个开关。要产生更大的制动功率，只需通过软件加大PWM输出的占空比就可以了。如果要产生一个特定大小的制动压力，需要通过测量来确定占空比和压力之间的数学关系(所得的公式或查找表经过变换可用于控制温度、表面磨损等)，例如，要将制动器上的压力设定为100 psi，软件将进行一次反向查找，以确定产生这个压力的占空比应该是多少。然后再将PWM占空比设置为这个新值，制动器就可以相应地进行响应了。如果系统中有一个传感器，则可以通过闭环控制来调节占空比，直到精确产生所需的压力。总之，PWM经济、节约空间、抗噪性能强，是一种值得广大工程师在许多设计应用中使用的有效技术。

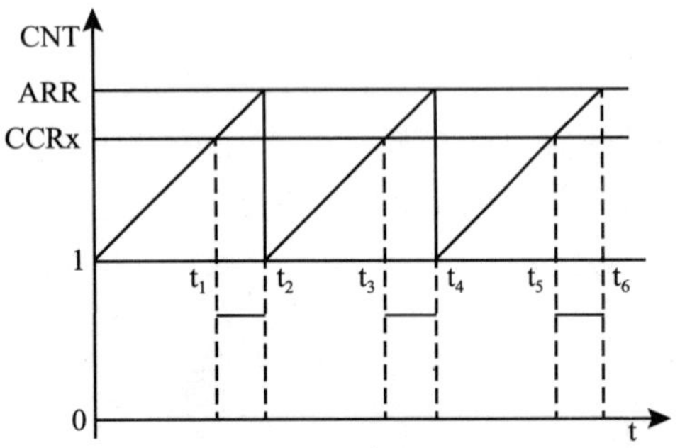

图 2-26　PWM 原理

PWM是利用微处理器的数字输出来对模拟电路进行控制的一种非常有效的技术。简单地说，就是对脉冲宽度的控制，PWM原理如图2-26所示。

STM32微控制器产生PWM输出波的基本方法参考PWM原理。图中，我们假定定时器为向上计数PWM模式，且当CNT＜CCRx时，输出0；当CNT≥CCRx时，输出1。那么，当CNT＜CCRx时，I/O输出低电平(0)；当CNT≥CCRx时，I/O输出高电平(1)；当CNT＝ARR时，重新归零，然后重新向上计数，依次循环。改变CCRx的值，就可以改变PWM输出的占空比；改变ARR的值，就可以改变PWM输出的频率，这就是STM32产生PWM输出波的原理。

STM32F10x的定时器，除TIM6和TIM7外都可以用来产生PWM输出。其中，高级定时器TIM1和TIM8可以同时产生多达7路的PWM输出，而通用定时器也能同时产生最多4路的PWM输出，所以，STM32F10x最多可以同时产生30路的PWM输出。要使STM32F10x通用定时器TIMx产生PWM输出，除了在基本定时实例中介绍的几个寄存器外，还涉及3个寄存器，以控制PWM输出。这3个寄存器分别是：捕获/比较模式寄存器(TIMx_CCMR1/2)、捕获/比较使能寄存器(TIMx_CCER)、捕获/比较寄存器(TIMx_CCR1～4)。

捕获/比较模式寄存器(TIMx_CCMR1/2)共有2个，TIMx_CCMR1和TIMx_CCMR2。TIMx_CCMR1控制CH1和CH2，而TIMx_CCMR2控制CH3和CH4。该寄存器的各位描述如图2-27所示。

15	14	13	12	11	10	9	8	7	6	5	4	3	2	1	0
OC2CE	OC2M[2:0]			OC2CE	OC2FE	CC2S[1:0]		OC1CE	OC2M[2:0]			OC1PE	OC1FE	CC1S[1:0]	
IC2F[3:0]				IC2PSC[1:0]				IC1F[3:0]				IC1PSC[1:0]			
rw	rw	rw	rw	rw	rw	rw	rw	rw	rw	rw	rw	rw	rw	rw	rw

图 2-27　TIMx_CCMR1 寄存器各位描述

TIMx_CCMR1/2寄存器部分位在不同模式下功能有所不同，所以在图2-27中，寄存器分为两层，上层对应输出，下层则对应输入。关于该寄存器的详细说明可参考STM32中文参考手册。这里需要说明的是，模式设置位OCxM，此部分由3位组成，可以配置成7种模式，在使用PWM模式时，这3位必须设置为110/111。这两种PWM模式的区别就是输出电平的极性相反。另外，CCxS用于设置通道方向(输入/输出),默认设置为 0,就是设置通道作为输出使用。

捕获/比较使能寄存器(TIMx_CCER)控制着各输入、输出通道的开关,该寄存器各位描述如图 2-28 所示。

15	14	13	12	11	10	9	8	7	6	5	4	3	2	1	0
保留		CC4P	CC4E	保留		CC3P	CC3E	保留		CC2P	CC2E	保留		CC1P	CC1E
		rw	rw			rw	rw			rw	rw			rw	rw

图 2-28 TIMx_CCER 寄存器各位描述

该寄存器比较简单,以 CC2E 位为例,该位是输入捕获 2 的输出使能位,要想 PWM 从 I/O 口输出,此位必须设置为 1。关于该寄存器更详细的介绍可参考 STM32 中文参考手册。

捕获/比较寄存器(TIMx_CCR1~4)共有 4 个,分别对应 4 个通道 CH1~4。因为这 4 个寄存器相似,所以以 TIMx_CCR1 为例介绍,该寄存器各位描述如图 2-29 所示。

15	14	13	12	11	10	9	8	7	6	5	4	3	2	1	0
CCR1[15:0]															
rw	rw	rw	rw	rw	rw	rw	rw	rw	rw	rw	rw	rw	rw	rw	rw

位15:0	CCR1[15:0]:捕获/比较1的值(Capture/Compare 1 value) 若CC1通道配置为输出: CCR1包含了装入当前捕获/比较1寄存器的值(预装载值)。 如果在TIMx_CCMR1寄存器(OC1PE位)中未选择预装载特性,写入的数值会被立即传输至当前寄存器中。否则只有当更新事件发生时,此预装载值才传输至当前捕获/比较1寄存器中。 当前捕获/比较寄存器参与同计数器TIMx_CNT的比较,并在OC1端口上产生输出信号。 若CC1通道配置为输入: CCR1包含了由上一次输入捕获1事件(IC1)传输的计数器值。

图 2-29 TIMx_CCR1 寄存器各位描述

在输出模式下,该寄存器的值与 CNT 的值比较,根据比较结果产生相应动作。利用这点,可以通过修改此寄存器值控制 PWM 的输出脉宽,即改变输出 PWM 波的占空比。

STM32F103 的定时器可以直接将 PWM 信号通过管脚输出,其中,TIM3 通道管脚分配见表 2-6。

表 2-6 TIM3 通道管脚分配

复用功能	TIM3_REMAP[1:0]=00(没有重映射)	TIM3_REMAP[1:0]=10(部分重映射)	TIM3_REMAP[1:0]=11(完全重映射)
TIM3_CH1	PA6	PB4	PC6
TIM3_CH2	PA7	PB5	PC7
TIM3_CH3	PB0		PC8
TIM3_CH4	PB1		PC9

其中,部分重映射是指 4 个通道中有部分进行了重映射,完全重映射指 4 个通道全部管脚都做了重映射。Prtoteus 不能实现端口重映射仿真。

STM32F10x 定时器 PWM 输出编程要点如下:

①开启 TIMx 和 GPIO 时钟。需要使用 PB5 等引脚时,配置 PB5 等引脚选择复用功能输出。通过 STM32CubeMX 配置,代码自动生成。

②初始化 TIMx,设置 TIMx 的 ARR 和 PSC 等参数。通过 STM32CubeMX 配置,代码自动生成。

③设置 TIMx_CHy 的 PWM 模式,输出比较极性,比较值等参数通过 STM32CubeMX 配置,代码自动生成。

④使能 TIMx,使能 TIMx 的 CHy 输出。使用 HAL 库函数:

```
HAL_StatusTypeDef HAL_TIM_PWM_Start(TIM_HandleTypeDef *htim, uint32_t Channel);
```

此外，也可以使用中断方式启动函数。

⑤修改 TIMx_CCR2 来控制占空比自定义函数，参考以下代码：

```
void SetRGBColor(uint8_t R,uint8_t G,uint8_t B)
{
TIM3->CCR3=R;
TIM3->CCR4=G;
TIM3->CCR2=B;
}
```

参数个数取决于使用的通道个数。

PWM 应用实例

要求采用 STM32F103 通用定时器输出 PWM 信号，控制 RGB 彩灯显示不同颜色。

实验步骤：

(1)硬件连接

通用定时器实例硬件原理如图 2-30 所示，其中，RGB 彩灯的 R、G 和 B 分别连接 STM32F103R6 的 PB0、PB1 和 PA7。

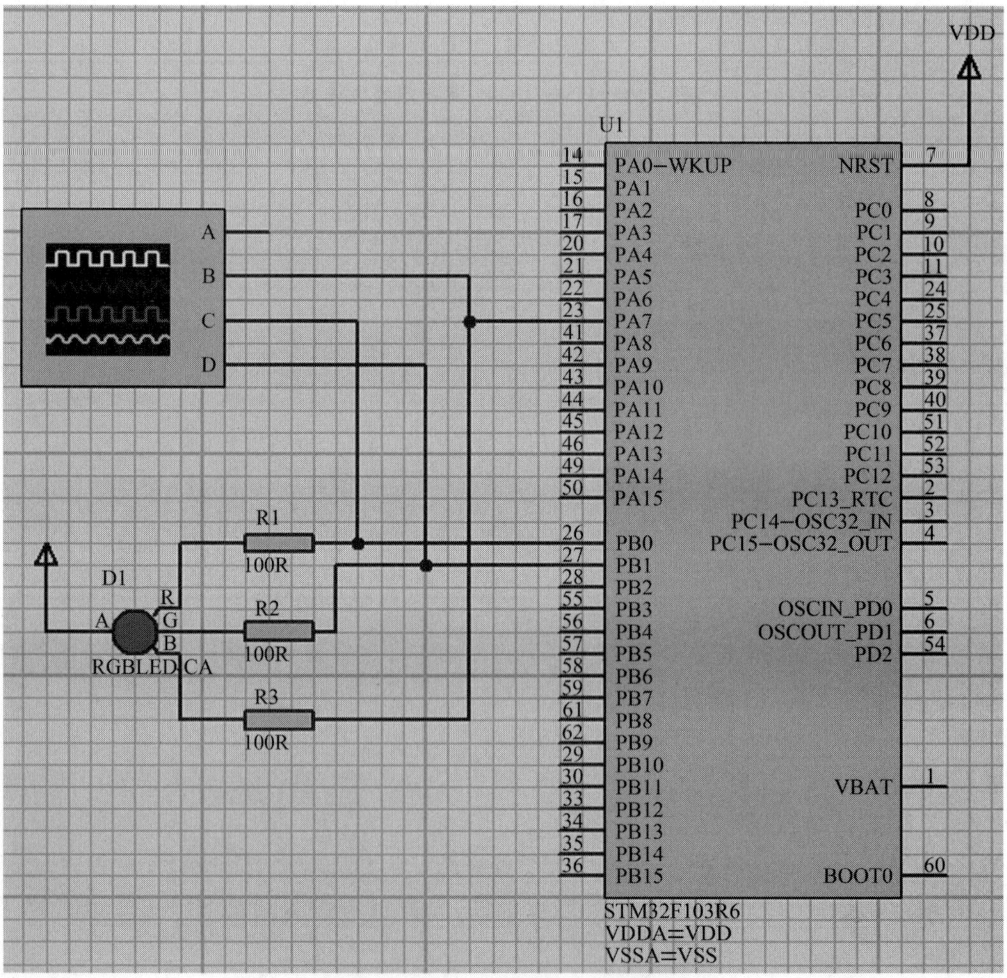

图 2-30 通用定时器实例硬件原理图

(2)创建 MDK 工程

利用 STM32CubeMX 工具创建项目工程,创建工程 RGB_PWM。配置要点:主控芯片型号为 STM32F103R6;芯片 GPIO 口中的 PA7、PB0 及 PB1 分别配置为 TIM3_CH2、TIM3_CH3 和 TIM3_CH4;RCC 高速时钟源选用外部晶振,高速外部晶振频率为 8 MHz;GPIO 外设时钟为 72 MHz;仅复制必要文件,GPIO 外设生成单独的.c 和.h 文件。系统 TIM3 设置参见以下各图。

①设置 Timers 的 TIM3,如图 2-31 所示,将 Mode 部分的第三项 Clock Source 设置为 Internal Clock;Channel2、Channel3 及 Channel4 分别设置为 PWM Generation CH2、PWM Generation CH3 和 PWM Generation CH4。

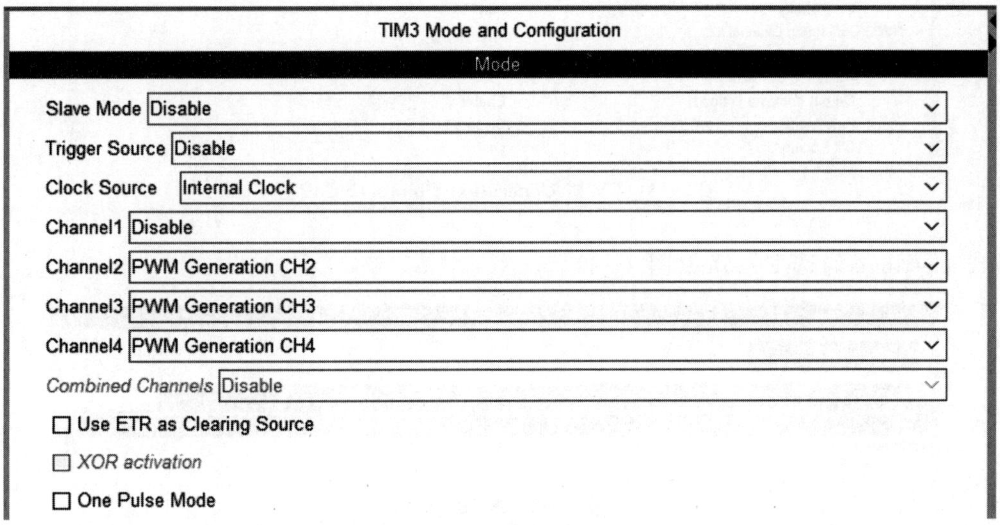

图 2-31　设置 Timers 的 TIM3

②TIM3 参数部分,如图 2-32 所示,在 Parameter Settings 选项卡的 Counter Settings 部分,设置 Prescaler 为 1999,Counter Period(AutoReload Register)为 255,auto-reload prload 设置为 Enable,其余默认。

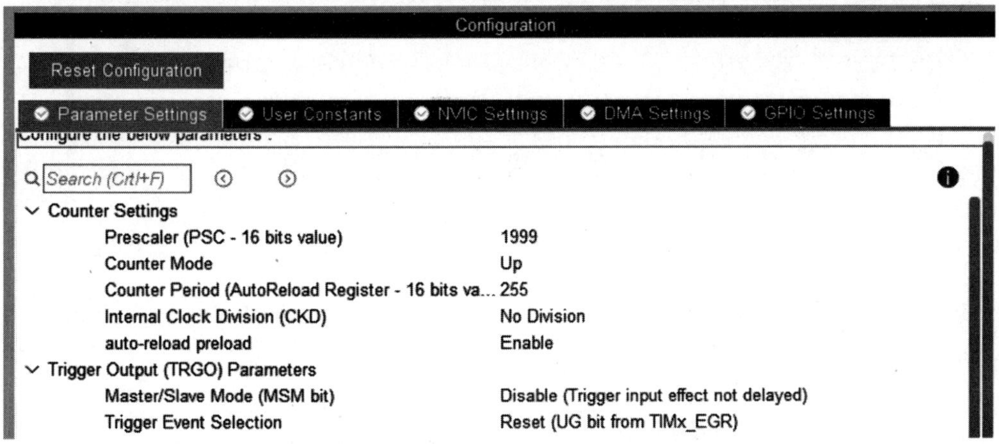

图 2-32　TIM3 参数设置

③PWM Generation Channel2～4 设置(图 2-33):各通道 PWM 模式均为 PWM model;Pules 保持默认 0;Output compare preload 为 Enable;Fast Mode 为 Disable;CH Polarity 为 Low。

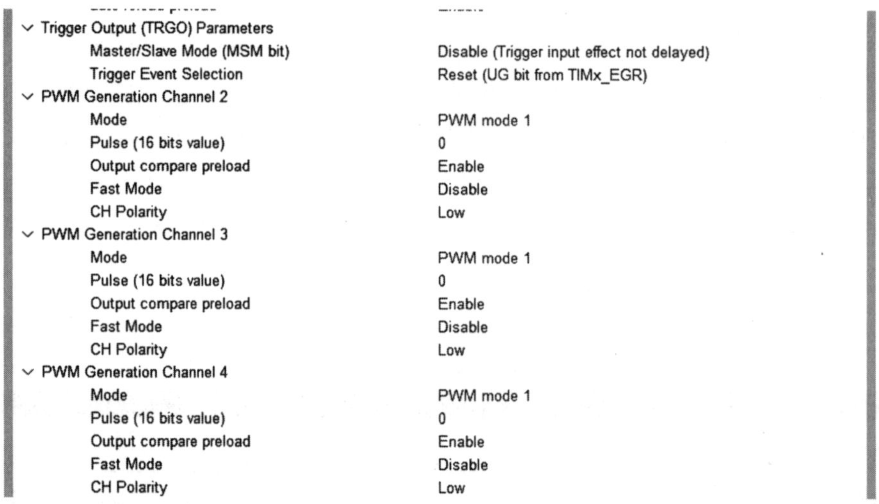

图 2-33 PWM Generation Channel2-4 设置

④NVIC Settings 勾选 Enabled(图 2-34)。

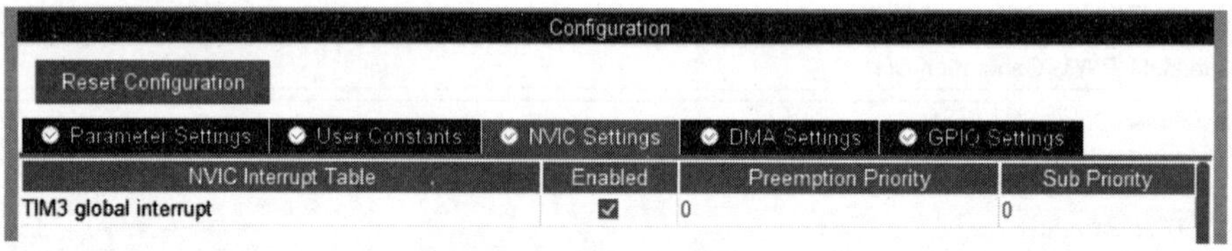

图 2-34 NVIC 设置

⑤GPIO Settings 需在 GPIO 选项卡设置,参见 GPIO 设置部分。

⑥设置 GPIO,在设置 GPIO 之前先设置 RCC,选择外部晶振。GPIO 设置如图 2-35 所示,选中 TIM 选项卡。

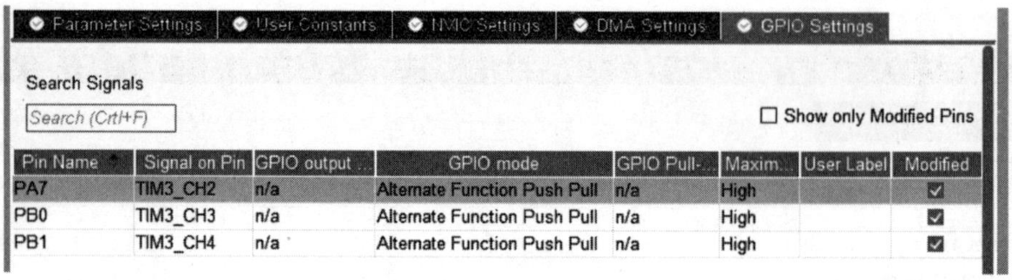

图 2-35 GPIO 设置

⑦PA7、PB0 和 PB1 设置均相同(图 2-36),以 PA7 为例,GPIO mode 为 Alternate Function Push Pull;Maximum output speed 为 High(图 2-37)。

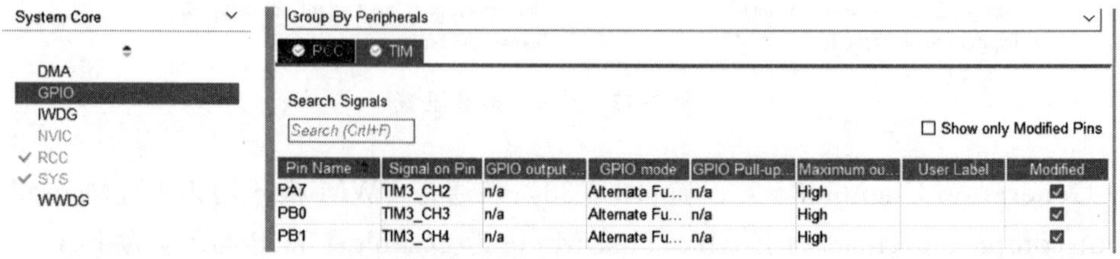

图 2-36 PA7、PB0、PB1 设置

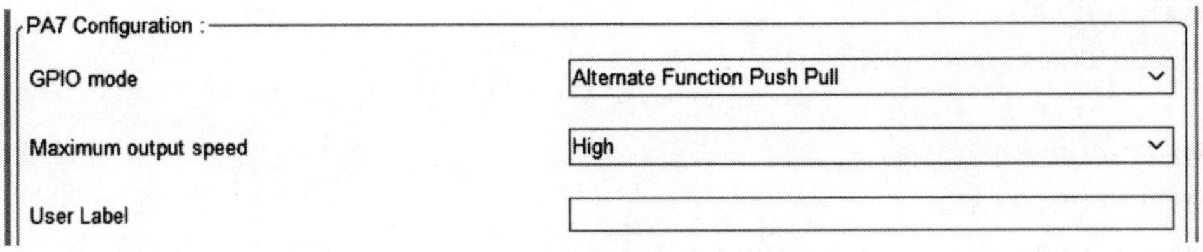

图 2-37 PA7 的 GPIO 模式

⑧设置 NVIC，如图 2-38 所示，在 NVIC 选项卡勾选 TIM3 global interrupt，在 Code generation 选项卡勾选 TIM3 global interrupt。

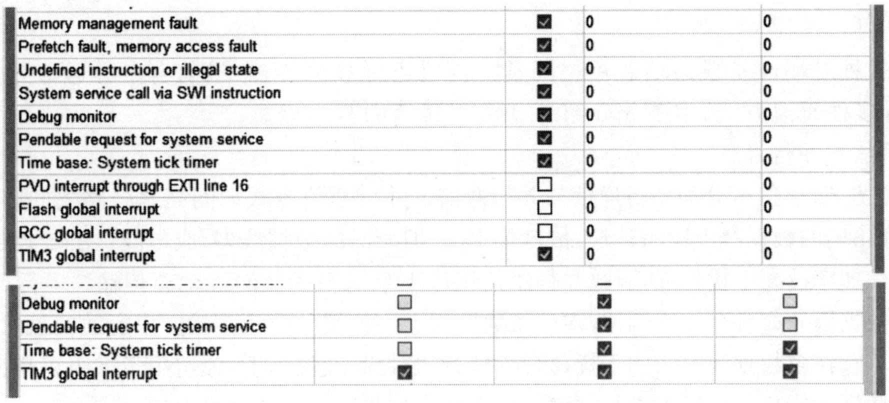

图 2-38 NVIC 选项卡

⑨时钟树 Clock Configuration 与 Project Manager 设置同前。Project Name 可自定。

(3)软件设计

打开 STM32CubeMX 自动生成的代码框架，在 main. c 中按参考行号(行号仅供参考，可能会有一两行的差异)分别添加如下代码：

```
void SetRGBColor(uint8_t R, uint8_t G, uint8_t B);
_HAL_RCC_TIM1_CLK_ENABLE();
HAL_TIM_PWM_Start(&htim3,TIM_CHANNEL_2);            //开启 TIM3 通道 2 PWM 定时
HAL_TIM_PWM_Start(&htim3,TIM_CHANNEL_3);            //开启 TIM3 通道 3 PWM 定时
HAL_TIM_PWM_Start(&htim3,TIM_CHANNEL_4);            //开启 TIM3 通道 4 PWM 定时
while (1)
{
SetRGBColor(20,160,210);
HAL_Delay (200);
SetRGBColor(100,220,180);
HAL_Delay(200);
SetRGBColor(220,30,150);
HAL_Delay (200);
SetRGBColor(180,150,30);
HAL_Delay (200);
}
// 功能:通过改变 PWM 比较门限,改变输出脉宽,改变 RGB 色彩
// 入口参数:0~255 整数
```

```
// 返回值:无
void SetRGBColor(uint8_t R, uint8_t G, uint8_t B)
{
TIM3->CCR3=R;
TIM3->CCR4=G;
TIM3->CCR2=B;
}
```

2.2.3 STM32 通信及 USART

1. 通信简介

在计算机各种终端设备或通信芯片之间常常需要进行数据传输,目前有多种通信方式,功能强大的STM32 也支持多种通信方式,本节先介绍一些关于通信的基本概念。

(1)串行通信与并行通信

按数据传送方式,通信可分为串行通信与并行通信。并行通信方式如同高速公路上的多车道,指数据的各个二进制位在不同的数据线上同时传输,传输效率高,但所需的数据线多,成本高。由于各数据线之间存在较强干扰,且通信速率越高干扰越强,因此并行通信仅适用于速率较低的近距离传输。串行通信方式如同单车道公路,指将数据拆分成各个二进制位,在一条数据线上一位接一位地传输。串行通信虽然效率较低,但所需的数据线少,不存在多数据线之间的干扰,因此可以不断提高通信速度,较适用于远距离高速数据传输。目前,计算机相关数据通信几乎都采用串行方式。串行通信与并行通信特性的对比见表 2-7。

表 2-7 串行通信与并行通信特性对比

特性	串行通信	并行通信
通信距离	较远	较近
抗干扰能力	较强	较弱
传输速率	较慢	较高
成本	较低	较高

(2)单工、半双工、全双工

按照数据传送方向,数据通信可以分为三种,即单工、半双工和全双工。

①单工:通信双方一方固定为发送方,另一方固定为接收方,数据只能是单向传输。典型应用场景——广播电视。

②半双工:通信双方只使用一个数据通路,每一方都有发送器和接收器,数据可以在两个方向上传送,但通信双方不能同时收、发数据,一方发送时另一方只能接收,反之亦然。典型应用场景——对讲机。

③全双工:通信双方使用两个数据通路,分别用于不同方向的数据传输,能够同时收、发数据。典型应用场景——手机。

以公路来类比,单工像单行道,只允许车辆单向通行;半双工像在乡间小道上会车,同一时刻只能让某一方向车辆通过,另一方向来车只能等待道路空出来时才能通过;全双工通信就是一个双向车道,两个方向上的车流互不相干。

(3)同步通信与异步通信

根据通信信号是否带有时钟同步信号,通信又可以分为同步通信和异步通信。如图 2-39 所示,在同步通信中,收、发设备双方会使用一根信号线表示时钟信号,在时钟信号的驱动下,双方进行协调,同步数据。同步通信是一种连续串行传送数据的通信方式,一次通信只传输一帧信息。这里的信息帧和异步通信的字符帧不同，通常有若干个数据字符，但它们均由同步字符、数据字符和校验字符CRC三部分组成。在同步通信中，同步字符可以采用统一的标准格式，也可以由用户约定。

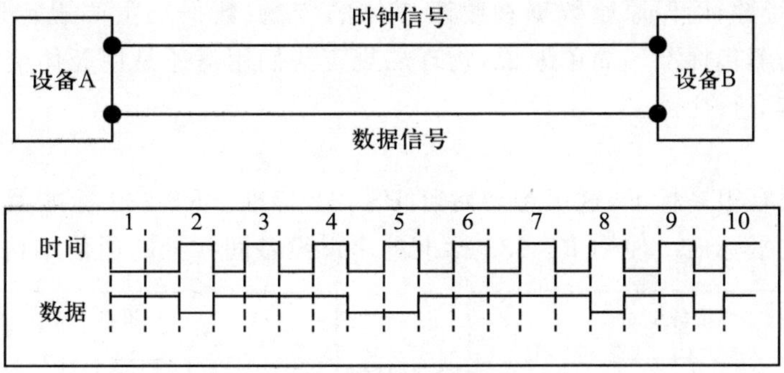

图 2-39 同步通信示意图

在异步通信中，不使用时钟信号进行数据同步，如图2-40所示，数据通常是以字符为单位组成字符帧传送的。字符帧由发送端一帧一帧地发送，每一帧数据都是低位在前、高位在后，通过传输线被接收端一帧一帧地接收。发送端和接收端可以由各自独立的时钟来控制数据的发送和接收，这两个时钟彼此独立，互不同步。在接收端也是依靠字符帧格式来判断发送端是何时开始发送、何时结束发送的。字符帧也叫数据帧，由通信起始位、主体数据、数据校验位和通信停止位等四部分组成。

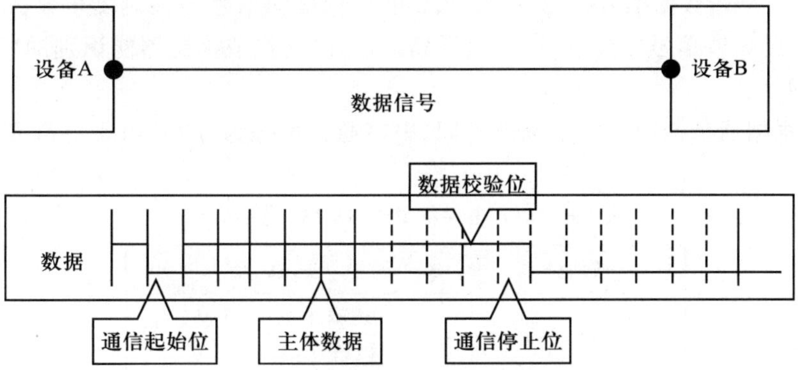

图 2-40 异步通信示意图

在同步通信中，数据信号所传输的内容绝大部分是有效数据，而异步通信中会有帧的各种标识符，所以同步通信的效率更高。但是同步通信双方的时钟允许误差较小，而异步通信双方的时钟允许误差较大。

(4)通信速率

衡量通信性能的一个非常重要的参数就是通信速率，通常以比特率(Bit Rate)来表示，即每秒钟传输的二进制位数，单位为比特/秒(bit/s)。容易与比特率混淆的概念是“波特率”(Baud Rate)，它表示每秒钟传输了多少个码元。而码元是通信信号调制的概念，在通信中常用时间间隔相同的符号来表示一个二进制数字，这样的信号称为码元，如在某个通信系统中，用0～2.5 V表示数字0，2.5～5 V表示数字1，那么一个码元可以表示两种状态0和1，所以一个码元等于一个二进制比特位，此时波特率的大小与比特率一致。如果在通信传输中，0～1.25 V、1.25～2.5 V、2.5～3.75 V以及3.75～5 V分别表示二进制数00、01、10、11，那么每个码元可以表示四种状态，即两个二进制比特位，所以码元数是二进制比特位数的一半，这个时候的波特率为比特率的一半。因为在很多常见的通信中，一个码元都是表示两种状态，所以人们常常直接以波特率来表示比特率，虽然没什么错误，但它们之间还是有明显区别的。

(5)串口通信协议简介

串口通信(Serial Communication)是一种设备间非常常用的串行通信方式。在计算机通信领域，为了把复杂问题简单化，往往通过层层分解的方式来处理，使它简单、便捷，因此大部分电子设备都支持该通信方式，电子工程师在调试设备时也经常使用该通信方式输出调试信息。对串行通信协议也以分层的方式理解。最基本的分解方式是将串行通信协议分为物理层和数据层。物理层规定通信系统中具有机械、电子功能部分的特性，确保原始数据在物理媒体的传输；数据层主要规定通信数据的解释，统一收、发双方的数据打包、解包标准。简单地说，物理层规定我们用嘴还是用肢体交流，数据层则规定我们用何种语言或肢体动作进行交流。

(6)物理层协议

串口通信的物理层有很多标准，这里主要解释 RS-232 标准。RS-232 标准主要规定了信号的用途、通信接口以及信号的电平标准。使用 RS-232 标准的串口设备间常见的通信结构，如图 2-41 所示。

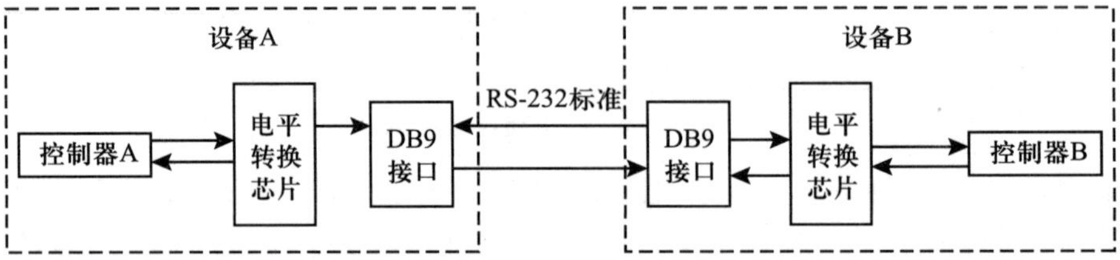

图 2-41　串口通信结构示意图

在图 2-41 的通信方式中，两个通信设备的“DB9 接口”之间通过串口信号线建立连接，串口信号线中使用“RS-232 标准”传输数据信号。由于 RS-232 电平标准的信号与控制器电平标准不兼容，不能被控制器直接识别，因此这些信号在经过一个“电平转换芯片”转换成控制器能识别的“TTL 标准”电平信号之后，才能实现通信。

①电平标准。根据通信使用的电平标准不同，串口通信可分为 TTL 电平标准及 RS-232 电平标准(表 2-8)。

表 2-8　TTL 电平标准与 RS-232 电平标准

通信标准	电平标准
TTL(5 V)	逻辑 1:2.4～5 V 逻辑 0:0～0.05 V
RS-232	逻辑 1:－15～3 V 逻辑 0:3～15 V

常见的电子电路中常使用 TTL 电平标准，理想状态下，使用 5 V 表示二进制逻辑 1，使用 0 V 表示逻辑 0。为了增加串口通信的传输距离，增强其抗干扰能力，RS-232 电平标准使用－15 V 表示逻辑 1，＋15 V 表示逻辑 0。RS-232 电平标准与 TTL 电平标准表示同一个信号时的对比，如图 2-42 所示。

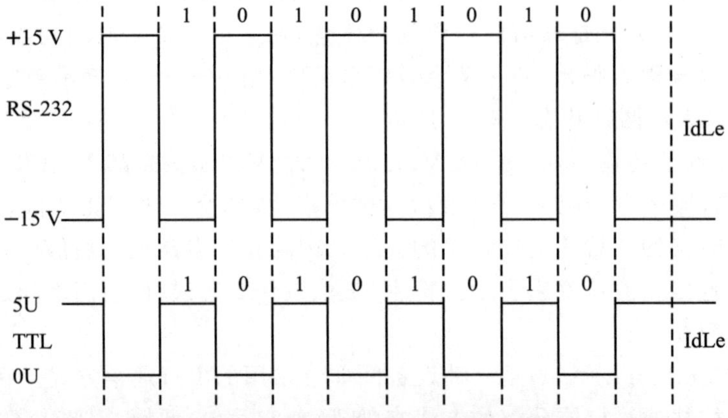

图 2-42　RS-232 电平标准与 TTL 电平标准对比(同一信号)

因为控制器一般使用 TTL 电平标准，为了实现电平兼容，常常会使用 MAX232 芯片在 TTL 及 RS-232 电平信号之间进行相互转换。

②RS-232 信号线。在早期的计算机数据通信应用中，RS-232 串口标准常用于计算机、路由器与调制调解器（MODEM，俗称“猫”）之间的通信。在这种通信系统中，设备被分为数据终端设备 DTE（计算机、路由器）和数据通信设备 DCE（调制调解器）。下面基于这种通信模型解释它们的信号线连接方式及各信号线的作用。在早期台式计算机中，一般会有 RS-232 标准的 COM 口，也称 DB9 接口，如图 2-43 所示。

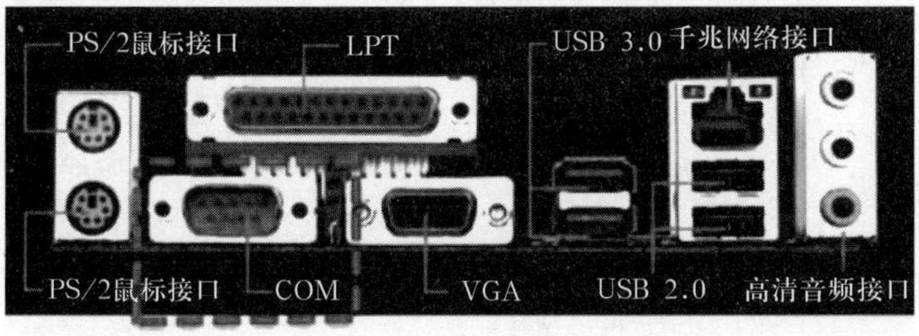

(a)

(b)

图 2-43 早期台式计算机主板上的 COM 口(a)及串口线(b)

其中，接线口以针式引出信号线的称为公头，以孔式引出信号线的称为母头。串口线一般分为：一端公头，一端母头；两端均为公头或母头。在计算机中一般引出公头接口，而在调制调解器设备中引出的一般为母头，使用图中的串口线即可把它与计算机连接起来。在通信时，串口线中传输的信号就是使用前面讲解的 RS-232 标准调制的。

在上述应用场景下，DB9 接口中公头及母头各引脚标准信号线接法如图 2-44 所示，DB9 公头信号线说明见表 2-9。

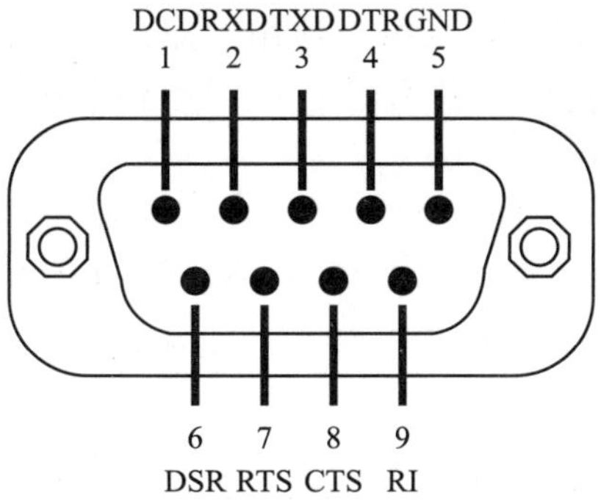

(a)

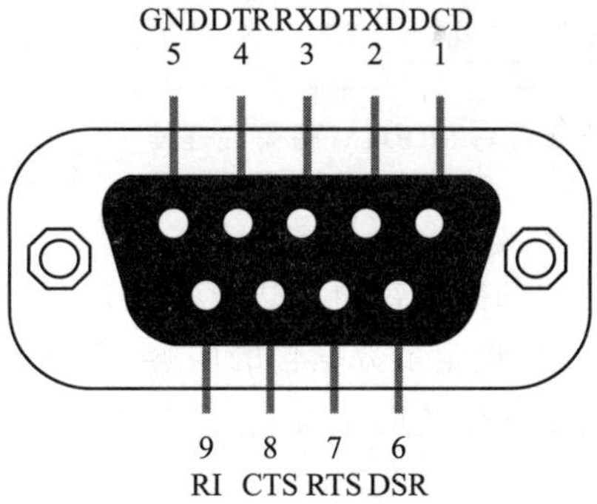

(b)

图 2-44 DB9 公头(a)及母头(b)标准信号线接法

表 2-9 DB9 公头信号线说明

序号	名称	符号	数据方向	说明
1	载波检测	DCD	DTE→DCE	Data Carrier Detect，数据载波检测，让 DTE 告知对方本机是否收到对方载波信号
2	接收数据	RXD	DTE←DCE	Received Data，数据接收信号，即输入
3	发送数据	TXD	DTE→DCR	Transmit Data，数据发送信号，即输出。两个设备之间的 TXD 与 RXD 应交叉相连

续表2-9

序号	名称	符号	数据方向	说明
4	数据终端(DTE)就绪	DTR	DTE→DCE	Data Terminal Ready,数据终端就绪,让 DTE 告知对方本机是否准备好
5	信号地	GND	——	地线,两个通信设备之间的地电位可能不一致,这会影响收、发双方的电平信号,所以两个串口设备之间必须要使用地线连接,即共地
6	数据设备(DCE)就绪	DSR	DTE←DCE	Data Set Ready,数据发送就绪,让 DCE 告知对方本机是否处于待命状态
7	请求发送	RTS	DTE→DCE	Request To Send,请求发送,DTE 请求 DCE 本设备向 DCE 端发送数据
8	允许发送	CTS	DTE←DCE	Clear To Send,允许发送,DCE 回应对方的 RTS 发送请求,告知对方是否可以发送数据
9	响铃指示	RI	DTE←DCE	Ring Indicator,响铃指示,表示 DCE 端与线路已接通

表 2-9 中,DTE 可理解为计算机,DCE 可理解为 MODEM,由于两个通信设备之间的收、发信号(RXD 与 TXD)应交叉相连,因此 MODEM 端的 DB9 母头的收、发信号接法一般与公头相反,两个设备之间连接时,只要使用“直通型”串口线连接起来即可,如图 2-45 所示。

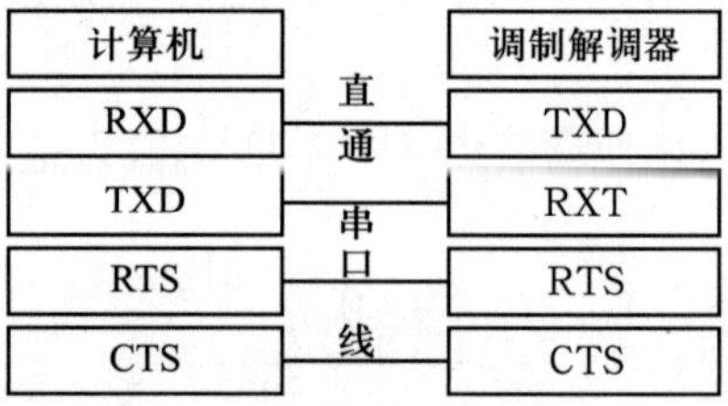

图 2-45　计算机与 MODEM 信号线连接

串口线中的 RTS、CTS、DSR、DTR 及 DCD 信号,使用逻辑 1 表示信号有效,逻辑 0 表示信号无效,例如,当计算机端控制 DTR 信号线为逻辑 1 时,它是为了告知远端的调制调解器,本机已准备好接收数据,逻辑 0 则表示还没准备就绪。在目前工业控制使用的串口通信中,一般只使用 RXD、TXD 以及 GND 三条信号线直接传输数据信号,而 RTS、CTS、DSR、DTR 及 DCD 信号都被裁剪掉了。

(7)数据层协议

串口通信的数据包由发送设备通过自身的 TXD 接口传输到接收设备的 RXD 接口。在串口通信数据层协议中,规定了数据包的内容,它由起始位、主体数据、校验位以及停止位组成,通信双方的数据包格式要约定一致才能正常收、发数据,其组成如图 2-46 所示。

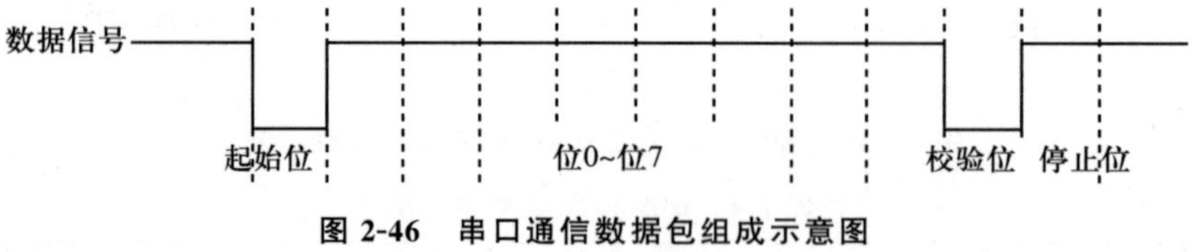

图 2-46　串口通信数据包组成示意图

①波特率。由于异步通信中没有时钟信号,所以两个通信设备之间需要约定好波特率,即每个码元的长度,以便对信号进行解码,图 2-46 中用虚线分开的每一格就代表一个码元。常见的波特率为 4 800 bit/s、9 600 bit/s、115 200 bit/s 等。

②通信的起始和停止信号。串口通信的一个数据包从起始信号开始,直到停止信号结束。数据包的起始信号由一个逻辑 0 的数据位表示,而数据包的停止信号可由 0.5、1、1.5 等数据位表示,只要双方约定一致即可。其中,0.5 位或 1.5 位的含义是信号持续时长为 1 bit 信号时长的 0.5 倍或 1.5 倍。

③有效数据。在数据包的起始位之后紧接着的就是要传输的主体数据内容，也称为有效数据，有效数据的长度常被约定为5、6、7或8位。

④数据校验。在有效数据之后，有一个可选的数据校验位。由于数据通信更容易受到外部干扰从而导致传输数据出现偏差，因此可以在传输过程加上校验位来解决这个问题。校验方法有奇校验、偶校验、0校验、1校验以及无校验。

奇校验要求有效数据和校验位中"1"的个数为奇数，比如，一个8位长的有效数据为：01101001，此时总共有4个"1"，为达到奇校验效果，校验位为"1"，最后传输的数据将是8位的有效数据加上1位的校验位，总共9位。偶校验与奇校验要求刚好相反，要求帧数据和校验位中"1"的个数为偶数，比如，数据帧：11001010，此时数据帧"1"的个数为4个，所以偶校验位为"0"。0校验是不管有效数据中的内容是什么，校验位总为"0"，1校验是校验位总为"1"。

2. STM32的USART结构及工作方式

串口是嵌入式单片机的重要外部接口，同时也可以作为嵌入式软件开发重要的调试手段，在嵌入式开发中非常重要。在嵌入式开发中，在做硬件设计时通常都会预留一个USART通信接口连接电脑，用于在调试程序时将一些调试信息"打印"在电脑端的串口调试助手工具上，从而了解程序运行是否正确，如果出错出错位置在哪里，等等。基本上，所有的嵌入式单片机都会带有串口，STM32自然也不例外。

STM32的串口资源相当丰富，功能也非常强劲。其中，STM32F103x最多可提供5个串口，包括3个通用同步或异步收发器USART（Universal Synchronous Asynchronous Receiver and Transmitter）和2个UART（Universal Asynchronous Receiver and Transmitter）。UART是在USART基础上裁剪掉了同步通信功能，只有异步通信。一个区分同步通信和异步通信的简单方法就是看通信时需不需要对外提供时钟输出。通常使用较多的串口通信是UART。

STM32 USART能够满足外部设备对工业标准NRZ异步串行数据格式的要求，并且使用了小数波特率发生器，可以提供多种波特率，这使它的应用更加广泛。USART支持同步单向通信和半双工单线通信，还支持局域互联网LIN、智能卡（Smart Card）协议与IrDA（红外线数据协会）SIR ENDEC规范。STM32 USART支持使用DMA，可实现高速数据通信，有关DMA部分内容在DMA章节再作介绍。

（1）STM32 USART内部结构

USART功能框图（图2-47）包含了USART最核心的内容，掌握了功能框图，对USART就会有一个整体的把握，在编程时思路也会非常清晰。

①功能引脚（框图中标识1的部分）。

TX：发送数据输出引脚。

RX：接收数据输入引脚。

SW_RX：数据接收引脚，只用于单线和智能卡模式，属于内部引脚，不与具体外部引脚相连。

nRTS：请求发送，n表示低电平有效，下同。如果使能RTS流控制，当USART接收器准备好接收新数据时就会将RTS变成低电平；当接收寄存器已满时，RTS将被设置为高电平。该引脚只适用于硬件流控制。

nCTS：清除发送。如果使能CTS流控制，发送器在发送下一帧数据之前会检测CTS引脚，如果为低电平，表示可以发送数据；如果为高电平，则在发送完当前数据帧之后停止发送。该引脚只适用于硬件流控制。

SCLK：发送器时钟输出引脚。这个引脚仅适用于同步模式。

USART引脚在STM32F103R6芯片中的具体分布见表2-10。

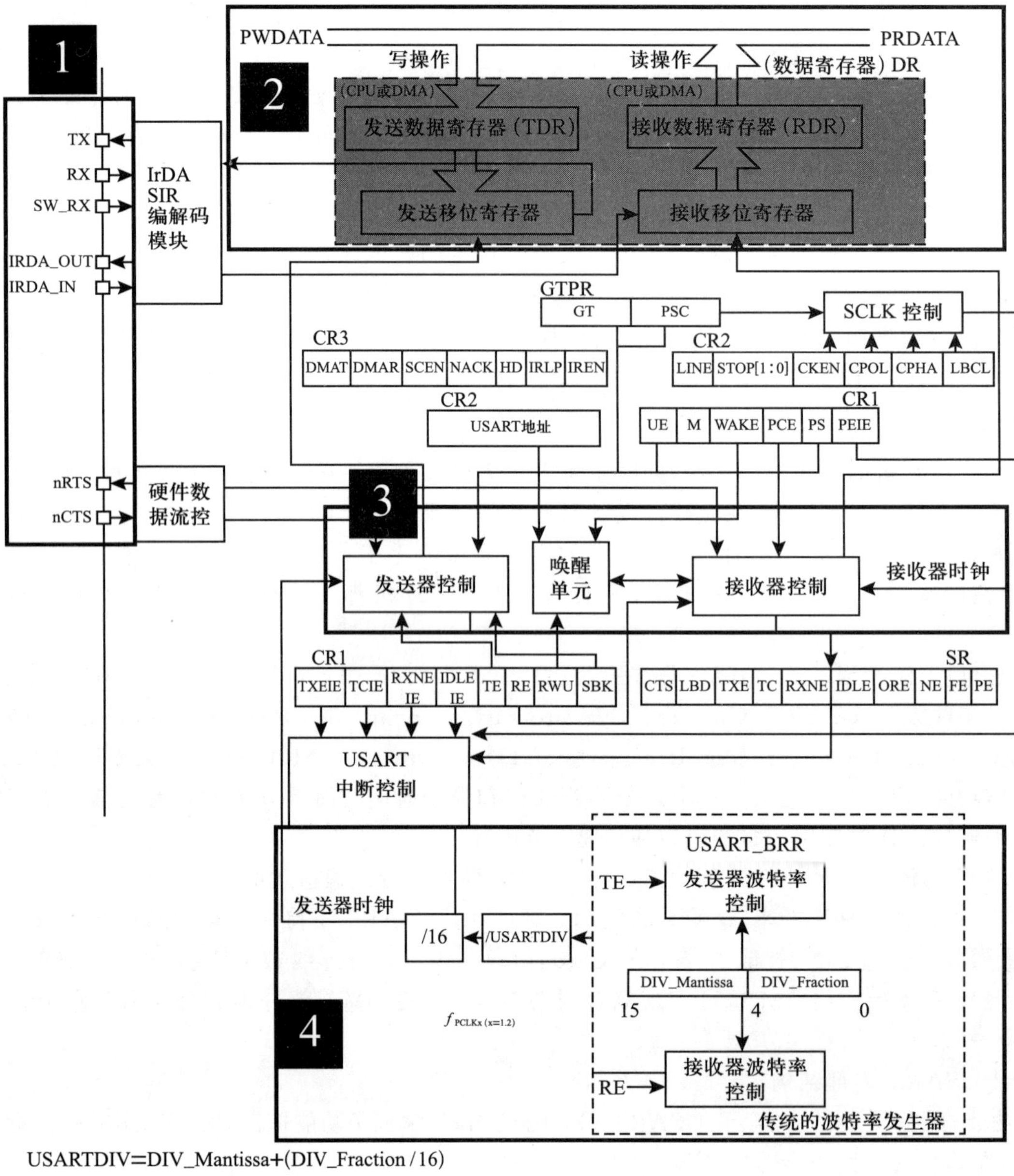

图 2-47　USART 功能框图

表 2-10　STM32F103R6 芯片 USART 引脚分布

引脚	APB2 总线	APB1 总线
	USART1	USART2
TX	PA9	PA2
RX	PA10	PA3
SCLK	PA8	PA4
nCTS	PA11	PA0
nRTS	PA12	PA1

STM32F103 系列有 2 个 USART 串口和 2 个 UART 串口，其中，USART1 时钟来源于 APB2 总线时钟，最高频率为 72 MHz，其他 4 个时钟来源于 APB1 总线时钟，其最高频率为 36 MHz。UART 仅有异步传输功能，所以没有 SCLK、nCTS 和 nRTS 功能引脚。

②数据寄存器(框图中标识 2 的部分)。

USART 数据寄存器(USART_DR)只有低 9 位有效，并且第 9 位数据是否有效取决于 USART 控制寄存器 1(USART_CR1)的 M 位设置，M 位为 0，表示 8 位数据字长；M 位为 1，表示 9 位数据字长，一般使用 8 位字长。USART_DR 实际包含了两个寄存器，一个专门是用于发送的可写 TDR，一个是专门用于接收的可读 RDR。当进行发送操作时，往 USART_DR 写入数据会自动存储在 TDR 内；当进行读取操作时，向 USART_DR 读取数据会自动提取 RDR 数据。USART_DR 包含了已发送的数据或接收到的数据。TDR 和 RDR 都是介于系统总线和移位寄存器之间的。串行通信逐位传输，发送时会把 TDR 内容转移到发送移位寄存器，然后把移位寄存器数据每一位发送出去；接收时会把接收到的每一位顺序保存在接收移位寄存器内，然后转移到 RDR。

③控制器(框图中标识 3 的部分)。

STM32 每个串口都有 3 个控制寄存器(USART_CR1～3)和 1 个状态寄存器(USART_SR)，串口很多功能可以通过这几个寄存器实现。在 STM32 USART 收发控制器中，包括专门控制发送的发送器、控制接收的接收器，还有唤醒单元、中断控制等，而收发功能主要通过控制寄存器 CR1 实现。在使用 USART 之前，需要将 USART_CR1 寄存器的 UE 位置 1，以使能 USART，UE 位用来开启供给串口的时钟。发送或接收数据字长可选 8 位或 9 位，由 USART_CR1 的 M 位控制。

发送器：当 USART_CR1 寄存器的发送使能位 TE 置 1 时，启动数据发送，发送移位寄存器的数据会在 TX 引脚输出，低位在前，高位在后。如果是同步模式，SCLK 也会输出时钟信号。一个字符帧发送需要 3 个部分：起始位、数据帧、停止位，起始位是占用一位时长的低电平；数据帧就是需发送的 8 位或 9 位数据，数据是从最低位开始传输的；停止位是一定时间周期的高电平。

停止位时间长短可以通过 USART 控制寄存器 2(USART_CR2)的 STOP[1:0]位控制，可选 0.5 个、1 个、1.5 个和 2 个停止位。默认使用 1 个停止位；2 个停止位适用于正常 USART 模式、单线模式和调制解调器模式；0.5 个和 1.5 个停止位用于智能卡模式。

当发送使能位 TE 置 1 之后，发送器开始会先发送一个空闲帧(一个数据帧长度的高电平)，接下来就可以往 USART_DR 寄存器写入要发送的数据。在写入最后一个数据后，需要等待 USART 状态寄存器(USART_SR)的 TC 位为 1，表示数据传输完成，如果 USART_CR1 寄存器的 TCIE 位置 1，将产生中断。其中，TE 发送使能，控制 CR1 寄存器；TXE 在发送寄存器为空、发送单个字节的时候使用，控制状态寄存器 SR；TC 在发送完成、发送多个字节数据的时候使用，控制状态寄存器 SR；TCIE 发送完成中断使能，控制 CR1 寄存器。

接收器：将 USART_CR1 寄存器的 RE 位置 1，使能 USART 接收，使接收器在 RX 线路开始搜索起始位。在确定起始位后，就根据 RX 线路电平状态把数据存放在接收移位寄存器内。接收完成后就把接收移位寄存器数据移到 RDR 内，并把 USART_SR 寄存器的 RXNE 位置 1，同时，若 USART_CR1 寄存器 RXNEIE 置 1 则可以产生中断。RE 接收使能，控制寄存器 CR1；RXNE 读数据寄存器非空，控制状态寄存器 SR；RXNEIE 发送完成中断使能，控制寄存器 CR1。

④小数波特率生成(框图中标识 4 部分)。

如前所述，由于 STM32 USART 的波特率与比特率相等，因此之后不再区分这两个概念。波特率越大，传输速率越快。

USART 的发送器和接收器使用相同的波特率，计算公式如下：

$$\text{TX 或 RX 波特率} = \frac{f_{\mathrm{CK}}}{16 \times \mathrm{USARTDIV}}$$

其中，f_{CK} 为 USART 时钟，USARTDIV 是一个存放在波特率寄存器(USART_BRR)的一个无符号定点数。此外，DIV_Mantissa[11:0]位定义 USARTDIV 的整数部分，DIV_Fraction[3:0]位定义 USARTDIV 的小数部分，例如，DIV_Mantissa=24(0x18)，DIV_Fraction=10(0x0A)，此时，USART_BRR 的值为 0x18A，那么，USARTDIV 的小数位为 10/16=0.625；整数位为 24，最终得出 USARTDIV 的值为 24.625。如果知道 USARTDIV 值为 27.68，那么 DIV_Fraction=16×0.68=10.88，最接近的正整数为 11，所以 DIV_Fraction[3:0]为 0xB；DIV_Mantissa=整数(27.68)=27，即 0x1B。波特率的常用值有 2 400、9 600、1 9200、115 200。下面以实例讲解如何设定寄存器值才得到波特率的值。我们知道 STM32 USART1 使用 APB2 总线时钟，最高可达 72 MHz，其他 USART 的最高频率为 36 MHz。我们选取 USART1 作为实例讲解，即 f_{CK}=72 MHz。为得到 115 200 bit/s 的波特率，通过公式：

$$115\ 200=\frac{72\times10^6}{16\times \text{USARTDIV}}$$

解得：USARTDIV=39.062 5，可算得 DIV_Fraction=0.062 5×16=1=0x01，DIV_Mantissa=39=0x17，即应该设置 USART_BRR 的值为 0x171。

⑤校验控制。

STM32F103 系列控制器 USART 支持数据校验。当使用校验位时，串口传输的长度将是 8 位的数据帧加上 1 位的校验位，总共 9 位，此时，USART_CR1 寄存器的 M 位需要设置为 1，即 9 位数据位。将 USART_CR1 寄存器的 PCE 位置 1 就可以启动数据校验控制，数据校验由硬件自动完成。启动了数据校验控制之后，在发送数据帧时会自动添加校验位，在接收数据时会自动验证校验位。接收数据时如果出现数据校验位验证失败，USART_SR 寄存器的 PE 位会置 1，并可以产生数据校验中断。使能了数据校验控制后，每个字符帧的格式将变成：起始位+数据帧+校验位+停止位。

⑥中断控制。

USART 有多个中断请求事件，具体见表 2-11。

表 2-11 USART 中断请求事件

中断事件	事件标志	使能控制位
发送数据寄存器为空	TXE	TXEIE
CST 标志	CST	CSTIE
发送完成	TC	TCIE
准备好读取接收到的数据	TXNE	RXNEIE
检测到上溢错误	ORE	
检测到空闲线路	IDLE	IDLEIE
数据校验错误	PE	PEIE
断路标志	LBD	LBDIE
多缓冲通信中的噪声标志、上溢错误和帧错误	NF/ORE/FE	EIE

(2)STM32 USART 初始化结构体

HAL 库函数对每个外设都建立了一个初始化结构体，比如，USART_InitTypeDef，结构体成员用于设置外设工作参数，并由外设初始化配置函数，这些设定参数将会设置外设相应的寄存器，达到配置外设工作环境的目的。

初始化结构体和初始化库函数配合使用是 HAL 库精髓所在，理解了初始化结构体每个成员含义，基本上就可以对该外设运用自如了。初始化结构体定义在 stm32f1xx_hal_usart.h 文件中，初始化库函数定义在 stm32f1xx_hal_usart.c 文件中，在编程时，我们可以结合这两个文件内的注释使用。

USART 初始化结构体：

```
typedef struct
{
uint32_t BaudRate;
uint32_t WordLength;
uint32_t StopBits;
uint32_t Parity;
uint32_t Mode;
uint32_t HwFlowCtl;
uint32_t Iversampling;
}USART _InitTypeDef;
```

其中，主要成员含义为：

①BaudRate，波特率设置。一般设置为 2 400、9 600、19 200、115 200。HAL 库函数会根据设定值计算得到 UARTDIV 值，并设置 USART_BRR 寄存器值。

②WordLength，数据帧字长，可选 8 位或 9 位。它设定 UART_CR1 寄存器的 M 位的值。如果没有使能数据校验控制，一般使用 8 数据位；如果使能了数据校验，则设置为 9 数据位。

③StopBits，停止位设置，可选 0.5 个、1 个、1.5 个和 2 个停止位。它设定 USART_CR2 寄存器的 STOP[1:0]位的值，一般选择 1 个停止位。

④Parity，数据校验控制选择，可选 USART_Parity_No(无校验)、USART_Parity_Even(偶校验)以及 USART_Parity_Odd(奇校验)。它设定 UART_CR1 寄存器的 PCE 位和 PS 位的值。

⑤Mode，USART 模式选择，有 USART_MODE_RX 和 USART_MODE_TX，允许使用逻辑或运算选择两个。它设定 USART_CR1 寄存器的 RE 位和 TE 位。

(3)串口编程要点

①使能 RX 和 TX 引脚的 GPIO 时钟和 USART 时钟；

②初始化 GPIO，将 GPIO 复用到 USART；

③配置 USART 串口参数；

④配置中断控制器 NVIC 开中断，并使能 USART 发送或接收中断；

⑤使能 USART；

⑥编写中断处理函数。

当使用 STM32CubeIDE 创建工程时，以上步骤中的 1～5 都会由 STM32CubeIDE 自动完成，开发者只需要完成第 6 步的中断处理函数编写工作即可。

(4)串口接收编程

在串口收、发编程中，一般发送端编程采用阻塞式，即调用重定向的 printf()函数或 HAL_UART_Transmit()函数；接收端一般都采用中断模式。接收中断编程流程，如图 2-48 所示。

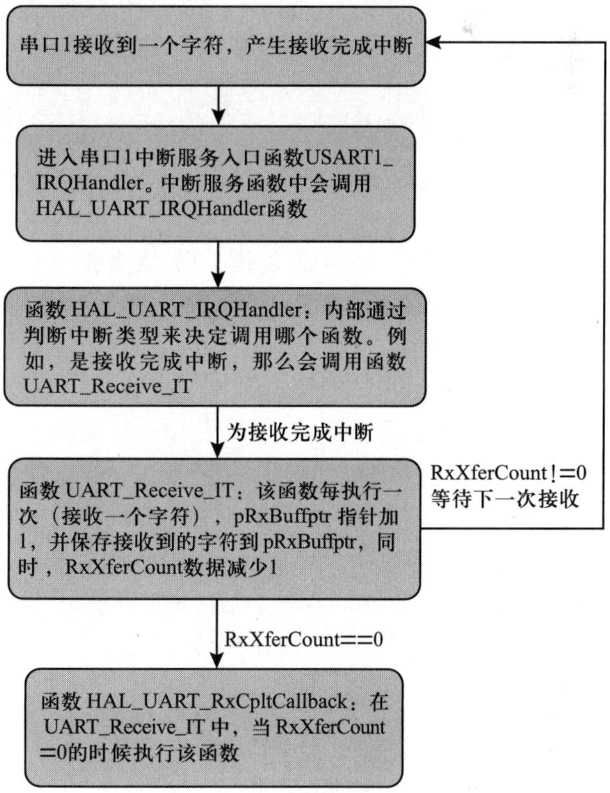

图 2-48 接收中断编程流程

3. STM32 的 USART 的应用

应用实例 1

USART1 串口向上位机发送字符串。

串口发送仿真原理如图 2-49 所示。

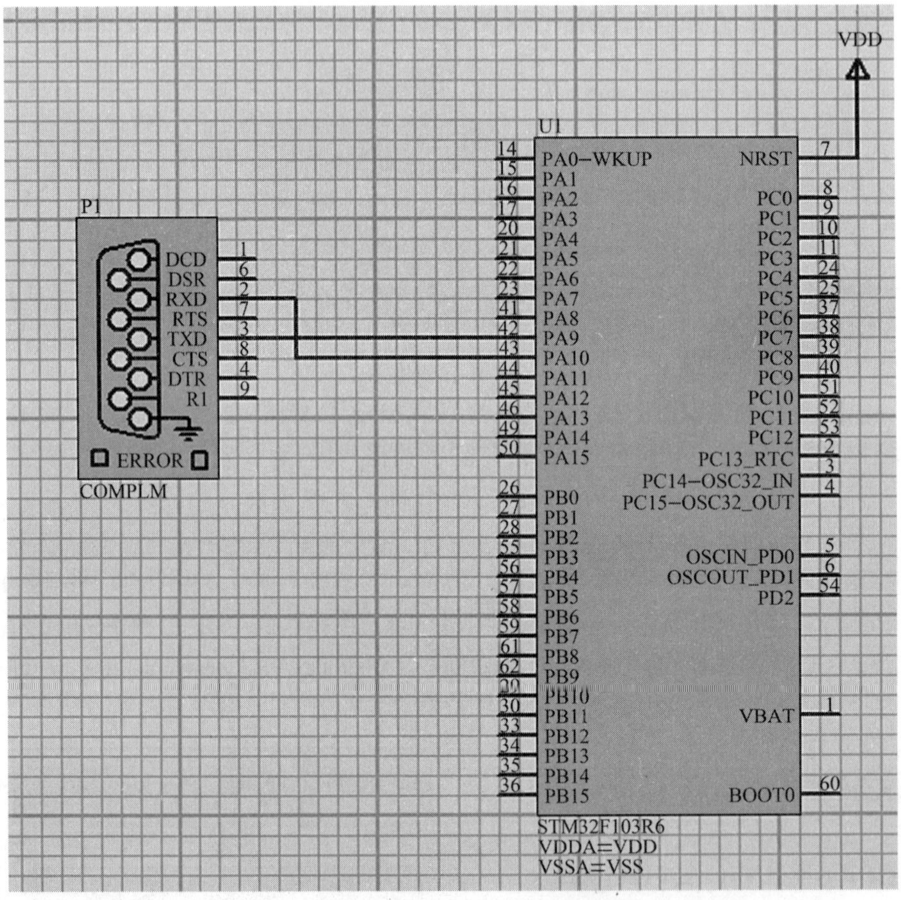

图 2-49 串口发送仿真原理图

利用 STM32CubeMX 创建工程，配置要点如下：

① GPIO 设置，设置 PA9、PA10 分别为 USART1_TX 和 USART1_RX。进一步设置 PA 为 Alternate Function Push Pull，设置 PA10 为 Input mode，Pull-up。

② Connectivity/USART1 设置，设置 USART1 为 Asynchronous，Hardware Flow Control 为 Disable。波特率设置为 115 200 bit/s，数据位 8 位，停止位 1 位，无校验位。其他参数默认。在 NVIC Settings 下使能 USART1 global interrupt。

③ NVIC 设置，使能 USART1 global interrupt 并且在 Code generation 中勾选 USART1 global interrupt 行全部项目。其余设置与前述项目相同。

打开 STM32CubeIDE 自动生成代码框架，分别按方案 1 和方案 2 添加如下代码：

方案 1，在 main.c 中添加代码如下：

```
uint8_t txStr []="Hello, Welcome to STM32 World! \r\n";
while (1)
{
```

```
HAL_UART Transmit(&huart1,txStr,sizeof(txStr),Oxffff);
HAL_Delay(50);
}
```

方案 2,在 usart.c 文件中添加代码：

```
#include "stdio.h"                          //加入以下代码,支持 printf 函数,而不需要选择 use
#if 1
#pragma import(__use_no_semihosting)        //标准库需要的支持函数
struct _FILE
{
int handle;
};
FILE _stdout;                               //定义_sys_exit()以避免使用半主机模式
void _sys_exit(int x)
{
x=x;
}
                                            //重定义 fputc 函数
int fputc(int ch, FILE *f)
{
while((USART1->SR&0X40)==0)                 //循环发送,直到发送完毕
USART1->DR = (uint8_t) ch;
return ch;
}
#endif
```

在 main.c 中添加代码,首先在合适位置处添加头文件代码：

```
#include "stdio.h"
```

其次添加代码：

```
while (1)
{
HAL_UART_Transmit(&huart1,txStr,sizeof(txStr),0xffff);
printf("Hello,Welcome to Use STM32 USART1! \r \n");
HAL_Delay(50);
}
```

应用实例 2

任务要求是通过计算机串口调试助手向 STM32F103 发送命令字符控制 RGB 彩灯显示不同颜色,其中,发送命令与对应颜色要求 R:红色;G:绿色;B:蓝色;Y:黄色;P:紫色;C:青色;W:白色。程序开始时输出提示信息:"Please Send Color Command! r\n"和"R:Red,G:Green,B:Blue,Y:Yellow,P:Purple,C:Cyan,W:White\r\n"。当接收到以上命令字符后,按要求显示相应颜色。当接收到的字符非以上命令时,输出提示信息:"Please Send Command,R:Red,G:Green,B:Blue,Y:Yellow,P:Purple,C:Cyan,W:White\r\n",并将 RGB 灯设置为黑色。

串口接收仿真原理如图 2-50 所示。

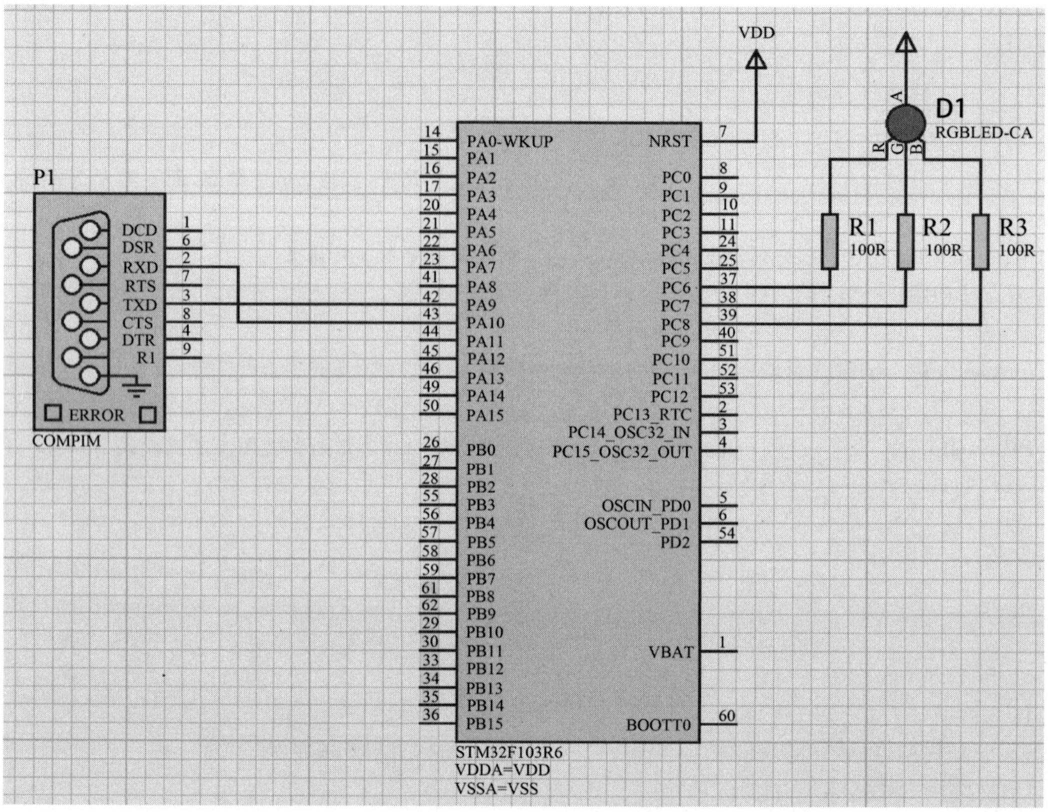

图 2-50　串口接收仿真原理图

创建 MDK 工程，利用 STM32CubeMX 创建工程，主要配置要点如下：

①GPIO 设置，设置 PA9、PA10 分别为 USART1_Tx 和 USART1_Rx。进一步设置 PA 为 Alternate Function Push Pull，设置 PA10 为 Input mode，Pull-up。

②Connectivity/USART1 设置，设置 USART1 为 Asynchronous，Hardware Flow Control 为 Disable。波特率设置为 115 200 bit/s，数据位 8 位，停止位 1 位，无校验位。其他参数默认。在 NVIC Settings 下使能 USART1 global interrupt。

③NVIC 设置，使能 USART1 global interrupt 并且在 Code generation 中勾选 USART1 global interrupt 行全部项目。其余设置与前述项目相同。

④软件设计，打开 STM32CubeMX 自动生成代码框架，先添加与应用实例 1 相同的代码，去掉 while(1)循环中的发送信息。随后在 main. c 中进一步添加如下代码：

```
#include "stdio.h"
#include "string.h"
uint8_t RxBuffer;
int main(void)
{
…
HAL_UART_Receive_IT(&huart1, (uint8_t *) & RxBuffer,1);
while (1)
{
printf("Please Send Color Command! \r\n");
```

```
printf("R:Red, G:Green, B:Blue, Y:Yellow, P:Purple, C:Cyan, W:White\r\n");
HAL_Delay(500);
}
...
}
...
void HAL_UART_RxCpltCallback(UART_HandleTypeDef * huart)
{
char * pCmd = NULL;
uint8_t len;
switch(RxBuffer)
{
case 'R':
pCmd = "Your Command:Red\r\n";
len = strlen(pCmd);
HAL_GPIO_WritePin(GPIOC,GPIO_PIN_6,GPIO_PIN_RESET);
HAL_GPIO_WritePin(GPIOC,GPIO_PIN_7|GPIO_PIN_8,GPIO_PIN_SET);
break;
case 'G':
pCmd = "Your Command:Green\r\n";
len = strlen(pCmd);
HAL_GPIO_WritePin(GPIOC,GPIO_PIN_7,GPIO_PIN_RESET);
HAL_GPIO_WritePin(GPIOC,GPIO_PIN_6|GPIO_PIN_8,GPIO_PIN_SET);
break;
case 'B':
pCmd = "Your Command:Blue\r\n";
len= strlen(pCmd);
HAL_GPIO_WritePin(GPIOC,GPIO_PIN_8,GPIO_PIN_RESET);
HAL_GPIO_WritePin(GPIOC,GPIO_PIN_6|GPIO_PIN_7,GPIO_PIN_SET);
break;
case 'Y':
pCmd = "Your Command:Yellow\r\n";
len = strlen(pCmd);
HAL_GPIO_WritePin(GPIOC,GPIO_PIN_6|GPIO_PIN_7,GPIO_PIN_RESET);
HAL_GPIO_WritePin(GPIOC,GPIO_PIN_8,GPIO_PIN_SET);
break;
case 'P':
pCmd = "Your Command:Purple\r \n";
len = strlen(pCmd);
HAL_GPIO_WritePin(GPIOC,GPIO_PIN_6|GPIO_PIN_8,GPIO_PIN_RESET);
HAL_GPIO_WritePin(GPIOC,GPIO_PIN_7,GPIO_PIN_SET);
break;
case 'C':
pCmd ="Your Command:Cyan\r\n";
len = strlen(pCmd);
HAL_GPIO_WritePin(GPIOC,GPIO_PIN_7|GPIO_PIN_8,GPIO_PIN_RESET);
```

```
HAL_GPIO_WritePin(GPIOC,GPIO_PIN_6,GPIO_PIN_SET);
break;
case 'W':
pCmd = "Your Command:White\r\n";
len = strlen(pCmd);
HAL_GPIO_WritePin(GPIOC,GPIO_PIN_6|GPIO_PIN_7|GPIO_PIN_8,GPIO_PIN_RESET);
break;
default:
pCmd = "Please Send Command, R:Red, G:Green, B:Blue, Y:Yellow, P:Purple, C:Cyan, W:White\r \n";
len = strlen(pCmd);
HAL_GPIO_WritePin(GPIOC,GPIO_PIN_6|GPIO_PIN_7|GPIO_PIN_8,GPIO_PIN_SET);
break;
}
HAL_UART_Transmit(&huart1,(uint8_t *)pCmd, len,0xffff);
HAL_UART_Receive_IT(&huart1, (uint8_t *)&RxBuffer, 1);
}
```

2.2.4 STM32 的 ADC、DAC 和 DMA 介绍

1. ADC 的基本原理

STM32 的 ADC 是 12 位逐次逼近型模拟数字转换器。一般至少有一个 ADC，即 ADC1，某些型号还具有 ADC2。ADC1 有 18 个通道，可测量 16 个外部信号源（从引脚 ADC_IN[15:0]输入）和 2 个内部信号源[连接到温度传感器和内部参考电压（VREFINT＝1.2 V）]。各通道的 A/D 转换可以单次、连续、扫描或间断模式执行。ADC 的结果可以左对齐或右对齐方式存储在 16 位数据寄存器中。模拟看门狗特性允许应用程序检测输入电压是否超出用户定义的高/低阈值。如果被 ADC 转换的模拟电压低于低阈值或高于高阈值，模拟看门狗状态位（AWD）被设置。ADC 的输入时钟不得超过 14 MHz，它由 PCLK2 经分频产生，这一点要注意。ADC 转换时间如下。

①STM32F103x 增强型产品：系统时钟为 56 MHz 时，最高为 1 μs；系统时钟为 72 MHz 时，最高为 1.17 μs。

②STM32F101x 基本型产品：系统时钟为 28 MHz 时，最高为 1 μs；系统时钟为 36 MHz 时，最高为 1.55 μs。

③STM32F102x USB 型产品：系统时钟为 48 MHz 时，最高为 1.2 μs。

ADC 供电要求：2.4～3.6 V。ADC 输入范围：VREF－≤VIN≤VREF＋（相关符号均按程序中可使用的变量和符号来书写）。VREF＋和 VREF－只有 LQFP100 以上封装才有，LQFP100 以下封装实际是直接接 VDDA、VSSA（模拟电源的正极、负极）。如果参考电源为 2.4 V，则输入电压 VIN 与数字量之间的关系为：

$$\text{数字量}=\frac{\text{VIN}}{2.4}\times 4\ 096$$

ADCCLK 最高可达 14 MHz，由图 2-51 可知，其来自经过分频器的 PCLK2（2、4、6、8 分频），经 ADC Prescalers 再次分频得到。

整个转换时间＝采样时间＋12.5 个周期（固定时间）

采样时间可通过设置寄存器 ADC_SMPR1 的 SMPx[2:0]，选择通道 x 的采样时间，共有 8 种采样周期可选。在允许的情况下，尽量选大一点的会使 ADC 更稳定、更精确。

以时钟为 14 MHz 和采样时间为 1.5 个周期时的情况为例，其转换周期（转换时间）为：

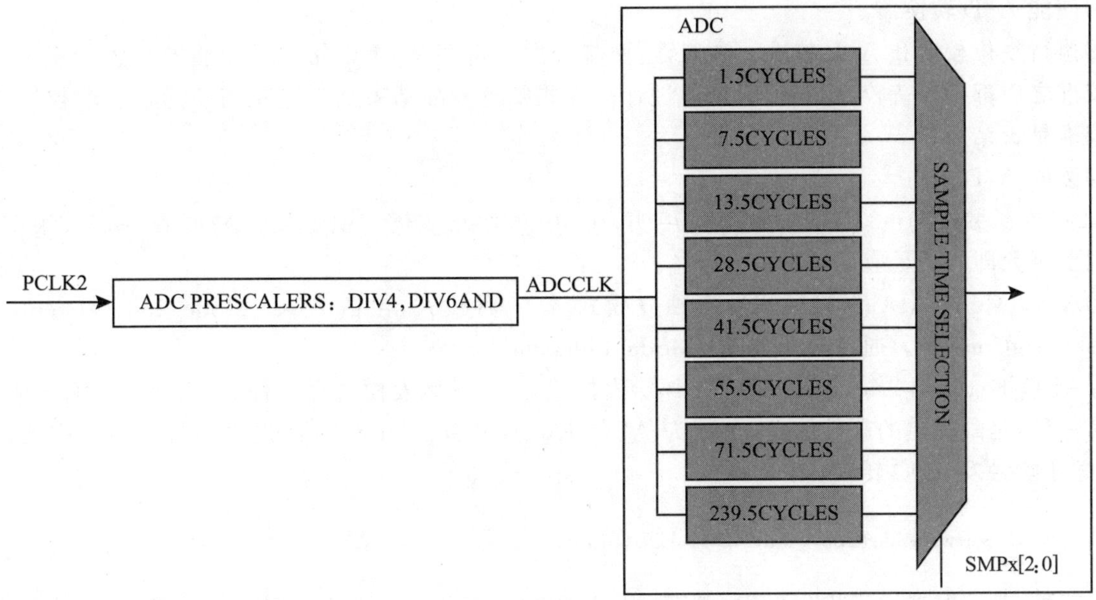

图 2-51 ADC 时钟与转换周期设置

$$TCONV=1.5+12.5=14\ 个周期=14\times(1/(14\times1\ 000\ 000))=1\ \mu s$$

在其他情况下，依此推算。

STM32 的 ADC1 有 16 个外部通道，它们可被分成两组：规则组和注入组。

STM32 的 ADC 可以对一组指定的通道，按照指定的顺序，逐个转换这组通道，转换结束后，再从头循环。这指定的通道组就称为规则组。但是在实际应用中，有可能需要临时中断规则组的转换，对某些通道进行转换，这些需要中断规则组而进行转换的通道组，就称为注入组。规则组由多达 16 个转换组成。规则通道和它们的转换顺序在 ADC_SQRx 寄存器中选择。规则组中转换的总数写入 ADC_SQRx 寄存器的 L[3:0]位中。注入组由多达 4 个转换组成。注入通道和它们的转换顺序在 ADC_JSQR 寄存器中选择。注入组里的转换总数目必须写入 ADC_JSQR 寄存器的 L[1:0]位中。如果 ADC_SQRx 或 ADC_JSQR 寄存器在转换期间被更改，则当前的转换被清除，一个新的启动脉冲将被发送至 ADC 以转换新选择的组。内部通道温度传感器与通道 ADCx_IN16 相连接，内部参照电压 VREFINT 与 ADCx_IN17 相连接。可以按注入通道或规则通道对这两个内部通道进行转换。注意，温度传感器和 VREFINT 只能出现在 ADC1 中。举例说，系统要正常采集 8 通道温度，但是又要适时监控一下湿度，这个湿度 ADC(采集)就可以放在注入组中，通过合适的触发启动转换。一旦启动注入组转换，规则组转换则被暂停，然后等待注入组转换完成后，规则组再继续进行转换。用更通俗的话说，在这个系统中，规则组相当于“主业”，而注入组相当于“副业”。

2. ADC 的程序流程

STM32 的 ADC 有两种转换模式：单次转换与连续转换。在单次转换模式下，ADC 只执行一次转换；在连续转换模式下，当前面的 ADC 转换一结束马上就启动下一次转换。

STM32 的 ADC 的程序流程(以 ADC1 为例)：

①开启 ADC1 的时钟，由于 ADC1 的模拟输入通道是在 GPIOA 上，所以同时也要打开 GPIOA 的时钟，并进行相关的设置，比如，要把 GPIOA 的相应引脚设置成模拟输入。

②复位 ADC1(也可以省略)，设置 ADC1 的分频因子(ADC 的时钟不能超过 14 MHz)，而且其采样周期长点会更好。

③初始化 ADC1 的参数，设置 ADC1 的工作模式和规则序列的相关信息。

④使能 A/D 转换器。

⑤执行复位校准和 A/D 校准。注意，这两步校准一定要有，否则转换结果将有较大的误差。每次进行校准之后都要等待校准结束，但是通过什么方式知道校准结束呢？这就需要通过获取校准状态以判断校准是否结束。

⑥读取 A/D 的值。

ADC 库函数在 stm32f10x_adc.h 中声明，在 stm32f10x_adc.c 中定义。ADC 的库函数很多，但是掌握主要函数即可满足应用要求。

①ADC_Mode(ADC 转换模式)，有独立模式等 10 种模式，包括 ADC_Mode_Independent、ADC_ExternalTrigConv 等。通常选择 ADC_Mode_Independent。

②ADC_ExternalTrigConv(ADC 外部触发模式)。外部触发模式有多种，常用的有以下三种。

第一种，是最简单的软件触发，参数为 ADC_ExternalTrigConv_None。设置好后要记得调用库函数，这样才能触发 ADC 转换：

```
ADC_SoftwareStartConvCmd(ADC1,ENABLE);
```

第二种，是定时器通道输出触发，共有 ADC_ExternalTrigConv_T1_CC1 等五种，定时器输出触发比较麻烦，还需要设置相应的定时器。

第三种，是外部引脚触发，对于规则通道组，选择 EXTI 线 11 和 TIM8_TRGO 作为外部触发事件；注入通道组则选择 EXTI 线 15 和 TIM8_CC4 作为外部触发事件。

③ADC_DataAlign(数据对齐模式)。其取值为：ADC_DataAlign_Right、ADC_DataAlign_Left。ADC_DataAlign_Right，即右对齐方式。建议采用右对齐方式，因为这样处理数据会比较方便。当然，如果要从高位开始传输数据，那么采用左对齐方式(ADC_DataAlign_Left)比较合适。

注入组和规则组的扩展符号位在处理上存在差异，这一点要加以注意。多通道数据传输时有一点还要注意，若一个数组为 ADC_ValueTab[4]，且设置了两个通道：通道 1 和通道 2，则转换结束后，ADC_ValueTab[0]和 ADC_ValueTab[2]存储的是通道 1 的数据，而 ADC_ValueTab[1]和 ADC_ValueTab[3]存储的是通道 2 的数据。如果数组容量更大，则依此类推。

基于 DMA 实现三个通道的 A/D 转换：第一个通道采集外部的输入电压；第二个通道采集系统电源电压；第三个通道采集内部参考电压。三个通道均采用数字滤波，即连续采集 10 次，取其平均值作为转换结果。采用系统电源 3.3 V 作为参考电压。因此，外部通道的电压 V_1：

$$V_1=\frac{A/D}{4\ 096}\times V_{3.3}$$

以上是比较普遍的计算方法。这种方法的缺点在于，每个系统要根据自身的电源电压调整公式中的 3.3 V。由于每个系统的电源电压不可能相同，故必须先测量该值。在每个程序中使用该值很麻烦，所以这种方法对于批量生产来说不是很合适。

下面讨论另一种实现方法，可以较好地解决这个问题。每个 STM32 都有一个内部的参照电压，相当于一个标准电压测量点，在芯片内部连接到 ADC1 的通道 17。根据数据手册中的数据，这个参照电压的典型值是 1.20 V，最小值是 1.16 V，最大值是 1.24 V。这个电压基本不随外部供电电压的变化而变化。不要把这个参照电压与 ADC 的参考电压混淆。ADC 的参考电压都是通过 VREF＋提供的。100 脚以上的型号，VREF＋引到了片外，引脚名称为 VREF＋；64 脚和小于 64 脚的型号，VREF＋在芯片内部与 VCC 电源相连，没有引到片外，这样，A/D 的参考电压就是 VCC 上的电压。如果对于 ADC 测量的准确性要求不是十分苛刻，可使用这个 1.20 V 内部参照电压得到 ADC 测量的电压值。此法的特点是，可以不用测量系统的电源电压，适用于批量生产。具体方法是，在测量某个通道的电压值之前，先读出参照电压的 ADC 测量数值，记为 A/Drefint，再读出要测量通道的 ADC 转换数值，记为 A/

Dchx,要测量的电压：

$$Vchx=(float)\frac{A/Dchx}{A/Drefint}\times VREFINT$$

A/Drefint 为参考电压,值为 1.20 V。在本例中,先采用查询 DMA 事件信号的方式读取数据并处理。在本例的最后一节中讨论采用 DMA 中断实现的方法。

三个模拟信号输入通道选择如下：

①PA0—ADC1 模拟输入通道 1,外部电压。

②PA1—ADC1 模拟输入通道 2,系统电源电压。

③内部通道—ADC1 模拟输入通道 17,STM32 内部参考电压,它的典型值为 1.20 V。

使用 USART1 串口 1 作为转换和处理结果的输出,供上位机显示,以便观察。本例使用的 STM32 最小系统板直接使用系统电源 3.3 V 作为 A/D 的参考电压,连接关系如图 2-52 所示,即将 ADC1 的外部参考电压的 VREF+直接与 VDDA 连接,VREF-直接与 VSSA 连接。为了提高精度,建议使用外部参考电压。

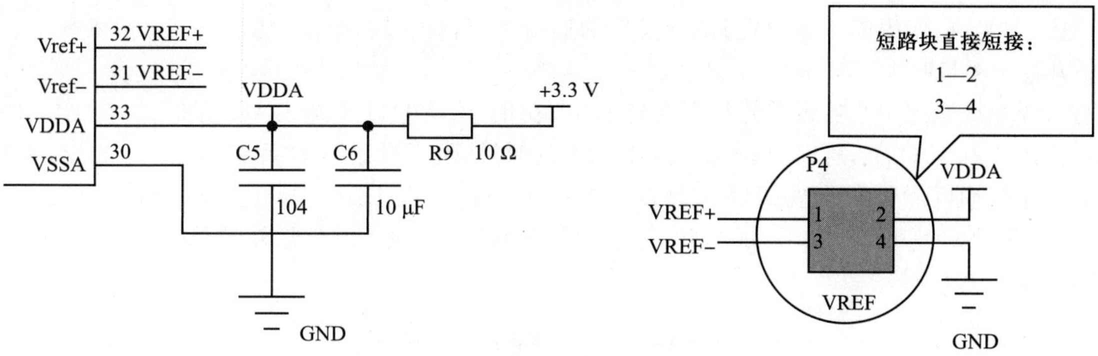

图 2-52 ADC1 电源与参考电压连接关系

算法的核心是基于 DMA 的 ADC,即 ADC 的转换结果采用 DMA 的方式被存储,这样可以节省读取转换结果、存储转换结果的时间,提高 A/D 转换的速度。采用 DMA 方式是 STM32 的优势特性,它在需要高速采集数据的场景十分有用。

① 正确设置 ADC1 和 DMA。必须根据需要设置。

② 使能 ADC1 并进行校准。

③ 使能 DMA。

④ 软触发或外部触发 ADC1,以启动 ADC1。

⑤ 根据 DMA 的"存储完成否"等标志,读取转换结果并进行相应的处理。如果采用中断法,则可以将读取、处理放在中断例程中。

3. DAC 的基本原理

STM32 的数字模拟转换模块(DAC)是 12 位数字输入、电压输出的数字模拟转换器。DAC 可以设置成 8 位或 12 位模式,也可以与 DMA 控制器配合使用。DAC 在 12 位模式时,数据可以设置成左对齐,也可以设置成右对齐。DAC 有两个输出通道,每个通道都有单独的转换器,可以工作在双 DAC 模式。在此模式下,可以同步更新两个通道的输出,这两个通道的转换可以同时进行,也可以分别进行。DAC 可以通过引脚输入参考电压 VREF+,以获得更精确的转换结果。

DAC 主要特征如下：

① 两个 DAC 转换器:1 个输出通道对应 1 个转换器。

② 8 位或者 12 位单调输出。

③ 在 12 位模式下，数据可以设置为左对齐或右对齐；在 8 位模式下，数据可以设置为右对齐。

④ 噪声波形生成、三角波形生成。

⑤ 双 DAC 通道同时或分别转换，有同步更新功能。

⑥ 每个通道都有 DMA 功能。

⑦ 外部触发转换。

⑧ 可外接参考电压 VREF＋，范围：2.4 V≤VREF＋≤VDDA(3.3 V)。

一旦使能 DAC 通道，相应的 GPIO 引脚(PA4 或 PA5)就会自动与 DAC 的模拟输出相连(DAC_OUTx)。注意，为了避免寄生信号的干扰和额外的功耗，引脚 PA4 或 PA5 在之前应当设置成模拟输入(AIN)。数字输入经过 DAC 转换成模拟电压输出，其范围为 0～VREF＋。任一 DAC 通道引脚上的输出电压满足下面的关系：

$$\text{DAC 输出电压}=\text{VREF}+\times\text{DOR}/4\,095$$

其中，DOR 为输出的数字量。

4. DAC 的编程流程

以通道 1 为例，使用库函数设置 DAC 模块的通道 1 以输出模拟电压，其详细设置步骤如下。

(1)开启 PA 口时钟

STM32F103 系列中小容量单片机不支持 DAC 功能，大容量才支持 DAC 功能，如 STM32F103ZE 的 DAC 通道 1 在 PA4 上，所以，要先使能 GPIOA 的时钟，然后设置 PA4 为模拟输入。DAC 本身是输出，但是为什么端口要设置为模拟输入模式呢？因为一旦使能 DACx 通道之后，相应的 GPIO 引脚(PA4 或 PA5)会自动与 DAC 的模拟输出相连，设置为输入，是为了避免额外的干扰。

使能 GPIOA 时钟：

```
RCC_APB2PeriphClockCmd(RCC_APB2Periph_GPIOA,ENABLE);            //使能 GPIOA 时钟
```

设置 PA1 为模拟输入，只需要设置初始化参数即可：

```
GPIO_InitStructure.GPIO_Mode =GPIO_Mode_AIN;                   //模拟输入
```

(2)使能 DAC1 时钟

同其他外设一样，使用前必须先开启相应的时钟。STM32 的 DAC 模块的时钟是由 APB1 提供的，所以要调用以下函数使能 DAC 模块的时钟。

```
RCC_APB1PeriphClockCmd(RCC_APB1Periph_DAC,ENABLE );            //使能 DAC 时钟
```

(3)初始化 DAC

设置 DAC 的工作模式，该部分设置全部通过寄存器 DAC_CR 设置实现，包括：DAC 通道 1 使能、DAC 通道 1 输出缓存关闭、不使用触发、不使用波形发生器等设置。DAC 初始化是通过调用以下函数完成的：

```
void DAC_Init(uint32_t DAC_Channel,DAC_InitTypeDef * DAC_InitStruct);
```

参数设置结构体类型 DAC_InitTypeDef 的定义：

```
typedef struct
{
uint32_t DAC_Trigger;                          //设置是否使用触发功能
uint32_t DAC_WaveGeneration;                   //设置是否使用波形发生器
```

```
uint32_t DAC_LFSRUnmask_TriangleAmplitude;  //设置屏蔽/幅值选择器，这个变量只在使用波形发生器
                                            的时候才有用
uint32_t DAC_OutputBuffer;                  //设置输出缓存控制位
}DAC_InitTypeDef;
```

在上面的结构体类型中，DAC_LFSRUnmask_TriangleAmplitude，即 DAC 通道屏蔽/幅值选择器。对于初学者来说，理解它比较困难，可以参阅 STM32 的官方使用手册。

DAC_LFSRUnmask_TriangleAmplitude：如果选择了产生噪声波或三角波，那么这里可以选择噪声波模式下的 LFSRUnMask 屏蔽位或三角波模式下的最大幅度。在噪声波模式下，选择对噪声波屏蔽 DAC 通道的 LFSR（线性反馈移位寄存器，其在通信领域有很广泛的应用）中的不同的位，决定了产生的噪声波形的不同特性。该结构体的设置代码如下：

```
DAC_InitTypeDef  DAC_InitType;                                   //定义 DAC 初始化结构体变量
DAC_InitType.DAC_Trigger =DAC_Trigger_None;                      //不使用触发功能 TEN1=0
DAC_InitType.DAC_WaveGeneration =DAC_WaveGeneration_None;        //不使用波形发生器
DAC_InitType.DAC_LFSRUnmask_TriangleAmplitude =DAC_LFSRUnmask_Bit0;
DAC_InitType.DAC_OutputBuffer=DAC_OutputBuffer_Disable;          //DAC1 输出缓存关闭
DAC_Init(DAC_Channel_1,&DAC_InitType);                           //初始化 DAC 通道 1
```

(4)使能 DAC 转换通道

初始化 DAC 之后，理所当然地要使能 DAC 转换通道，库函数代码是：

```
DAC_Cmd(DAC_Channel_1,ENABLE);                                   //使能 DAC1
```

(5)设置 DAC 的输出值

通过前面 4 个步骤的设置，DAC 就可以开始工作了，使用 12 位右对齐数据格式，就可以在 DAC 输出引脚(PA4)得到不同的电压值了。设置数据对齐的库函数的代码是：

```
DAC_SetChannel1Data(DAC_Align_ 12b_R,0);                         //这里表示右对齐
```

第一个参数设置对齐方式，可以为 12 位右对齐 DAC_Align_12b_R，也可以是 12 位左对齐 DAC_Align_12b_L、8 位右对齐 DAC_Align_8b_R；第二个参数就是 DAC 的输入值，这个很好理解，初始化设置为 0。

```
DAC_InitType.DAC_Trigger=DAC_Trigger_Software;                   //使用触发功能 TEN1=1;
```

在每次改变发送数据时，要同时调用以下两个函数：

```
DAC_SetChannellData(DAC_Align_12b_R,4000);
DAC_SoftwareTriggerCmd(DAC_Channel_1,ENABLE);
```

当然，也可以设置成定时器触发，TIM6 和 TIM7 是专供 DAC 转换用的定时器，即通过这两个定时器的专用输出信号触发 DAC，以实现定时转换的目的。

(6)读取 DAC 数值

函数为：

```
DAC_GetDataOutputValue(DAC_Channel_1);
```

5. DMA 的基本特性

直接存储器存取(DMA)在不需要 CPU 干预的情况下，提供外设与存储器之间或者存储器与存储

器之间的高速数据传输。这既节省了 CPU 的资源，又提高了数据传输的速率，因为不需要通过代码实施数据传输过程，所以，越来越多的单片机提供 DMA 功能。STM32 有 2 个 DMA 控制器，共 12 个通道，其中，DMA1 有 7 个通道，DMA2 有 5 个通道。每个通道专门用来管理来自 1 个或多个外设对存储器访问的请求。DMA 控制器中还有 1 个仲裁器，专门协调各个 DMA 请求的优先权。

① 12 个独立的可设置的通道(请求)：DMA1 有 7 个通道，DMA2 有 5 个通道。STM32 中每个通道与外设模块之间的对应关系是固定的，具体参见《STM32F10xxx 参考手册(中文)V10》。

② 每个通道都同样支持软件触发，可通过软件设置。

③ 在同一个 DMA 模块上，多个请求的优先权可以通过软件编程设置，共有 4 级：很高、高、中等和低。优先权设置相等时由硬件决定(请求 0 优先于请求 1，依此类推)。

④ 独立数据源和目标数据区的传输宽度有字节、半字、全字 3 种可选。源和目标地址必须按数据传输宽度对齐，支持循环的缓冲器管理。

⑤ 每个通道都有 3 个事件标志(DMA 半传输、DMA 传输完成和 DMA 传输出错)，这 3 个事件标志进行逻辑或运算，从而成为每个数据流单独的中断请求，即任何一个事件均可触发中断。

⑥ 闪存、SRAM，还有 APB1、APB2 和 AHB 外设等均可作为访问的源和目标。

⑦ 可编程的数据传输数目为 1～65 535，即最大为 65 535，至少为 1 个数据。

在发生一个事件后，外设向 DMA 控制器发送一个请求信号。DMA 控制器根据通道的优先权处理请求。当 DMA 控制器开始访问发出请求的外设时，DMA 控制器立即发送给它一个应答信号。当从 DMA 控制器得到应答信号时，外设立即释放它的请求。一旦外设释放了这个请求，DMA 控制器同时撤销应答信号。如果有更多的请求，外设可以启动下一个周期。仲裁器根据通道请求的优先级启动外设/存储器的访问。总体而言，DMA1 控制器拥有高于 DMA2 控制器的优先级。对具体某一个 DMA 控制器而言，优先级分为软件和硬件两类：

① 软件优先级。4 个等级，最高、高、中、低。每个通道的优先级可以在 DMA_CCRx 寄存器中设置。

② 硬件优先级。拥有较低编号的通道比拥有较高编号的通道的优先级更高。

因此，优先权管理分为两个阶段。第一阶段：软件仲裁，根据设定的软件优先级进行仲裁，高者优先被响应。第二阶段：硬件仲裁，如果两个请求有相同的软件优先级，则较低编号的通道比较高编号的通道的优先级更高，例如，通道 2 的请求优先于通道 4 的请求。

每个通道都可以在有固定地址的外设寄存器和存储器地址之间执行 DMA 传输。DMA 传输的数据量是可编程的，最大达到 65 535。包含要传输的数据项数量的寄存器，在每次传输后递减。注意，DMA1 和 DMA2 对应的外设通道是固定的，程序开发前必须查阅手册确定相应的通道。STM32 中 DMA 的 3 种不同的中断，通过"线或"方式连接至 NVIC，需要在中断例程中进行判断，以确定是何种中断。进行 DMA 设置前，不要忘了在 RCC 设置中使能 DMA 时钟。STM32 的 DMA 控制器挂在 AHB 总线上。

下面是设置 DMA 通道 x 的过程(x 代表通道号)，主要有 6 个方面：

① 在 DMA_CPARx 寄存器中设置外设寄存器的地址。发生外设数据传输请求时，这个地址将是数据传输的源或目标。

② 在 DMA_CMARx 寄存器中设置数据存储器的地址。发生外设数据传输请求时，传输的数据将从这个地址读出或写入这个地址。

③ 在 DMA_CNDTRx 寄存器中设置要传输的数据量。每传输一个数据，这个数值就会递减。

④ 在 DMA_CCRx 寄存器的 PL[1:0]位中设置通道的优先级。

⑤ 在 DMA_CCRx 寄存器中设置数据传输的方向、循环模式、外设和存储器的增量模式、外设和存储器的数据宽度、传输一半产生中断或传输完成产生中断的中断方式。

⑥ 设置 DMA_CCRx 寄存器的 ENABLE 位，启动该通道。一旦启动了 DMA 通道，它即可响应连到该通道上的外设的 DMA 请求。当传输一半的数据后，半传输标志（HTF）被置 1，当设置了允许半传输中断位（HTIE）时，将产生一个中断请求。在数据传输结束后，传输完成标志（TCF）被置 1，当设置了允许传输完成中断位（TCE）时，将产生一个中断请求。

需要注意的是，要使 DMA 与外设建立有效连接，这不是 DMA 自身的事情，是各个外设的事情，每个外设都有一个 XXX_DMACmd(XXXx，Enable)函数，如果要使 DMA 与 ADC 建立有效联系，就使用函数：ADC_DMACmd(ADC1，Enable)。DMA 有 3 种工作模式：循环模式、非循环模式、存储器到存储器模式。非循环模式：DMA_Mode_Normal，即正常模式，当一次 DMA 数据传输完成后，停止 DMA 传送，需要重新设置传送数量和启动后，才能进行下一次 DMA 数据传输。循环模式：DMA_Mode_Circular，循环模式用于处理循环缓冲区和连续的数据传输（ADC 的扫描模式），在 DMA_CCRx 寄存器中的 CIRC 位可开启这一功能。当启动了循环模式，数据传输的数目变为 0 时，将会自动恢复成设置通道时的初值，DMA 操作将会继续进行。存储器到存储器模式：DMA_M2M_Enable。

2.3 STM32 总线介绍

2.3.1 STM32 的 SPI 总线

1. SPI 总线简介

SPI 是串行外设接口（Serial Peripheral Interface）的英文缩写，它是一种高速、全双工、同步的通信总线，并且在芯片的引脚上通常只占用 4 根线，正是因为这种简单、易用的特性，如今越来越多的芯片集成了这种通信协议。SPI 的通信原理很简单，它以主/从方式工作。这种模式通常有一个主设备和一个或多个从设备，一般需要至少 4 根线，但 3 根线也可以（在单向传输时）。通常所说的 4 根线是指：SDI（数据输入）、SDO（数据输出）、SCLK（时钟）、CS（片选）。

① SDI——主设备数据输入，从设备数据输出。

② SDO——主设备数据输出，从设备数据输入。

③ SCLK——时钟信号，由主设备产生。

④ CS——从设备使能信号，由主设备控制。

其中，CS 控制芯片是否被选中（片选），也就是说，只有片选信号为预先规定的使能信号时（高电位或低电位有效），对此芯片的操作才有效。这就使在同一总线上连接多个 SPI 设备成为可能。负责通信的共有 3 根线。SPI 是串行通信协议，也就是说，数据是一位一位传输的，这就是 SCLK 时钟线存在的原因。由 SCLK 提供时钟脉冲，SDI、SDO 则基于此脉冲完成数据传输。数据输出通过 SDO 线，数据在时钟上升沿或下降沿时改变，在紧接着的下降沿或上升沿时被读取，完成一位数据传输。输入的原理也是如此。这样，通过 8 次时钟信号的改变（上升沿和下降沿为一次），就可以完成 8 位数据的传输。

要注意的是，SCLK 信号只由主设备控制，从设备不能控制该信号。因此，在一个基于 SPI 的系统中，至少有一个主控设备。这种传输方式有一个优点，它与普通的串行通信不同，普通的串行通信一次连续传送至少 8 位数据，而 SPI 允许数据一位一位传送，甚至允许暂停。因为 SCLK 时钟线由主控设备控制，当没有时钟跳变时，从设备不采集或传送数据。也就是说，主设备通过对 SCLK 时钟线的控制可以完成对通信的控制。

SPI 还是一个数据交换协议，因为 SPI 的数据输入线和输出线独立，所以允许同时完成数据的输入和输出。需要指出的是，不同的 SPI 设备的实现方式不尽相同，主要是数据改变和采集的时间不同，在时钟信号上升沿或下降沿采集上有不同定义，具体请参考相关元器件的文档。SPI 接口的一个缺点：有指定的流控制，但没有应答机制确认是否接收到了数据。

2. SPI 总线的基本原理

首先，需要比较耐心地查阅 STM32 的手册，熟悉 STM32 的 SPI 的基本原理、相应的寄存器设置或固件库函数的使用，还有 STM32 的 SPI 的引脚描述，如 SPI 的 4 根引脚 MISO、MOSI、SCK(CLK)、CSN(CS)分别对应 GPIOA 的引脚为 PA6、PA7、PA5、PA4，另外，还必须熟悉 SPI 特征。

① 3 线全双工同步传输，8 位或 16 位传输帧格式选择。

② 主或从操作，8 个模式波特率分频系数，主模式和从模式的快速通信：最大 SPI 速度达到了 18 MHz，主模式和从模式均可以由软件或硬件进行 NSS 管理，主/从操作模式的动态改变。

③ 可编程的时钟极性和相位，可编程的数据顺序。

④ 可触发中断的专用发送和接收标志：SPI 总线忙状态标志，支持可靠通信的硬件 CRC。

⑤ NSS(从设置选择)，这是一个可选的引脚，用来选择主/从设置，它的功能是作为片选引脚，让主设备可以单独地与特定从设备通信，避免数据线上的冲突。从设备的 NSS 引脚可以由主设备当作一个标准的 I/O 来驱动，一旦被使能 SSOE 位，NSS 引脚也可以作为输出引脚，并在 SPI 设置为主模式时拉低，此时，所有的 NSS 引脚连接到主设备 NSS 引脚的 SPI 设备，会检测到低电平，如果它们被设置为 NSS 硬件模式，就会自动进入从设备状态。

3. SPI 通信实现及应用

其中，初始化步骤和初始化设置很重要、很关键。SPI 总线应用的基本步骤如下：

① 连接 SPI 外设时钟。

② 连接被复用的 GPIO 的外设时钟。参见 STM32 参考手册，对于复用输出功能，端口必须配置成复用功能输出模式。

③ 设置被复用的 GPIO 为推挽输出。不能设置为开漏输出，因为在设置成开漏输出时，从示波器上看其输出是锯齿波，而不是需要的方波。

④ 调用 SPI_Init()以设置 SPI 的工作模式。

⑤ 通过 SPI_Cmd()使能 SPI。

⑥ 收、发数据。收、发数据可以使用同一个函数，因为 SPI 是同步输入、输出的，在发送数据的同时已经在接收数据。SPI 的库函数在 stm32f10x_spi. c 中定义，在 stm32f10x_spi. h 中声明。SPI 和 I2S 的很多功能是合在一起共用一个函数的。就 SPI 外设而言，比较基本的是以下几个函数：SPI_Cmd()、SPI_Init()、SPI_I2S_ReceiveData()、SPI_I2S_SendData()。

STM32 的 SPI 总线的时序与外部设备的 SPI 总线时序的配合，STM32 的 SPI 口的时序主要控制在两个位：CPHA 和 CPOL，两个位一共有 4 种组合，也就是说，SPI 有 4 种时序，具体如何选择呢？这就取决于所用的外部设备的 SPI 驱动电路。如果使用的 OLED12864 液晶模块采用的驱动电路为 SSD1306，查阅它的 SPI 口的时序图可知，应该设置 STM32 的 CPHA＝1 和 CPOL＝1。它的意义为：SPI 空闲保持高电平，在时钟的第 2 个边沿采样。至于其他几种情况下的具体信息，请自行查阅《STM32F10xxx 参考手册(中文)V10》。

采用固件函数库，以保证主机和从机的 CPOL 和 CPHA 位相一致。

对这两个参数的设置如下：

```
SPI_InitStructure. SPI_ CPOL=SPI_CPOL_High;
SPI_InitStructure. SPI_CPHA=SPI_CPHA_2Edge;
```

应用实例

图 2-53 OLED12864 实物图

有机发光显示(OLED)是比液晶显示技术更为先进的新一代平板显示技术。OLED12864(图 2-53)是 128(列)×64(行)点阵的 OLED 单色、字符、图形显示模块。模块内藏 64×64 的显示数据 RAM，其中的每位数据都对应于 OLED 屏上一个点的亮、暗状态。其接口电路和操作指令简单，具有 8 位并行数据接口，读写时序适配 6800 系列时序，可直接与 8 位微处理器相连，与 Intel8080 时序的 MCU 连接时需要进行时序转换。

模块对外引脚的定义如下。

① GND：电源地。

② VCC：电源正(3～5.5 V)。

③ D0：在 SPI 和 I^2C 通信中为时钟引脚。

④ D1：在 SPI 和 I^2C 通信中为数据引脚。

⑤ RES：用来复位(低电平复位)。

⑥ DC：数据和命令控制引脚。

⑦ CS：片选引脚。

本例直接采用 STM32 的 SPI1 接口与 OLED12864 液晶模块连接。如要换成 SPI2，则请自行参照修改。以下是 STM32 的 SPI1 的对应引脚说明。

① PA4/SPI1_NSS：多 SPI 芯片时片选用。

② PA5/SPI1_SCK：SPI1 的时钟信号。

③ PA6/SPI1_MISO：SPI1 的主入从出数据。

④ PA7/SPI1_MOSI：SPI1 的主出从入数据。

因此，OLED12864 模块与 STM32 的连接关系如下。

① GND：STM32 系统的电源地。

② VCC：接 STM32 系统的 5 V(OLED12864 模块内部有 3.3 V 稳压电路)。

③ D0：接 PA5(SCL，SPI 时钟信号)。

④ D1：接 PA7(SDA，主出从入数据)。

⑤ RES：接 PA10，也可直接接电源。

⑥ DC：接 PA9，PA9=0，命令；PA9=1，数据。

⑦ CS：接 PA8，片选。

这里说明一点：如果在 STM32 应用系统中只有一个 SPI 接口芯片，例如，本例中只有一个 OLED12864 模块通过 SPI 接口与 STM32 的 SPI1 连接，则片选信号可不用，直接将 OLED12864 的 CS 接地，即始终选中。

工程下唯一变化的是 User 组下的代码文件，主要是 3 个：main. c、myoled. c、delay. c。因为本例没有使用中断，所以也不需要系统的中断文件 stm32f10x_it. c。本例的源代码涉及以下 8 个文件，分别是：delay. c、delay. h、myoled. c、myoled. h、stm32f10x_conf. h、main. c，以及两个辅助文件 bmp. h、oledfont. h。

设置 SPI 及其相关的 GPIO、OLED 相关的 GPIO：

```
void SetupSPI(void)
{
SPI_InitTypeDef SPI_InitStructure;
GPIO_InitTypeDef GPIO_InitStructure;
/*允许 SPI1 和 GPIOA 时钟，这两个外设都是挂在 APB2 总线上的*/
```

```
RCC_APB2PeriphClockCmd(RCC_APB2Periph_SPI1|RCC_APB2Periph_GPIOA,ENABLE);
/*配置 SPI1 引脚,由于这里只用到了 SCK 和 MOSI,所以只对 PA5 和 PA7 进行了初始化*/
GPIO_InitStructure.GPIO_Pin =GPIO_Pin 5|GPIO_Pin 7;
GPIO_InitStructure.GPIO_Speed =GPIO_Speed_50 MHz;
GPIO_InitStructure.GPIO_Mode =GPIO_Mode_AF_PP;    //关于这个参数的描述可以参见 GPIO 的.h 文件
GPIO_Init(GPIOA,&GPIO_InitStructure);             //配置 PA8、PA9、PA10 作为推挽输出,因为这里
                                                    用来作为 SPI 口的片选,即选中 LCD 操作
GPIO_InitStructure.GPIO_Pin=GPIO_Pin 8|GPIO_Pin_9|GPIO_Pin_10;
//片选,命令数据,复位
GPIO_InitStructure.GPIO_Speed=GPIO_Speed_50MHz;
GPIO_InitStructure.GPIO_Mode =GPIO_Mode_Out_PP;
GPIO_Init(GPIOA,&GPIO_InitStructure);
GPIO_ResetBits(GPIOA,GPIO_Pin8);                  // PA8:=O:选中
/*SPI1 配置,关于这个怎么配置见 STM32 的手册*/
SPI_InitStructure.SPI_Direction =SPI_Direction_1Line_Tx;// 主发送
SPI_InitStructure.SPI_Mode =SPI_Mode_Master;      // 主机模式
SPI_InitStructure.SPI_DataSize=SPI_ DataSize_8b;  // 数据长度为 8 位
SPI_InitStructure.SPI_CPOL=SPI_CPOL_High;         // 根据 OLED 的时序要求,对这两个脉冲沿做如
                                                    下设置
SPI_InitStructure.SPI_CPHA=SPI_CPHA _2Edge;
SPI_InitStructure.SPI _NSS =SPI_NSS_Soft;         // 外部软件片选
SPI_InitStructure.SPI_BaudRatePrescaler =SPI_BaudRatePrescaler_4;  //4 比较合适,有文献介绍说 8,会出
                                                                     现时序配合出错的问题
SPI_InitStructure.SPI_FirstBit =SPI_FirstBit_MSB; // 第 1 位为高位
SPI_Init(SPI1,&SPI_InitStructure);                // SPII 设置
SPI_Cmd(SPI1,ENABLE);                             // SPI1 使能
}
```

2.3.2 STM32 的 I²C 总线

1. I²C 总线简介

I²C 即 IIC,"Inter-Integrated Circuit"(集成电路总线)的缩写。这种总线类型是由飞利浦半导体公司在 20 世纪 80 年代初设计出来的,是一种高性能的同步串行总线。基本的 I²C 总线规范于 20 年前发布,其数据传输速率最高为 100 kbps,采用 7 位寻址。后增强为快速模式(400 kbps)和 10 位寻址,以满足更高速度和更大寻址空间的需求。近来又增加了高速模式,其速度可达 3.4 Mbps。I²C 总线保持向下兼容性。

I²C 串行总线一般有两根信号线:一根是双向的数据线 SDA,另一根是时钟线 SCL。所有 I²C 总线设备上的串行数据 SDA 都接到总线的 SDA 上,各设备的时钟线 SCL 接到总线的 SCL 上。各设备在连接总线的输出端时,必须是漏极开路(OD)输出或集电极开路(OC)输出。各设备的 SDA 是逻辑"与"的关系,SCL 也是逻辑"与"的关系。

总线的运行(数据传输)由主机控制。所谓主机,是指启动数据的传送(发出启动信号)、发出时钟信号以及传送结束时发出停止信号的设备,通常都是微处理器。被主机寻访的设备称为从机。为了进行通信,每个接到 I²C 总线的设备都有一个唯一的地址,以便主机寻访。主机和从机的数据传送,可以由主机发送数据到从机,也可以由从机发送到主机。凡是发送数据到总线的设备称为发送器,从总线上接收数据的设备称为接收器。如图 2-54 所示,I²C 总线上允许连接多个微处理器以及各种外围设备,如存储器、LED 及 LCD 驱动器、

A/D 及 D/A 转换器等。为了保证数据可靠传送，任一时刻总线只能由某一台主机控制。

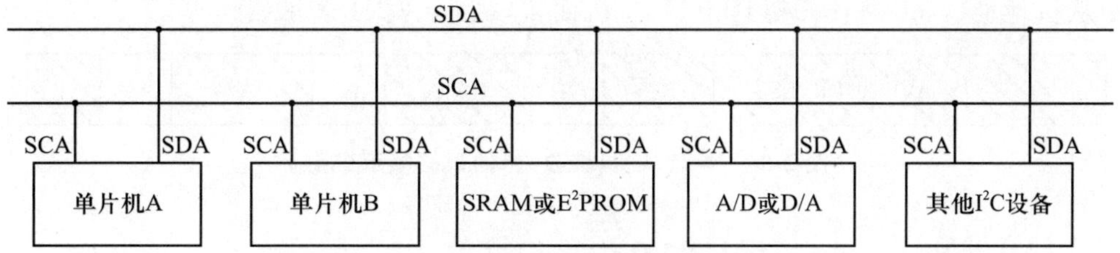

图 2-54　多设备 I²C 总线系统示意图

I²C 的数据输入、输出用的是同一根线，而 SPI 的数据输入与输出是分开的。由于这个原因，采用 I²C 时 CPU 的端口占用更少。但是由于 I²C 的数据线是双向的，所以隔离比较复杂，而 SPI 则比较容易。所以，系统内部通信可用 I²C，若要与外部通信则最好用 SPI 带隔离（可以提高抗干扰能力）。不过，I²C 和 SPI 都不适合长距离传输。

2. I²C 模块及结构

处理器和 I²C 芯片之间的通信，可以形象地比喻成两个人对话，因此必须遵循基本的规范：一是说的话对方能听懂，即双方要有约定的信号协议（通信协议）；二是语速对方能接受，即双方满足时序要求。I²C 总线上可以挂多个设备，每个 I²C 设备都有固定的地址。只有当 I²C 两条线上传输的地址等于某个 I²C 设备的地址时，该 I²C 设备才做出响应。在数据传输后，必须要有应答信号（响应信号）。数据传输前必须有开始信号，传输结束后必须有结束信号。I²C 总线起始和停止条件如图 2-55 所示。

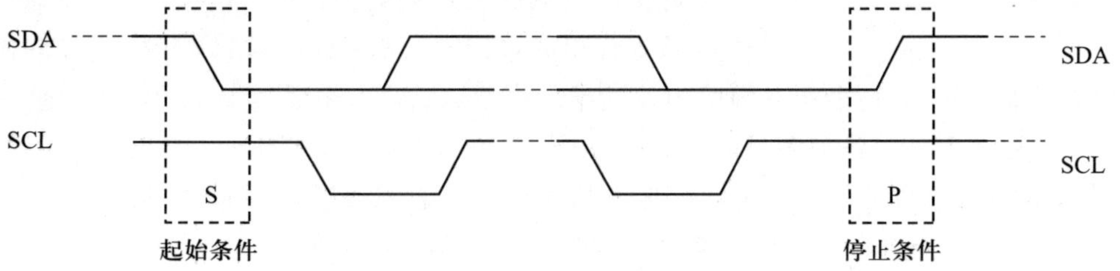

图 2-55　I²C 总线起始和停止条件

① 开始信号：处理器让 SCL 时钟保持高电平，然后让 SDA 数据信号由高变低，这就表示一个开始信号。I²C 总线上的设备检测到这个开始信号后，它就知道处理器要发送数据了。

② 停止信号：处理器让 SCL 时钟保持高电平，然后让 SDA 数据信号由低变高，这就表示一个停止信号。I²C 总线上的设备检测到这个停止信号后，它就知道处理器已经结束数据传输了，于是它们就可以进行其他工作，如进入休眠等。

③ 数据传输：SDA 上传输的数据必须在 SCL 为高电平期间保持稳定，因为外接 I²C 设备在 SCL 为高电平期间才采集数据，确定 SDA 是高或低电平。SDA 上的数据只能在 SCL 为低电平期间才被允许翻转变化。

④ 响应信号（ACK）：处理器把数据发给外接 I²C 设备，如何知道 I²C 设备已经收到数据呢？这就需要外接 I²C 设备回应一个信号给处理器。因为处理器发完 8 bit 数据后就不再驱动总线了（SDA 引脚由输出变为输入），而 SDA 和 SCL 硬件在设计时都有上拉电阻，所以这时候 SDA 变成高电平。那么在第 8 个数据位，如果外接 I²C 设备能收到信号的话，将在第 9 个周期把 SDA 拉低，处理器检测到 SDA 拉低就能知道外接 I²C 设备已经收到数据。

⑤ I²C 上的数据是从最高位开始传输的。

⑥ 多设备通信：I²C 总线是允许挂载多个设备的，如何访问其中一个设备而不影响其他设备呢？答案是：主机（发送发起方）通过发送寻址从机（接收方）的数据帧来访问。图 2-56 为寻址从机（接收方）的

数据帧示意图，其中，S 表示起始，P 表示停止，A 表示响应，DATA 表示一字节数据，SLAVE ADDRESS 表示从机地址（7 bit）+R/W（1 bit，就主机而言，0 表示写，1 表示读）。

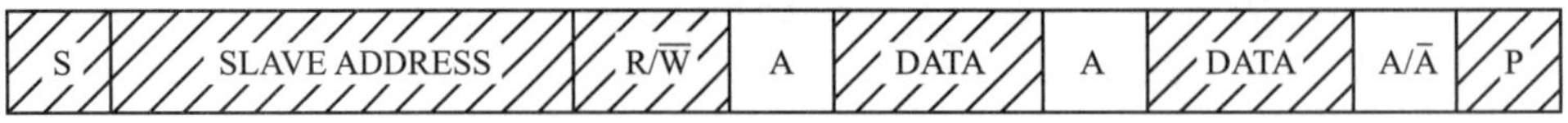

图 2-56　寻址从机（接收方）的数据帧示意图

I^2C 的几个注意事项：

① 在 SCL=1（高电平）时，SDA 不能随便跳变。否则，SDA 下跳被视为“起始信号 S”，SDA 上跳则被视为“停止信号 P”。

② SCL 必须由主机发送，否则通信陷于瘫痪。首字节是“片选信号”（相当于呼叫），即 7 位从机地址加 1 位方向（读写）控制：从机收到（听到）自己的地址才能发送应答信号（必须应答），表示自己在线，其他地址的从机则禁止应答。如果是广播状态（主机对所有从机呼叫），这时候从机只能接收不能发送。

③ 7 位地址的 I^2C 总线，理论上可以挂接 127（128−1）个不同地址的 I^2C 设备，因为 0 号地址作为群呼地址。10 位的 I^2C 总线可以挂接更多的 10 位地址的 I^2C 设备。

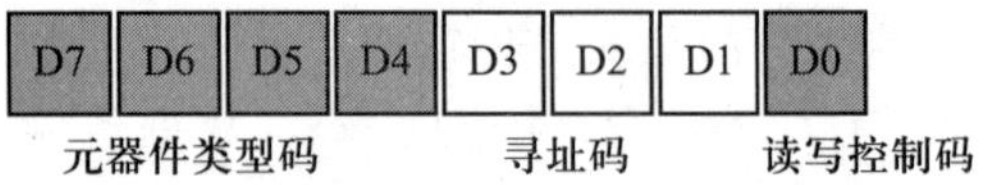

图 2-57　从地址格式

④ 常用 I^2C 接口的元器件地址是由元器件类型号码+寻址码组成的，共 7 位，称为从地址，格式如图 2-57 所示。

其中，元器件类型码是由 D7-D4 共 4 位决定的，这是企业生产时就已固定的类型代码；用户自定义地址码由 D3-D1 共 3 位组成，这是由用户自己设置的，其通常的做法有点类似于 EEPROM 元器件的 3 个外部引脚的电平组合（A0、A1、A2），也就是寻址码，这就是为什么同一 I^2C 总线上同一型号的 I^2C 设备最多只能挂 8 片的原因；读写控制码，即最低一位就是 R/W 位。

⑤ I^2C 总线必须通过合适的上拉电阻接电源的正极。当总线空闲时，两根线均为高电平。

⑥ 要十分注意数据传送格式与应答信号。这部分内容请自行参阅 I^2C 的有关资料。

3. I^2C 应用

I^2C 总线在嵌入式系统中被广泛使用，它是一个工业级别的总线。虽然 STM32 是一个 32 位的 MCU，I^2C 接口功能强大，但同时也存在难以控制的问题，不像 8 位机（AVR 等）的 TWI（实际完全符合 I^2C 标准）那么易用。不少开发者在开发 STM32 的 I^2C 接口程序时，总是会出现程序卡顿在某一处的现象，于是得出结论：STM32 本身的 I^2C 接口很差劲、很复杂。因此，很多开发者放弃使用 STM32 本身的 I^2C 模块，而采用软件模拟的方式实现 I^2C 通信。在此建议，不要使用软件模拟实现 I^2C 通信的方式，要充分使用 STM32 本身的 I^2C 功能，因为 STM32 至少有一个 I^2C 模块。

固然，STM32 的 I^2C 模块有不尽完善的地方，但还是要对它的特性有清晰的把握。如果在程序中加入有效的容错机制，例如，总线状态判断、超时处理、应答机制等，STM32 的 I^2C 模块及其库函数还是十分好用的。在利用 STM32 的 I^2C 硬件接口编程时，要注意以下几点：

① 把 I^2C 的中断优先级提升到最高。对 STM32 系统而言，它最优选的 I^2C 工作模式是中断或 DMA，或两者的结合，而不是查询方式 POLLING。

② 把多于 2 字节的发送与接收封装成利用 DMA 收发的函数，而把 1 字节的接收和发送单独封装为一个 poll（轮询函数）。

③ 在寻址某一 I^2C 设备时，要先检查总线状态，如果状态为忙，则等待指定时间；如果超时，则说明 I^2C 总线被死锁挂起。这时要采用一定的措施，让被寻址方结束当前内部的工作，退出总线死锁以恢复总线。主设备在对从设备进行操作前，需要先和从设备确认状态。

④ 不要让 I^{2}C 工作在 88 kHz 的频率上(这个速度容易出现问题)。在满足需要的情况下,不建议采用高速度,而采用较低速度,如 100 kHz 等。

⑤ STM32 的 I^{2}C 的硬件接口负责满足 I^{2}C 总线的规约,而应用程序则必须利用 I^{2}C 控制寄存器和 I^{2}C 的事件标志组合实施与通信相关的工作,如接收、发送和其他相关处理,在发送或接收完成后一定要查询并清除相关标志。

I^{2}C 总线死锁原因及其解决办法,查阅 STM32 的官方手册可知,在 I2C_CR1 寄存器中有一个 SWRST 位,该位可以在出错或死锁时复位 STM32 的 I^{2}C 外设模块的 I^{2}C 控制器。在低功耗的 STM32L0xx 系列的用户指南中,也提到可以用 PE 位复位。

发送的主要流程:

① 检测 I^{2}C 总线是否空闲。

② 按 I^{2}C 协议发出起始信号。

③ 发出 7 位元器件地址和写模式。

④ 发送要写入的存储区首地址。

⑤ 用页写入方式或字节写入方式写入数据(多字节在这里循环)。

⑥ 清除应答标志。

⑦ 发出停止信号。

接收的主要流程:

① 检测 I^{2}C 总线是否空闲。

② 按 I^{2}C 协议发出起始信号。

③ 发出 7 位元器件地址和写模式(伪写)。

④ 重新使能 STM32 的 I^{2}C 外设模块,以清除相应事件标志 EV6。

⑤ 发出要读取的存储区首地址。

⑥ 重发起始信号。

⑦ 发出 7 位元器件地址和读模式。

⑧ 接收并应答。这里分两种情况:

第一种情况:如果是单字节接收,则不应答,发送停止信号,读取一字节数据。

第二种情况:如果是多字节接收,则最后一字节不用应答,读取数据,在最后一字节接收前发送停止信号。

应用实例

采用型号为 ZS-042 的 DS3231 模块(图 2-58),该型号产品包含 DS3231 与 AT24C32,是一个高精度 I^{2}C 时钟模块。

图 2-58 ZS-042 的 DS3231 模块

该模块的参数如下。

① 尺寸:38 mm(长)×22 mm(宽)×14 mm(高)。

② 工作电压:3.3~5.5 V。

③ 时钟芯片:高精度时钟芯片 DS3231。

④ 时钟精度:0~40 ℃范围内,精度为 2 ppm,年误差约 1 min。

⑤ 存储芯片:AT24C32(存储容量为 32 KB)。

⑥ I^{2}C 总线接口的最高传输速度为 400 kHz(此时,工作电压为 5 V)。

⑦ 可级联其他 I^{2}C 设备,模块上的 AT24C32 的地址可通过短路 A0/A1/A2 修改,默认地址为 0x57。

⑧ 带可充电电池 LIR2032，保证系统在断电后，时钟仍可正常走动。

由于上述 ZS-042 模块的 I^2C 总线引脚上已焊接了 6 kΩ 的上拉电阻，因此可直接与 STM32 的 I^2C 外设模块的相应引脚连接。ZS-042 模块的电源使用 3.3 V，也可直接取自 STM32 的最小系统板。查阅 STM32 手册可知，I^2C 外设模块的 SCL、SDA 引脚对应的是 GPIOB 的 PB6 和 PB7，因此，STM32 与 DS3231 时钟模块只需要 4 根引线，具体接口关系如下：

① STM32 的 PB6(SCL)←——→ZS-042 的 J1 的 SCL。

② STM32 的 PB7(SDA)←——→ZS-042 的 J1 的 SDA。

③ STM32 系统板的 3.3 V←——→ZS-042 的 J1 的 VCC。

④ STM32 系统板的 GND←——→ZS-042 的 J1 的 GND。

基于 I^2C 总线，对 ZS-042 模块中的 DS3231 设置当前时间（对时），然后每隔 10 s 左右通过串口发送当前时间（走时），以观察走时的准确性和 I^2C 通信的可靠性。在实验中，还会进行破坏性测试——在程序运行过程中带电插拔 ZS-042，即与 STM32 最小系统脱离若干秒，然后带电接入，以检验接口程序的稳健性，检验 I^2C 总线抗干扰和死锁的能力。为使程序具有较好的模块化设计特性，也为了方便学习者借鉴或直接使用相关函数，所以将 I^2C 的接口函数与基于它的 DS3231 的相关函数分别按文件进行编写。涉及需要编写或调整的文件共有 6 个：

① stm32f10x_conf.h——演示程序所需要使用的 STM32 外设的头文件设置。

② main.c——演示程序主函数所在的文件。

③ IIC_V350.c、IIC_V350.h——基于 V350 固件库的 I^2C 总线接口函数及其头文件。

④ DS3231_LIB.c、DS3231_LIB.h——DS3231 的相关函数及其头文件，包括初始化、设置时间、读取时间等函数。

习　题

1. STM32 的 GPIO 引脚有哪几种工作模式？
2. 简述 Keil 软件分别用标准库函数和 HAL 库函数建立工程的步骤。
3. 简述 STM32 外部中断 EXTI 功能，以及外部中断编程的步骤。
4. 简述 STM32 通用定时器的功能，以及定时器中断触发原理。
5. 简述延时中断程序编写步骤，以及定时器功能实现 PWM 控制信号输出的程序编写步骤。
6. 简述 STM32 通过串口接收、发送单字节的方法。
7. 简述 STM32 的 ADC、DAC 和 DMA 功能。
8. 简述 STM32 的 SPI 和 I^2C 总线的通信原理和应用方法。
9. I^2C 总线是允许挂载多个设备的，如何访问其中一个设备而不影响其他设备？

实践任务

请完成任务活页单元 2 模块 2 中的任务。

模块 3　电机控制原理

模块描述

无人机的舵机控制电机一般采用步进电机驱动，旋翼驱动电机一般采用无刷直流电机，所以需要单片机精确控制这些电机的旋转，当然也需要配有对应的驱动模块，这些是实现无人机精确控制的基础。本模块将介绍如何利用 STM32 实现对步进电机的控制和控制算法，如何利用 STM32 实现对直流电机的控制和控制算法，以及实现无人机位姿精确控制的一些方法，比如卡尔曼滤波、互补滤波等。

学习目标

1. 知道步进电机控制原理，会 STM32 控制步进电机的方法。
2. 知道直流电机控制原理，会 STM32 控制直流电机的方法。
3. 知道实现无人机位姿精确控制的卡尔曼滤波方法。
4. 知道实现无人机位姿精确控制的互补滤波方法。

3.1　步进电机控制

1. 步进电机工作原理

步进电机是将脉冲信号转变为角位移或线位移的开环控制元器件。在非超载的情况下，电机的转速、停止的位置只取决于脉冲信号的频率和脉冲数，而不受负载变化的影响，给电机加一个脉冲信号，电机就转过一个步距角。因而步进电机只有周期性的误差而无累积误差，在速度、位置等控制领域有较为广泛的应用。步进电机的驱动是由单片机通过对每组线圈中的电流的顺序切换来使电机做步进式旋转，切换是通过单片机输出脉冲信号来实现的。调节脉冲信号频率就可改变步进电机的转速，而改变各相脉冲的先后顺序，就可以改变电机的旋转方向。

2. STM32 控制步进电机实例

步进电机控制仿真原理如图 2-59 所示，对于 12 V 四相六线步进电机，要求通过 7 个按钮控制步进电机的运行状态，7 个按钮的作用分别是：连续正转、连续反转、停止、加速、减速、点动正转和点动反转。

步进电机控制仿真电路中的虚拟元器件及仪表见表 2-12。

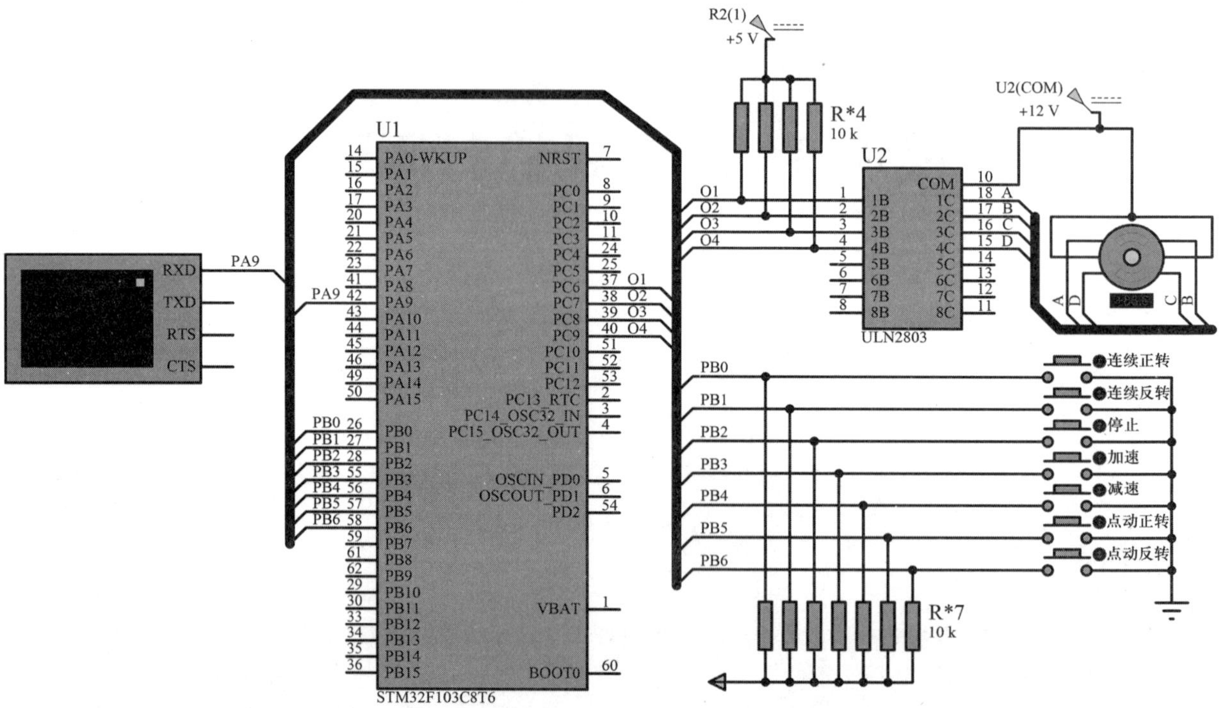

图 2-59　步进电机控制仿真原理图

表 2-12　步进电机控制仿真电路的虚拟元器件

名称	说明
STM32F103R6	单片机
RES	电阻
BUTTON	按钮
ULN2803	达林顿晶体管阵列
MOTOR-STEPPER	步进电机
VIRTUAL TERMINAL	虚拟仪表

ULN2803 内部具有一个 8 路 NPN 达林顿晶体管阵列，适合作为 TTL、CMOS、NMOS 或 PMOS 等低逻辑电平数字电路与继电器、步进电机等直流高电压、大电流设备之间的接口。采用 DIP 封装的 ULN2803 引脚排序及实物如图 2-60 所示，引脚 1～8 为 8 路输入，引脚 11～18 为 8 路输出，引脚 9 为 GND，引脚 10 为 COM。

ULN2803 的主要参数：输入 5 V 低逻辑电平；输出驱动负载电压最高为 50 V；每 1 路输出驱动负载电流最高为 500 mA。

8 路达林顿晶体管某 1 路的内部电路结构如图 2-61 所示，ULN2803 属于集电极开路输出，只能接受灌电流。在实际使用的时候，一般将负载一端接在公共引脚 COM，将负载另一端接在输出引脚 On（$n=1,2,3,\cdots,8$），COM 引脚同时连接负载高电压，输入的逻辑信号地和输出的电源地同时连接 GND 引脚，如图 2-62 所示。当输入逻辑信号为高电平时，ULN2803 导通，On 引脚接地，负载回路通路；当输入逻辑信号为低电平时，ULN2803 截止，负载回路断路。值得注意的是，当负载为继电器线圈时，输出引脚与公共引脚之间已经存在一个内置的续流二极管，因此不需要外接续流二极管。另外，由于

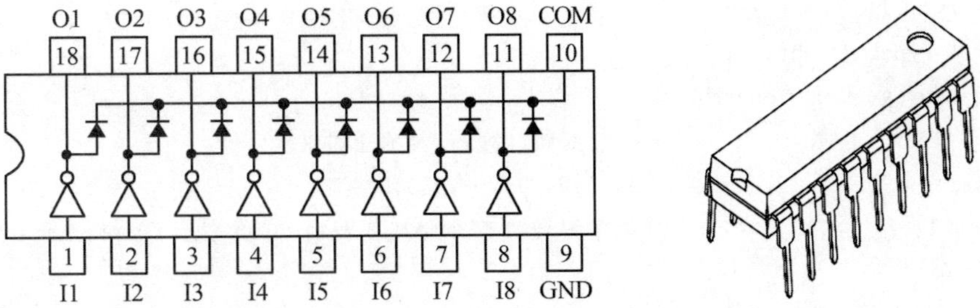

图 2-60　采用 DIP 封装的 ULN2803 引脚排序及结构图

ULN2803 输入的逻辑高电平是+5 V,因此 STM32 单片机需要选择具备“FT”特性的 GPIO 引脚并将其连接至 ULN2803 的输入引脚,同时将 STM32 单片机的 GPIO 引脚设为开漏输出模式,通过外部电阻上拉到+5 V 电位。

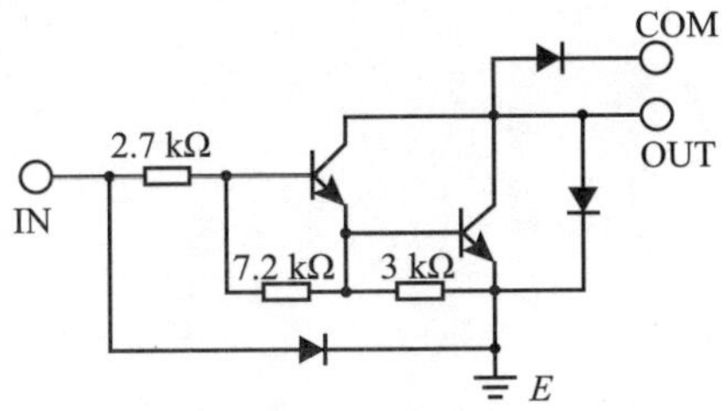

图 2-61　8 路达林顿晶体管某 1 路的内部电路结构

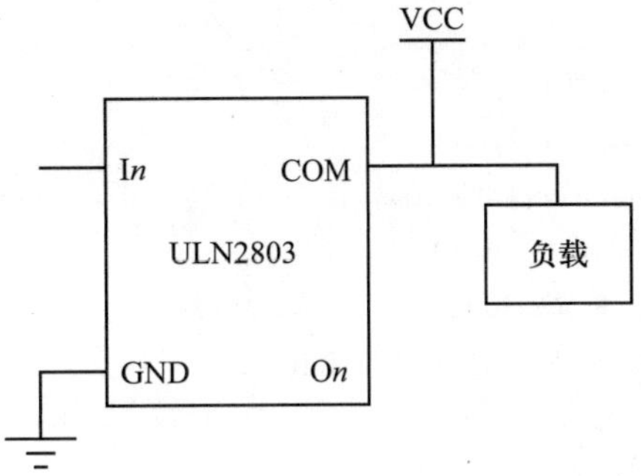

图 2-62　ULN2803 外接负载图

步进电机属于特种电机,它的特性为:角位移与给定的脉冲个数成正比;转速与脉冲的频率成正比。不同于直流电机这种典型的惯性电机,步进电机属于典型的比例电机,适合在开环控制系统中作为执行元器件。

以 Proteus 中的步进电机“Stepper Motor”为例,它是一种四相六线步进电机,四相分别为 A 相、B 相、C 相、D 相,可以选择四相单四拍、四相双四拍或四相单双八拍 3 种驱动方式:

①四相单四拍相序是 A→B→C→D。

②四相双四拍相序是 AB→BC→CD→DA。

③四相单双八拍相序是 A→AB→B→BC→C→CD→D→DA。

四相步进电机的 3 种相序见表 2-13。

表 2-13　四相步进电机的 3 种相序

四相单四拍		四相双四拍		四相单双八拍			
相序	1B 2B 3B 4B	相序	1B 2B 3B 4B	相序	1B 2B 3B 4B	相序	1B 2B 3B 4B
1-A	1 0 0 0	1-AB	1 1 0 0	1-A	1 0 0 0	5-C	0 0 1 0
2-B	0 1 0 0	2-BC	0 1 1 0	2-AB	1 1 0 0	6-CD	0 0 1 1
3-C	0 0 1 0	3-CD	0 0 1 1	3-B	0 1 0 0	5-D	0 0 0 1
4-D	0 0 0 1	4-DA	1 0 0 1	4-BC	0 1 1 0	8-DA	1 0 0 1

应用实例

以四相双四拍的驱动方式为例,主要参考程序如下:

```
#include "main.h"
TIM_HandleTypeDef *htim3;
UART_HandleTypeDef *huart1;
char rd = 'C';                    //C 表示顺时针;A 表示逆时针
uint16_t arr = 49;                //99,149,199,…,949,999
int StepNo=1;                     //步序编号,1 表示 AB;2 表示 BC;3 表示 CD;4 表示 DA
uint8_t rf=0;
void SystemClock_Config(void);
static void MX_GPIO_Init(void);
static void MX_TIM3_Init(void);
static void MX_USART1_UART_Init(void);
void StepOut(uint8_t StepNo);
int main(void)
{
char str[4];
HAL_Init();
SystemClock_Config();
MX_GPIO_Init();
MX_TIM3_Init();
MX_USART1_UART_Init();
_HAL_TIM_SET_AUTORELOAD(&htim3,arr);
while (1)
{
if(rf==1)
{
HAL_UART_Transmit(&huart1,&"Time Interval[ms]:",18,18);
sprintf(str,"%d",arr);
HAL_UART_Transmit(&huart1,str,3,3);
HAL_UART_Transmit(&huart1,&"\n\r",2,2);
rf=0;
}
}
}
……
void StepOut(uint8_t StepNo)
{
if(StepNo==1)
{
HAL_GPIO_WritePin(GPIOC, GPIO_PIN_8|GPIO_PIN_9, GPIO_PIN_RESET);
HAL_GPIO_WritePin(GPIOC, GPIO_PIN_6|GPIO_PIN_7, GPIO_PIN_SET);
}
else if(StepNo==2)
{
HAL_GPIO_WritePin(GPIOC, GPIO_PIN_6|GPIO_PIN_9, GPIO_PIN_RESET);
HAL_GPIO_WritePin(GPIOC, GPIO_PIN_7|GPIO_PIN_8, GPIO_PIN_SET);
}
```

```
else if(StepNo==3)
{
HAL_GPIO_WritePin(GPIOC, GPIO_PIN_6|GPIO_PIN_7, GPIO_PIN_RESET);
HAL_GPIO_WritePin(GPIOC, GPIO_PIN_8|GPIO_PIN_9, GPIO_PIN_SET);
}
else if(StepNo==4)
{
HAL_GPIO_WritePin(GPIOC, GPIO_PIN_7|GPIO_PIN_8, GPIO_PIN_RESET);
HAL_GPIO_WritePin(GPIOC, GPIO_PIN_9|GPIO_PIN_6, GPIO_PIN_SET);
}
}
void HAL_TIM_PeriodElapsedCallback (TIM_HandleTypeDef *htim)
{
if(htim==&htim3)
{
if(rd=='C')
{
StepNo++;
if(StepNo>4)StepNo=1;
StepOut(StepNo);
}
else if(rd=='A')
{
StepNo--;
if(StepNo<0)StepNo=4;
StepOut(StepNo);
}
}
}
void HAL_GPIO_EXTI_Callback(uint16_t GPIO_Pin)
{
if(GPIO_Pin==GPIO_PIN_0)
{
rd='C';
HAL_TIM_Base_Start_IT(&htim3);
StepOut(StepNo);
rf=1;
}
else if(GPIO_Pin==GPIO_PIN_1)
{
rd='A';
HAL_TIM_Base_Start_IT(&htim3);
StepOut(StepNo);
rf=1;
}
else if(GPIO_Pin==GPIO_PIN_2)
```

```
{
HAL_TIM_Base_Stop(&htim3);
}
else if(GPIO_Pin==GPIO_PIN_3)
{
if(arr>49)arr-=50;
__HAL_TIM_SET_AUTORELOAD(&htim3,arr);
rf=1;
}
else if(GPIO_Pin==GPIO_PIN_4)
{
if(arr<999)arr+=50;
__HAL_TIM_SET_AUTORELOAD(&htim3,arr);
rf=1;
}
else if(GPIO_Pin==GPIO_PIN_5)
{
if(HAL_GPIO_ReadPin(GPIOB,GPIO_PIN_5)==GPIO_PIN_RESET)    //测下降沿
{
rd='C';
HAL_TIM_Base_Start_IT(&htim3);
StepOut(StepNo);
rf=1;
}
else                                                       //测上升沿
{
HAL_TIM_Base_Stop(&htim3);
}
}
else if(GPIO_Pin==GPIO_PIN_6)
{
if(HAL_GPIO_ReadPin(GPIOB,GPIO_PIN_6)==GPIO_PIN_RESET)    //测下降沿
{
rd='A';
HAL_TIM_Base_Start_IT(&htim3);
StepOut(StepNo);
rf=1;
}
else                                                       //测上升沿
{
HAL_TIM_Base_Stop(&htim3);
}
}
}
……
```

3.2 直流电机控制

1. 直流电机控制原理

直流电机多用在没有交流电源、移动方便的场景，具有低速、大力矩等特点。对直流电机可精确地控制其旋转速度或转矩。直流电机是通过两个磁场的相互作用产生旋转的，其结构如图 2-63 所示。定子上装设了一对直流励磁的静止的主磁极 N 和 S，在转子上装设电枢铁心。定子与转子之间有一气隙。在电枢铁心上放置了由两根导体连成的电枢线圈，线圈的首端和末端分别连到两个圆弧形的铜片上，此铜片称为换向片。换向片之间互相绝缘，由换向片构成的整体称为换向器。换向器固定在转轴上，换向片与转轴之间亦互相绝缘。在换向片上放置着一对固定不动的电刷 B1 和电刷 B2。当电枢旋转时，电枢线圈通过换向片和电刷与外电路接通。

定子通过永磁体或受激励电磁铁产生一个固定磁场，由于转子由一系列电磁体构成，因此当电流通过其中一个绕组时会产生一个磁场。对有刷直流电机而言，转子上的换向器和定子的电刷在电机旋转时为每个绕组供给电能。通电转子绕组与定子磁体有相反极性，因而相互吸引，使转子转动至与定子磁场对准的位置。当转子到达对准位置时，电刷通过换向器为下一组绕组供电，从而使转子维持旋转运动。直流电机的旋转速度与施加的电压成正比，输出转矩则与电流成正比。

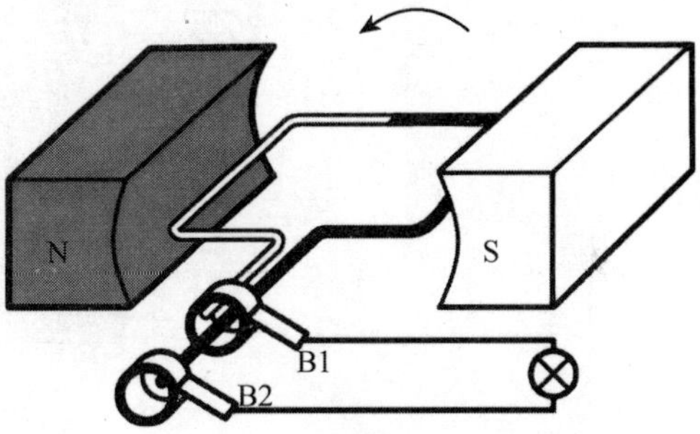

图 2-63 直流电机结构

由于必须在工作期间来改变直流电机的速度，因此直流电机的控制是一个比较困难的问题。直流电机高效运行的最常见的方法是施加一个 PWM(脉宽调制)脉冲波，其占空比对应于所需速度。直流电机起到一个低通滤波器的作用，将 PWM 信号转换为有效直流电平。特别是对于单片机驱动的直流电机，由于 PWM 信号相对容易产生，这种驱动方式的应用更为广泛。目前，许多增强型的单片机都带有 PWM 脉冲信号的输出引脚。

2. STM32 控制直流电机实例

直流电机控制仿真电路原理如图 2-64 所示，要求通过 5 个按钮控制直流电机的运行状态，5 个按钮的作用分别是：正转、反转、停止、加速和减速，其中，电机加速/减速以 10%的 PWM 信号宽度占空比为递增/递减量。H 桥芯片 L298 的使用，基于 L298 的直流电机的 STM32 单片机驱动程序。

直流电机控制仿真电路中的虚拟元器件及仪表见表 2-14。

表 2-14 直流电机控制仿真电路的虚拟元器件及仪表

名称	说明
STM32F103R6	单片机
RES	电阻
BUTTON	按钮
L298	H 桥芯片 L298
MOTOR-DC	直流电机
VIRTUAL TERMINAL	虚拟仪表

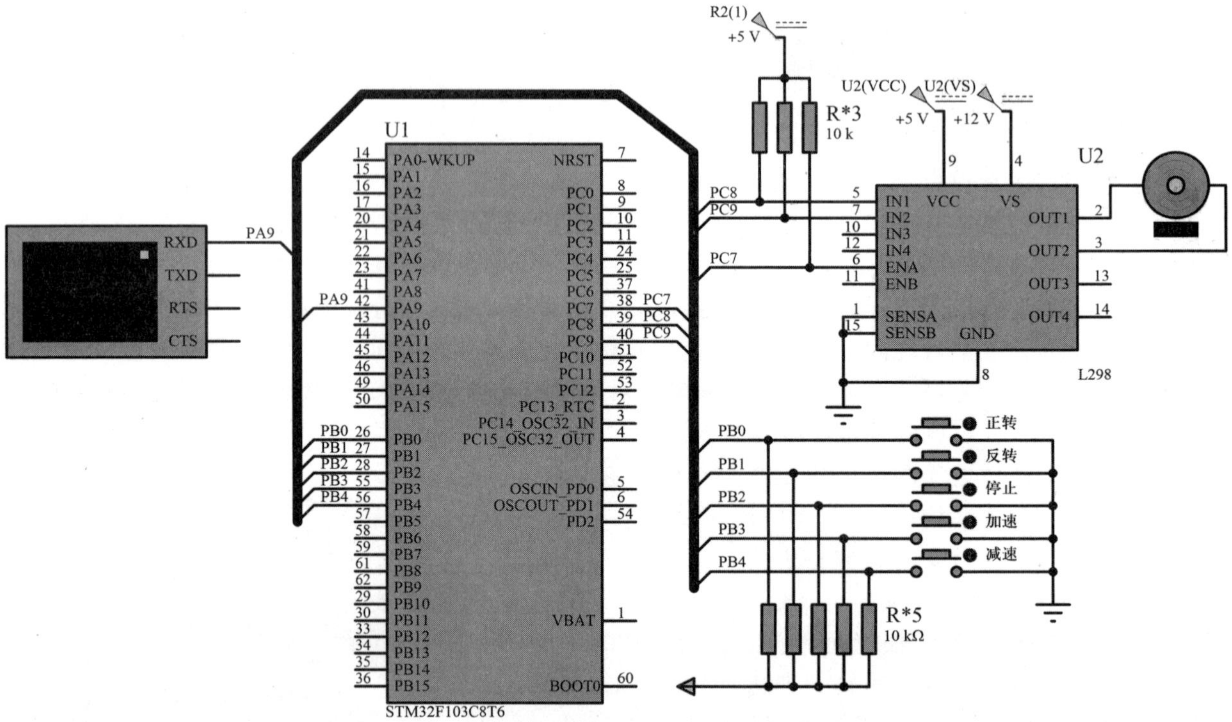

图 2-64　直流电机控制仿真电路原理

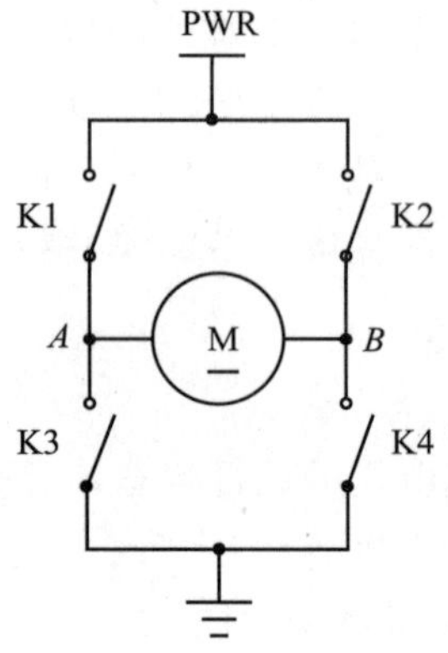

图 2-65　直流电机与 H 桥电路

直流电机是一种常见的动力源,在很多情况下需要用直流电机带动执行机构做各种复杂动作,如正、反转运动等。直流电机与 H 桥电路如图 2-65 所示。当只有开关 K1、K4 闭合时,*A* 点接通驱动电源正极,*B* 点接通驱动电源负极,直流电机正转;当只有开关 K2、K3 闭合时,*B* 点接通驱动电源正极,*A* 点接通驱动电源负极,直流电机反转;当只有开关 K1、K2 闭合,或者只有开关 K3、K4 闭合时,*A* 点与 *B* 点短路,直流电机能耗制动。对于大功率直流电机而言,为防止能耗制动过程中的电流过大,还需要在短路回路中串接制动电阻。

L298 是一种双 H 桥芯片,即片内集成 2 个独立的 H 桥,可同时驱动 2 个最大电压为 46 V、最大电流为 2A 的直流电机。控制信号为 5 V TTL 电平,驱动电压为 5～46 V,控制电路由 VS 供电。L298 典型应用电路如图 2-66 所示。ENA 引脚为 H 桥 A 的使能引脚:当 ENA 引脚接高电平时,使能 H 桥 A;当 ENA 引脚接低电平时,禁止 H 桥 A。在实际应用中,往往将 ENA 引脚与 PWM 信号相连,用于调节 H 桥 A 控制的直流电机的转速。ENB 引脚为 H 桥 B 的使能引脚:当 ENB 引脚接高电平时,使能 H 桥 B;当 ENB 引脚接低电平时,禁止 H 桥 B。在实际应用中,将 ENB 引脚与 PWM 信号相连,用于调节 H 桥 B 控制的直流电机的转速。SENSA 引脚为 H 桥 A 的驱动检测引脚,用于进行过流检测,将检测结果反馈给控制器形成闭环以稳定电机转速,具体应用可参考相关技术文档,一般不用可直接接地。SENSB 引脚为 H 桥 B 的驱动检测引脚,功能与 SENSA 引脚类似。IN1～1N4 为 2 个 H 桥的方向控制信号输入端,其中,IN1 和 1N2 控制 H 桥 A,IN3 和 IN4 控制 H 桥 B,具体见表 2-15。

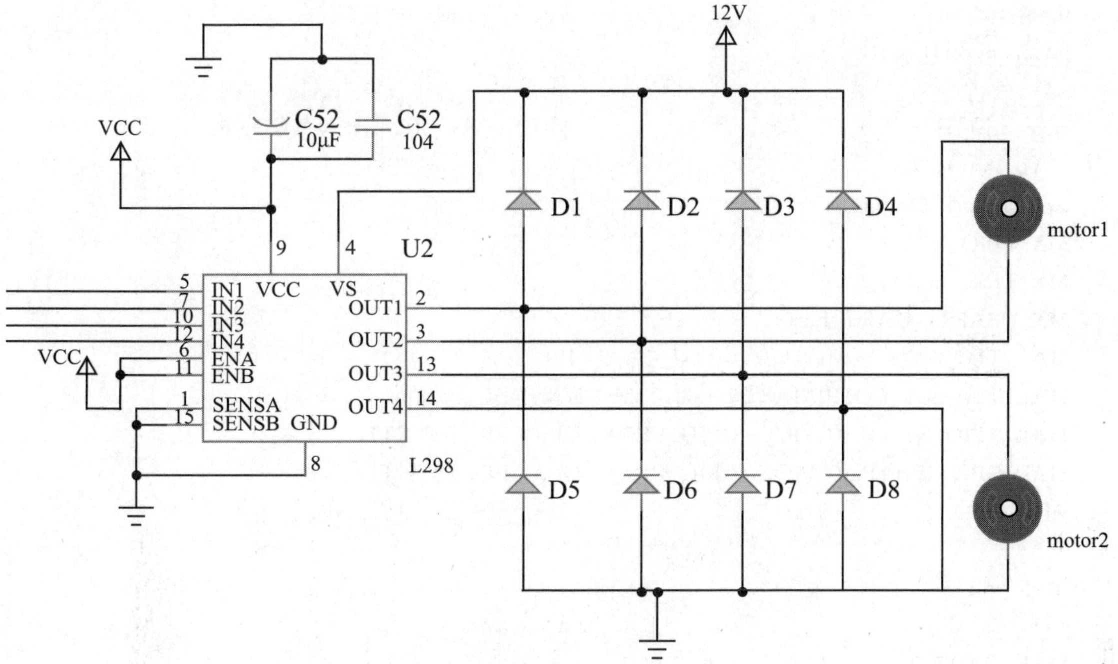

图 2-66　L298 典型应用电路

表 2-15　方向控制表

IN1	IN2	Motor1 状态	IN3	IN4	Motor2 状态
L	L	停止	L	L	停止
L	H	正转	L	H	正转
H	L	反转	H	L	反转
H	H	停止	H	H	停止

其中，H 表示高电平；L 表示低电平；Motor1 表示 H 桥 A 控制的直流电机；Motor2 表示 H 桥 B 控制的直流电机。OUT1～OUT4 为 2 个 H 桥的输出端，用来连接 2 个直流电机，其中，OUT1 和 OUT2 用来连接 Motor1；OUT3 和 OUT4 用来连接 Motor2。图 2-66 中的 D1～D8 为 8 个整流二极管，直流电机为感性负载，在改变旋转方向的过程中会产生很大的反向电流，加入整流二极管的目的是泄流，避免 L298 受到电流冲击而损坏。在进行仿真时无须考虑电流冲击问题，可省略整流二极管。值得注意的是，L298 控制电路的工作电压是 5 V，而 STM32 单片机的工作电压只有 3.3 V，为了使 L298 能正确识别 STM32 单片机发出的控制信号，应选择具备“FT”特性的 GPIO 引脚，并将引脚设为开漏输出模式，外接上拉电阻到电源正极。

首先进行工程的图形化配置，包括串口、外部中断、PWM 输出及 GPIO 引脚的设置，GPIO 引脚选择具备“FT”特性的 PC8、PC9 引脚，均为开漏输出模式。注意，这里不需内部上拉电阻，已经在电路中通过外部电阻上拉到＋5 V。

PWM 信号输出的设置可参考前面内容，但需要进一步修改 PWM 信号输出引脚 PC7 为开漏输出模式。

在图形化配置完成后，一键生成初始化代码，接着进入编程界面完成其他代码的编写。

```
#include "stdio.h"
uint16_t cmpv=80;                          //捕获比较值，CCR2 的设定值
```

```
uint8_t rf=0;                                   //人为设定的中断标志位
int main(void)
{
char str[4];                                    //用于存放 CCR2 值转换的字符串
HAL_Init();
SystemClock_Config();
MX_GPIO_Init();
MX_TIM3_Init();
MX_USART1_UART_Init();
HAL_TIM_PWM_Start(&htim3,TIM_CHANNEL_2);
HAL_TIM_SET_COMPARE(&htim3,TIM_CHANNEL_2,cmpv);
HAL_GPIO_WritePin(GPIOC, GPIO_PIN_8, GPIO_PIN_RESET);
HAL_GPIO_WritePin(GPIOC, GPIO_PIN_9, GPIO_PIN_RESET);
while (1)
{
if(rf==1)
{
HAL_UART_Transmit(&huart1,&"PWM:",4,4);
sprintf(str,"%d",cmpv);
HAL_UART_Transmit(&huart1,str,3,3);
HAL_UART_Transmit(&huart1,&"\n\r",2,2);
rf=0;
}
}
}
……
void HAL_GPIO_EXTI_Callback(uint16_t GPIO_Pin)
{
if  (GPIO_Pin==GPIO_PIN_0)                     //正转按钮
{
HAL_GPIO_WritePin(GPIOC, GPIO_PIN_8, GPIO_PIN_SET);
HAL_GPIO_WritePin(GPIOC, GPIO_PIN_9, GPIO_PIN_RESET);
rf=1;
}
else if(GPIO_Pin==GPIO_PIN_1)                  //反转按钮
{
HAL_GPIO_WritePin(GPIOC, GPIO_PIN_8, GPIO_PIN_RESET);
HAL_GPIO_WritePin(GPIOC, GPIO_PIN_9, GPIO_PIN_SET);
rf=1;
}
else if(GPIO_Pin==GPIO_PIN_2)                  //停止按钮
{
HAL_GPIO_WritePin(GPIOC, GPIO_PIN_8|GPIO_PIN_9, GPIO_PIN_RESET);
}
else if(GPIO_Pin==GPIO_PIN_3)                  //加速按钮(增加 PWM 信号波形占空比)
{
```

```
if(cmpv<100)cmpv+=10;
HAL_TIM_SET_COMPARE(&htim3,TIM_CHANNEL_2,cmpv);
rf=1;
}
else if(GPIO_Pin==GPIO_PIN_4)              //减速按钮(减小 PWM 信号波形占空比)
{
if(cmpv>0)cmpv-=10;
HAL_TIM_SET_COMPARE(&htim3,TIM_CHANNEL_2,cmpv);
rf=1;
}
}
……
```

3.3 卡尔曼滤波

卡尔曼滤波算法是卡尔曼在1960年提出的。他把状态空间的概念引入随机估计理论中，把信号过程看成白噪声作用下的一个线性控制系统输出，用状态方程来描述这种输入、输出的关系，并在估计的过程中，利用系统的状态方程、观测方程的统计特征形成滤波算法。由于采用递推计算等方法，因此可以估计平稳和非平稳随机过程的信息，并兼有数据存储量小且易于用计算机实现等优点。利用卡尔曼滤波可以得到随机动态系统各种信息的线性最小方差估计，与最优控制结合，可实现随机动态系统的最优控制。

可以在任何含有不确定信息的动态系统中使用卡尔曼滤波，对系统下一步的走向做出有根据的预测，即使伴随着各种干扰，卡尔曼滤波总是能指出真实发生的情况。在连续变化的系统中使用卡尔曼滤波是非常理想的，它具有占用内存小的优点(除前一个状态量外，不需要保留其他历史数据)，并且速度很快，很适合应用于实时问题和嵌入式系统。

无人机控制器知道发送给电机的指令，知道自己是否在朝一个方向移动，并且在没有人干预时，在下一个状态，无人机很可能朝着相同的方向移动。当然，无人机对自己的运动是一无所知的，它可能受到风吹的影响，方向偏了一点。GPS传感器告诉我们一些状态信息，我们的预测告诉我们无人机会怎样运动，但这些都只是间接的，并且伴随着一些不确定性和不准确性。使用卡尔曼滤波及所有可用的信息，我们可以得到一个更好的结果。

在通常的估计问题当中，常考虑如下线性离散系统模型：

$$\boldsymbol{X}_k=\boldsymbol{\Phi}_{k,k-1}\boldsymbol{X}_{k-1}+\boldsymbol{B}_{k,k-1}\boldsymbol{U}_{k-1}+\boldsymbol{\Gamma}_{k,k-1}\boldsymbol{W}_{k-1}$$

$$\boldsymbol{Z}_k=\boldsymbol{H}_k\boldsymbol{X}_k+\boldsymbol{V}_k$$

其中，$\boldsymbol{X}_k$ 是系统的 n 维状态向量，$\boldsymbol{\Phi}_{k,k-1}$ 是状态转移矩阵，$\boldsymbol{B}_{k,k-1}$ 是控制输入矩阵，$\boldsymbol{U}_{k-1}$ 是输入矢量，$\boldsymbol{\Gamma}_{k,k-1}$ 是噪声驱动矩阵，$\boldsymbol{W}_{k-1}$ 是过程噪声矢量，$\boldsymbol{Z}_k$ 是系统的 m 维观测向量，$\boldsymbol{H}_k$ 是测量矩阵，$\boldsymbol{V}_k$ 是测量噪声矢量。

3.4 互补滤波

有两个信号，一个带有高频噪声，一个带有低频噪声，把它们的噪声分别滤除，然后合并，就得到了没有噪声的原始信号，这就是互补滤波原理，如图2-67所示。互补滤波算法是一种用于处理无人机姿态估计的常用算法，它的基本思想是通过结合两个或更多的传感器信息来提高姿态估计的精度。互补滤波算法通常使用两种类型的传感器：惯性测量单元（IMU）和全局定位系统（GPS）。IMU 包含加速度计和陀螺仪，能够测量无人机的加速度和角速度；GPS 则可以通过接收卫星信号来测量无人机的位置和速度。互补滤波算法的实现原理是利用卡尔曼滤波器，通过不断更新无人机的姿态估计来达到最优化。首先，算法会使用 IMU 测量的加速度和角速度来计算无人机的姿态。然后，当 GPS 测量到的位置信息可用时，算法会将 GPS 测量的信息与 IMU 测量的信息进行结合，从而更新无人机的姿态估计。

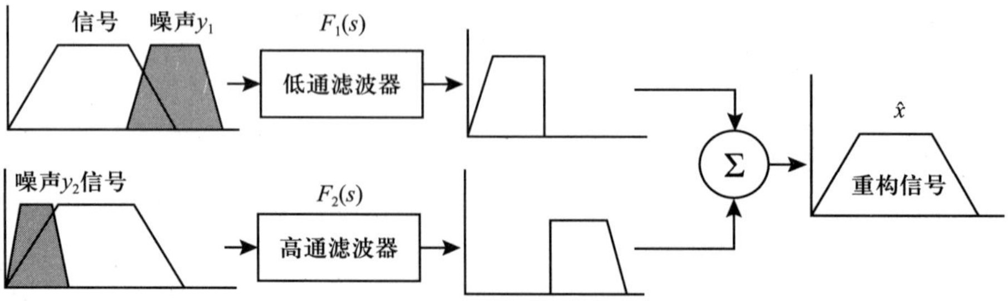

图 2-67　互补滤波原理图

使用互补滤波器获得对无人机姿态的更准确的测量（图 2-68），首先要找到两个对无人机姿态的测量手段，陀螺仪可以通过积分获得一组姿态，而加速度计（配合磁强计）也能够获得一组姿态。注意，加速度计容易受到振动等高频噪声的干扰，陀螺仪容易受到漂移等低频噪声的干扰，所以要在其后直接设计姿态互补滤波器。

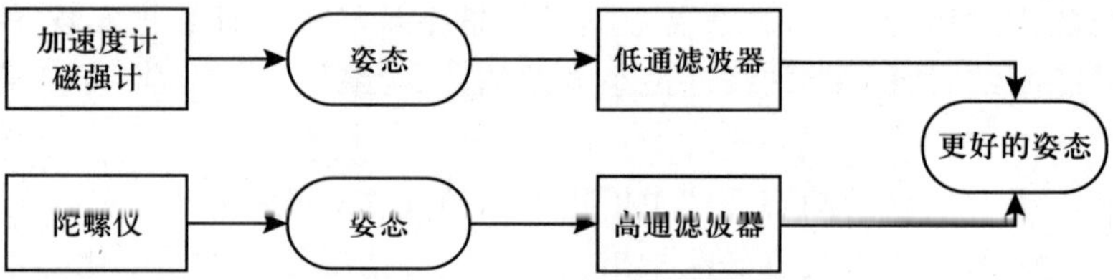

图 2-68　无人机互补滤波控制原理

习　题

1. 简述步进电机控制原理。
2. 简述无刷直流电机控制原理。
3. 简述实现无人机位姿精确控制的卡尔曼滤波方法。
4. 简述实现无人机位姿精确控制的互补滤波方法。
5. 单片机调节什么可以改变步进电机的转速？如果改变各相脉冲的先后顺序，就可以改变步进电机的什么？
6. 步进电机会将脉冲信号转变为什么？
7. 直流电机多用在什么场景，特点是什么？
8. 直流电机的旋转速度与施加的什么量成正比，会将 PWM 信号转换为什么？
9. 单片机对直流电机的旋转速度或转矩能否进行精确的控制？

实践任务

请完成任务活页单元 2 模块 3 中的任务。

【单元小结】

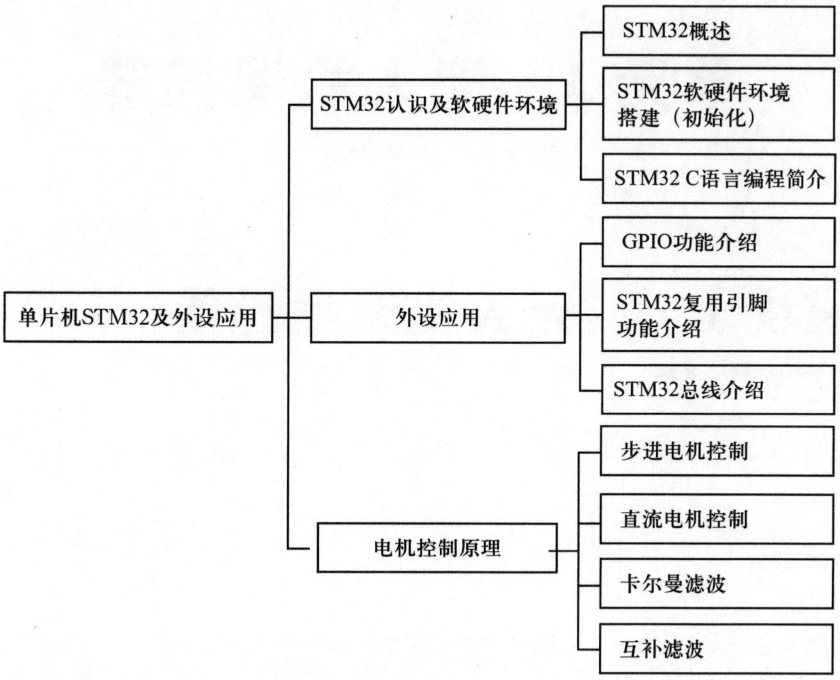

【思政案例】

中国航空之父

冯如(1883—1912)，原名冯九如，字鼎三，广东恩平人，是中国第一位飞机设计师、制造者和飞行家，被誉为“中国航空之父”。

冯如从小喜欢制作风筝和车、船等玩具，对飞天故事充满向往。后随父到美国谋生，目睹美国先进的工业，认为国家富强必须依靠工业的发达，所以为改变中国贫穷、落后的面貌立志学习机械。他于1909年设计并制成飞机，亲自驾驶，试飞成功；1911年带两架自制的飞机返回广州。

冯如的一生，是为中华崛起而奋斗的一生，他把毕生精力都献给了祖国的航空事业。他创造了“六个第一”，提出了航空战略理论，对中华民族航空事业和人民空军的发展带来了深远的影响。冯如不仅是第一个提出航空救国主张并为之奋斗终生的中国人，而且也是中国近代最早的军事航空思想家。我们要继承冯如前辈的忠诚、勇敢、探索、挑战的精神意志，将其溶入我们的血液，转化为建设强大空中力量和民族航空工业的动力。

单元3　无人机遥控器

模块1　无人机无线通信

模块描述

本模块介绍无人机遥控通信原理；实现无线通信的基本构成；F150-Y410PLUS飞控和遥控器采用的NRF24通信模块的工作原理；无人机通信配置过程；STM32单片机实现通信控制的编程要点。通过本模块的学习，树立对无线通信应用技术深入学习的信心，掌握无线通信技术开发基本技能，以及通信协议应用开发基本技能。

学习目标

1. 知道无人机遥控器的通信原理，以及无线通信的基本组成。
2. 知道无人机采用的NRF24通信模块的工作原理，以及无人机通信配置过程。
3. 知道STM32单片机用NRF24实现通信控制的编程要点。
4. 通过无人机飞控遥控通信模块的学习，知道如何利用遥控器的数据来控制无人机，知道遥控器发出数据后，无人机接收端的过程。

1.1 | 无人机无线通信简介

无人机如果脱离遥控信号，会自动降落或返航。在正常情况下，无人机与遥控器信号一定是同时出现，并且一一对应的。我们对市面上一款主流无人机遥控器进行频谱分析，通过频谱仪看到信号情况是图传在2.4 GHz，带宽约为10 MHz，遥控信号中心频率在5.8 GHz，并且遥控信号的频点是不断跳动的，带宽约为2 MHz。通过频谱设备分析，也正因为跳频的特性，使得同一区域可以有多架无人机同时飞行，而互不干扰。某个频点在某一时刻，只存在一个设备的控制信号，提高了信道的利用率。无人机和遥控器之间信号的传递、无人机和地面监测软件之间信号的传递都是通信模块需要负责完成的。

无人机与遥控器实现信号传递，需要用到2.4 GHz无线通信手段，通过无线数据传输方式进行飞行控制指令的接收与发送。有一种简单遥控器拥有6路输出控制信息的通道可供使用,输出功率≤70 mW,发送频率在2 401～2 479 MHz,工作电压为+6 V(4节1.5 V的5号电池)。接收机工作频率为2.400～2.483 MHz,地面信号直线接收距离为800 m,在此范围内接收信息十分灵敏,信号恢复速度快,不容易受到其他因素的影响,工作电压范围为4.8～6.0 V,有6个通道用来接收控制信号。利用无线传输技术,遥控器与无人机之间借由接收机的帮助能够完成控制信息的发送与接收,从而操控无人机做出不同的运动姿态。

地面检测软件不仅要在无人机起飞之前完成传感器校准任务,起飞后还要完成无人机运动状态的监测任务。校准工作的主要内容就是通过NRF24连接,用软件对无人机上的惯性传感器、遥控器、GPS等设备进行校正与调试,还要设定合适的飞行参数。后期的飞行状态监测,若还选用有线通信方式的话,会给无人机的飞行以及飞行状态的控制造成很大不便,鉴于此,使用NRF24数据传输组件完成信息的发送与接收。目前,市面上的无线传输模块技术成熟,应用难度小、时间短、成本低,可以直接使用,能够基本满足飞行数据传输需求。

目前,由于通信技术不断更新,市面上的主流遥控器多采用2.4 GHz频率,比早期的27～72 MHz带宽大得多,可利用的频点也多,还支持扩频功能,这就降低了多人同时使用遥控器时导致的频率干扰问题,从而提高了遥控飞行的安全性。

1.2 无人机无线通信原理

F150-Y410PLUS套件有遥控器和飞控模块,且在出厂前都已经设置好对频。由于出厂前的频率和地址设置都是一样的,在使用遥控器控制的时候会出现混乱,因此,如果有多个遥控器和飞控模块,那么还需要二次设置无人机飞控和遥控器的通信地址和频率。

首先,配置遥控器的通信地址和频率。将USB先插入遥控器,另一端连接到电脑,打开电脑中科浩电PC工具箱调试软件,选择对应的端口号连接,保证USB数据连接正常,状态显示遥控器上电运行时间不断增加。频率范围可以设置在2.400～2.464 GHz,然后设置NRF24收、发地址。设置好频率和收、发地址后,遥控器设置完毕,断开连接。

然后,配置无人机飞控的通信地址和频率。同样地,将USB先插入无人机飞控,另一端连接到电脑,打开电脑中科浩电PC工具箱调试软件,选择对应的端口号连接,保证USB数据连接正常。设置飞控NRF24频率,频率范围可以设置在2.400～2.464 GHz,然后设置NRF24收、发地址。注意,必须保证无人机飞控的通信地址和频率与对应遥控器的通信地址和频率保持一致。设置好频率和收、发地址后,遥控器设置完毕,断开连接。

最后,打开遥控器和飞控开关,进行遥控器控制无人机的启停测试等。

遥控器和飞控的通信主要依靠NRF24模块(图3-1),NRF24模块留有SPI外部接口,单片机通过SPI接口配置NRF24片内部的寄存器,用单片机将NRF24配置为接收模式或发送模式。此外,单片机还可配置NRF24的频道、地址、字节数、CRC校验、功率等。在配置成发送模式后,单片机会将要发送的数据写入NRF24模块,然后数据会被自动发送出去;在配置成接收模式后,单片机通过识别接收的IRQ引脚是否为低电平,判断是否要接收数据,如果是低电平,单片机通过SPI接口接收NRF24数据。这样就实现了遥控器和飞控之间的数据收、发控制。

遥控器的NRF24可设置为发送模式,无人机飞控上的NRF24可设置为接收模式(图3-2)。当遥控器有数据要发送时,遥控器单片机将要发送的数据写入单片机发送缓冲区,再通过SPI接口发送到NRF24模块。当飞控单片机CSN引脚为低电平时,遥控器发送的数据将不断写入飞控,发送数据后,无人机飞控接收模块回复接收数据应答信号,告诉遥控器已经接收到数据。也就是说,遥控器虽然是发送模式,也会接收应答信号,这就需要发送端的发送地址和接收地址要相同,保证能够接收到正确

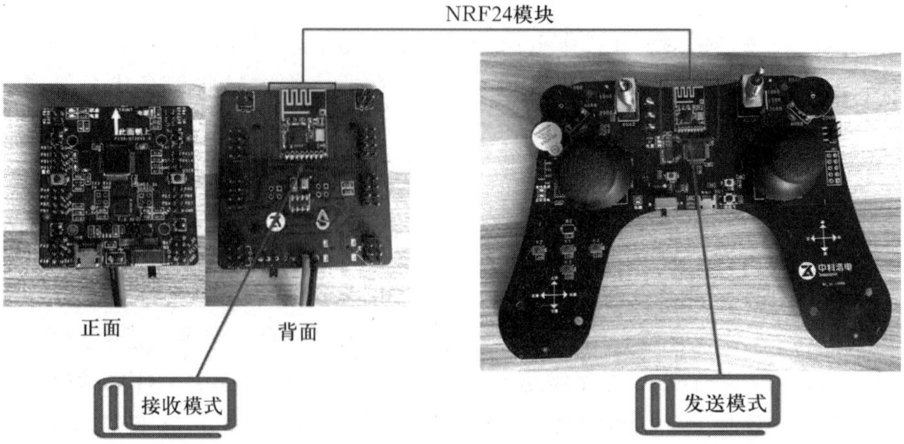

图 3-1 NRF24 模块

的应答信号。当飞控有数据接收时，其 NRF24 模块通过设置寄存器 RX_ADDR_PX 来设置接收地址，当飞控 NRF24 模块使 CE 引脚处于高电平，将自动检测接收到的信息。在接收有效数据前，必须先将该模块的中断标志位清零，以免影响下次数据的发送或接收。单片机则通过 SPI 接口读取 NRF24 模块的数据，在读取完数据后，必须清除 FIFO 寄存器。

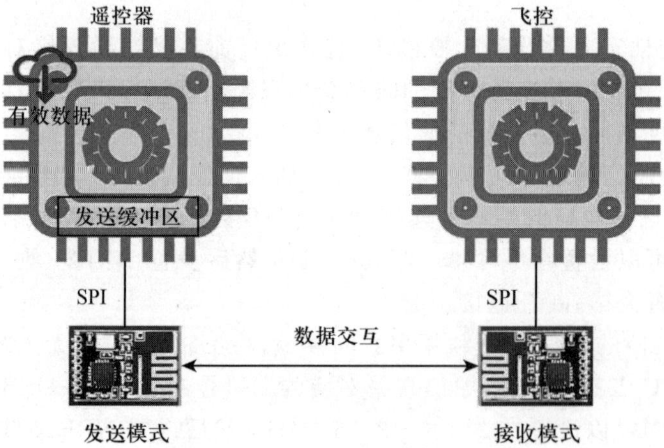

图 3-2 NRF24 通信原理图

要想实现两个 NRF24 的通信，需要满足三个条件：频道相同；地址相同；每次发送和接收的字节数相同。

1.3 | STM32 单片机实现 NRF24 通信编程要点

双方配置确保一致（地址、数据位长度、通信频率等），请严格按照数据的发送与接收时间来控制发送控制时间和接收控制时间，在模块发送数据或接收数据时尽量不要打断（关闭中断）。如果用的是 SWD 接口下载调试，那么请注意，SWD 可能会影响 2.4 G 模块的正常工作。

下面是调试的基本方法。NRF24 是收、发双方都需要编程的元器件，这就对调试方法提出了一定的要求。如果双方一起调试，通信不成功，那么就要知道是发的问题还是收的问题，先调试发送方，保证发送正确，再去调试接收方，这样就可以有针对性地解决问题。

在配置寄存器使芯片工作处于发送模式后拉高 CE 端至少 10 μs，读状态寄存器 STATUS，判断是否为发送完成标志位置位，清除标志，清除数据缓冲。

要去配置一些参数来取消自动应答、取消自动重发，让发送方达到发出数据就算成功的目的。

```
SPI_RW_Reg(WRITE_REG + EN_AA, 0x00);            // 使能通道 0 自动应答
SPI_RW_Reg(WRITE_REG + EN_RXADDR, 0x00);        // 使能接收通道 0
SPI_RW_Reg(WRITE_REG + SETUP_RETR, 0x00);       // 使能自动重发
```

有了以上三个配置，发送方的流程就变成了发送—触发中断。这样就抛开了接收方，可以专心去调试发送方，可是如何知道发送是否成功呢？要用到另外两个寄存器，STATUS 和 FIFO_STATUS。

可以通过读取 STATUS 的值来判断是哪个事件触发了中断，寄存器第 4、第 5、第 6 位分别对应自动重发完成中断、数据发送完成中断、数据接收完成中断。也就是说，在之前的配置下，如果数据成功发送，那么 STATUS 的值应该为 0x2e。这样就可以作为一个检测标准，另一个标准可以看 FIFO_STATUS 寄存器第 5 位的描述，发送缓冲器满标志，1 为满，0 为有可用空间；第 4 位的描述，发送缓冲器空标志，1 为空，0 为有数据。同样，可以看到接收缓冲器的对应标志。在数据发送成功后，发送寄存器应该是空的，接收缓冲器因为在之前已经使能，所以也应该是空的，也就是说，成功发送数据之后的 FIFO_STATUS 寄存器值应该是 0x11。有了这两个检测标准，即使不看接收方也可以确定发送方是否成功发送。当发送方调试成功之后，在程序里让它一直发送，然后就可以去调试接收方，调试思路是一样的。

接收方工作流程。配置寄存器使芯片工作处于接收模式后拉高 CE 端至少 130 μs，读状态寄存器 STATUS，判断是否为接收完成标志位置位，清除标志，读取数据缓冲区的数据，清除数据缓冲。然后在初始化配置寄存器的时候要和发送方保持一致，比较重要的是要使能自动应答，使能通道 0 接收：

```
SPI_RW_Reg(WRITE_REG + EN_AA, 0x00);            // 使能通道 0 自动应答
SPI_RW_Reg(WRITE_REG + EN_RXADDR, 0x01);        // 使能通道 0 接收
```

如此，接收方就可以进入接收模式去接收数据了，这次的调试就会灵活一些，因为是接收数据，可以在接收方添加一个显示设备直观地显示数据，以确认是否正确。当然，还可以使用和发送方一样的方法：观察 STATUS 和 FIFO_STATUS 的值，对照寄存器描述，接收正确时，STATUS 的值应该是 0x40，FIFO_STATUS 的值就比较多，因为数据宽度的不同也会造成寄存器的值不一样。NRF24 最大支持 32 字节宽度，也就是说，一次通信最多可以传输 32 个字节的数据，在这种情况下，接收成功读数据之前寄存器值应该为 0x12，读数据之后就会变成 0x11；如果数据宽度定义小于 32 字节，那么接收成功读数据之前寄存器值应该为 0x10，读数据之后就会变成 0x11。这个只是看起来很复杂，其实对照数据手册分析每个位的状态就可以得到结果。以上只是 NRF24 的调试方法，最终的产品如果不加上应答和重发，那么数据的稳定性是很难保证的，所以在基本的通信建立之后，就要把发送的配置改为：

```
SPI_RW_Reg(WRITE_REG + EN_AA, 0x01);            // 使能接收通道 0 自动应答
SPI_RW_Reg(WRITE_REG + EN_RXADDR, 0x01);        // 使能接收通道 0
SPI_RW_Reg(WRITE_REG + SETUP_RETR, 0x1a);       // 自动重发 10 次，间隔 500 μs
```

接收方的配置也要更改：

```
SPI_RW_Reg(WRITE_REG + EN_AA, 0x01);            // 使能通道 0 自动应答
SPI_RW_Reg(WRITE_REG + EN_RXADDR, 0x01);        // 使能通道 0 接收
```

这样发送和接收就进入了一个标准状态，发送→等应答(→自动重发)→触发中断；接收→应答→触发中断。一切按部就班，然后，在程序里加上自己的应用部分就能实现很多功能了。

STM32F103 系列大中容量单片机选择用 SPI1 来驱动 NRF24。

(1)配置 SPI1 接口。

①开启 GPIOA,AFIO 时钟。

②配置 GPIOA,对应 Pin 为 SPI1 的 MISO、MOSI、CLK、NSS(SPI1 的 NSS 已经为他用,故用 PA1 软件控制 NRF24 的 CSN)、CE(NRF24 使能端口)、IRQ——NRF24 的中断信号。

③配置 SPI 模式。

(2)仔细阅读手册(重点是时序和寄存器)。

(3)编写用 SPI1 控制 NRF24 的函数数个。

(4)用以上函数编写功能函数。

其中,步骤①和②的代码如下:

```
void SPI1_Config(void)
{

RCC_APB2PeriphClockCmd(RCC_APB2Periph_SPI1 | RCC_APB2Periph_GPIOA | RCC_APB2Periph_
AFIO,ENABLE);                                          // 使能 SPI1 时钟
                                                       // PA5--CLK、PA7--MOSI,复用推挽输入
GPIO_InitTypeDef GPIO_InitStructure;
GPIO_InitStructure.GPIO_Pin =  GPIO_Pin_5|GPIO_Pin_7;
GPIO_InitStructure.GPIO_Speed =GPIO_Speed_10MHz;
GPIO_InitStructure.GPIO_Mode =GPIO_Mode_AF_PP;
GPIO_Init(GPIOA, &GPIO_InitStructure);
                                                       // PA6--MISO,输入浮空
GPIO_InitStructure.GPIO_Pin =GPIO_Pin_6;
GPIO_InitStructure.GPIO_Mode =GPIO_Mode_IN_FLOATING;
GPIO_Init(GPIOA, &GPIO_InitStructure);

GPIO_InitStructure.GPIO_Pin = GPIO_Pin_1|GPIO_Pin_2;
GPIO_InitStructure.GPIO_Speed =GPIO_Speed_10MHz;
GPIO_InitStructure.GPIO_Mode =GPIO_Mode_Out_PP;
GPIO_Init(GPIOA, &GPIO_InitStructure);
GPIO_InitStructure.GPIO_Pin = GPIO_Pin_3;
GPIO_InitStructure.GPIO_Mode =GPIO_Mode_IPU;
GPIO_Init(GPIOA, &GPIO_InitStructure);
SPI1_CE_LOW( );
SPI1_NRF_CSN_HIGH();                                   // 拉高 CSN 使能片选
SPI_InitTypeDefSPI_InitStructure;                      // 声明用来初始化的结构体
SPI_InitStructure.SPI_Direction
=SPI_Direction_2Lines_FullDuplex;                      // 全双工
SPI_InitStructure.SPI_Mode =SPI_Mode_Master;           // 主模式
SPI_InitStructure.SPI_DataSize =SPI_DataSize_8b;       // 一次传输 8 位
SPI_InitStructure.SPI_CPOL =SPI_CPOL_Low;              // 空闲电平为低电平
SPI_InitStructure.SPI_CPHA =SPI_CPHA_1Edge;            // 第一个上升沿采样
SPI_InitStructure.SPI_NSS =SPI_NSS_Soft;               // NSS 管理为软件模式
SPI_InitStructure.SPI_BaudRatePrescaler
=SPI_BaudRatePrescaler_8;                              // 波特率预分频 8 MHz
```

```
SPI_InitStructure.SPI_FirstBit =SPI_FirstBit_MSB;          // 数据传输低位在前
SPI_InitStructure.SPI_CRCPolynomial =7;                    // CRC 校验方式
SPI_Init(SPI1,&SPI_InitStructure);                         // 初始化
SPI_Cmd(SPI1, ENABLE);                                     // 使能 SPI1
}
```

操作NRF24寄存器的时候要在待机模式，在CE=0的情况下，每发一个命令或数据，都会返回SPI1个字节，此字节是STATUS状态寄存器的内容，所以“写”命令的函数要在发出后读回1字节，否则，发完命令，读数据的时候会出错。下面就是SPI写1字节的函数。

```
u8 SPI_RW_Byte(SPI_TypeDef * SPIx,unsigned char Byte)
{
while( SPI_I2S_GetFlagStatus(SPIx,SPI_I2S_FLAG_TXE) == RESET);
                                                           // 查发送缓冲器是否为空，空即可以发送
SPI_I2S_SendData(SPIx,Byte);                               // 库函数：发送 1 个字节
                                                           // 当 SPI 接收缓冲器为空时等待
while(SPI_I2S_GetFlagStatus(SPIx, SPI_I2S_FLAG_RXNE) ==RESET);
returnSPI_I2S_ReceiveData(SPIx);
}
```

发“写”命令+指定字节数的数据的函数：

```
u8 SPI_NRF_Write(SPI_TypeDef * SPIx,char Cmd,unsigned char * WBuff,unsigned char ByteNUM)
{
unsigned char i,status;
SPI1_CE_LOW();
SPI1_NRF_CSN_LOW();                                        // 使能片选
status=SPI_RW_Byte( SPIx , Cmd);
for(i=0;i<ByteNUM;i++)
{
SPI_RW_Byte( SPIx, * WBuff++);
}
SPI1_NRF_CSN_HIGH();
return status;
}                                                          // SPI_NRF_Write()
```

发“读”命令+指定字节数的数据的函数：

```
u8 SPI_NRF_Read(SPI_TypeDef * SPIx,char Cmd,unsigned char * RBuff,unsigned char ByteNUM)
{
unsigned char i,status;
SPI1_CE_LOW();
SPI1_NRF_CSN_LOW();
status=SPI_RW_Byte( SPIx , Cmd);
for(i=0;i< ByteNUM ;i++)
{
RBuff=SPI_RW_Byte(SPIx,NOP);                               // 读取接收缓冲器，1 个字节
```

```
LCD_Num_6x12_O(100,20 * (i+1),RBuff,WHITE);
}
SPI1_NRF_CSN_HIGH();
return status;
}
```

下面是 NRF24 两种模式 TX、RX 的配置：

①TX 配置函数。

```
void SPI_NRF_MOD_TX(void)
{
u8_TX_Array[5];
u8_TX_RX_ADDR_[5]={0xB3,0xB4,0xB5,0xB6,0x05};
SPI1_CE_LOW();                              // CE=0,待机模式
TX_Array[0]=0x03;                           // 设置地址宽度,11--5 字节; 10--4 字节;01--3 字节;00--不合法
SPI_NRF_Write(SPI1,W_REGISTER+SETUP_AW,TX_Array,1);
TX_Array[0]=0xf3;                           // 建立自动重发间隔,1111--等待,4000+86 μs,15 次
SPI_NRF_Write(SPI1,W_REGISTER+SETUP_RETR,TX_Array,1);
TX_Array[0]=0x02;                           // 射频通道,X0000010
SPI_NRF_Write(SPI1,W_REGISTER+RF_CH,TX_Array,1);
TX_Array[0]=0x0f;
                                            // 射频参数寄存器,00001111,2 Mbps
                                            // 发射功率,00--18 dBm;01--12 dBm;10--6 dBm;11--0 dBm
                                            // 1——低噪声放大器增益
SPI_NRF_Write(SPI1,W_REGISTER+RF_SETUP,TX_Array,1);
TX_Array[0]=0x3f;                           // xx11,11110--5,接收通道允许
SPI_NRF_Write(SPI1,W_REGISTER+EN_RXADDR,TX_Array,1);
TX_Array[0]=0x3f;                           // xx11,11110--5,通道允许自动应答
SPI_NRF_Write(SPI1,W_REGISTER+EN_AA,TX_Array,1);
SPI_NRF_Write(SPI1,W_REGISTER+TX_ADDR,_TX_RX_ADDR_,5);
                                            // 写入接收发送数据的地址,这个地址是接收端接收数据的凭证
SPI_NRF_Write(SPI1,W_REGISTER+RX_ADDR_P0,_TX_RX_ADDR_,5);
                                            // 写入接收发送数据的地址,这个地址是接收端接收数据的凭证
TX_Array[0]=0x0e;                           // 中断全开,发送模式,PRIM_RX=0,PWR_UP=1
SPI_NRF_Write(SPI1,W_REGISTER+CONFIG,TX_Array,1);
TX_Array[0]=0xfe;                           // 1111,xxxx,STATUS 寄存器写"1"清除所有标志
SPI_NRF_Write(SPI1,W_REGISTER+STATUS,TX_Array,1);
SPI1_CE_HIGH();                             // CE=1,使能发射模式
Delay_us(100);                              // CE 拉高需要一定的延时才能进行发送,延时之后即可通过 SPI 接口
                                               发送 TX_PLD
}
```

② RX 配置函数。

```
void SPI_NRF_MOD_RX(void)
{
u8TX_Array[5];
```

```
u8_TX_RX_ADDR_[5]={0xB3,0xB4,0xB5,0xB6,0x05};

SPI1_CE_LOW();                    // CE=0,待机模式
TX_Array[0]=0x03;                 // 允许接收通道,00000011
SPI_NRF_Write(SPI1,W_REGISTER+EN_RXADDR,TX_Array,1);
TX_Array[0]=0x03;                 // 设置地址宽度,11--5 字节;10--4 字节;01--3 字节;00--不合法
SPI_NRF_Write(SPI1,W_REGISTER+SETUP_AW,TX_Array,1);
TX_Array[0]=0x20;                 // 射频通道,X0000010
SPI_NRF_Write(SPI1,W_REGISTER+RF_CH,TX_Array,1);
TX_Array[0]=0x0f;
                                  // 射频参数寄存器 00001111 2Mbps 发射功率 00-18dBm 01-12dBm 10-
                                    6dBm 11-0dBm 1--低噪声放大器增益
SPI_NRF_Write(SPI1,W_REGISTER+RF_SETUP,TX_Array,1);
TX_Array[0]=0x3f;                 // xx11,11110-5,通道允许自动应答
SPI_NRF_Write(SPI1,W_REGISTER+EN_AA,TX_Array,1);
TX_Array[0]=0x04;                 // xx11,1111 数据通道 0,有效数据宽度 (1-32)字节
SPI_NRF_Write(SPI1,W_REGISTER+RX_PW_P0,TX_Array,1);
TX_Array[0]=0xfe;                 // 1111,xxxx,STATUS 寄存器写"1"清除所有标志
SPI_NRF_Write(SPI1,W_REGISTER+STATUS,TX_Array,1);
SPI_NRF_Write(SPI1,W_REGISTER+TX_ADDR,_TX_RX_ADDR_,5);
                                  // 写入接收发送数据的地址,这个地址是接收端接收数据的凭证
SPI_NRF_Write(SPI1,W_REGISTER+RX_ADDR_P0,_TX_RX_ADDR_,5);
                                  // 写入接收发送数据的地址,这个地址是接收端接收数据的凭证
TX_Array[0]=0x0f;                 //接收模式,PRIM_RX=1,PWR_UP=1,允许接收终端
SPI_NRF_Write(SPI1,W_REGISTER+CONFIG,TX_Array,1);
SPI1_CE_HIGH();                   //CE=1,使能发射模式
Delay_us(100);                    //CE 拉高需要一定的延时才能进行发送,延时之后即可通过 SPI 接口
                                    发送 TX_PLD
                                  // NRF_Read_IRQ()函数读取 24L01 中断是否到来
}
```

下面是对两种模式的测试:

①对 TX 模式的测试。

```
ErrorStatus SPI_NRF_TX_DATAS(u8 *  TBuff,u8 ByteNUM)
{
u8 Status[1];
do{
SPI1_CE_LOW();                                          // 拉低待机
SPI_NRF_Write(SPI1,W_TX_PAYLOAD,TBuff,ByteNUM);         // 发送 TBuff 数组
SPI1_CE_HIGH();                                         // 拉低待机
}while(NRF_Read_IRQ()! =0);                             // 中断产生时,IRQ 引脚低电平
SPI_NRF_Write(SPI1, FLUSH_TX,TBuff,0);
SPI1_CE_LOW();                                          // 拉低待机
Delay_us(100);
SPI_NRF_Read(SPI1,R_REGISTER+STATUS,Status,1);          // 读取 Status
LCD_Num_6x12_O(200,20,Status[0],WHITE);
```

```
if(Status[0]&0x10)
{
Status[0]&=0x10;
SPI_NRF_Write(SPI1,W_REGISTER+STATUS,Status,1);
LCD_Str_6x12_O_P(220,10,"TxError!", WHITE);          // 重发超时,发送失败
return ERROR;
}
else
{
Status[0]&=0x20;
SPI_NRF_Write(SPI1,W_REGISTER+STATUS,Status,1);
LCD_Str_6x12_O_P(240,10,"TxSuccess", WHITE);         // 发送成功
return SUCCESS;
}
}
```

②对 RX 模式的测试。

```
ErrorStatus SPI_NRF_RX_DATAS(u8 * RBuff)
{
ErrorStatusRX_Status=SUCCESS;
u8Status[1];
while(NRF_Read_IRQ()! =0);                               // 中断产生时,IRQ引脚低电平
SPI1_CE_LOW();                                           // 拉低待机,才能操作寄存器
Delay_us(100);
SPI_NRF_Read(SPI1,R_REGISTER+STATUS,Status,1);           // 读取 STATUS
switch(Status[0]&0x0e)
{
case 0x0e: RX_Status=ERROR;break;                        // RX_FIFO 空
default :LCD_Str_6x12_O_P(200,10,"RxSuccess!", WHITE);   // RX_FIFO 非空
break;
}
SPI_NRF_Read(SPI1,R_RX_PAYLOAD,RBuff,4);                 // 读 RX_FIFO
SPI_NRF_Write(SPI1,W_REGISTER+STATUS,Status,1);          // 处理状态寄存器标志
return RX_Status;
}
```

习　题

1. 简述无人机遥控通信原理。
2. 简述 NRF24 通信模块编程要点。
3. 遥控器和飞控相互通信需要满足什么条件?
4. 读取 NRF24 收到的数据到哪一步才算完成?
5. 主设备和某个从设备通信时需要做哪些准备?

实践任务

请完成任务活页单元 3 模块 1 中的任务。

模块 2　遥控器设计

模块描述

本模块介绍 F150-Y410PLUS 遥控器模块的组成和功能；遥控器发出的控制无人机升降、姿态等控制数据；遥控器摇杆发出的数据与对应的通道值之间的关系，与对应无人机控制器关系。通过本模块学习，使学生对应用电子设备基本的硬件设计和软件开发产生兴趣，掌握类似遥控器的电子通信设备的维护甚至开发的基本技能技巧。

学习目标

1. 知道遥控器模块的组成和功能。

2. 知道遥控器摇杆发出的数据与对应的通道值之间的关系。

3. 知道支持遥控器软件功能的各个功能模块核心算法以及实现遥控功能模块之间的逻辑关系。

2.1 | 遥控器硬件和软件

F150-Y410PLUS 遥控器模块如图 3-3 所示，包括 STM32 微控制器、电源开关、USB 接口、左微调、蜂鸣器、左摇杆、充电指示、左摇臂开关、NRF24、右摇臂开关、右微调、SWD 接口、SPI 接口、右摇杆等。USB 接口：支持连接上位机和电池充电。电源开关：拨到“关”关机；拨到“开”开机；在关机状态下进行电池充电。

遥控器各控制摇杆设置见表 3-1。紧急制动是指在任何模式下，当无人机将要撞到人或物体上时，把左摇臂开关往下打，无人机桨叶停转。注意，紧急制动可能会损坏无人机，并触发飞控核心上锁，应谨慎使用。解锁：左摇杆往上打到顶端，停顿一秒，随后打到最下端。上锁（V 字上锁）：左摇杆往右下方打，右摇杆往左下方打。遥控器在手动模式和解锁状态下，推油门起飞，右摇杆控制飞行方向。左侧摇臂开关打到最上，右侧摇臂开关打到最上，为自稳模式；左侧摇臂开关打到最上，右侧摇臂开关打到中间，为定高模式；左侧摇臂开关打到最上，右侧摇臂开关打到最下，为定点模式；左侧摇臂开关打到最下，右侧摇臂开关位置任意，为锁定模式。遥控器左摇杆从下推到最上，再回到最下，无人机解锁，可以使用油门控制无人机升降。

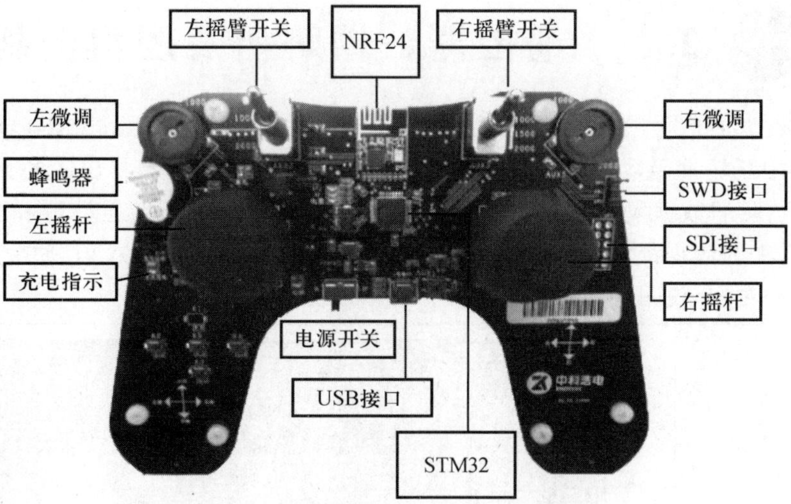

图 3-3　F150-Y410PLUS 遥控器模块

表 3-1　遥控器各控制摇杆设置

遥控器通道	通道量	意义
左摇杆	1000－1500(中间)－2000	油门(上下)、航向(左右)
右摇杆	1000－1500(中间)－2000	仰俯(上下)、翻滚(左右)
左摇臂开关	1000(上)－2000(下)	允许解锁(上)、紧急制动(下)
右摇臂开关	1000－1500(中间)－2000	自稳(上)、定高(中)、定点(下)
左微调	1000－2000	用户自定义
右微调	1000－2000	用户自定义

遥控器控制程序(图 3-4)主要包括通信控制程序、PID 控制程序、MPU6050 控制程序、NRF24 控制程序、电机控制程序、IMU 惯性测量单元控制程序、坐标系设置程序等服务程序。主要实现遥控器对无人机的位置和姿态的精确稳定控制。

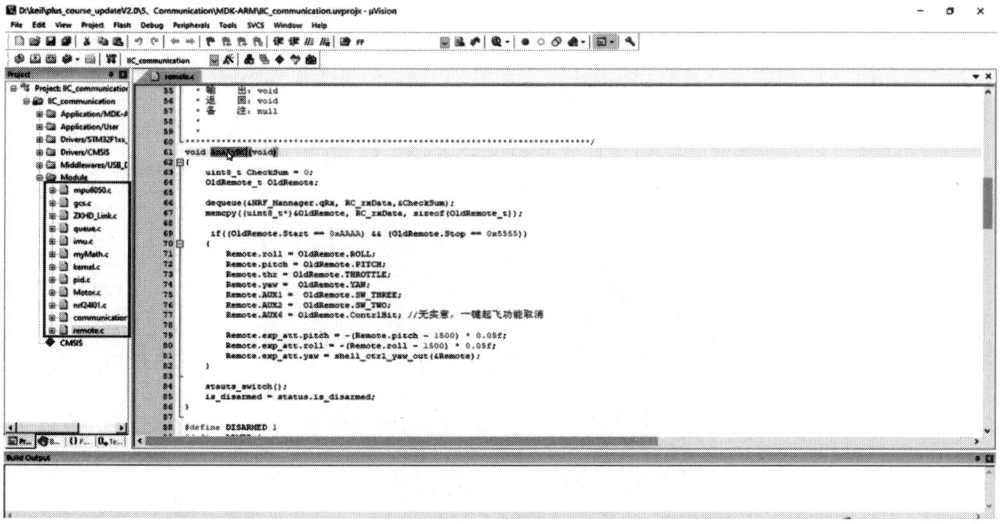

图 3-4　遥控器控制程序

2.2 遥控器数据解析及逻辑控制

遥控器和飞控建立通信之后，遥控器控制程序 remote.c 文件中的 AnalyRC( )函数，分析通道数据，从 NRF24 通信中断轮询函数中，通过队列 dequeue( )函数获得数据，将出队的数据读取出来，通过 memcpy( )函数将出队的数据复制到 OldRemot 结构体指针开始解析。遥控器和飞控有固定通信协议，遥控器每次发送来的数据都是有固定的帧头和帧尾的，帧头是 0xAAAA，帧尾是 0x5555。如果接收的帧头和帧尾都是对的，说明接收数据完整。数据解析过程如下：

1. 打开遥控器开关和飞控开关。	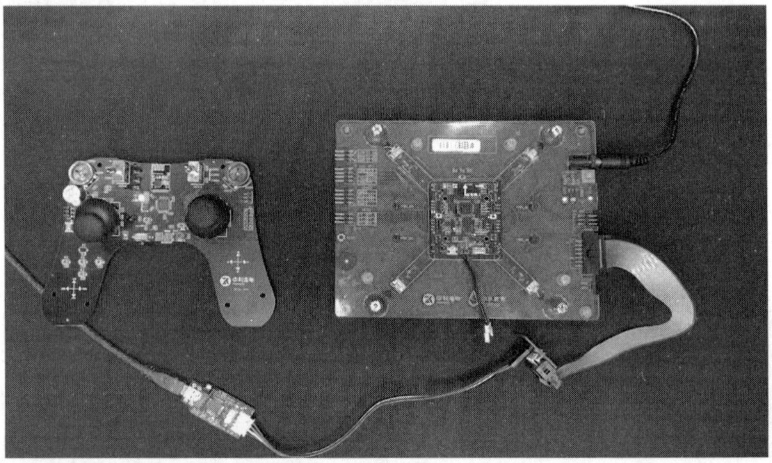
2. 在调试过程中查看遥控器各个通道对应的数据。	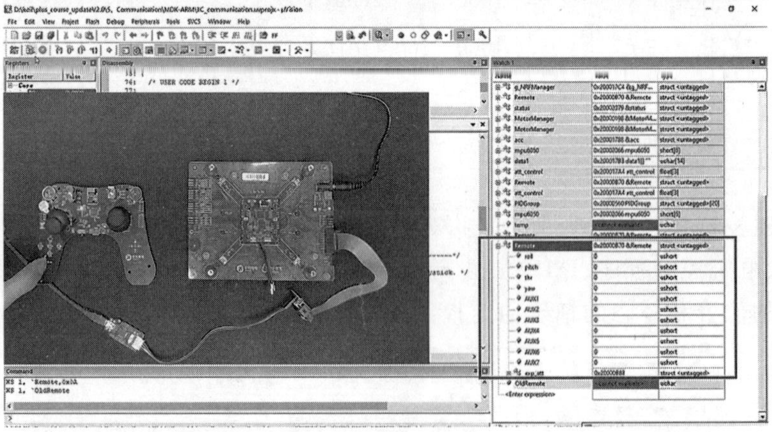
3. 上下拨动遥控器左侧摇杆，对应着 thr 的值，向上拨动为最大值 2000，向下拨动为最小值 1000。	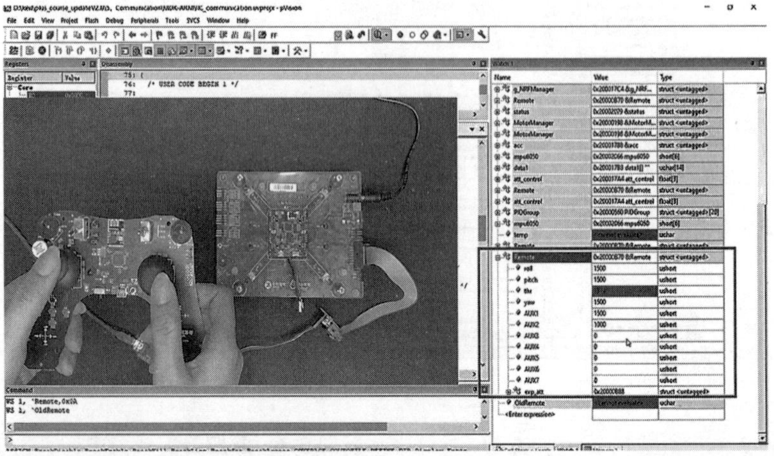

4. 左右拨动遥控器左侧摇杆，对应着 yaw 的值，向右拨动为最大值 2000，向左拨动为最小值 1000。	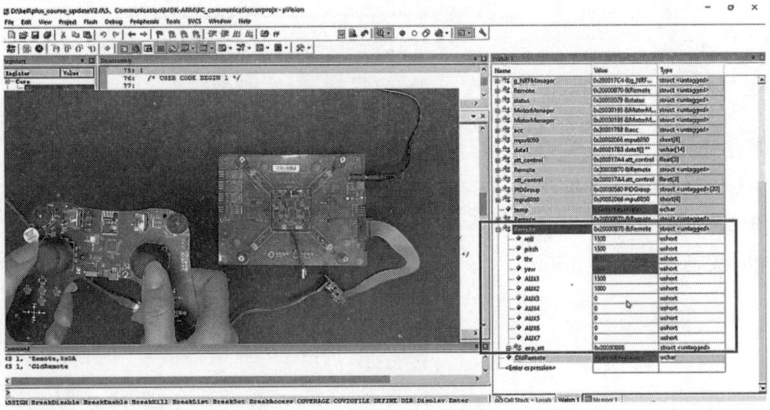
5. 上下拨动遥控器右侧摇杆，对应着 pitch 的值，向上拨动为最大值 2000，向下拨动为最小值 1000。	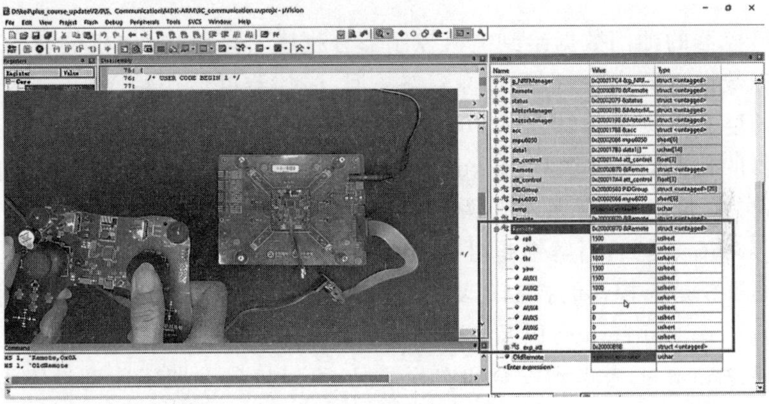
6. 左右拨动遥控器右侧摇杆，对应着 roll 的值，向右拨动为最大值 2000，向左拨动为最小值 1000。	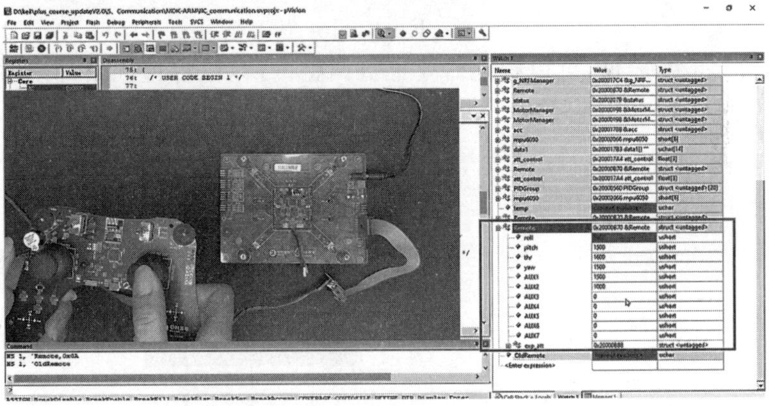
7. 左摇臂开关（两档开关），对应着 AUX2 的值，向上拨动为最大值 2000，向下拨动为最小值 1000。	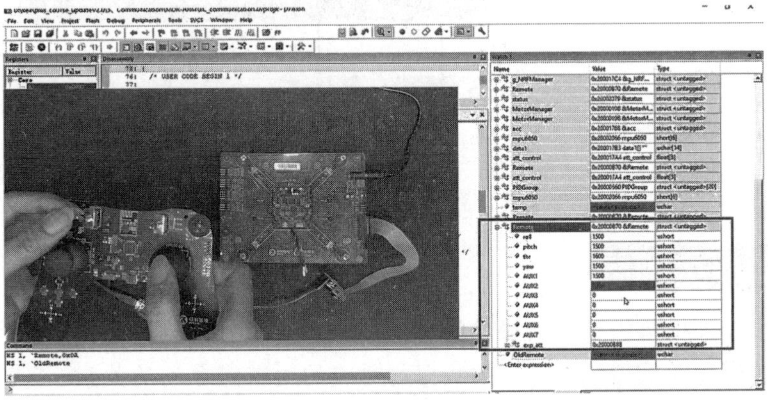

8. 右摇臂开关(三挡开关),对应着 AUX1 的值,向下拨动为最大值 2000,向上拨动为最小值 1000,拨动到中间是 1500。	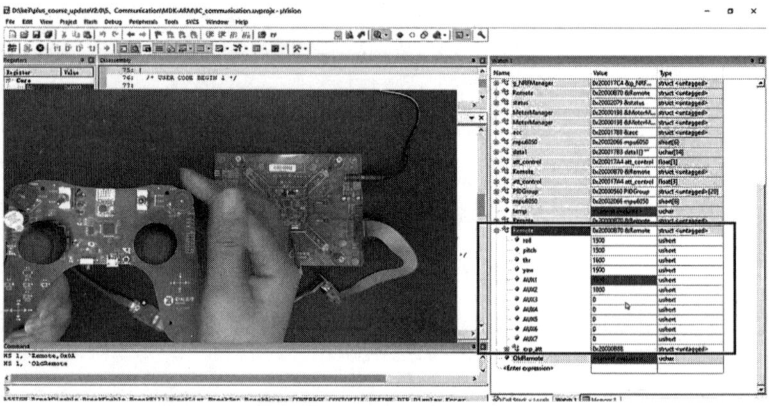

遥控器的油门数据给到电机控制部分程序,得到控制电机的转动数据,发送到飞控。其他数据参与到姿态数据运算中去,得到目标姿态数据,遥控器再传送给飞控,飞控将当前传感器获取的姿态数据与接收的姿态数据进行融合,就可以得到下一时刻的姿态数据。遥控器的数据获取完成之后还需要判断遥控器的状态,通过调用 status_switch( )函数进行判断,如果油门 thr 的值先小于 1100,再大于 1900,再小于 1100,则无人机解锁准备起飞;如果油门 thr 的值等于 1000,则无人机重新上锁,再调用 reset_step( )函数,当解锁超时,重新进行解锁。

图 3-5 是遥控器的控制逻辑图,遥控器的控制量转换到速度控制模块上,遥控器会输出四个重要的值:pitch、roll、thr、yaw,以及 4 个 AUX 值。将 pitch、roll 通道的值转换成速度的期望值,速度期望的单位如果是 mm/s,考虑到安全和实际情况,可以将最大期望速度设置为 50mm/s。pitch、roll 通道的值最大是 2000,最小是 1500,可以按照最大、最小缩放对应的原则得到期望速度值:

$$\text{Exp\_velocity}=(\text{pitch}-1500)\times 0.1$$

其中,0.1 是缩放值,可以根据需要进行调整。最后,将遥控器的期望值连接到飞控上就可以完成控制逻辑。

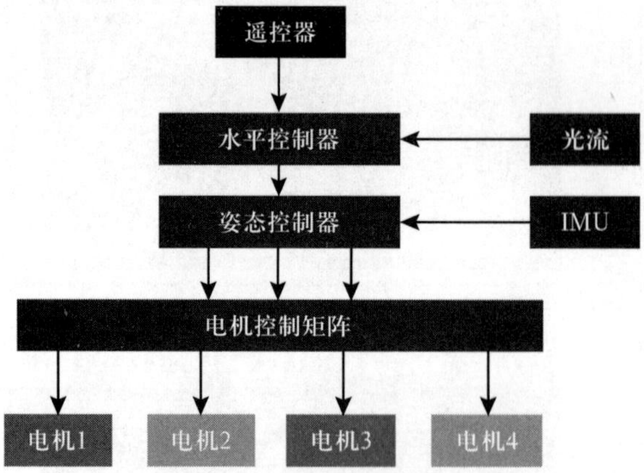

图 3-5 遥控器的控制逻辑

习 题

1. 无人机解锁是如何操作的?
2. 简述遥控器摇杆发出的数据与对应的通道值之间的关系。
3. 遥控器功能模块有哪些?核心算法是什么?

4.简述遥控器基本控制逻辑。

5.简述遥控器和无人机对码操作过程,通过实际操作总结经验。

实践任务

请完成任务活页单元3模块2中的任务1和任务2。

【单元小结】

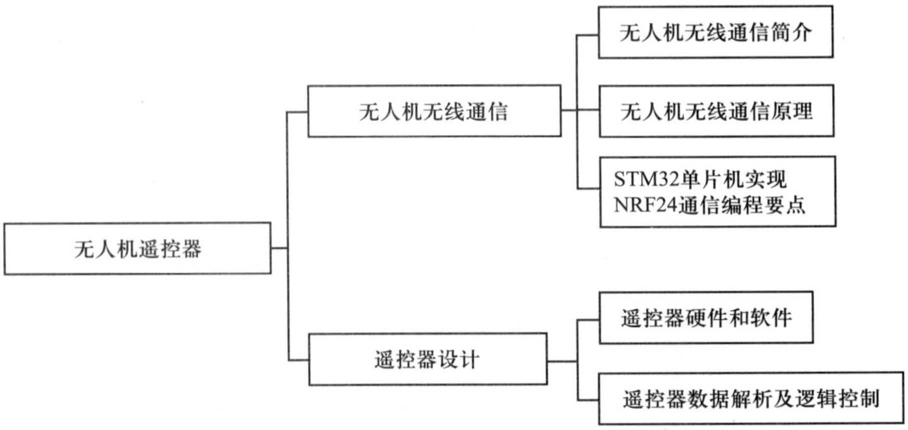

【思政案例】

工匠精神,是从业者的一种职业价值取向和行为表现

1. 高凤林,“发动机焊接第一人”,现任中国航天科技集团有限公司第一研究院 211 厂 14 车间高凤林班组组长,第一研究院首席技能专家,中华全国总工会副主席(兼)等。很多企业试图用高薪聘请他,甚至有人开出几倍工资加两套北京住房的诱人条件,但他都不为所动。他为国奉献的精神,令我们感动。

2. 周东红,30 年来始终保持着 100%成品率的记录,并且,他加工的纸是韩美林、刘大为等著名画家及国家画院的“御用画纸”。周东红从 1988 年起获 1 次生产能手、15 次先进生产者、3 次文明标兵、2 次优秀员工;2007 年获宣城市第二届“杰出职工”荣誉;2009 年荣获县级劳动模范称号;2012 年荣获省级劳动模范称号;2015 年 4 月荣获“全国劳动模范”称号。

3. 胡双钱,创造了打磨过的零件 100%合格的惊人纪录。在中国新一代大飞机 C919 的首架样机上,有很多胡双钱亲手打磨出来的“前无古人”的全新零部件。30 年里,无数艰难时刻他都挺过去了,唯独“运-10”飞机的命运成了他一辈子都无法释怀的心结。看到国家又重拾大飞机的梦想,他选择了一种特殊的方式,延续再干 30 年的豪情,把技艺毫无保留地传授给更多胸怀大飞机梦的年轻人。

4. 彭祥华,中华全国铁路总工会“火车头奖章”获得者。川藏铁路属于国家“十三五”规划的重点项目,铺设难度创造了新的世界之最。中铁二局二公司隧道爆破高级技师彭祥华从 1994 年 7 月参加工作以来,二十多年如一日地坚守在工程建设一线,参加了横南铁路、朔黄铁路、菏日铁路、青藏铁路、川藏铁路(拉林段)等 10 余项国家重点工程建设。

5. 徐立平,为铸“利剑”不畏险 ,“雕刻”火药三十余年。固体火箭发动机是发射载人飞船、火箭的关键部件,被称为导弹的“心脏”。在上千道制造工序中,发动机药面整形是难度最大、也是最危险的工序之一,至今还只能依靠人工操作,稍有不慎就会引发爆炸。从 1987 年参加工作,徐立平就一直从事航天发动机固体燃料药面微整形工作,因其精湛技艺、敬业态度和奉献精神被誉为“雕刻火药的大国工匠”。

单元 4　基本飞行控制

模块 1　无人机的姿态解算

模块描述

为了使无人机在空中保持飞行姿态的稳定，并根据操控者的意图调整飞行姿态，需要不断检测无人机当前的姿态偏差，并及时调整四个旋翼的转速，才能实现对无人机飞行姿态的调控。

本模块将重点学习无人机姿态传感器 MPU6050 的参数输出、姿态解算的基本原理，以获得无人机当前的姿态信息。

本模块分为两部分，分别是利用 MPU6050 测量无人机的姿态，并输出无人机角速度分量及重力加速度分量；根据 MPU6050 的输出结果进行姿态解算，计算无人机的姿态角。

学习目标

1. 知道利用 MPU6050 对角速度分量和重力加速度分量进行测量的原理。
2. 知道姿态解算的基本原理。
3. 知道姿态解算程序的实现过程。

1.1 | MPU6050 姿态解析

1.1.1　MPU6050 简介

1. MPU6050

MPU6050 是一种非常流行的空间运动传感器芯片，它在全球范围内首次将陀螺仪和加速度计整合在了一起，构成了六轴运动处理组件，俗称六轴陀螺仪（包括三个旋转角速度分量和三个加速度分量）。正是由于这样一种整合，在使用 MPU6050 时，可在极大程度上避免独立使用陀螺仪和加速度计时，二者在测量时间上的不同步，从而使姿态数据的解算更为准确。而且两个元器件合二为一，也减少了 PCB 板的占用面积。由于 MPU6050 体积小巧，功能强大，测量精度高，因此被广泛应用在姿态控制领域，是各类飞行器进行飞行控制的基本元器件。

2. 陀螺仪

很多人小时候都玩过陀螺，在一定的初始条件和一定的外在力矩作用下，陀螺会不停地旋转，而且在高速旋转的过程中，能很好地保持自身的稳定性。虽然人们很早就发现高速旋转的陀螺可以竖直不倒且保持与地面垂直，但并没有深入思考其背后的科学内涵。1850 年，法国的物理学家莱昂·傅科(Lean Foucault)在研究地球自转时，首次发现在高速转动中的转子，由于所具有的转动惯性，它的旋转轴永远指向一个固定方向。于是，他用希腊字 Gyro(旋转)和 Skopein(看)合为 Gyro Scope 来命名高速转动的转子这种装置，也就是我们现在所说的陀螺仪。

陀螺仪是人们利用陀螺的力学性质所制成的各种功能的陀螺装置，它在科学、技术、军事等各个领域有着广泛的应用，比如，回转罗盘、定向指示仪，以及炮弹的翻转、陀螺的章动等。陀螺仪的种类很多，按用途来分，可以分为传感陀螺仪和指示陀螺仪。传感陀螺仪作为水平、垂直、俯仰、航向和角速度传感器，用于飞行器运动的自动控制系统中；指示陀螺仪主要用于飞行状态的指示，作为驾驶和领航仪表使用。按实现原理分，陀螺仪又可分为压电陀螺仪、微机械陀螺仪、光纤陀螺仪和激光陀螺仪，它们都是电子式的，并且可以和加速度计、磁阻芯片、GPS 等一起做成惯性导航控制系统。

陀螺仪是一种既古老而又很有生命力的仪器，从第一台真正实用的陀螺仪器问世以来，已有大半个世纪。直到现在，陀螺仪仍吸引着人们对它进行研究，这是它本身具有的特性所决定的。陀螺仪主要的基本特性是它的稳定性和进动性。研究陀螺仪运动特性的理论是绕定点运动刚体动力学的一个分支，它以物体的惯性为基础，研究旋转物体的动力学特性。

用于无人机飞行控制的陀螺仪测量的是三个维度的角速度，分别对应绕前进方向(X 轴)旋转的横滚(roll)角速度，绕机身平面垂直于前进方向的侧向(Y 轴)旋转的俯仰(pitch)角速度，绕垂直于机身平面方向(Z 轴)旋转的偏航(yaw)角速度。

3. 加速度计

加速度计，是用于测量运载体线加速度的装置。在飞行器中，加速度计也是最早获得应用的测量仪表之一，它最初被用于测量飞行器的过载。

当飞行器具有很大的加速度时，飞行器及其所载的仪器设备以及飞行器内其他无相对运动的物体，均会受到动载荷的作用。欲知动载荷的大小就要测出加速度，这时加速度计就可以发挥它的作用。

常见的加速度计由检测质量(也称敏感质量)、支承、电位器、弹簧、阻尼器和壳体组成。检测质量受到支承的约束，所以只能沿一条轴线移动，这个轴通常称为输入轴或敏感轴。当仪表壳体随着运载体沿敏感轴方向做加速运动时，根据牛顿定律，具有一定惯性的检测质量力图保持其原来的运动状态不变。它与壳体之间将产生相对运动，使弹簧变形，于是检测质量在弹簧力的作用下随之加速运动。当弹簧力与检测质量做加速运动产生的惯性力相平衡时，检测质量与壳体之间便不再有相对运动，这时弹簧的变形反映被测物体加速度的大小。电位器作为位移传感元器件可以把加速度信号转换为电信号，以供输出，这样就能检测出加速度的大小。加速度计本质上是一个单自由度的振荡系统，须采用阻尼器来改善系统的动态品质。

除了直接测得物体的加速度之外，加速度计还可应用于空间位置的测量和计算。要想知道飞机、火箭和舰艇各瞬时时刻所在的空间位置，可通过惯性导航系统测出其连续的加速度，然后经过对时间的积分运算得到速度分量，再次对时间积分，得到在某个方向的位置坐标信号。三个坐标方向的仪器测量结果可以综合出飞行器的运动曲线，并给出每一瞬时时刻该飞行器所在的空间位置。

应用于无人机的加速度计是利用微电子 MEMS 工艺制备而得的，可以测出重力加速度在机体坐标系下三个方向的分量。

4. 陀螺仪和加速度计测量结果的数据融合

陀螺仪和加速度计都可以测出无人机在空中的姿态。由于陀螺仪测量的直接输出结果是角速度，需要对时间进行积分才能获得无人机姿态角变化的情况。但是，由于误差、噪声等因素的存在，在经过长时间的积分后，这些误差将在积分过程中不断累积，对姿态的计算结果产生较大的影响，甚至与实际结果相去甚远。而加速度计的测量结果是重力加速度在机体坐标系下的三个分量，因此经过简单计算，即可获得无人机的姿态角。但是由于在加速度计测试过程中，机翼的旋转所产生的机械振动，不可避免地会对加速度计的测量结果产生周期性的影响，因此，利用加速度计测量结果所得的姿态瞬时信息也不可靠，但长时间的积分结果相对是可靠的。这时就可以利用加速度计的测量结果不断地修正陀螺仪的积分结果，从而获得准确的姿态信息。而 MPU6050 由于将陀螺仪和加速度计两个传感器整合在了一起，二者测量结果的输出基于相同的时间节点，反映的是同一时刻无人机的姿态信息，因此在姿态解算时所获得的效果要远优于使用独立的陀螺仪或加速度计的效果。

1.1.2　MPU6050 基本结构

1. 主要性能参数及封装

MPU6050 对陀螺仪和加速度计分别使用了三个 16 位的 ADC，可以分别将陀螺仪和加速度计的三个维度模拟量的检测结果转化为可输出的数字量。为了精确跟踪快速和慢速的运动，传感器的测量范围都是用户可控的，根据需要，陀螺仪可测范围可以设置为±250°/s、±500°/s、±1000°/s、±2 000°/s，加速度计可测范围可以设置为±2 *g*、±4 *g*、±8 *g*、±16 *g*（*g* 为重力加速度）。每个 MPU6050 都有一个 1 024 字节的 FIFO 寄存器，有助于降低系统功耗。

MPU6050 芯片的尺寸为 4 mm×4 mm×0.9 mm，采用 QFN 封装。在数据输出时采用 I²C 数字接口，其引脚分配如图 4-1 所示。

1 脚，CLKIN：外部参考时钟输入引脚，不使用时接地。

2～5 脚，NC：内部没有连接。

6 脚，AUX_DA：I²C 主机串行数据，用于连接外部传感器。

7 脚，AUX_CL：I²C 主机串行时钟，用于连接外部传感器。

8 脚，VLOGIC：数字 I/O 口电源。

9 脚，AD0：I²C 总线从机地址最低位。

10 脚，REGOUT：常规滤波电容连接引脚。

11 脚，FSYNC：帧同步数字输出，不使用时接地。

12 脚，INT：中断信号的输出。

13 脚，VDD：电源。

14～17 脚，NC：内部没有连接。

18 脚，GND：地。

19 脚，RESV：保留，不要连接。

20 脚，CPOUT：电荷泵的电容连接引脚。

21～22 脚，RESV：保留，不要连接。

23 脚，SCL：I²C 总线串行时钟线。

24 脚，SDA：I²C 总线串行数据线。

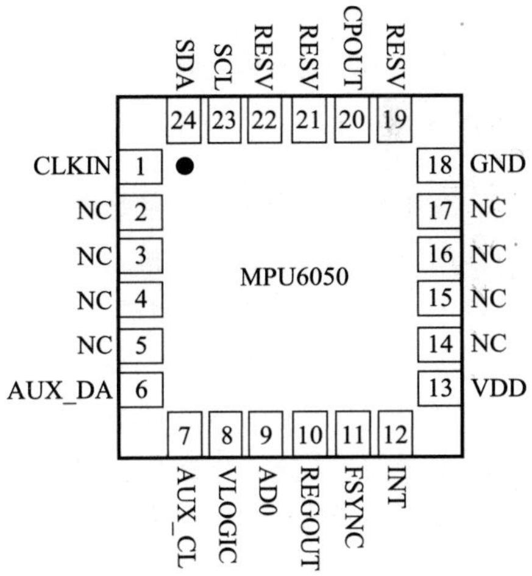

图 4-1　MPU6050 的引脚分配

2. I²C 总线地址

在 MPU6050 的 24 个引脚中，23 脚 SCL 和 24 脚 SDA 用于 I²C 总线的通信。而根据 I²C 总线协议，主机在对从机进行识别和通信时，是通过总线上连接的 I²C 元器件的地址来进行确认的。I²C 总线

上的每个 I^2C 元器件都具有唯一的 7 位地址，而 MPU6050 在出厂时，这 7 位地址中的高 6 位，都被赋予了统一的值：110100B，最低位的值则由 9 脚 AD0 的电平决定。当 9 脚接高电平时，MPU6050 的地址为 1101001B；当 9 脚接低电平时，MPU6050 的地址为 1101000B。这也就意味着，在系统的一个 I^2C 总线上，最多只能接 2 个 MPU6050，否则将会因地址冲突而无法正常工作。在一般情况下，系统中只保留一个 MPU6050 即可，而在极个别的情况下，可同时接入 2 个 MPU6050，2 个传感器对姿态的检测结果可互相印证，提升传感精度。

在 F150-Y410PLUS 开发平台中，与 MPU6050 相关的电路原理如图 4-2 所示（在绘制电路原理图时，一般习惯用 uF 代替 μF）。从图中可以看出，MPU6050 的 9 脚 AD0 被连接到了 GND。因此可以判定，在 F150-Y410PLUS 开发平台中，MPU6050 的 7 位 I^2C 总线地址为 1101000B，即 0x68。

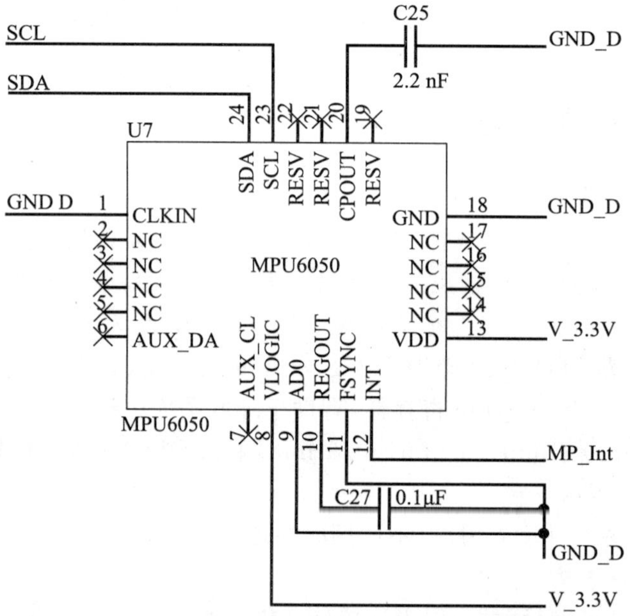

图 4-2　与 MPU6050 相关的电路原理图

在 I^2C 总线协议中，需要在 7 位地址的基础上再补充一个最低位，以指明数据的读写方向：最低位补 0 时代表主机要向从机写入数据，最低位补 1 时代表主机要从从机读取数据。因此，当 CPU 向 MPU6050 写入数据时，MPU6050 的地址为 11010000B，即 0xD0；当 CPU 从 MPU6050 读取数据时，MPU6050 的地址为 11010001B，即 0xD1。

另外，从图 4-2 中还可以看出，10 脚 REGOUT 连接了 0.1 μF 的滤波电容，该电容可滤除电源中的杂散信号，使系统工作在更加稳定的状态。20 脚 CPOUT 连接了 2.2 nF 的电容，该电容可为系统中的电荷泵提供能量，用于提升电压，以供陀螺仪和加速度计使用。12 脚 INT 虽然可以提供一个中断触发信号 MP_Int 的输出，用于触发 CPU 产生中断，提示测量结果已准备好，可以读取数据，但由于无人机在飞行过程中，最核心的工作就是姿态调控，需要不断地根据姿态传感器的测量结果来调控飞行的姿态，因此，姿态传感器的数据输出并不需要通过 MP_Int 中断信号来触发 CPU 产生中断然后读取，而是每间隔固定时长，CPU 就会主动读取一次测量结果。

3. 系统框图

MPU6050 的系统框图如图 4-3 所示。

在 MPU6050 系统框图的左侧，主要是加速度计和陀螺仪的检测单元，其中，Accel 代表加速度计，用于检测重力加速度在机体坐标系三个方向上的分量；Gyro 代表陀螺仪，用于检测无人机角速度的三个分量。另外，在检测单元部分还有一个温度传感器。这 7 路模拟信号将分别由 16 位的 ADC 转换为数字量。转换结果在经过信号调节后被送入传感器寄存器，最终经数字运动处理器处理后，通过 I^2C 总线提供给单片机。

4. 与初始化及姿态检测相关的寄存器

为了有效完成数据姿态检测及数据输出，MPU6050 设置了很多寄存器，其中比较重要的包括以下几个：

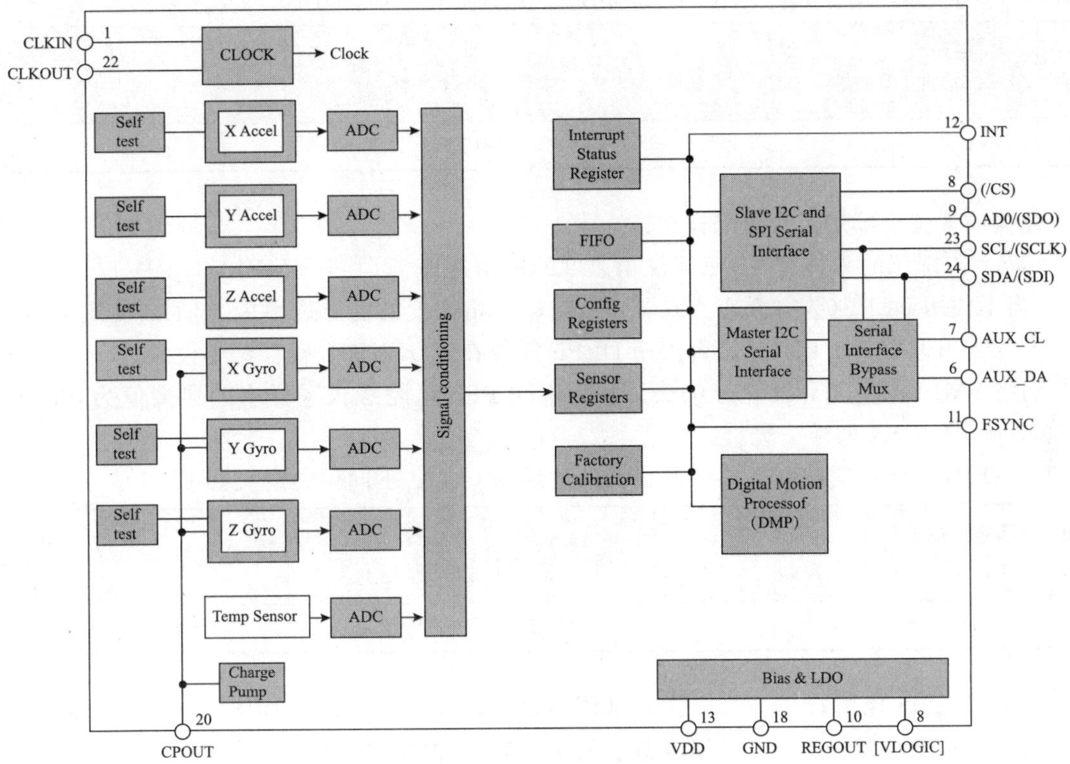

图 4-3 MPU6050 的系统框图

(1) MPU6050_ADDRESS：MPU6050 地址。该寄存器地址为 0x75，不同位的定义如下：

Register (Hex)	Register (Decimal)	Bit7	Bit6	Bit5	Bit4	Bit3	Bit2	Bit1	Bit0
75	117	—	WHO_AM_I[6:1]						—

其中，Bit7 和 Bit0 保留，Bit6～Bit1 为 WHO_AM_I，里面存储有 MPU6050 出厂时被写入的 6 位地址：110100B。因此，读取该寄存器的 8 位数据可以得到 01101000B，即 0x68。如果通过 I^2C 总线读取到该数据，说明数据传输正确。

(2) PWR_MGMT_1：电源管理。该寄存器地址为 0x6B，不同位的定义如下：

Register (Hex)	Register (Decimal)	Bit7	Bit6	Bit5	Bit4	Bit3	Bit2	Bit1	Bit0
6B	107	DEVICE_RESET	SLEEP	CYCLE	—	TEMP_DIS	CLKSEL[2:0]		

其中，Bit7 为 1 时，代表 MPU6050 复位；Bit6 为 1 时，系统将进入低功率睡眠模式；Bit5 为 1 时，系统进入循环模式；Bit4 保留；Bit3 为 1 时，温度传感器禁用；Bit2～Bit0 为时钟源选择。

可选的时钟源根据 Bit2～Bit0 数值的不同有 8 种：0，内部 8 MHz 振荡器；1，以陀螺仪 X 轴为参考的锁相环；2，以陀螺仪 Y 轴为参考的锁相环；3，以陀螺仪 Z 轴为参考的锁相环；4，以 32.768 kHz 外部时钟为参考的锁相环；5，以 19.2 MHz 外部时钟为参考的锁相环；6，保留；7，停止时钟，并保持时钟发生器处于复位状态。

一般我们将此寄存器设置为 0x03，即选择以陀螺仪 Z 轴为参考的锁相环为时钟。

(3) SMPLRT_DIV：陀螺仪采样率。该寄存器的地址为 0x19，不同位的定义如下：

Register (Hex)	Register (Decimal)	Bit7	Bit6	Bit5	Bit4	Bit3	Bit2	Bit1	Bit0
19	25	SMPLRT_DIV [7:0]							

该寄存器的 8 位全部用于设置采样率：

$$陀螺仪的采样率 = 陀螺仪角速度的输出速率 / (1 + SMPLRT\_DIV)$$

其中，当不使用 DLPF(数字低通滤波器)时，陀螺仪角速度的输出速率为 8 kHz，使用 DLPF 时，陀螺仪角速度的输出速率为 1 kHz。是否使用 DLPF 需要在 CONFIGL 寄存器中设置。

当我们将 SMPLRT_DIV 设置为 0x02，且使用 DLPF 时，陀螺仪采样率的典型值为 333 Hz，代表 1 s 采样 333 次，即 3 ms 采样一次。

(4) CONFIGL：低通滤波频率。该寄存器的地址为 0x1A，不同位的定义如下：

Register (Hex)	Register (Decimal)	Bit7	Bit6	Bit5	Bit4	Bit3	Bit2	Bit1	Bit0
1A	26	—	—	EXT_SYNC_SET [2:0]			DLPF_CFG [2:0]		

其中，Bit7 和 Bit6 保留；Bit5～Bit3 为外部同步设置；Bit2～Bit0 为 DLPF 设置。

可选的外部同步设置根据 Bit5～Bit3 数值的不同有 8 种：0，禁止输入；1，与温度输出的低 8 位保持同步；2，与陀螺仪 X 轴分量输出的低 8 位保持同步；3，与陀螺仪 Y 轴分量输出的低 8 位保持同步；4，与陀螺仪 Z 轴分量输出的低 8 位保持同步；5，与加速度计 X 轴分量输出的低 8 位保持同步；6，与加速度计 Y 轴分量输出的低 8 位保持同步；7，与加速度计 Z 轴分量输出的低 8 位保持同步。一般设置为 0 即可。

可选的 DLPF 的参数根据 Bit2～Bit0 数值的不同也有 8 种，如下表所示：

DLPF_CFG	Accelerometer (F_S=1 kHz)		Gyroscope		
	Bandwidth(Hz)	Delay(ms)	Bandwidth(Hz)	Delay(ms)	Fs(kHz)
0	260	0	256	0.98	8
1	184	2.0	188	1.9	1
2	94	3.0	98	2.8	1
3	44	4.9	42	4.8	1
4	21	8.5	20	8.3	1
5	10	13.8	10	13.4	1
6	5	19.0	5	18.6	1
7	RESERVED		RESERVED		8

不同的参数使加速度计和陀螺仪具有不同的带宽和延迟，而陀螺仪还可能有不同的采样频率 Fs。从无人机控制的实际需要出发，该参数设置为 3(011B)时即可满足姿态传感的需要。

因此，CONFIGL 可以设置为 0x03。

(5) GYRO_CONFIG：陀螺仪自检及量程设置。该寄存器的地址为 0x1B，不同位的定义如下：

Register (Hex)	Register (Decimal)	Bit7	Bit6	Bit5	Bit4	Bit3	Bit2	Bit1	Bit0
1B	27	XG_ST	YG_ST	ZG_ST	FS_SEL [1:0]		—	—	—

其中，Bit7 为陀螺仪 X 轴自检设置；Bit6 为陀螺仪 Y 轴自检设置；Bit5 为陀螺仪 Z 轴自检设置。当这 3 位设置分别为 0 时，代表相应的轴不自检。Bit4～Bi3 为满量程范围设置。Bit2～Bit0 保留。

满量程范围可根据 Bit4～Bi3 位 FS_SEL 的取值而不同：0，±250°/s；1，±500°/s；2，±1000°/s；3，±2000°/s。关于陀螺仪满量程范围的作用将在下一小节进行介绍。根据无人机检测精度的要求，FS_SEL 可以设置为 3(11B)，即 Bit 3、Bit 4 均设置为 1。

因此，GYRO_CONFIG 可设为 0x18，即不自检。陀螺仪的满量程范围为 ±2 000°/s。

(6) ACCEL_CONFIG：加速度计自检及量程设置。该寄存器的地址为 0x1C，不同位的定义如下：

Register (Hex)	Register (Decimal)	Bit7	Bit6	Bit5	Bit4	Bit3	Bit2	Bit1	Bit0
1C	28	XA_ST	YA_ST	ZA_ST	AFS_SEL [1:0]		—		

其中，Bit7 为加速度计 X 轴自检设置；Bit6 为加速度计 Y 轴自检设置；Bit5 为加速度计 Z 轴自检设置。当这 3 位设置分别为 0 时，代表相应的轴不自检。Bit4～Bit3 为满量程范围设置。Bit2～Bit0 保留。

满量程范围可根据 Bit4～Bi3 位 AFS_SEL 的取值而不同：0，±2g；1，±4g；2，±8g；3，±16g。关于加速度计满量程范围的作用将在下一小节进行介绍。根据无人机检测精度的要求，AFS_SEL 可以设置为 1(01B)，即 Bit 3 设置为 1，Bit 4 设置为 0。

因此，GYRO_CONFIG 可设为 0x08，即不自检。加速度计的满量程范围为 ±4g。

5. 输出数据的处理

通过 I^2C 总线，可以从 MPU6050 的相关寄存器中获取检测结果。用于存储检测结果的寄存器的地址及对应数据，见表 4-1。

表 4-1 MPU6050 存储检测结果的寄存器

寄存器地址	存放的检测结果
0x3B	加速度计的 X 轴分量 ACC_X
0x3D	加速度计的 Y 轴分量 ACC_Y
0x3F	加速度计的 Z 轴分量 ACC_Z
0x41	当前温度 TEMP
0x43	绕 X 轴旋转的角速度 GYR_X
0x45	绕 Y 轴旋转的角速度 GYR_Y
0x47	绕 Z 轴旋转的角速度 GYR_Z

由于检测结果是经 16 位 ADC 转换后获得的，因此每个数据都占据 2 个字节。但从 MPU6050 输出的检测结果只是未经任何处理的原始数据，尚不能直观地体现重力加速度分量和角速度分量的具体数值，需要结合 MPU6050 陀螺仪和加速度计的满量程设置来进行处理。

MPU6050 采用的是 16 位有符号数作为陀螺仪测量数据的输出。对于 16 位有符号数，最高位代表数据的正负，为 0 时是一个正数，为 1 时是一个负数。剩余的 15 位数的表示范围可以是 0～0x7FFF，因此，表 4-1 中各参数的检测结果最小值为－32 767，最大值为 32 767。这个最大（最小）值将对应于所设置的满量程的最大（最小）值。

例如，当 FS_SEL 设置为 3 时，陀螺仪测量的满量程为±2 000°/s，此时 32 767 对应于＋2 000°/s 的角速度，－32 767 对应于－2 000°/s 的角速度。将 32 767 除以 2 000，即可得到灵敏度比例因子的值：16.40。将从陀螺仪读出的数字除以 16.40，就可以得到陀螺仪的测量结果，例如，如果读取的陀螺仪某个轴的数据输出是 10 000，那么对应的角速度数据则为 10 000/16.40≈610°/s。

在进行后续的姿态计算时，根据 C 语言的要求，还要把角度换算成弧度。1°在换算成弧度时，相关的比例因子为：2Pi/360＝(2 * 3.141 592 6)/360≈0.017 453 2，用分数表示就是：1/57.30。当采用量程处于－2 000°/s 到＋2 000°/s 的范围时，对从陀螺仪获取的数据做如下处理，就可以用于姿态解算，例如，当从陀螺仪读到的数据为 gyro_x 时，对应的角速度为：gyro_x/(16.40×57.30)＝ (gyro_x/16.40)×0.0174，单位为“弧度/秒”。

加速度计的测量结果的处理也采取类似的办法，例如，当 AFS_SEL＝1 时，加速度计测量的满量程为±4 g，此时，32 767 对应于＋4 倍的重力加速度，－32 767 对应于－4 倍的重力加速度。将 32 767 除以 4，即可得到灵敏度比例因子的值：8 192。把从陀螺仪读出的数字除以 8 192，就可以得到加速度计的测量结果，例如，从加速度计读到的数字是 10 000，那么对应的加速度数据则为 10 000/8 192≈1.22 g。

1.2 姿态解算

1.2.1 姿态解算基础

1. 姿态解算的目的

在通过 I^2C 总线从 MPU6050 中获得了原始测量数据，并根据满量程设置计算出了角速度及重力加速度在无人机机体坐标系的三个维度上的分量之后，我们还无法利用这些数据调控无人机的姿态。虽然可以通过将角速度分量对时间进行积分，获得无人机的滚转、俯仰、偏航角度的变化，但是，这些变化都是相对于无人机自身，也就是机体坐标系的变化，并不是相对于操作者所处的大地坐标系的变化。而对于无人机的姿态调控，都必须基于无人机相对于操作者的位置关系。

姿态解算就是根据相对于无人机自身的滚转、俯仰、偏航角度的变化，换算出无人机相对于大地坐标系角度的变化，这样才能根据无人机当前的姿态角与预期姿态角之间的偏差，通过一定方式调整电机的转速，从而实现对无人机姿态的调整。

2. 无人机的坐标系

无人机运动包含三个轴向的线运动和绕三个轴向的角运动。为了描述无人机在空间范围内的位置、姿态、速度等信息，必须选择合理的坐标系。在描述无人机姿态时，有三个常用的坐标系，分别是机体坐标系、NED 坐标系（北东地坐标系或世界坐标系）和大地坐标系。

其中，机体坐标系是从无人机的角度出发而设立的坐标系。假设在无人机上有一个观察者，他被安全带牢牢地固定在无人机上，观察者与无人机之间无任何相对的移动，其座位的朝向为无人机向前的方向。这时，从观察者的角度来看，将无人机向前的方向定义为 X 轴，向右的方向定义为 Y 轴，而向下的

方向定义为 Z 轴。为了描述方便，在本教材中以符号 b 来表示机体坐标系。

NED坐标系是一种局部坐标系，其原点设在无人机的质心上，X 轴为地理指北针的方向(N)，Y 轴为地球自转切线方向(E,即向东的方向)，Z 轴为垂直向下的方向(D,即指向地心的方向)。但由于无人机起飞前在地面的朝向是任意的，机体坐标系与 NED 坐标系往往是不重合的，这为问题的讨论带来了不便。为此，引入大地坐标系。

大地坐标系是以操作者所处的大地为参照，按照无人机起飞前水平静置在大地时的位置所设立的坐标系。这时，可以将大地坐标系坐标轴的方向设置为无人机机体坐标系坐标轴的方向。也就是说，我们可以按照无人机水平静止于地面时，无人机向前的方向为大地坐标系的 X 轴，而与 X 轴垂直指向无人机右侧的方向为大地坐标系的 Y 轴，向下的方向为 Z 轴不变。为了描述方便，在本教材中以符号 E 来表示大地坐标系。

由于这样一种设置，因此，无人机起飞前，大地坐标系与无人机机体坐标系是重合的。当无人机起飞后，无人机的位置会因三个轴向的线运动和绕三个轴向的角运动而发生变化。但是，线运动并不会改变大地坐标系与机体坐标系的相对位置，而无人机的俯仰、滚转、偏航这三种角运动，将会导致大地坐标系与机体坐标系产生相对的夹角，这就是无人机的姿态角，也称为欧拉角。

在描述大地坐标系与机体坐标系的相对夹角时，有几种不同的方式，包括欧拉角、旋转矩阵和四元数。下面分别进行简要介绍。

3. 欧拉角

欧拉角也称为姿态角，指的是机体坐标系相对于大地坐标系的夹角，包括绕 X 轴运动的滚转角、绕 Y 轴运动的俯仰角、绕 Z 轴运动的偏航角。有了欧拉角这一概念后，就可以将无人机旋转姿态转化为机体坐标系和大地坐标系之间的夹角关系。

无人机起飞前，重合的机体坐标系和大地坐标系如图 4-4 所示。

定义机体坐标系和大地坐标系的各个平面如下：

机体坐标系：$X_bO_bZ_b$、$X_bO_bY_b$、$X_bO_bZ_b$

大地坐标系：$X_EO_EZ_E$、$X_EO_EZ_E$、$Y_EO_EZ_E$

由此可定义无人机起飞的滚转角、俯仰角、偏航角为：

滚转角：绕 X 轴，$\angle(X_bO_bZ_b, X_EO_EZ_E)$

俯仰角：绕 Y 轴，$\angle(X_bO_bY_b, X_EO_EY_E)$

偏航角：绕 Z 轴，$\angle(Y_bO_bZ_b, Y_EO_EZ_E)$

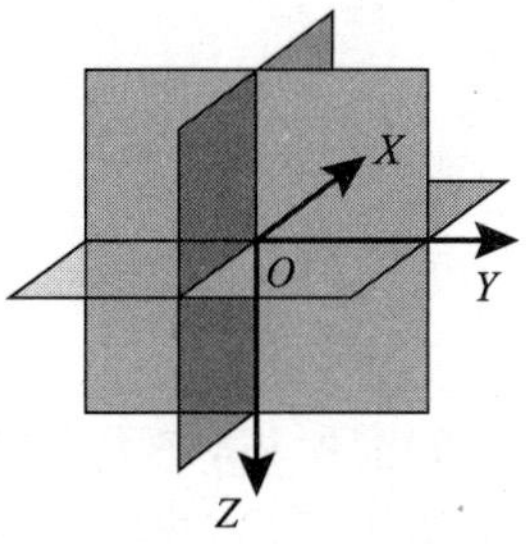

图 4-4 坐标系

从上述定义可以看出，欧拉角的定义并不唯一，例如，可以把绕 X 轴运动后的 $X_bO_bZ_b$ 平面与运动前的 $X_bO_bZ_b$ 平面的夹角定义为滚转角，同样可以把绕 X 轴运动后的 $X_bO_bY_b$ 平面与 $X_EO_EY_E$ 平面的夹角定义为滚转角。

4. 旋转矩阵

既然欧拉角是通过绕某一轴旋转后所形成的坐标系之间的夹角，那么这一过程完全可以从数学上加以描述。

以二维坐标系为例，如图 4-5 所示。在坐标系(X,Y)中有一个向量 $\boldsymbol{OQ}$，其长度为 γ，与 X 轴的夹角为 α，Q 点的坐标为(x, y)。当坐标系绕原点 O 旋转 ψ 角后，坐标系由(X,Y)旋转到(X',Y')的位置，在(X',Y')坐标系下，Q 点的坐标也变成了(x', y')。根据位置关系可得：

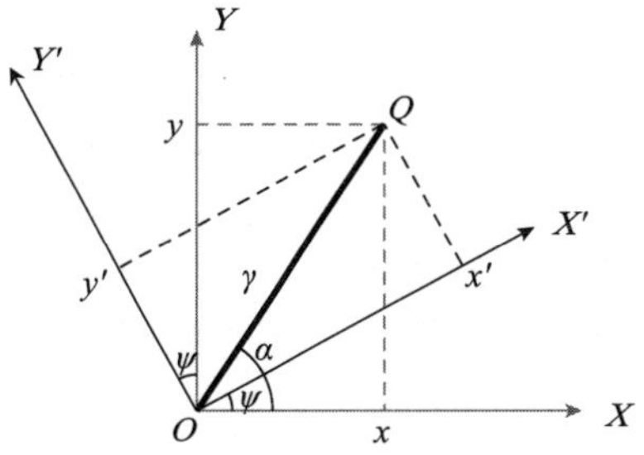

图 4-5 二维坐标系的旋转

$$x=\gamma\cos\alpha \tag{4-1}$$

$$y=\gamma\sin\alpha \tag{4-2}$$

$$x'=\gamma\cos(\alpha-\psi)=\gamma\cos\alpha\cos\psi+\gamma\sin\alpha\sin\psi \tag{4-3}$$

$$y'=\gamma\sin(\alpha-\psi)=\gamma\sin\alpha\cos\psi-\gamma\cos\alpha\sin\psi \tag{4-4}$$

由此可得：

$$x'=x\cos\psi+y\sin\psi \tag{4-5}$$

$$y'=-x\sin\psi+y\cos\psi \tag{4-6}$$

也可以写为矩阵形式：

$$\begin{pmatrix}x'\\y'\end{pmatrix}=\begin{pmatrix}\cos\psi & \sin\psi\\-\sin\psi & \cos\psi\end{pmatrix}\begin{pmatrix}x\\y\end{pmatrix} \tag{4-7}$$

这就是二维空间(X,Y)坐标系至(X',Y')坐标系的旋转矩阵。

扩展到三维空间，上述旋转相当于围绕着 Z 轴旋转，而在旋转过程中 Z 轴坐标分量不发生变化。物体绕 Z 轴旋转 ψ 角后的坐标信息为：

$$\begin{pmatrix}x'\\y'\\z'\end{pmatrix}=\begin{pmatrix}\cos\psi & \sin\psi & 0\\-\sin\psi & \cos\psi & 0\\0 & 0 & 1\end{pmatrix}\begin{pmatrix}x\\y\\z\end{pmatrix} \tag{4-8}$$

这就是三维空间(X,Y,Z)坐标系至(X',Y',Z')坐标系的旋转矩阵。

在无人机飞行的过程中，其围绕机体坐标系三轴的运动可以分解为：绕 X_b 轴的滚转运动旋转φ 角，绕 Y_b 轴的俯仰运动旋转 θ 角，以及绕 Z_b 轴的偏航运动旋转 ψ 角。相关的坐标系旋转矩阵分别为：

$$\text{绕 } X_b \text{ 轴的滚转运动：}\boldsymbol{C}_X(\varphi)=\begin{pmatrix}1 & 0 & 0\\0 & \cos\varphi & \sin\varphi\\0 & -\sin\varphi & \cos\varphi\end{pmatrix} \tag{4-9}$$

$$\text{绕 } Y_b \text{ 轴的俯仰运动：}\boldsymbol{C}_Y(\theta)=\begin{pmatrix}\cos\theta & 0 & -\sin\theta\\0 & 1 & 0\\\sin\theta & 0 & \cos\theta\end{pmatrix} \tag{4-10}$$

$$\text{绕 } Z_b \text{ 轴的偏航运动：}\boldsymbol{C}_Z(\psi)=\begin{pmatrix}\cos\psi & \sin\psi & 0\\-\sin\psi & \cos\psi & 0\\0 & 0 & 1\end{pmatrix} \tag{4-11}$$

如前所述，在无人机起飞前，机体坐标系 b 与大地坐标系 E 重合，起飞后机体坐标系相对于大地坐标系发生变化，我们按照先绕 Z 轴旋转，再绕 Y 轴旋转，最后绕 X 轴旋转的顺序，可以得到由大地坐标系 E 到机体坐标系 b 的姿态变换矩阵$\boldsymbol{C}_E^b$ 为：

$$\begin{aligned}\boldsymbol{C}_E^b&=\boldsymbol{C}_X\boldsymbol{C}_Y\boldsymbol{C}_Z\\&=\begin{pmatrix}1 & 0 & 0\\0 & \cos\varphi & \sin\varphi\\0 & -\sin\varphi & \cos\varphi\end{pmatrix}\begin{pmatrix}\cos\theta & 0 & -\sin\theta\\0 & 1 & 0\\\sin\theta & 0 & \cos\theta\end{pmatrix}\begin{pmatrix}\cos\psi & \sin\psi & 0\\-\sin\psi & \cos\psi & 0\\0 & 0 & 1\end{pmatrix}\\&=\begin{pmatrix}\cos\theta\cos\psi & \cos\theta\sin\psi & -\sin\theta\\\sin\varphi\sin\theta\cos\psi-\cos\varphi\sin\psi & \sin\varphi\sin\theta\sin\psi+\cos\varphi\cos\psi & \sin\varphi\cos\theta\\\cos\varphi\sin\theta\cos\psi+\sin\varphi\sin\psi & \cos\varphi\sin\theta\sin\psi-\sin\varphi\cos\psi & \cos\varphi\cos\theta\end{pmatrix}\end{aligned} \tag{4-12}$$

由于这里得到的$\boldsymbol{C}_E^b$ 是一个正交矩阵，也就是说各行所对应的向量是单位向量且两两正交，各列所对应的向量也是单位向量且两两正交，因此，存在以下关系：

$$\boldsymbol{C}_b^E=(\boldsymbol{C}_E^b)^{\mathrm{T}} \tag{4-13}$$

由此可得，从机体坐标系 b 到大地坐标系 E 的姿态变换矩阵：

$$\boldsymbol{C}_b^E=\begin{pmatrix}\cos\theta\cos\psi & \sin\varphi\sin\theta\cos\psi-\cos\varphi\sin\psi & \cos\varphi\sin\theta\cos\psi+\sin\varphi\sin\psi\\\cos\theta\sin\psi & \sin\varphi\sin\theta\sin\psi+\cos\varphi\cos\psi & \cos\varphi\sin\theta\sin\psi-\sin\varphi\cos\psi\\-\sin\theta & \sin\varphi\cos\theta & \cos\varphi\cos\theta\end{pmatrix} \tag{4-14}$$

式(4-12)和式(4-13)所给出的姿态变换矩阵能够准确地描述无人机起飞后的三维姿态，整个物理过程也比较容易理解。但由于每个旋转矩阵有 9 个分量，而所描述的只有滚转、俯仰、偏航三个自由度，因此具有冗余性，计算效率不高。另外一个不足就是，利用旋转矩阵描述无人机姿态的变化不具有唯一性，也就是说，从初始的大地坐标系出发，可以通过多种不同的旋转过程，实现与起飞后的无人机的机体坐标系重合，即有多种不同的 φ、θ、ψ 的角度组合，可以实现从大地坐标系到机体坐标系的变换。

5. 四元数

为了解决上述旋转矩阵的不唯一性问题，使无人机姿态的求解变为唯一，我们引入四元数。先来看下面这个例子：

二维空间坐标系在旋转 ψ 角后，向量的坐标 (x, y) 转换为 (x', y')，而在复平面内，一个坐标为 (x, y) 的向量可以表示为 $x+\boldsymbol{i}y$，当其与向量 $\cos\psi-\boldsymbol{i}\sin\psi$ 相乘后，根据式(4-5)和式(4-6)可得：

$$(x+\boldsymbol{i}y)\times(\cos\psi-\boldsymbol{i}\sin\psi)$$
$$=(x\cos\psi+y\sin\psi)+\boldsymbol{i}(-x\sin\psi+y\cos\psi)=x'+\boldsymbol{i}y' \tag{4-15}$$

其中，$x'=x\cos\psi+y\sin\psi$，$y'=-x\sin\psi+y\cos\psi$。比较两种过程所得的结果可以看出，一个矢量与 $\cos\psi-\boldsymbol{i}\sin\psi$ 相乘也可取得相同的旋转效果。因此，$\cos\psi-\boldsymbol{i}\sin\psi$ 可以被称为旋转矢量。

一般情况下，记矢量 $a+b\boldsymbol{i}$、$c+d\boldsymbol{j}$、$e+f\boldsymbol{k}$ 为三个相互垂直的复平面上的旋转矢量，当坐标系在三维方向旋转，矢量 $\boldsymbol{P}=p_1\boldsymbol{i}+p_2\boldsymbol{j}+p_3\boldsymbol{k}$ 变化为：

$$\boldsymbol{P}\times(a+b\boldsymbol{i})\times(c+d\boldsymbol{j})\times(e+f\boldsymbol{k})=q_0+q_1\boldsymbol{i}+q_2\boldsymbol{j}+q_3\boldsymbol{k} \tag{4-16}$$

所得结果一共有四个参量，我们将具有此形式的表达式称为四元数。

由于每个四元数都是 1、$\boldsymbol{i}$、$\boldsymbol{j}$、$\boldsymbol{k}$ 的线性组合，即四元数一般可表示为：

$$\boldsymbol{Q}=q_0+q_1\boldsymbol{i}+q_2\boldsymbol{j}+q_3\boldsymbol{k} \tag{4-17}$$

其中，$\boldsymbol{i}$、$\boldsymbol{j}$、$\boldsymbol{k}$ 为相互正交的单位矢量，具有虚数单位 $\sqrt{-1}$。

四元数的运算定义为：

$$\boldsymbol{i}\otimes\boldsymbol{i}=-1,\boldsymbol{j}\otimes\boldsymbol{j}=-1,\boldsymbol{k}\otimes\boldsymbol{k}=-1$$
$$\boldsymbol{i}\otimes\boldsymbol{j}=\boldsymbol{k},\boldsymbol{j}\otimes\boldsymbol{k}=\boldsymbol{i},\boldsymbol{k}\otimes\boldsymbol{i}=\boldsymbol{j}$$
$$\boldsymbol{j}\otimes\boldsymbol{i}=-\boldsymbol{k},\boldsymbol{k}\otimes\boldsymbol{j}=-\boldsymbol{i},\boldsymbol{i}\otimes\boldsymbol{k}=-\boldsymbol{j} \tag{4-18}$$

四元数的大小(模)为：

$$\|\boldsymbol{Q}\|=q_0^2+q_1^2+q_2^2+q_3^2 \tag{4-19}$$

四元数的表示形式有很多，式(4-17)为复数式，还可以表示为矢量式：

$$\boldsymbol{Q}=q_0+\boldsymbol{q} \tag{4-20}$$

其中，q_0 为标量部分，$\boldsymbol{q}$ 为矢量部分，$\boldsymbol{q}=q_1\boldsymbol{i}+q_2\boldsymbol{j}+q_3\boldsymbol{k}$。

四元数也可以表示为矩阵式：

$$\boldsymbol{Q}=\begin{pmatrix}q_0\\q_1\\q_2\\q_3\end{pmatrix},\boldsymbol{Q}=(q_0,\boldsymbol{q}) \tag{4-21}$$

特殊情况下，当 $\|\boldsymbol{Q}\|=1$ 时，四元数还可以表示为三角式：

$$\boldsymbol{Q}=\cos\frac{\theta}{2}+\boldsymbol{u}\sin\frac{\theta}{2}=\cos\frac{\theta}{2}+l\sin\frac{\theta}{2}\boldsymbol{i}+m\sin\frac{\theta}{2}\boldsymbol{j}+n\sin\frac{\theta}{2}\boldsymbol{k} \tag{4-22}$$

其中，$\boldsymbol{u}$ 为单位矢量，$\boldsymbol{u}=l\,\boldsymbol{i}+m\,\boldsymbol{j}+n\,\boldsymbol{k}$，而 $l^2+m^2+n^2=1$。

两个四元数 $\boldsymbol{Q}=q_0+q_1\boldsymbol{i}+q_2\boldsymbol{j}+q_3\boldsymbol{k}$，$\boldsymbol{P}=p_0+p_1\boldsymbol{i}+p_2\boldsymbol{j}+p_3\boldsymbol{k}$ 在进行运算时，有如下定义。

四元数的加法与减法：

$$\boldsymbol{Q}\pm\boldsymbol{P}=(q_0\pm p_0)+(q_1\pm p_1)\boldsymbol{i}+(q_2\pm p_2)\boldsymbol{j}+(q_3\pm p_3)\boldsymbol{k} \tag{4-23}$$

四元数与标量 e 相乘：

$$e\otimes\boldsymbol{Q}=e\boldsymbol{Q}=eq_0+eq_1\boldsymbol{i}+eq_2\boldsymbol{j}+eq_3\boldsymbol{k} \tag{4-24}$$

四元数的乘法：

$$\begin{aligned}\boldsymbol{Q}\otimes\boldsymbol{P}&=(q_0+q_1\boldsymbol{i}+q_2\boldsymbol{j}+q_3\boldsymbol{k})\otimes(p_0+p_1\boldsymbol{i}+p_2\boldsymbol{j}+p_3\boldsymbol{k})\\&=(q_0p_0-q_1p_1-q_2p_2-q_3p_3)+(q_0p_1+q_1p_0+q_2p_3-q_3p_2)\boldsymbol{i}\\&\quad+(q_0p_2-q_1p_3+q_2p_0+q_3p_1)\boldsymbol{j}+(q_0p_3+q_1p_2-q_2p_1+q_3p_0)\boldsymbol{k}\end{aligned} \tag{4-25}$$

四元数 Q 的共轭值：

$$\boldsymbol{Q}^*=q_0-q_1\boldsymbol{i}-q_2\boldsymbol{j}-q_3\boldsymbol{k} \tag{4-26}$$

而：

$$\begin{aligned}\boldsymbol{Q}\otimes\boldsymbol{Q}^*&=(q_0^2+q_1^2+q_2^2+q_3^2)+(-q_0q_1+q_1q_0-q_2p_3+q_3q_2)\boldsymbol{i}\\&\quad+(-q_0q_2-q_1q_3+q_2q_0+q_3q_1)\boldsymbol{j}+(-q_0q_3-q_1q_2+q_2q_1+q_3q_0)\boldsymbol{k}\\&=q_0{}^2+q_1{}^2+q_2{}^2+q_3{}^2=\|\boldsymbol{Q}\|\end{aligned} \tag{4-27}$$

由此，我们可以定义四元数的除法(求逆)：若 $\boldsymbol{Q}\otimes\boldsymbol{R}=1$，称 $\boldsymbol{R}$ 为 $\boldsymbol{Q}$ 的逆，记作 $\boldsymbol{R}=\boldsymbol{Q}^{-1}$，同时，$\boldsymbol{Q}=\boldsymbol{R}^{-1}$。由于：

$$\boldsymbol{Q}\otimes\frac{\boldsymbol{Q}^*}{\|\boldsymbol{Q}\|}=1 \tag{4-28}$$

所以，$\dfrac{\boldsymbol{Q}^*}{\|\boldsymbol{Q}\|}$ 为 $\boldsymbol{Q}$ 的逆。

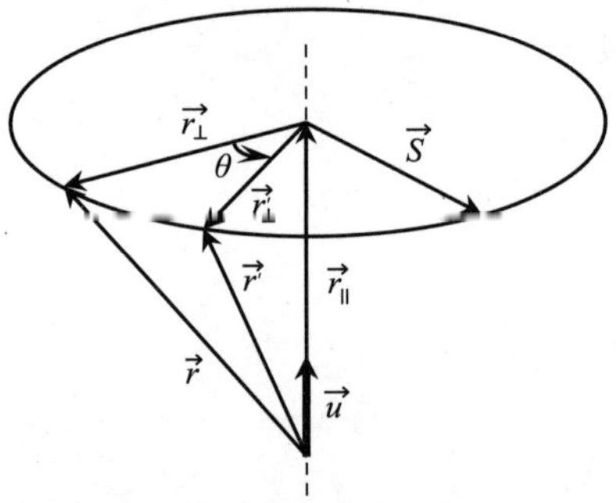

图 4-6　矢量 $\boldsymbol{r}$ 绕单位矢量 $\boldsymbol{u}$ 的旋转

1.2.2　基于四元数的姿态解算

1. 四元数法求解姿态变换矩阵及欧拉角

为了更好地理解是如何利用四元数法求解姿态变换矩阵，并最终获得欧拉角的，我们先看这样一个例子：在三维空间中有一矢量 $\boldsymbol{r}$，绕单位矢量 $\boldsymbol{u}$ 旋转，在垂直于单位矢量 $\boldsymbol{u}$ 的平面内，$\boldsymbol{r}$ 的垂直分量 $\boldsymbol{r}_\perp$ 旋转的角度为 θ，如图 4-6 所示。

经过推导(推导过程略)，可以求出矢量 $\boldsymbol{r}$ 绕单位矢量 $\boldsymbol{u}$ 的旋转所得的新矢量 $\boldsymbol{r}'$ 的表达式为：

$$\boldsymbol{r}'=\boldsymbol{r}+(1-\cos\theta)[\boldsymbol{u}\times(\boldsymbol{u}\times\boldsymbol{r})]+\boldsymbol{u}\times\boldsymbol{r}\sin\theta \tag{4-29}$$

上式被称为罗德里格旋转公式。

假如罗德里格旋转公式是在大地坐标系下的结果，可以将其改写为：

$$\boldsymbol{r}'^E=\boldsymbol{r}^E+(1-\cos\theta)[\boldsymbol{u}\times(\boldsymbol{u}\times\boldsymbol{r})]^E+(\boldsymbol{u}\times\boldsymbol{r})^E\sin\theta \tag{4-30}$$

若写为矩阵形式，$\boldsymbol{r}^E=\begin{pmatrix}r_x\\r_y\\r_z\end{pmatrix}$，$\boldsymbol{r}'^E=\begin{pmatrix}r_x{}'\\r_y{}'\\r_z{}'\end{pmatrix}$，$\boldsymbol{u}^E=\begin{pmatrix}l\\m\\n\end{pmatrix}$，则：

$$(\boldsymbol{u}\times\boldsymbol{r})^E=\begin{pmatrix}l\\m\\n\end{pmatrix}\times\begin{pmatrix}r_x\\r_y\\r_z\end{pmatrix}=\begin{pmatrix}-nr_y+mr_z\\nr_x-lr_z\\-mr_x+lr_y\end{pmatrix}=\begin{pmatrix}0&-n&m\\n&0&-l\\-m&l&0\end{pmatrix}\begin{pmatrix}r_x\\r_y\\r_z\end{pmatrix} \tag{4-31}$$

令：

$$\boldsymbol{U}=\begin{pmatrix}0&-n&m\\n&0&-l\\-m&l&0\end{pmatrix} \tag{4-32}$$

则：

$$(\boldsymbol{u}\times\boldsymbol{r})^E=\boldsymbol{U}\boldsymbol{r}^E \tag{4-33}$$

因此：

$$[\boldsymbol{u}\times(\boldsymbol{u}\times\boldsymbol{r})]^E=\boldsymbol{u}\times\boldsymbol{U}\boldsymbol{r}^E=\boldsymbol{U}(\boldsymbol{U}\boldsymbol{r}^E)=(\boldsymbol{U}\times\boldsymbol{U})\boldsymbol{r}^E \tag{4-34}$$

将式(4-33)和式(4-34)代入式(4-30)，可得：

$$\begin{aligned}\boldsymbol{r}'^E&=\boldsymbol{r}^E+(1-\cos\theta)(\boldsymbol{U}\times\boldsymbol{U})\boldsymbol{r}^E+\boldsymbol{U}\boldsymbol{r}^E\sin\theta\\&=[\boldsymbol{I}+(1-\cos\theta)(\boldsymbol{U}\times\boldsymbol{U})+\boldsymbol{U}\sin\theta]\boldsymbol{r}^E\end{aligned} \tag{4-35}$$

其中，$\boldsymbol{I}$ 为单位矩阵，$\boldsymbol{I}=\begin{pmatrix}1&0&0\\0&1&0\\0&0&1\end{pmatrix}$。利用三角函数的倍角公式，上式又可改写为：

$$\boldsymbol{r}'^E=\left(\boldsymbol{I}+2\sin^2\frac{\theta}{2}\boldsymbol{U}\times\boldsymbol{U}+2\boldsymbol{U}\sin\frac{\theta}{2}\cos\frac{\theta}{2}\right)\boldsymbol{r}^E \tag{4-36}$$

令：

$$\boldsymbol{D}=\left(\boldsymbol{I}+2\sin^2\frac{\theta}{2}\boldsymbol{U}\times\boldsymbol{U}+2\boldsymbol{U}\sin\frac{\theta}{2}\cos\frac{\theta}{2}\right) \tag{4-37}$$

则：

$$\boldsymbol{r}'^E=\boldsymbol{D}\boldsymbol{r}^E \tag{4-38}$$

在无人机未起飞的0时刻，机体坐标系与大地坐标系重合，无人机上的某个矢量$\boldsymbol{r}$ 在两个坐标系下的表示结果是相同的，因此：

$$\boldsymbol{r}^E=\boldsymbol{r}^{b_0} \tag{4-39}$$

当无人机起飞后，在其姿态变换过程中，从无人机上的观察者的角度来说，无人机上的任一矢量，与机体坐标系之间的相对夹角始终不变，或者说，无人机起飞后，即便机体坐标系发生了转动，但是无人机上矢量$\boldsymbol{r}$ 的表达式始终是不变的，即：

$$\boldsymbol{r}'^b=\boldsymbol{r}^{b_0} \tag{4-40}$$

$\boldsymbol{r}'$为机体坐标系转动以后矢量的表达式，所以得出：

$$\boldsymbol{r}^E=\boldsymbol{r}'^b \tag{4-41}$$

将式(4-41)代入式(4-38)，可得

$$\boldsymbol{r}'^E=\boldsymbol{D}\boldsymbol{r}'^b \tag{4-42}$$

所以，$\boldsymbol{D}$ 就是机体坐标系至大地坐标系的变换矩阵$\boldsymbol{C}_b^E$，即：

$$\boldsymbol{C}_b^E=\boldsymbol{D}=\left(\boldsymbol{I}+2\sin^2\frac{\theta}{2}\boldsymbol{U}\times\boldsymbol{U}+2\boldsymbol{U}\sin\frac{\theta}{2}\cos\frac{\theta}{2}\right) \tag{4-43}$$

将式(4-32)代入式(4-43)，整理后可得：

$$\boldsymbol{C}_b^E=\begin{pmatrix}1&0&0\\0&1&0\\0&0&1\end{pmatrix}+\begin{pmatrix}0&-2n\sin\frac{\theta}{2}\cos\frac{\theta}{2}&2m\sin\frac{\theta}{2}\cos\frac{\theta}{2}\\2n\sin\frac{\theta}{2}\cos\frac{\theta}{2}&0&-2l\sin\frac{\theta}{2}\cos\frac{\theta}{2}\\-2m\sin\frac{\theta}{2}\cos\frac{\theta}{2}&2l\sin\frac{\theta}{2}\cos\frac{\theta}{2}&0\end{pmatrix}+$$

$$\begin{pmatrix}-2(m^2+n^2)\sin^2\frac{\theta}{2}&2lm\sin^2\frac{\theta}{2}&2ln\sin^2\frac{\theta}{2}\\2lm\sin^2\frac{\theta}{2}&-2(l^2+n^2)\sin^2\frac{\theta}{2}&2mn\sin^2\frac{\theta}{2}\\2ln\sin^2\frac{\theta}{2}&2mn\sin^2\frac{\theta}{2}&-2(l^2+m^2)\sin^2\frac{\theta}{2}\end{pmatrix} \tag{4-44}$$

为了将上式化简，我们引入如式(4-22)所示的四元数三角式，并设 $q_0=\cos\frac{\theta}{2}$，$q_1=l\sin\frac{\theta}{2}$，$q_2=m\sin\frac{\theta}{2}$，$q_3=n\sin\frac{\theta}{2}$，代入$\boldsymbol{C}_b^E$，经过整理后可得：

$$\boldsymbol{C}_b^E=\begin{pmatrix}1-2(q_2^2+q_3^2) & 2(q_1q_2-q_0q_3) & 2(q_0q_2+q_1q_3)\\ 2(q_0q_3+q_1q_2) & 1-2(q_1^2+q_3^2) & 2(q_2q_3-q_0q_1)\\ 2(q_1q_3-q_0q_2) & 2(q_0q_1+q_2q_3) & 1-2(q_2^2+q_1^2)\end{pmatrix} \tag{4-45}$$

利用 $q_0^2+q_1^2+q_2^2+q_3^2=1$，还可以进一步得到：

$$\boldsymbol{C}_b^E=\begin{pmatrix}q_0^2+q_1^2-q_2^2-q_3^2 & 2(q_1q_2-q_0q_3) & 2(q_0q_2+q_1q_3)\\ 2(q_0q_3+q_1q_2) & q_0^2-q_1^2+q_2^2-q_3^2 & 2(q_2q_3-q_0q_1)\\ 2(q_1q_3-q_0q_2) & 2(q_0q_1+q_2q_3) & q_0^2-q_1^2-q_2^2+q_3^2\end{pmatrix} \tag{4-46}$$

上式为由机体坐标系到大地坐标系的姿态变换矩阵。按照与式(4-13)类似的讨论，也可以获得由大地坐标系到机体坐标系的姿态变换矩阵，为：

$$\boldsymbol{C}_E^b=\begin{pmatrix}q_0^2+q_1^2-q_2^2-q_3^2 & 2(q_0q_3+q_1q_2) & 2(q_1q_3-q_0q_2)\\ 2(q_1q_2-q_0q_3) & q_0^2-q_1^2+q_2^2-q_3^2 & 2(q_0q_1+q_2q_3)\\ 2(q_0q_2+q_1q_3) & 2(q_2q_3-q_0q_1) & q_0^2-q_1^2-q_2^2+q_3^2\end{pmatrix} \tag{4-47}$$

式(4-46)是利用四元数法所获得的由机体坐标系到大地坐标系的矩阵，该结果应该与式(4-14)所示的结果具有相同的物理意义，各分量也应对应相等。为了有效地计算出姿态角，我们从式(4-14)和式(4-46)中选取5组元素，令其对应相等，并分别表示为新的变量，可得如下各式：

$$g_1=2(q_1q_3-q_0q_2)=-\sin\theta \tag{4-48}$$

$$g_2=2(q_0q_1+q_2q_3)=\sin\varphi\cos\theta \tag{4-49}$$

$$g_3=q_0^2-q_1^2-q_2^2+q_3^2=\cos\varphi\cos\theta \tag{4-50}$$

$$g_4=2(q_0q_3+q_1q_2)=\cos\theta\sin\psi \tag{4-51}$$

$$g_5=q_0^2+q_1^2-q_2^2-q_3^2=\cos\theta\cos\psi \tag{4-52}$$

因此：

$$\theta=-\arcsin(g_1) \tag{4-53}$$

$$\varphi=\arctan(g_2/g_3) \tag{4-54}$$

$$\psi=\arctan(g_4/g_5) \tag{4-55}$$

如果我们知道了四元数的具体数值，就可以通过上面这三个式子求出相应的姿态角。

上述关于姿态变换矩阵的讨论，都是从式(4-29)这个罗德里格旋转公式出发而获得的。如果将讨论过程所涉及的物理量都用四元数表示，还可以获得如下表达式(证明过程略)：

$$\boldsymbol{r}'=\boldsymbol{Q}\otimes\boldsymbol{r}\otimes\boldsymbol{Q}^* \tag{4-56}$$

其中，$\boldsymbol{r}'$和 $\boldsymbol{r}$ 均为用四元数表示的矢量，其四元数的标量部分为0；$\boldsymbol{Q}$ 为一与旋转轴$\boldsymbol{u}$ 及旋转的角度 θ 有关的四元数，具体表达式为 $\boldsymbol{Q}=\left[\cos\frac{\theta}{2},\sin\frac{\theta}{2}\boldsymbol{u}\right]$；$\boldsymbol{Q}^*$ 为 $\boldsymbol{Q}$ 的共轭值，$\boldsymbol{Q}^*=\left[\cos\frac{\theta}{2},-\sin\frac{\theta}{2}\boldsymbol{u}\right]$。也就是说，当矢量$\boldsymbol{r}$ 绕单位矢量$\boldsymbol{u}$ 旋转至$\boldsymbol{r}'$，在垂直于单位矢量$\boldsymbol{u}$ 的平面内旋转的角度为 θ，则$\boldsymbol{r}'$所对应的四元数可通过$\boldsymbol{r}$ 所对应的四元数按 $\boldsymbol{Q}\otimes\boldsymbol{r}\otimes\boldsymbol{Q}^*$ 构造，其中，$\boldsymbol{Q}=\left[\cos\frac{\theta}{2},\sin\frac{\theta}{2}\boldsymbol{u}\right]$，$\boldsymbol{Q}^*=\left[\cos\frac{\theta}{2},-\sin\frac{\theta}{2}\boldsymbol{u}\right]$。这就是四元数的物理意义。

在同一坐标系下，一个矢量绕某个旋转轴旋转，所得的新矢量可通过四元数得到表示。而对于同一矢量，当坐标系旋转后，该矢量在新坐标系下的表示结果也可以用相同的方式进行表征。这时，最关键的就是确定用于表征坐标系旋转过程的四元数 $\boldsymbol{Q}$。

2. 四元数各参量的求解

假设用于实现由大地坐标系到机体坐标旋转的四元数为 $\boldsymbol{Q}=\cos\frac{\theta}{2}+\boldsymbol{u}\sin\frac{\theta}{2}$，将其对时间 t 求导可得：

$$\frac{\mathrm{d}\boldsymbol{Q}}{\mathrm{d}t}=-\frac{1}{2}\sin\frac{\theta}{2}\frac{\mathrm{d}\theta}{\mathrm{d}t}+\frac{\mathrm{d}\boldsymbol{u}}{\mathrm{d}t}\sin\frac{\theta}{2}+\boldsymbol{u}\frac{1}{2}\cos\frac{\theta}{2}\frac{\mathrm{d}\theta}{\mathrm{d}t} \tag{4-57}$$

由于 $\frac{\mathrm{d}\boldsymbol{u}}{\mathrm{d}t}=0$，设 $\frac{\mathrm{d}\theta}{\mathrm{d}t}=\boldsymbol{\omega}^E$，则：

$$\begin{aligned}\frac{\mathrm{d}\boldsymbol{Q}}{\mathrm{d}t}&=-\frac{1}{2}\sin\frac{\theta}{2}\boldsymbol{\omega}^E+\boldsymbol{u}\frac{1}{2}\cos\frac{\theta}{2}\boldsymbol{\omega}^E\\&=\frac{1}{2}\boldsymbol{u}\,\boldsymbol{\omega}^E\left(\cos\frac{\theta}{2}+\boldsymbol{u}\sin\frac{\theta}{2}\right)\\&=\frac{1}{2}\boldsymbol{u}\,\boldsymbol{\omega}^E\otimes\boldsymbol{Q}=\frac{1}{2}\boldsymbol{\omega}^E\otimes\boldsymbol{Q}\end{aligned} \tag{4-58}$$

在推导式(4-58)时，利用了单位矢量的四元数自乘：$\boldsymbol{u}\otimes\boldsymbol{u}=-1$。

而根据式(4-56)，作为同一矢量在大地坐标系和机体坐标系下的不同表达式，$\boldsymbol{\omega}^E$ 和$\boldsymbol{\omega}^b$ 的关系可用下式表示：

$$\boldsymbol{\omega}^E=Q\otimes\boldsymbol{\omega}^b\otimes\boldsymbol{Q}^* \tag{4-59}$$

将上式两边同时右乘 $\boldsymbol{Q}$，利用 $\boldsymbol{Q}\otimes\boldsymbol{Q}^*=1$ 的性质，可以获得：

$$\boldsymbol{\omega}^E\otimes\boldsymbol{Q}=\boldsymbol{Q}\otimes\boldsymbol{\omega}^b \tag{4-60}$$

将式(4-60)代入到式(4-58)中，可得：

$$\begin{aligned}\frac{\mathrm{d}\boldsymbol{Q}}{\mathrm{d}t}&=\frac{1}{2}\boldsymbol{\omega}^E\otimes\boldsymbol{Q}=\frac{1}{2}\boldsymbol{Q}\otimes\boldsymbol{\omega}^b\\&=\frac{1}{2}(q_0+q_1\boldsymbol{i}+q_2\boldsymbol{j}\otimes+q_3\boldsymbol{k})\otimes(\omega_x\boldsymbol{i}+\omega_y\boldsymbol{j}+\omega_z\boldsymbol{k})\\&=\frac{1}{2}[(-\omega_xq_1-\omega_yq_2-\omega_zq_3)+(\omega_xq_0+\omega_zq_2-\omega_yq_3)\boldsymbol{i}+\\&\quad(\omega_yq_0-\omega_zq_1+\omega_xq_3)\boldsymbol{j}+(\omega_zq_0+\omega_yq_1-\omega_xq_2)\boldsymbol{k}]\end{aligned} \tag{4-61}$$

将上式改写为矩阵形式：

$$\frac{\mathrm{d}\boldsymbol{Q}}{\mathrm{d}t}=\frac{1}{2}\begin{pmatrix}-\omega_xq_1-\omega_yq_2-\omega_zq_3\\\omega_xq_0+\omega_zq_2-\omega_yq_3\\\omega_yq_0-\omega_zq_1+\omega_xq_3\\\omega_zq_0+\omega_yq_1-\omega_xq_2\end{pmatrix}=\frac{1}{2}\begin{pmatrix}0&-\omega_x&-\omega_y&-\omega_z\\\omega_x&0&\omega_z&-\omega_y\\\omega_y&-\omega_z&0&\omega_x\\\omega_z&\omega_y&-\omega_x&0\end{pmatrix}\begin{pmatrix}q_0\\q_1\\q_2\\q_3\end{pmatrix} \tag{4-62}$$

设：

$$\boldsymbol{\Omega}_b=\frac{1}{2}\begin{pmatrix}0&-\omega_x&-\omega_y&-\omega_z\\\omega_x&0&\omega_z&-\omega_y\\\omega_y&-\omega_z&0&\omega_x\\\omega_z&\omega_y&-\omega_x&0\end{pmatrix} \tag{4-63}$$

则：

$$\frac{\mathrm{d}\boldsymbol{Q}}{\mathrm{d}t}=\boldsymbol{\Omega}_b\boldsymbol{Q} \tag{4-64}$$

为了方便编程，我们可以将微分式改写为差分式。由：

$$\frac{\mathrm{d}\boldsymbol{Q}}{\mathrm{d}t}=\frac{\boldsymbol{Q}(t+\Delta t)-\boldsymbol{Q}(t)}{\Delta t} \tag{4-65}$$

得出：

$$\boldsymbol{Q}(t+\Delta t)=\boldsymbol{Q}(t)+\Delta t\boldsymbol{\Omega}_b(t)\boldsymbol{Q}(t) \tag{4-66}$$

即：

$$\begin{aligned}\begin{pmatrix}q_0\\q_1\\q_2\\q_3\end{pmatrix}_{t+\Delta t}&=\begin{pmatrix}q_0\\q_1\\q_2\\q_3\end{pmatrix}_t+\frac{1}{2}\Delta t\begin{pmatrix}0&-\omega_x&-\omega_y&-\omega_z\\\omega_x&0&\omega_z&-\omega_y\\\omega_y&-\omega_z&0&\omega_x\\\omega_z&\omega_y&-\omega_x&0\end{pmatrix}\begin{pmatrix}q_0\\q_1\\q_2\\q_3\end{pmatrix}_t\\&=\begin{pmatrix}q_0\\q_1\\q_2\\q_3\end{pmatrix}_t+\frac{1}{2}\Delta t\begin{pmatrix}-\omega_xq_1-\omega_yq_2-\omega_zq_3\\\omega_xq_0+\omega_zq_2-\omega_yq_3\\\omega_yq_0-\omega_zq_1+\omega_xq_3\\\omega_zq_0+\omega_yq_1-\omega_xq_2\end{pmatrix}\end{aligned} \tag{4-67}$$

由此可得：

$$\begin{cases}q_{0\,t+\Delta t}=q_0+\frac{1}{2}\Delta t(-\omega_xq_1-\omega_yq_2-\omega_zq_3)\\q_{1\,t+\Delta t}=q_1+\frac{1}{2}\Delta t(\omega_xq_0+\omega_zq_2-\omega_yq_3)\\q_{2\,t+\Delta t}=q_2+\frac{1}{2}\Delta t(\omega_yq_0-\omega_zq_1+\omega_xq_3)\\q_{3\,t+\Delta t}=q_3+\frac{1}{2}\Delta t(\omega_zq_0+\omega_yq_1-\omega_xq_2)\end{cases} \tag{4-68}$$

在上式中，ω_x、ω_y、ω_z 为陀螺仪测得的角速度，Δt 为两次陀螺仪测量角速度的时间间隔。四元数的初值设为一个非 0 的数即可，如(1, 0, 0, 0)。由此，可以通过不断迭代获得当前时刻四元数的最新值，从而实现无人机姿态的实时更新。在获得了最新的四元数后，可根据式(4-49)～式(4-55)，计算得到当前时刻的欧拉角，从而为无人机的姿态调控做好准备。

3. 陀螺仪误差的消除

式(4-68)实际上是一个不断累加的过程，这个累加的过程可以理解为积分的过程。如果从陀螺仪获得的角速度信息存有微小的系统误差，经过长时间的累加之后，误差值就会不断增大，从而使获得的姿态角出现偏差。为了解决这一问题，需要借助加速度计来消除误差。

加速度计的测量值，是重力加速度在机体坐标系下的三个分量，与机体坐标系的姿态角直接相关。所以利用加速度计获得的角度信息并不需要进行累加的过程，因此并不会出现偏差。但是，我们也不能直接利用加速度计计算的角度信息，因为加速度计受环境的影响较大，在飞行过程中机械振动不断作用于姿态传感器，对于测量加速度的加速度计来说，会产生周期性的影响，而且该影响要远比陀螺仪明显，因此，由加速度计得出的姿态角在短时间内可靠性不高。但是，经过长时间的积分，加速度计测量值的周期性变化会正负抵消，因此积分后的角度信息反而是可信的。然而，长时间积分的结果无法体现出测量的即时性，因此，我们需要用加速度计获得的角度信息去矫正陀螺仪获得的姿态信息，从而消除因长时间积分造成的角度误差。

假设从加速度计获得的三个分量为 a_{x0}、a_{y0}、a_{z0}，将其归一化为 0～1 范围内的数：

$$a_x=\frac{a_{x0}}{\sqrt{a_{x0}^{\;2}+a_{y0}^{\;2}+a_{z0}^{\;2}}}$$

$$a_y=\frac{a_{y0}}{\sqrt{{a_{x0}}^2+{a_{y0}}^2+{a_{z0}}^2}}$$

$$a_z=\frac{a_{z0}}{\sqrt{{a_{x0}}^2+{a_{y0}}^2+{a_{z0}}^2}} \tag{4-69}$$

归一化后，三个分量的平方和为 1。

重力加速度在机体坐标系下的三个分量可以由加速度计测量而得，同时，利用式(4-47)所示的由大地坐标系 E 到机体坐标系 b 的姿态变换矩阵，将其作用于重力加速度在大地坐标系下的三个分量，也可以计算出重力加速度在机体坐标系下的三个分量。而重力加速度在大地坐标系下的三个分量的归一化值为$(0, 0, 1)^{\mathrm{T}}$，即只存在 Z 轴的分量，这是由重力加速度的方向永远是竖直向下，与 Z 轴平行所决定的。由此可以计算出重力加速度在机体坐标系下的三个分量为：

$$\begin{pmatrix}V_x\\V_y\\V_z\end{pmatrix}=\begin{pmatrix}q_0^2+q_1^2-q_2^2-q_3^2 & 2(q_0q_3+q_1q_2) & 2(q_1q_3-q_0q_2)\\ 2(q_1q_2-q_0q_3) & q_0^2-q_1^2+q_2^2-q_3^2 & 2(q_0q_1+q_2q_3)\\ 2(q_0q_2+q_1q_3) & 2(q_2q_3-q_0q_1) & q_0^2-q_1^2-q_2^2+q_3^2\end{pmatrix}\begin{pmatrix}0\\0\\1\end{pmatrix}=\begin{pmatrix}2(q_1q_3-q_0q_2)\\2(q_0q_1+q_2q_3)\\q_0^2-q_1^2-q_2^2+q_3^2\end{pmatrix} \tag{4-70}$$

记为：

$$V_x=2(q_1q_3-q_0q_2)$$
$$V_y=2(q_0q_1+q_2q_3)$$
$$V_z=q_0^2-q_1^2-q_2^2+q_3^2 \tag{4-71}$$

这样计算出的三个分量同样是归一化的，即平方和为 1。

由于在利用式(4-71)计算重力加速度在机体坐标系下的三个分量时，是借助于由大地坐标系到机体坐标系的姿态变换矩阵而得的，而姿态变换矩阵的相关参数与陀螺仪测量出的角速度密切相关，因此，式(4-71)就体现了角速度的结果，其中也包含了长时间积分所带来的误差。而式(4-69)是根据加速度计的测量结果计算而得的，因此，我们就可以利用式(4-71)与式(4-69)之间的差别，不断地修正角速度的测量值。虽然式(4-69)的计算结果可能会受到瞬时机械振动的影响，但长时间地利用该结果去修正角速度，依然可以因累加的原因而消除机械振动的影响，从而获得较为可靠的角速度的修正结果。

式(4-69)和式(4-70)所得的重力加速度分量之间的差值，可以通过二者的矢量叉乘进行计算。如式(4-72)所示，当两个结果一致时，叉乘为 0，即没有误差。

$$\begin{pmatrix}e_x\\e_y\\e_z\end{pmatrix}=\begin{pmatrix}a_x\\a_y\\a_z\end{pmatrix}\times\begin{pmatrix}V_x\\V_y\\V_z\end{pmatrix}=\begin{pmatrix}a_yV_z-a_zV_y\\a_zV_x-a_xV_z\\a_xV_y-a_yV_x\end{pmatrix} \tag{4-72}$$

将误差的三个分量记为：

$$e_x=a_yV_z-a_zV_y$$
$$e_y=a_zV_x-a_xV_z$$
$$e_z=a_xV_y-a_yV_x \tag{4-73}$$

对误差进行积分，可以得到累计误差：

$$(acc\_e_x)_{t+\Delta t}=(acc\_e_x)_t+e_x\times K_{\mathrm{I}}\times\Delta t$$
$$(acc\_e_y)_{t+\Delta t}=(acc\_e_y)_t+e_y\times K_{\mathrm{I}}\times\Delta t$$
$$(acc\_e_z)_{t+\Delta t}=(acc\_e_z)_t+e_z\times K_{\mathrm{I}}\times\Delta t \tag{4-74}$$

其中，K_{I} 为积分系数，Δt 为积分周期，也就是姿态传感器两次输出测量结果之间的时间间隔。

将误差输入 PID 控制器，与本次姿态更新中陀螺仪测得的角速度相加，得到一个修正的角速度值。利用修正的角速度值去更新四元数，从而获得更准确的姿态角信息。修正后的角速度为：

$$g_x=\omega_x+K_{\mathrm{P}}\times e_x+acc\_e_x$$

$$g_y=\omega_y+K_P\times e_y+acc\_e_y$$
$$g_z=\omega_z+K_P\times e_z+acc\_e_z \tag{4-75}$$

其中，K_P 为互补滤波系数，ω_x、ω_y、ω_z 为陀螺仪测得的角速度。

将修正后的角速度作为实际代入到式(4-68)的角速度参数，就可以获得更为准确的四元数，从而计算出更为准确的姿态角。

4. 程序的编写

基于上述关于姿态解算的讨论，我们可以按照如下流程编写姿态解算程序(相关符号均按程序中可使用的变量和符号来书写)：

① 定义初始四元数的值为 q0=1，q1=0，q2=0，q3=0。

② 读取 MPU6050 的加速度计值 ax、ay、az，角速度值 gx、gy、gz，并将角速度值按照下式进行变换，将单位由“°/s”变为“弧度/s”。

```
gx = gx * 0.0174;
gy = gy * 0.0174;
gz = gz * 0.0174;
```

③ 对加速度值进行归一化，使模值变为 1，计算依据如式(4-69)所示。这时，可以调用求平方根倒数的函数 invSqrt(float x)，实现对加速度值的归一化处理。

```
recipNorm = invSqrt(ax * ax+ay * ay+az * az);
ax * =recipNorm;
ay * =recipNorm;
az * =recipNorm;
```

④ 提取姿态矩阵中的重力分量 Vx、Vy、Vz，计算依据如式(4-71)所示。

```
Vx = 2 * (q1 * q3-q0 * q2);
Vy = 2 * (q0 * q1+q2 * q3);
Vz = 1-2 * q1 * q1-2 * q2 * q2;
```

⑤ 求姿态误差 ex、ey、ez，计算依据如式(4-73)所示。

```
ex=(ay * Vz-az * Vy);
ey=(az * Vx-ax * Vz);
ez=(ax * Vy-ay * Vx);
```

⑥ 对于误差积分 acce-x、acce-y、acce-z，计算依据如式(4-74)所示，程序中的变量名称调整为：

```
accex = accex+ex * KI * dt;
accey = accey+ey * KI * dt;
accez = accez+ez * KI * dt;
```

⑦ 互补滤波，修正角速度值 gx、gy、gz，计算依据如式(4-75)所示。

```
gx=gx+Kp * ex+accex;
gy=gy+Kp * ey+accey;
gz=gz+Kp * ez+accez;
```

⑧ 解四元数微分方程，不断迭代优化四元数 q0、q1、q2、q3，计算依据如式(4-68)所示。

```
q0=q0+0.5 * dt×( -gx * q1 - gy * q2-gz * q3 );
q1=q1+0.5 * dt×( gx * q0+gz * q2-gy * q3 );
q2=q2+0.5 * dt×( gy * q0-gz * q1+gx * q3 );
q3=q3+0.5 * dt×( gz * q0 + gy * q1-gx * q2 );
```

⑨ 四元数归一化，使模值变为 1，只有在模值为 1 的情况下才可以将四元数表示为三角式，才可以

用于计算姿态角。这时可以继续调用求平方根倒数的函数 invSqrt(float x)进行处理。

```
recipNorm = invSqrt(q0 * q0 + q1 * q1 + q2 * q2 + q3 * q3);
q0 *= recipNorm;
q1 *= recipNorm;
q2 *= recipNorm;
q3 *= recipNorm;
```

⑩ 计算姿态角，具体计算依据如式(4-48)～式(4-55)所示。

```
g1 = 2.0 * (q1 * q3 - q0 * q2 );
g2 = 2.0 * (q0 * q1 + q2 * q3 );
g3 = q0 * q0 - q1 * q1 - q2 * q2 + q3 * q3;
g4 = 2.0 * (q0 * q3 + q1 * q2 );
g5 = q0 * q0 + q1 * q1 - q2 * q2 - q3 * q3;
pitch = -arcsin(g1) * 57.3;
roll = arctan(g2/g3) * 57.3;
yaw = arctan(g4/g5) * 57.3;
```

在计算时需要调用反正弦函数 arcsin(float x)和反正切函数 arctan(float x)，并在计算完毕后通过乘以 57.3，将计算结果由“弧度”转换为“°”。

习 题

1. 姿态传感器 MPU6050 中的陀螺仪和加速度计分别起到什么作用？
2. 在通过 I^2C 总线与 MPU6050 进行通信时，其读、写的地址分别是如何确定的？
3. 当 GYRO_CONFIG 寄存器设置为 0x10，某个角速度分量的数据输出为－15 000 时，所对应的角速度是多少？当 ACCEL_CONFIG 寄存器设置为 0x11，某个加速度分量的数据输出为 20 000 时，所对应的加速度是多少？
4. 姿态解算的目的是什么？
5. 在进行姿态解算时，为什么要用加速度计的测量结果去修正姿态解算的结果？
6. 在进行姿态解算时，输入的参数和输出的参数分别是什么？

实践任务

请完成任务活页单元 4 模块 1 中的任务。

模块 2　无人机 PID 控制

模块描述

在准确地获得了无人机当前的姿态信息后，就需要根据当前姿态与期望姿态的偏差大小进行修正，这个过程可以通过调整四个旋翼的转速来实现。但旋翼转速应当如何调整，则需要应用一定的自动化控制理论来实现。

本模块将重点学习无人机姿态的串级 PID 控制技术，以及相关参数的整定方法。

学习目标

1. 知道串级 PID 控制技术的基本原理。
2. 知道基于 PID 参数离散化的编程技术。
3. 知道 PID 参数的整定方法。

2.1 PID 控制基础

2.1.1 线性控制系统的 PID 控制

1. 经典控制理论与现代控制理论

经典控制理论也称为古典控制理论、自动控制理论，发展自 19 世纪末。它以传递函数作为描述系统的数学模型，主要分析设计工具包括时域分析法、根轨迹法和频域分析法等，为工程技术人员提供了一个设计反馈控制系统的有效工具，主要用于解决反馈控制系统中控制器的分析与设计的问题。

经典控制理论主要研究线性定常系统。当系统中各组成环节或元器件的状态及特性可以用线性微分方程描述时，该控制系统被称为线性控制系统。如果描述该线性控制系统的微分方程的系数是常数，则称为线性定常系统。经典控制理论的特点是以传递函数为数学工具，本质上是频域方法，而传递函数只描述了系统的输入、输出之间的关系，没有内部变量的表示，主要研究单输入、单输出的线性定常控制系统的分析与设计。典型的经典控制理论包括 PID 控制、Smith 控制、解耦控制、Dalin 大林控制、串级控制等。

20 世纪 50 年代中期，科学技术及生产力的发展，特别是空间技术的发展，迫切要求解决更复杂的多变量系统、非线性控制系统的最优控制问题，例如火箭和宇航器的导航、跟踪和着陆过程中的高精度、低消耗控制，到达目标的控制时间最小等，现代控制理论应运而生。

现代控制理论是建立在状态空间基础上的一种控制理论。在现代控制理论中,对控制系统的分析和设计主要是通过对系统的状态变量的描述来进行的,基本的方法是时间域方法。现代控制理论比经典控制理论所能处理的控制问题要广泛得多,包括线性控制系统和非线性控制系统,定常系统和时变系统,单变量系统和多变量系统。它所采用的方法和算法也更适合于在数字计算机上进行。现代控制理论还为设计和构造具有指定的性能指标的最优控制系统提供了可能。

2. PID 控制

PID 控制属于经典控制理论,是线性控制系统甚至一些非线性控制系统最常见的控制方法。由于 PID 控制简单易懂,容易实现,而且适合大部分的实际系统,因而获得了广泛的应用。

PID 控制,顾名思义就是比例积分微分控制。其中,P 是比例(Proportional),是指系统按照被控对象的当前值与期望值(设定值,目标值)之间的误差,以一定的比例来调整系统的输入;I 是积分(Integral),是指系统按照误差的累计值,以一定的比例来调整系统的输入;D 是微分(Derivative),是指系统按照误差的变化率,以一定的比例来调整系统的输入。在这三个参数中,P 可以看作当前,I 可以看作历史,D 可以看作未来,PID 控制器将三者优化组合后一起完成控制目标。PID 控制器的系统框图如图 4-7 所示,在系统运行时,为系统设定一个最终要完成的目标作为输入,反馈系统传回输出值。如果传回的输出值与目标不一致,二者之间存在一个误差,系统将根据 PID 参数设置,调整执行机构的输入,并通过执行机构调整对输出的控制,最终使输出趋近并达到设定值。需要指出的是,在使用 PID 控制时,并不是每次都同时需要 P、I、D 三个控制参数,有些时候可能只需要 PI 控制或 PD 控制就能够很好地稳定系统,达成控制目的。

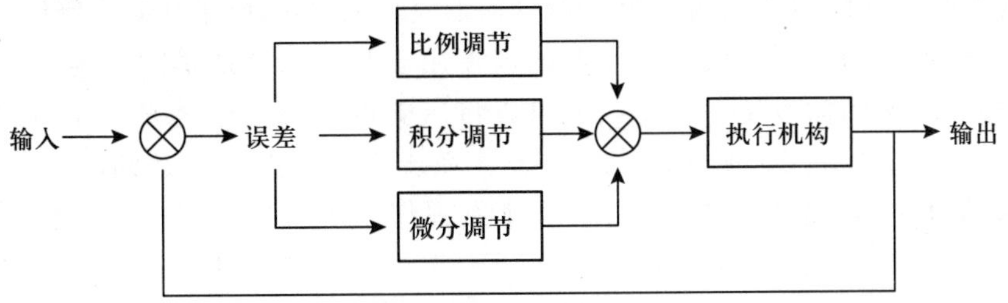

图 4-7 PID 控制器的系统框图

PID 控制器最大的问题是没有一个明确的系统函数及优化原则,因此对 PID 参数的调整往往非常困难,只能依据经验进行调整,并且只能将系统调整到某种可接受的状态,也不确定能否调整出更优的结果。但是,由于 PID 控制并不需要了解系统和被控对象的特性,而且解决了模拟量闭环控制的稳定性、快速性和准确性的问题,具有较强的适应性及灵活性,应用过程简单,一般人都能学习掌握,因此,PID 控制的应用非常广泛,而且长久不衰。在本教材中,我们使用 PID 实现对四旋翼无人机系统的控制。

2.1.2 PID 控制参数

为了表述方便,我们作如下定义:控制系统在 t 时刻,输入量为 $i(t)$,输出量为 $o(t)$,而系统误差(偏差)$err(t) = i(t) - o(t)$。与比例 P、积分 I、微分 D 三方面控制相关的比例系数分别为 K_P、K_I、K_D。

1. 比例控制 P

比例控制也称为比例增益,它是控制系统中重要的控制参数,可迅速地跟踪系统的输入响应,并在期望值的附近振荡。

例如,房间的空调温度控制,假定所设定的温度为 20°,而温度传感器检测到房间的温度只有 5°,那么就会有 15°的偏差,将这个偏差乘以一个固定的比例系数 K_P,所得结果用于加大系统的输入量,如增加制热功率，从而使房间温度快速达到 20°，这种调整就称为比例控制。由于在控制过程中比例系数 K_P 保持不变，因此，当 $o(t)$ 与 $i(t)$ 趋于接近，$err(t)$ 不断减小时，用于调整系统输入的量也会不断减小；当 $o(t)$ 与 $i(t)$ 完全一致时，用于调整系统输入的量为 0。比例控制项如式(4-76)所示：

$$u_p(t)=K_P \cdot err(t) \tag{4-76}$$

比例控制的实现比较简单。但是，当系统只有比例控制时，系统可能会存在稳态误差，无法完全消除外界所加入的固定扰动所带来的影响。稳态误差也称为稳差、静差或余差。还以上述房间温度控制为例，假如所处房间的隔热性不好，在空调制热使房间温度升高的同时，还会因房间散热而使温度下降。在这种情况下，如果单纯依靠比例控制，由于比例系数 K_P 在控制的过程中始终保持不变，随着房间温度的升高，误差不断减小，空调的制热量也会不断减小，因此当房间温度升高到一定程度，空调的制热与房间散热达到平衡时，房间的温度就不会再继续升高(即便此时房间温度没有达到设定温度)，二者之间的差值就是稳态误差。当然，如果提高 K_P 的取值，那么将会在更高的温度下，也就是在更小的误差下，空调的制热量才能减小到与房间散热量一致。此时，系统的稳态误差也会减小，房间将在更高的温度下达到热平衡，但稳态误差依然存在。而且，K_P 也不能无限地增大，当 K_P 增大到一定程度，系统将会产生振荡，无法实现有效的控制。

总之，比例控制器实质上是一种增益可调的放大器，它的作用是通过加大比例系数 K_P 来增加开环增益，减少稳态误差，从而使系统的开环精度提高。但同时，系统的相对稳定性下降，严重时可使系统不稳定，故比例控制器一般很少被单独使用。

2. 积分控制 I

在使用比例控制时，有时会因为系统存在的扰动而形成稳态误差，而单纯的比例控制无法对其进行有效的修正，其原因就在于比例控制仅仅是将当前的误差用于修正系统的输入。为了消除稳态误差的影响，有必要进一步加大系统的输入量。这时候就可以将历史误差也考虑进来。我们对历史误差进行积分，并将结果乘以 K_I，形成积分控制项，用于进一步加大系统的输入量，从而达到消除稳态误差的目的。

在控制系统中，PID 控制都是通过周期性运算来发挥作用的，每执行一个周期，就要计算一次系统输出与期望之间的误差，这个周期就是采样周期。对于积分控制项来说，每经过一个采样周期，就要累加一次误差值。这样，即便误差很小，积分控制项也会随着时间的增加而不断增大，它会推动控制器的输出不断增大，使稳态误差逐步减小，直至为 0。因此，在控制系统中增加积分控制，可以有效地消除由于单纯比例控制所形成的稳态误差，在进入稳态后实现输出与输入的相等。积分控制项如式(4-77)所示：

$$u_i(t)=K_I \cdot \int err(t)\mathrm{d}t \tag{4-77}$$

总之，积分控制具有消除稳态误差的作用，可以提高系统的控制精度及稳态性能。但是，由于积分控制要考虑历史误差，因此，当系统的输出与输入相同后，积分控制依然会发挥作用，使系统的输出偏离输入，体现出积分控制在相位上的滞后性。也就是说，控制结果总会落后于误差的变化，系统无法及时减少干扰，输出也就无法很快稳定下来。所以积分控制不会被单独使用，通常与比例控制一起构成比例积分(PI)控制器。

3. 微分控制 D

积分控制具有滞后性，与之相对，微分控制则具有超前性。所谓微分控制，指的是系统当前误差相对于之前误差的变化率。微分控制项如式(4-78)所示：

$$u_d(t)=K_D \cdot \frac{\mathrm{d}err(t)}{\mathrm{d}t} \tag{4-78}$$

从式(4-78)可以看出：误差变化越快，微分控制项的绝对值越大；误差增大时，微分控制项为正；误差减小时，微分控制项为负。

仍以房间的加热升温为例。在房间的升温过程中，房间的温度会不断升高，并趋于设定值，误差 $err(t)$会不断减小，当前时刻的误差会小于之前的误差。此时，误差的变化率为负值。将误差的变化率乘以 K_D 后所得的微分控制项作用于系统的输入，可以使空调的加热功率减小。这样做可以实现超前控制，避免过度加热，防止房间温度超过预设温度。而当房间温度真的超过了预设温度以后，用系统的输入值预设温度减去输出值实际温度，所得的误差 $err(t)$为负值，这样，在降温的过程中，$err(t)$是不断增大的，微分控制项为正值。将其作用于系统输入，就是要增加空调的加热功率，以防止房间散热过度，低于预设温度。从这个例子就可以看出，微分控制具有超前调节的特点。

总之，微分控制项对于输出的控制来说具有阻尼作用，或者说具有提前预测的作用。这种作用可以使调节更加迅速。当被控制量出现跃变时，微分控制就可以抑制这种跃变，有效地节省控制时间，改善控制品质。但是，微分控制也有自己的缺陷，它无法消除稳态误差。当出现稳态误差时，输出恒定不变，则微分控制项始终为0，微分控制就起不到应有的作用了。因此，微分控制不会被单独使用，而是与比例控制或积分控制一同使用。

2.1.3 PID 控制器

比例 P、积分 I、微分 D 在控制算法中各有各的作用。

比例 P:可以有效地反映系统当前的误差 err(t)，增大比例系数 K_P；可以加快系统调节的过程，减小稳态误差，但无法彻底消除稳态误差；过大的比例控制可能使系统产生振荡，甚至造成系统的不稳定。

积分 I:反映系统的累计误差，可有效消除系统的稳态误差。

微分 D:反映系统误差的变化率，能预见误差变化的趋势，产生超前的调节作用，因此可以改善系统的动态性能。但是微分对噪声干扰有放大作用，微分控制过强对系统抗干扰不利。

积分 I 和微分 D 都不能单独起作用，必须与比例 P 控制配合。下面对 PI、PD、PID 三种控制器作一简要介绍。

1. PI 控制器

在工程中，比例积分控制器(PI 控制器)是应用非常广泛的一种控制器。积分能在比例的基础上消除稳态误差差。它适用于受控对象滞后较小、负荷变化不大、被控参数不允许有稳态误差的场景，如流量控制系统、温度调节系统等。

PI 控制器的输出信号为：

$$u(t)=K_P \cdot err(t)+K_I \cdot \int err(t)\mathrm{d}t \tag{4-79}$$

式(4-79)也可表示为：

$$u(t)=K_P\left[err(t)+\frac{1}{T_I} \cdot \int err(t)\mathrm{d}t\right] \tag{4-80}$$

式中，K_P、K_I 分别为比例系数和积分系数，T_I 为积分时间。其中，K_P 无量纲，T_I 的量纲与时间相同。

在控制工程实际情况中，比例积分主要用来改善系统的稳态性能。在无人机系统中，有时候也会用到 PI 控制器，不加入微分项是避免给系统引入干扰项。

2. PD 控制器

由于微分具有超前调节的作用，对于受控对象的时间常数较大，存在一定滞后现象的场景，为了提高系统的稳定性，减小动态偏差，可以引入微分参与控制。在微分项设置得当的情况下，对提高系统的动态性能指标具有显著效果，如精度较高的加热型温度控制等。

造成系统滞后的原因有多种，大体可以分为容量滞后与纯滞后，其中，容量滞后通常又包括测量滞后和传送滞后。测量滞后是检测元器件在检测时需要花费一定的时间建立起一种平衡，如热电偶、热电阻、压力等响应较慢，在产生输出时会存在一定的滞后；传送滞后则是在传感器、变送器、执行机构等设备产生的一种控制滞后。纯滞后，在工程上也称为传递滞后，一般是由于介质的输送需要一段时间而引起的。

需要说明的是，对于那些纯滞后较大的系统，微分控制是无能为力的。而且，由于微分反映了系统误差的瞬时变化，因此对噪声很敏感，对于测量信号有噪声或存在周期性振动的系统来说，也不宜采用微分控制。

PD 控制器的输出信号为：

$$u(t)=K_{\mathrm{P}}\cdot err(t)+K_{\mathrm{D}}\cdot\frac{\mathrm{d}err(t)}{\mathrm{d}t} \tag{4-81}$$

式中，K_{D} 为微分系数。

式(4-81)也可表示为：

$$u(t)=K_{\mathrm{P}}\left[err(t)+T_{\mathrm{D}}\cdot\frac{\mathrm{d}err(t)}{\mathrm{d}t}\right] \tag{4-82}$$

式中，T_{D} 为微分时间，T_{D} 的量纲与时间相同。

3. PID 控制器

PID 控制器是一种较理想的控制器，它在比例控制的基础上引入积分控制，可以消除稳态误差，再加上微分控制，又能提高系统的稳定性。它适用于控制通道时间常数或容量滞后较大、控制要求较高的场景。

PID 控制器的输出信号为：

$$u(t)=K_{\mathrm{P}}\cdot err(t)+K_{\mathrm{I}}\cdot\int err(t)\,\mathrm{d}t+K_{\mathrm{D}}\cdot\frac{\mathrm{d}err(t)}{\mathrm{d}t} \tag{4-83}$$

式(4-83)也可表示为：

$$u(t)=K_{\mathrm{P}}\left[err(t)+\frac{1}{T_{\mathrm{I}}}\cdot\int err(t)\,\mathrm{d}t+T_{\mathrm{D}}\cdot\frac{\mathrm{d}err(t)}{\mathrm{d}t}\right] \tag{4-84}$$

PID 控制器综合了 PI 控制器、PD 控制器的特点，不仅可以提高系统的稳定性，还能提高系统的动态性能。但这并不是说 PID 控制规律在任何情况下都可实现良好的控制结果，不分场景的采用是不明智的。当采用 PID 控制器达不到控制目的时，可结合实际考虑其他的控制方案，如串级控制、前馈控制、大滞后控制等。

4. PID 控制的离散化

式(4-83)和式(4-84)给出了 PID 控制器输出的一般情况。但这两个式子都是连续性方程，并不利于实际的应用。为了编程方便，需要将连续性方程做离散化处理。具体来说，离散化过程如下。

当两次采样之间的时间间隔为 Δt 时，连续性方程中的 $err(t)$ 和 $u(t)$ 也就变成了离散化的序列：

$$err(t)\longrightarrow err(0),err(1),err(2)\cdots err(k)$$

$$u(t)\longrightarrow u(0),u(1),u(2)\cdots u(k)$$

其中，k 代表采样次数。而积分需要改写为求和，微分则改写为差分：

$$\int err(t)\,\mathrm{d}t\longrightarrow\Delta t\sum_{n=0}^{k}err(n)$$

$$\frac{\mathrm{d}err(t)}{\mathrm{d}t}\longrightarrow\frac{err(k)-err(k-1)}{\Delta t}$$

因此，式(4-83)和式(4-84)可以改写为：

$$u(k)=K_{\mathrm{P}}err(k)+K_{\mathrm{I}}\Delta t\sum_{n=0}^{k}err(n)+\frac{K_{\mathrm{D}}}{\Delta t}[err(k)-err(k-1)] \tag{4-85}$$

$$u(k)=K_{\mathrm{P}}err(k)+\frac{\Delta t}{T_{\mathrm{I}}}\sum_{n=0}^{k}err(n)+\frac{T_{\mathrm{D}}}{\Delta t}[err(k)-err(k-1)] \tag{4-86}$$

其中，k 代表第 k 次采样。也就是说，每经 Δt 时长后，就要对受控对象的输出进行一次采样，并由此通过 PID 控制器调整一次执行器的运行状态，改变输出结果。

考虑连续 2 次 PID 控制器的输出结果，由式(4-85)也可以进一步得到：

$$u(k)-u(k-1)=K_{\mathrm{P}}err(k)+K_{\mathrm{I}}\Delta t\sum_{n=0}^{k}err(n)+\frac{K_{\mathrm{D}}}{\Delta t}[err(k)-err(k-1)]-$$

$$\left\{K_{\mathrm{P}}err(k-1)+K_{\mathrm{I}}\Delta t\sum_{n=0}^{k-1}err(n)+\frac{K_{\mathrm{D}}}{\Delta t}[err(k-1)-err(k-2)]\right\}$$

$$u(k)=u(k-1)+K_{\mathrm{P}}[err(k)-err(k-1)]+K_{\mathrm{I}}\Delta t err(k)+$$

$$\frac{K_{\mathrm{D}}}{\Delta t}[err(k)-2err(k-1)+err(k-2)] \tag{4-87}$$

式中，$u(k)$ 为 PID 控制器本次的输出，$u(k-1)$ 为 PID 控制器上一次的输出，如果结合编程的思维，下一次的 PID 控制器的输出则可以表示为基于本次输出的迭代。因此，式(4-85)和式(4-86)又可以进一步表示为式(4-88)和式(4-89)：

$$u(k)=u(k)+K_{\mathrm{P}}[err(k)-err(k-1)]+K_{\mathrm{I}}\Delta t err(k)+$$

$$\frac{K_{\mathrm{D}}}{\Delta t}[err(k)-2err(k-1)+err(k-2)] \tag{4-88}$$

$$u(k)=u(k)+K_{\mathrm{P}}[err(k)-err(k-1)]+\frac{\Delta t}{T_{\mathrm{I}}}err(k)+$$

$$\frac{T_{\mathrm{D}}}{\Delta t}[err(k)-2err(k-1)+err(k-2)] \tag{4-89}$$

利用式(4-85)、式(4-86)、式(4-88)、式(4-89)四个式子中的一个，在确定了相关的 PID 参数后，根据设定值和实测值之间的误差序列，就可以实现对 PID 控制器输出的编程。

2.1.4 PID 控制器的整定

1. 整定的基本原则

如前所述，在应用 PID 控制器时，没有明确的系统函数及优化原则，因此对 PID 参数的调整往往需要依据经验进行调整，调整参数的过程称为整定。在整定时一般通过凑试法来进行。

在 PID 控制器的三个参数中，比例居主导地位，起到主要调节的作用；积分起辅助调节的作用；微分则是起到补偿的作用。增大比例系数 K_{P} 一般将加快系统的响应，在有稳态误差的情况下，K_{P} 的增大有利于减小稳态误差，但无法根本消除稳态误差，而且过大的 K_{P} 有可能使系统出现比较大的超调，使受控对象的输出超出了设定值，并产生振荡，使系统的稳定性变差。增大积分时间 T_{I}，也就是减小积分系数 K_{I}，有利于减小超调，减小振荡，使系统的稳定性增加，但是消除系统稳态误差的时间会延长。增大微分时间 T_{D}，也就是增大微分系数 K_{D}，有利于加快系统的响应速度，使系统超调量减小，稳定性增加，但系统对扰动的抑制能力会减弱。

在凑试时，可参考以上参数对系统控制过程的影响趋势，对参数调整实行先比例、后积分、再微分的整定步骤。一般先将积分、微分设为 0，调好比例，达到基本的响应速度和适中的稳态误差，然后再加上积分，使稳态误差为 0，最后再根据需要加入微分。三个参数需要反复调试，最终取得较好的结果。不同的系统，不同的控制对象，调试的难度可能差别很大。

2. 整定的具体步骤

首先是整定比例部分。将比例系数 K_{P} 由小变大，并观察相应的系统响应，直至得到反应快、超调小的响应曲线。如果系统没有稳态误差或稳态误差非常小，在允许范围内，并且对响应曲线已经满意，则只需要比例调节器 P 即可。

如果仅通过比例调节，系统的稳态误差不能满足设计要求，则需要加入积分控制。在整定时先将积分时间 T_I 设定为一个比较大的值，也就是将积分系数 K_I 设定为一个比较小的值，然后将已经调节好的比例系数 K_P 缩小，例如缩小为原值的 50%～80%，然后逐步减小积分时间或增大积分系数，使系统在保持良好动态性能的情况下，逐渐消除稳态误差。在此过程中，可根据系统的响应曲线的好、坏反复改变比例系数和积分时间，最终得到相对满意的结果。

如果通过上述调整所得的结果还无法令人满意，则可加入微分环节。首先把微分时间 T_D 或微分系数 K_D 设置为 0，在上述调整的基础上逐渐增加微分时间，同时相应地改变比例系数和积分时间，逐步凑试，直至获得满意的结果。

2.2 四旋翼无人机 PID 控制器的实现

2.2.1 串级 PID 控制器

1. 串级 PID 控制器简介

所谓串级 PID 控制器，顾名思义，就是将两个 PID 控制器串联起来，形成双闭环控制回路。其中，外环的输入就是系统的输入，也就是系统的期望值，而外环的输出则是内环的输入，也就是内环的期望值；内环的输出将驱动执行机构，最终使外环的输出趋向于外环的输入。

为了说明为什么要使用双闭环控制的串级 PID 控制器，我们以四旋翼无人机为例考虑这样一个情况：假如无人机采取一键起飞定高飞行，在无人机起飞的瞬间，所设定的无人机高度与其实际位置之间必然存在较大的偏差，在简单的 PID 控制下，PID 计算输出的值就会很大，电机将会以非常高的速度进行旋转，无人机的初速度就会很大，以便使其迅速升高，尽快缩小无人机实际高度与高定高度之间的差值。随着无人机的升高，电机的转速将会逐渐下降。这是一种比较理想的结果。但是，由于电机存在转动惯量，其速度的变化需要一个过程，不可能由零转速直接变为高转速，这将造成无人机的响应不是很及时，最终无人机的运动状态会变得非常不平顺，其位置也可能会在设定高度的附近不断变化。无人机在高度控制方面响应不及时，可能还不会造成灾难性的后果，但如果在姿态控制时也不能做到及时响应，很可能就会造成坠机事故的发生，特别是在有风吹等干扰的时候，更是如此。此时，如果将简单的 PID 控制变为串级 PID 控制，其中，外环为位置控制环，内环为速度控制环，就可以实现更为稳定、更加平顺的控制过程。外环对位置进行 PID 控制的计算结果，将会作为输入值提供给内环，这个计算结果并不要求无人机直接达到设定高度，而是有一个变化的过程，因此内环 PID 在根据输入值对电机转速进行控制时，就可以更为平缓地进行，此过程也更符合电机本身的特性，因此也可以使无人机的位置更为精准。

串级 PID 控制器的系统框图如图 4-8 所示。

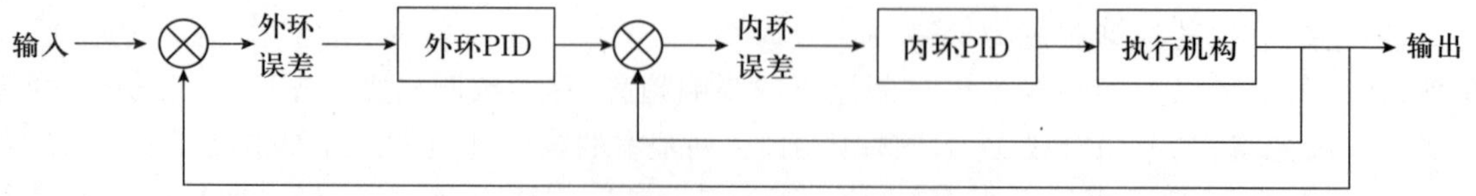

图 4-8　串级 PID 控制器的系统框图

2. 串级 PID 控制器的特点

在串级 PID 控制器的两级控制中，外环居于主导地位，用于保证外环主变量的稳定，外环、内环两个控制器协调一致，互相配合，共同实现良好的控制效果。在存在干扰的情况下，将由内环控制器进行粗调，再由外环控制器进行细调，因此，串级 PID 控制器的控制品质必然优于简单的 PID 控制器。

在串级 PID 控制器中，外环可以看作定值控制，内环可以看作随动控制。外环控制器会根据系统负荷和操作条件的变化，不断纠正内环控制器的输入值，因此，内环控制器能够不断地根据负荷和操作条件的变化，实现对执行机构运行状态的调整。内环回路的变化一般对整个串级 PID 控制器系统的稳定性影响相对较小，因此，控制系统能够很好地适应不同负荷和操作条件的变化。

串级 PID 控制器由于采取外环、内环两级控制，从受控对象的基本特性来说，与简单 PID 控制器有很大的不同，内环回路可以采用更小的时间常数，因此可以缩短系统的过渡时间，使控制作用更加及时，可以更好地抑制干扰。而外环控制器在设计时，在很多情况下就不用特别关注干扰的影响，可以将良好的动态性能和鲁棒性能作为设计目标。

3. 四旋翼无人机串级 PID 控制器

四旋翼无人机在飞行过程中，其飞行姿态动态变化，需要不断地对电机转速进行调整，使无人机姿态逼近期望的姿态。这里所说的期望的姿态，可以是由遥控器远程提供给无人机的一种姿态上的调整，也可以是程序预先设定好的姿态，例如，无人机在一键起飞的模式下，不经遥控器参与就能自动完成一系列动作时，姿态的控制就是由程序设定的。此时，就可以通过 PID 控制器来对无人机的姿态进行控制，也就是将期望姿态与实际姿态之间误差量解算为电机控制量的过程。

在四旋翼无人机的控制中，串级 PID 控制器应用得非常广泛，它具有比单级 PID 控制器更稳定、更顺滑的优点。如果四旋翼无人机采用简单的单级 PID 控制器，则需要通过陀螺仪测量出无人机的角速度分量，对时间积分后获得当前无人机的欧拉角信息。将该信息与姿态设定值进行比较，然后利用 PID 控制器调整加载到四个电机上的 PWM 波的占空比，从而改变四个旋翼的升力，使无人机的姿态发生变化。但这种单级 PID 控制器的控制难点在于，由于无人机的飞行状态非常容易失稳，因此，当四旋翼无人机正常飞行或悬停时，如果突然遇到大风等外力的作用，有可能造成加速度计或陀螺仪采集的数据失真，造成姿态解算出来的欧拉角错误。在这种情况下，如果只采用单环 PID 控制器对角度进行控制，系统很难稳定运行。

为了有效提升无人机的飞行稳定度，一般都采用串级 PID 双闭环控制的方式。其中，内环为角速度控制环，外环为角度控制环。串级 PID 控制器的具体控制过程是，先计算出设定的欧拉角和测量计算后所得的实际角度之间的误差，然后利用外环 PID 计算出在此角度误差下无人机应该具有多大的角速度，这是外环 PID 的输出，也就是内环 PID 的输入。接下来再计算内环输入的角速度和无人机当前角速度之间的误差，再将此误差送入控制角速度的内环 PID，最终由内环 PID 输出一个 PWM 波的占空比来控制电机转动，使无人机的姿态得到调整。四旋翼无人机串级 PID 控制器系统框图如图 4-9 所示。在串级 PID 控制器中，内环控制的角速度由陀螺仪输出，该结果一般不受外界影响，抗干扰能力强，而且，作为内环 PID 控制器的特点，对外界干扰非常敏感，当存在外界干扰时，可以通过内环 PID 控制迅速恢复。

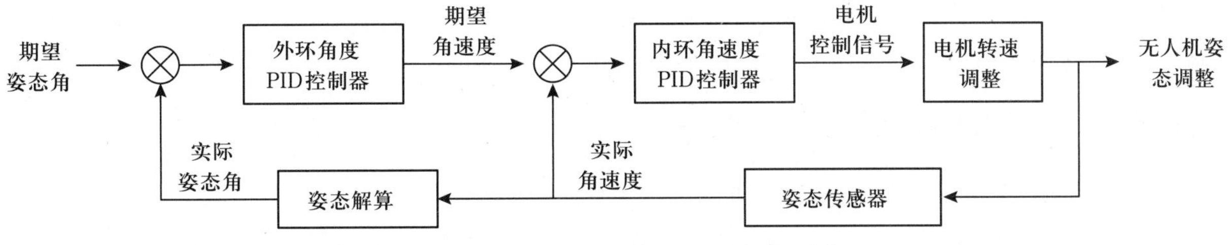

图 4-9　四旋翼无人机串级 PID 控制器系统框图

需要指出的是，在四旋翼无人机串级 PID 控制器中，为了实现迅速、即时的响应，提升抗干扰能力，内环的角速度控制器一般使用比例积分微分控制，而外环的角度控制器采用比例积分控制，无须使用微分控制，甚至是单纯的比例控制就能获得很好的结果。

另外，由于机体坐标系的 x、y、z 三个轴相互垂直，而四旋翼无人机的三个姿态角(横滚角、俯仰角、偏航角)是分别绕机体坐标系 x、y、z 轴旋转的角度，因此，这三个姿态角之间理论上没有耦合，相互独立。这使得对无人机姿态的控制可简化为对三个姿态角的独立控制。而每个姿态角在控制时都将涉及外环和内环两级控制，如果外环采用简化的纯比例控制，则每个姿态角的控制参数都包括外环 P 参数、内环 P 参数、内环 I 参数、内环 D 参数这 4 个参数。

4. 程序的编写

在了解了串级 PID 控制器的基本原理以后，结合之前姿态解算的相关内容，就可以编写无人机姿态控制的程序了。

① 根据串级 PID 控制的需要，在初始化始时，为横滚、俯仰、偏航这三个角运动声明相关参量，包括内环的横滚角速度、俯仰角速度、偏航角速度，以及外环的横滚角度、俯仰角度、偏航角度这六个方面的控制变量。而用于实现这六个变量控制的参数，根据需要可能包括比例系数 K_P、积分系数 K_I、微分系数 K_D、PID 控制器输出值、PID 控制器输入值、误差、上次误差、累计误差、误差上下限、累计误差上下限、输出上下限、偏移量等参数。其中，误差等于输出值减去输入值，利用误差和上次误差可以计算出微分项，累计误差为积分项；误差上下限、累计误差上下限、输出上下限是为了在 PID 参数调整出现较大偏差时，不至于引起受控对象输出振荡或发散；偏移量是为了对系统进行校准而预设的值。在对这些参数进行设置时，要注意串级 PID 控制器的内环输入是等于外环输出的，用于调整控制电机的 PWM 波，而外环的输入则要由遥控器或程序设定来提供。

对于六个不同的控制变量来说，上述参数并不是每个都必须存在，例如横滚角度、俯仰角度、偏航角度这三个外环控制变量，就不需要积分系数 K_I 和微分系数 K_D。为了使编程的结构更加清晰，可以利用结构体数组来声明各控制变量的相关参数。

② 假设采样时间为 3 ms，每经过 3 ms 的时间，就要读取一次姿态传感器的数据，完成一次姿态解算，通过串级 PID 控制器产生一次输出。3 ms 的时间间隔可以通过定时器来实现，姿态传感器数据的读取以及姿态解算可以根据本单元模块 1 的内容来完成，在确定 PID 输出时，可以利用式(4-85)、式(4-86)、式(4-88)、式(4-89)四个式子中的一个来完成。

③ 根据 PID 的输出，分别调整四个电机的 PWM 波的占空比。在串级 PID 系统框图中，与执行机构电机直接相连的是内环控制器的输出，也就是横滚角速度、俯仰角速度、偏航角速度的输出。在用这三个角速度输出来调整占空比时，要注意不同电机转速的增减对横滚、俯仰、偏航这三种角运动影响的方向是不一样的，这时需要单独分析每个电机转速在增加时，对某个角运动方向的影响，然后再根据其正负性，将相应的角速度输出以一定的正负性叠加在 PWM 波的占空比上。

④ 根据 PWM 波占空比的变化，利用定时器的输出比较模块，完成对加载到电机上的 PWM 占空比的实际调整，从而改变电机的转速，实现无人机的姿态向设定值趋近。

需要指出的是，为了实现上述编程内容，需要确定串级 PID 控制器的内、外环的比例、积分、微分等参数。因此，在程序调试无误后，需要对四旋翼无人机串级 PID 控制器参数进行整定。

2.2.2 串级 PID 控制器的整定

1. 串级 PID 控制器整定的一般方法

与一般的 PID 控制器相比，串级 PID 控制器由于可以对中间变量的变化情况进行测量和控制，对影响中间变量的干扰进行预处理，因此可以更有效地提升系统的动态响应。但是，串级 PID 控制器的参数如果设置不当，有可能会造成两级 PID 控制之间存在共振现象。在串级 PID 控制器参数整定时，一般遵循以下原则和方法：

① 在对串级 PID 控制器参数进行整定时，应先整定内环参数，再整定外环参数，这是由于内环更靠

近输出,效果更为直接。

② 内环控制器的参数应是可以直接测量的。

③ 内环控制器在调节时,时间常数不能太大,以便加快整个系统的反应速度,缩短调节时间,改善系统的控制品质。

④ 系统的主要干扰应被包含在内环中,这样可以充分发挥内环的长处,从而降低对外环的影响,并确保外环控制器参数的控制质量。

⑤ 避免内环包含的干扰量过多,否则整个控制的时间常数会变长,控制起来就越慢,使迅速克服干扰的能力受到影响。

⑥ 在内环控制器的参数选择上,应使内、外环的被控过程的时间常数适当匹配。如果内、外环的振荡频率过于接近,容易引起共振,造成系统的不稳定。因此,内、外环的振荡频率或时间常数之比应大于3,一般控制在3～10的范围内,以降低内、外环之间的动态关系。

2. 四旋翼无人机的串级PID控制器整定过程

四旋翼无人机的串级PID控制器包括用于控制角度的外环PID和用于控制角速度的内环PID。由于在串级PID控制下,外环仅使用比例控制即可取得比较好的控制效果,因此对于四旋翼无人机来说,串级PID控制器参数的整定只需内环PID参数和外环P参数。在整定时依然按照先内环后外环的原则进行,在整定内环PID参数时,按照一般PID控制器的整定方式,以先比例、后积分、最后微分的顺序进行整定。

为了更好地完成串级PID控制器参数的整定,可以将四旋翼无人机安装到调试支架上进行,此时,无人机的六自由度的运动,就只剩下了一个自由度,这样即使在整定的过程中PID参数设置不当,也不会发生炸机事故。而当四旋翼无人机在调试支架上能够比较好地稳定住自身的飞行姿态,且通过触碰给无人机施加一个较强的干扰后,无人机也能很快地调整回稳定的状态时,再将无人机从调试支架上取下,恢复六自由度的运动状态,大概率也能实现稳定的飞行,从而提升调试成功率,避免炸机的风险。

具体的整定过程可以按照下面的步骤进行:

① 整定内环P参数。将内环的P参数从小到大逐渐进行调整。当内环P参数较小时,无人机恢复到期望值的能力不足,外加的干扰也很容易改变无人机的姿态。随着内环P参数的逐渐增大,无人机抵抗外界干扰的能力越来越强。但是当内环P参数过大时,无人机会产生高频震动,甚至在不添加人为干扰的情况下,也会离稳定的状态越来越远。需要注意的是,在只有内环P参数的时候,旋转在调试支架上的无人机会缓慢地向一个方向不断倾斜,这属于正常现象,是由于系统角速度存在稳态误差导致的。

② 整定内环I参数。由于积分是用来消除稳态误差的,因此在有效地消除了稳态误差的情况下,内环I参数没有必要设得过高,否则会降低系统稳定性。内环I参数也是从小到大逐渐调整,当将其调整到一个适当的值的时候,无人机会稳定在一个姿态,不再向一个方向倾斜;继续增加内环I参数的值,无人机则会变得不稳定,给一个较强的干扰就会破坏无人机的稳定状态。

③ 整定内环D参数。在角速度环的控制中,微分项就是角加速度。由于无人机四个电机的旋转会导致无人机存在比较强烈的周期性震动,增加微分控制反而更容易引入噪声,因此,一般在这里可以适当做一些滤波处理。当对内环D参数从小到大进行调整,无人机的性能变化并不明显,只是回中的时候会更加平稳一些。当内环D参数过大时,可能会导致无人机在平衡位置高频震动。

④ 整定外环P参数。当完成了内环PID参数的整定后,无人机已经可以稳定在某一姿态了。此时就可以对外环P参数进行整定了。外环P参数同样按照从小到大逐渐调整。当外环P参数较小时,即便无人机倾斜,也可以从倾斜位置缓慢回到平衡位置。增大外环P参数的值,无人机的响应速度会越来越快。但是当外环P参数过大时,无人机姿态有发散的趋势。

习　题

1. 什么是 PID 控制？
2. 比例、积分、微分的含义是什么？在控制过程中各发挥怎样的作用？
3. 什么是整定？整定的基本步骤是怎样的？
4. 什么是串级 PID 控制器？与简单的 PID 控制器相比，串级 PID 控制器的优势是什么？
5. 在四旋翼无人机中，串级 PID 控制器一般会涉及哪些参数？

实践任务

请完成任务活页单元 4 模块 2 中的任务。

【单元小结】

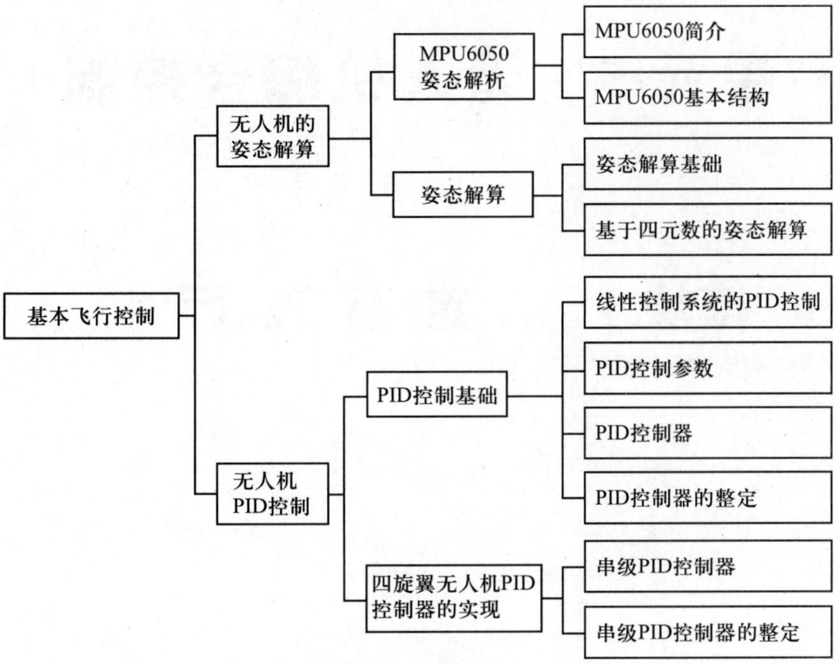

【思政案例】

为科学甘于奉献的精神

钱学森是中国应用力学家、航天工程专家、系统工程学家，中国科学院及中国工程院院士，是中国“两弹一星”功勋奖章获得者，被誉为“中国航天之父”“中国导弹之父”和“火箭之王”。

新中国成立之初，百废待兴，急需尖端人才之际，1950年钱学森争取回国，但受到美国政府的阻挠，历经千辛万难，1955年终于回到祖国的怀抱，使我国的国防建设实现了跨越式发展。

钱学森对科学技术的重大贡献是多方面的。他在应用力学、航天技术和系统工程学等领域作出开创性贡献，主持、参与和领导了中国多项运载火箭、导弹和人造地球卫星的研制，参与制订中国第一个星际航空的发展规划，是中国近代力学和系统工程理论与应用研究的奠基人。

单元 5　无人机综合控制

模块 1　定 高 飞 行

模块描述

在学习了 MPU6050 传感器之后，我们能够利用飞控（即飞行控制系统，Flight control sytem）读出 MPU6050 传感器在机体坐标系 X、Y、Z 轴的加速度以及角速度，对无人机为什么能在空中保持平衡有了一定的了解，但此时无人机无法测量高度方面的数据，也就无法实现定高飞行。为了实现无人机的定高飞行，还需要高度传感器。我们知道在大气中，高度与气压存在一定的关系，通过对气压的测量再加上一些参数的校准，就可以测量出高度。

本模块将从高度传感器、互补滤波器、气压传感器的配置方法及数据的读取、高度控制器以及程序设计四个小节进行讲解，通过气压计读取无人机高度数据、无人机定高飞行控制及调试这两个任务来锻炼学生的动手操作能力，加深对相关程序的理解。

学习目标

1. 能说出气压传感器的基本原理、使用方法，能够使用飞控读出气压传感器的参数并计算出高度。
2. 知道互补滤波的基本原理。
3. 能对气压传感器的数据与姿态传感器 MPU6050 的数据进行处理和融合。
4. 知道高度 PID 控制器的设计方法，能够使用软件对代码进行编写和验证。

1.1　高度传感器

常见的可以测量距离的有超声波传感器、气压传感器、GPS 传感器、激光测距传感器，等等，无人机要想稳定在一定的高度，必须依赖这些传感器。这些传感器的应用场景不同，测量的精度也不同，比如超声波传感器穿透能力强，可以在恶劣环境下工作，制造方便，成本低廉，但测速距离不如激光测距传感器，有一定的扩散角，只能测量距离等；气压传感器在低空时候不敏感，而且会受风等因素的影响；GPS传感器的应用范围广，测量精度高，但在室内或隧道内无法使用；激光测距传感器具有测量距离短等问题。在无人机上，这些传感器通常都有涉及，本模块重点讲述歌尔声学公司的 SPL06-001 气压传感器，围绕如何使用飞控读取该传感器的数据以及高度控制程序进行阐述。

1.1.1　气压传感器

1. 气压传感器简介

如图 5-1 所示，SPL06-001 是一种小型化的数字式气压传感器，具有高精度和低电流消耗等特点。除此之外，SPL06-001 还是一个温度传感器，其元器件基于电容式传感原理，保证了在温度变化过程中的高精度。这个小包装使 SPL06-001 成为移动应用程序和可穿戴设备的理想选择。SPL06-001 的内部信号处理器可以将压力和温度传感器元器件的输出转换为 24 位的结果。

图 5-1　SPL06－001

每个气压传感器都已被单独校准，并包含校准系数。该系数将测量结果转换为真实的压力和温度值。SPL06-001 有一个 FIFO，可以存储最新的 32 个测量值。通过使用 FIFO，主机处理器可以在读出时保持较长时间的睡眠模式。这可以降低整个系统的功耗。传感器测量和校准系数可通过串行 I^2C 或 SPI 接口获得。

2. 气压传感器的性能参数

① 工作压力范围：300～1 200 hPa。

② 工作温度范围：－40～85℃。

③ 气压传感器精度：±0.06 hPa 或±50 cm(非线性)；±1 hPa 或±8 m(绝对)。

④ 温度精度：± 0.5℃。压力、温度敏感度：小于 0.5 Pa/K。

⑤ 平均电流消耗：60 μA(高精度)；3 μA(低功耗)；小于 1 μA(待机)。

⑥ 工作模式：命令(手动)、背景(自动)和待机。

⑦ 校准：使用测量校准的系数进行单独校准。

⑧ FIFO：存储最新的 32 个压力或温度测量值。

⑨ 接口：I^2C 和 SPI(均有可选中断)。

3. 典型应用

① 室内导航(地板探测，如购物中心和停车场)。

② 健康和体育(精确的高程增加和垂直速度)。

③ 室外导航(GPS 启动时间、精度提高和故障计算，如隧道)。

④ 气象站(如“微天气”和当地预报)。

4. 引脚配置及内部结构

图 5-2 是 SPL06-001 的芯片引脚图，其中，CSB 是 SPI 接口的片选信号，SDA 和 SCK 是标准的 I^2C 接口，SDO 是三线 SPI 的中断接口，VDDIO 是数字模块的 I/O 接口。引脚具体描述见表 5-1。

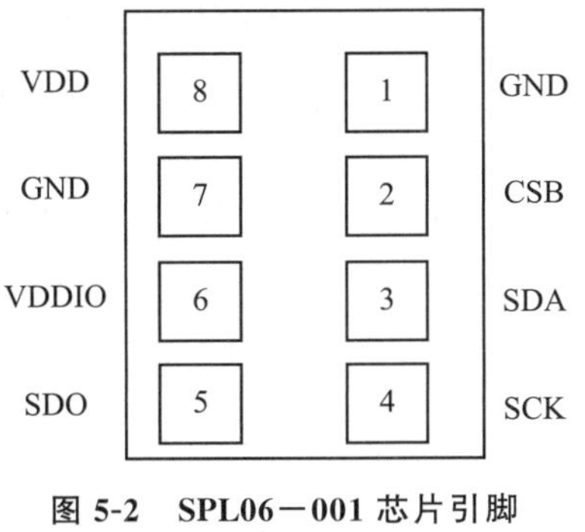

图 5-2　SPL06－001 芯片引脚

表 5-1　引脚描述

序号	引脚	3 线 SPI	3 线中断	4 线 SPI	I^2C	I^2C 中断
1	GND		接地			
2	CSB	芯片选择-低电平有效	芯片选择-低电平有效	芯片选择-低电平有效	未使用-打开（内部上拉）或连接到 VDDIO	未使用-打开（内部上拉）或连接到 VDDIO
3	SDA	串行数据输入/输出	串行数据输入/输出	串行数据输入	串行数据输入/输出	串行数据输入/输出
4	SCK	时钟线				
5	SDO	未使用	串行数据输出	串行数据输出	器件地址中的最低位	I^2C 中断使能
6	VDDIO	数字模块和 I/O 接口的数字电源电压				
7	GND	接地				
8	VDD	模拟电路模块的电源电压				

5. FIFO 的功能和操作

SPL06-001 FIFO 可以存储最新的 32 个压力或温度的测量值。当主机处理器不需要从传感器连续轮询数据，可以更长时间地进入待机模式时，这就降低了系统的整体功耗。FIFO 将存储任何温度和压力测量值的组合，因为温度和压力的测量速率可以在背景模式下独立设置，例如，压力速率可以被设定为比温度速率高 4 倍，因此每完成一次转换，只有五分之一是温度转换数据，测量类型可以在结果数据中看到。传感器将最小有效位设置为“1”，表示是一个压力测量值；为“0”，则是温度测量值。

该传感器使用 24 位来存储测量结果。因为这比覆盖气压传感器的整个动态范围所需的位要多，所以使用最不重要的位来标记测量类型将不会影响结果的精度。其可以在中断和 FIFO 配置（CFG_REG）寄存器中启用。来自 FIFO 的数据从压力数据（PRS_Bn）寄存器中读出，无论 FIFO 中的下一个结果是温度测量值或压力测量值。当一个测量值被读出时，FIFO 将自动递增，并将下一个结果放入数据寄存器中。当 FIFO 为空时，将在 FIFO 状态（FIFO_STS）寄存器中设置一个标志，以下所有读取都将返回 0x800000。如果 FIFO 运行满，将在 FIFO 状态寄存器中设置一个标志。如果在中断和 FIFO 配置寄存器中启用，传感器将产生一个中断。

6. I^2C 接口应用电路

如图 5-3 所示，SPL06-001 芯片通过 I^2C 接口与处理器连接。SDO 引脚可用于中断或设置设备地址的最小有效位。

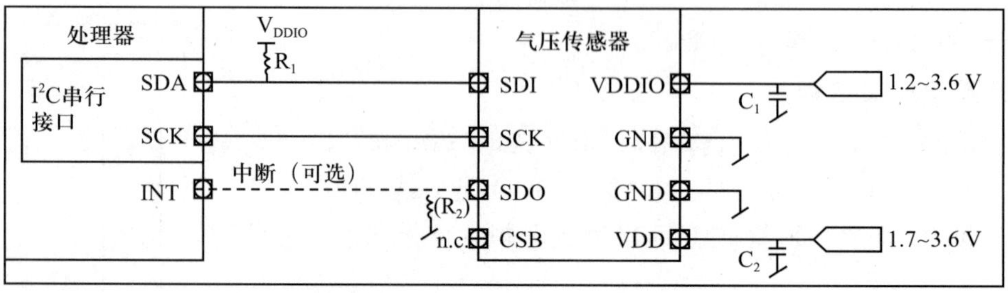

图 5-3　SPL06-001 芯片的 I^2C 接口

1.1.2　气压传感器的压力计算

以下公式及计算过程中的相关符号均按程序中使用的变量和符号进行书写。

1. 压力值参数补偿及计算方法

(1)从校准系数(COEF)寄存器中读取校准系数(c00、c10、c20、c30、c01、c11 和 c21)。

(2)根据所选的精度率选择比例因子 KT(温度)和 KP(压力)。

(3)读取来自寄存器或 FIFO 的压力和温度结果。

(4)计算转换结构：

$$Traw\_sc = Traw/KT \tag{5-1}$$

$$Praw\_sc = Praw/KP \tag{5-2}$$

其中，KT、KP 是温度、压力测量系数，Traw 是单片机可以直接读出的所测量的温度，Praw 是单片机可以直接从传感器寄存器中读出的压力值。

(5)补偿后的压强结果为：

$$Pcomp = c00 + Praw\_sc * (c10 + Praw\_sc * (c20 + Praw\_sc * c30)) + Traw\_sc * c01 + Traw\_sc * Praw\_sc * (c11 + Praw\_sc * c21) \tag{5-3}$$

2. 温度值参数补偿及计算方法

(1)从校准系数寄存器中读取校准系数(c0 和 c1)。

(2)选择比例因子 KT。

(3)从温度寄存器或 FIFO 中读取温度结果。

(4)根据式(5-3)计算结果。

(5)计算补偿后的测量结果：

$$Tcomp = c0 * 0.5 + c1 * Traw\_sc \tag{5-4}$$

1.1.3　软件设计流程及压力计算方法

1. 设计流程

气压传感器数据读取和高度计算软件设计流程如图 5-4 所示。

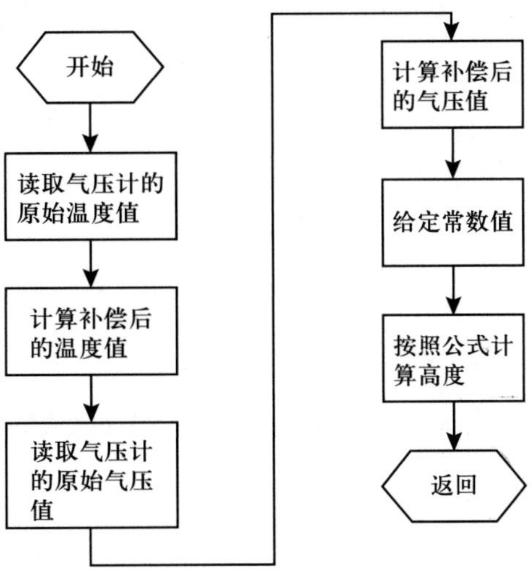

图 5-4　气压传感器数据读取和高度计算软件设计流程

2. 高度的公式计算

$$H=\frac{T1*\left(\frac{p}{p1}\right)^{-\left(\frac{aR}{g}\right)}-T1}{a} \tag{5-5}$$

其中，H 表示海拔高度，T1 表示实际温度，p 表示测得的压强，p1 表示标准压强，R 表示空气气体常数，g 表示重力加速度，a 表示温度梯度。

1.2 互补滤波器

1.2.1 高度控制互补滤波

无人机高度测量有气压计、无线电高度表和 GPS 三种传感器。气压计结构简单且自主能力强，但容易受元器件自身的零点漂移、温度漂移及外界干扰的影响产生误差，误差会因高度的降低而增大。无线电高度表因其低空精确测高特点被用作无人机测高设备，但测量范围有限，且测得的是无人机至地面或海平面的相对高度，会由于地面海拔高度未知而无法得到无人机海拔高度。受地形影响含有高频噪声 GPS 信号，虽具有定位准确度高、误差不会随时间积累等优势，但其信号更新频率慢，且易受到外界干扰，尤其是在多建筑物的工作环境，容易出现遮挡现象，从而影响测量精度。在低空飞行时，要求有信噪比高的对地高度信号，才能保障无人机的安全飞行。

而在旋翼无人机定高程序的设计中，我们使用的 SPL06－001，相对于 MPU6050 来说，气压计的数据虽然反应速度慢，但比较平稳；加速度计的数据积分累加可以计算出速度，再积分可以算出高度，反应速度快，但长期积分漂移严重，因此，可以将加速度计的数据和气压计的数据进行融合，以测得准确的高度。

1.2.2 高度互补滤波器的原理

如图 5-5 所示，气压计测量的气压高度是相对于基准面（通常是海平面或机场）的高度，气压高度信号在高频范围是一个很有用的信号，其稳态值与地面的气压和温度有关，故这种信号中含有零位误差 B。

$$H_b(s)=H(s)+B \tag{5-6}$$

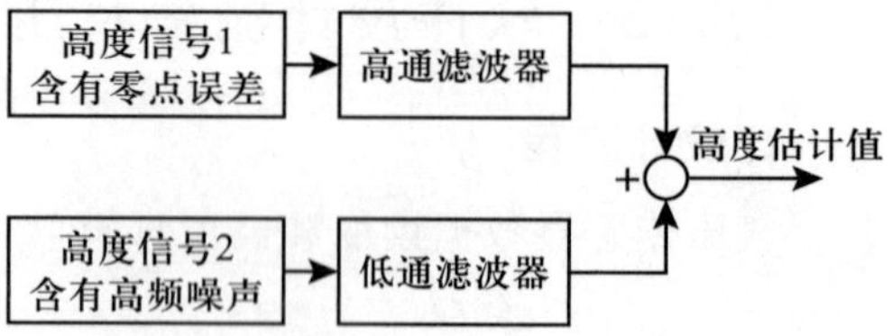

图 5-5　高度互补滤波器原理框图

与气压计测高不同，无线电高度表提供的是无人机距地面的距离，具有较高的精度。无线电高度信号 H_r 中不含零位误差，但视地形和地面性质，含有很强的高频噪声信号 $V(s)$。

$$H_r=H(s)+V(s) \tag{5-7}$$

采用互补滤波器对无线电高度和气压高度进行融合，滤波后得到的高度信号 H_f 由式(5-8)给出。

$$H_f=H_{bar}(s)\frac{\tau s}{\tau s+1}+H_{RH}(s)\frac{1}{\tau s+1} \tag{5-8}$$

零位误差 B 经过一个高通滤波器后得到抑制，高频噪声 $V(s)$ 经过一个低通滤波器后被抑制，所以会得到一个较准确的无人机相对地面的高度估计值。

1. 无源一阶低通滤波器

（1）基本原理

图 5-6 是一个无源一阶低通滤波电路——RC 滤波器，当输入信号的时候，只有低频信号可以加至负载。该电路输入信号为 V_i，输出信号为 V_o，电阻的阻抗为 R，电容的容抗为 $1/j\omega C$，V_o 实际上是 V_i 在

电容 C 上的分压，有：

$$\frac{V_o}{\frac{1}{j\omega}C}=\frac{V_i}{\frac{1}{j\omega C}+R} \tag{5-9}$$

$$\frac{V_o}{V_i}=\frac{1}{1+j\omega CR}$$

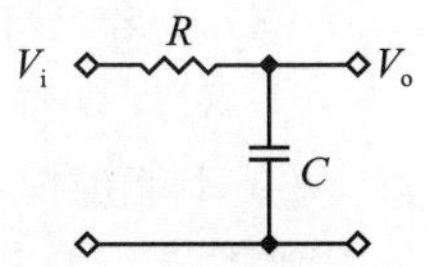

图 5-6　无源一阶低通滤波电路

将 jω 替换为 s，则其传递函数为：

$$T_{(S)}=\frac{1}{1+sCR} \tag{5-10}$$

RC 为时间常数 τ，将分母、分子同时除以 RC 得到：

$$T_{(S)}=\frac{\frac{1}{RC}}{\frac{1}{RC}+s}=\frac{1}{1+\tau s} \tag{5-11}$$

其中，ω_{cut} 为滤波器截止角频率，f_{cut} 为滤波器截止频率，由 $\omega_{cut}=\frac{1}{RC}=2\pi f_{cut}$，得出 $f_{cut}=\frac{1}{2\pi RC}$。

将传递函数转化为微分形式：

$$y(t)+RC\frac{dy(t)}{dt}=x(t) \tag{5-12}$$

将 $\frac{dy(t)}{dt}=\frac{y(k)-y(k-1)}{\Delta t}$ 代入，得到差分形式：

$$y(k)=\frac{RC}{\Delta t+RC}y(k-1)+\frac{\Delta t}{\Delta t+RC}x(k) \tag{5-13}$$

由近似公式：

$$\frac{1}{1+\frac{\Delta t}{RC}}=1-\frac{\Delta t}{RC}$$

可得：

$$y(k)=\left(1-\frac{\Delta t}{RC}\right)y(k-1)+\frac{\Delta t}{RC}x(k) \tag{5-14}$$

令滤波系数 $a=\Delta t/RC$，a 的定义域为[0-1]，可得(以下为程序中的公式)：

$$y(k)=a*x(k)+(1-a)*y(k-1) \tag{5-15}$$

式中，a 为滤波系数，x(k)为本次的采样值，y(k)为本次滤波的输出值，y(k－1)为上次滤波值。

通过运算，可将上式写成积分形式。

$$\text{Out}_1+=\left(\frac{dt}{dt+\frac{1}{2\pi\times f_{cut}}}\right)\times(\text{In}_0-\text{Out}_0) \tag{5-16}$$

式中，Out_1 为本次滤波值，dt 为单位运行时间，In_0 为本次采样值，Out_0 为上次滤波值。

$$\text{Out}_1=\text{Out}_0+\left(\frac{1}{1+\frac{1}{2\pi\times f_{cut}}}\right)\times(\text{In}_0-\text{Out}_0) \tag{5-17}$$

令 $A=\left(\frac{dt}{dt+\frac{1}{2\pi\times f_{cut}}}\right)$，得到(以下为程序中的公式)：

$$\text{Out}_1=(1-A)\text{Out}_0+A*\text{In}_0 \tag{5-18}$$

(2)无源一阶低通滤波器的特点

① 对周期性信号有良好的抑制作用,但也带来了相位滞后和灵敏度低的问题。

② 不能滤除频率高于采样频率二分之一(称为奈奎斯特频率)的干扰,例如,采样频率为 100 Hz,则它不能滤除 50 Hz 以上的干扰信号。

③ 滤波系数越小,滤波结果越平稳,灵敏度越低。

④ 滤波系数越大,灵敏度越高,但滤波结果越不稳定。

⑤ 无法完美地兼顾灵敏度和平稳度,有时,我们只能寻找一个平衡,在可接受的灵敏度范围内取得尽可能好的平稳度。

⑥ 在一些场景,我们希望拥有这样一种接近理想状态的滤波算法,即当数据快速变化时,滤波结果能及时跟进(灵敏度优先);当数据趋于稳定,在一个固定的点上下振荡时,滤波结果能趋于平稳(平稳度优先)。

(3)程序算法实现

①一阶滞后滤波器程序。

```
float lpf_1_filter_1(filter_lpf_1 * lpf_1)
{
return lpf_1->old_data * (1 - lpf_1->factor) + lpf_1->new_data * lpf_1->factor;
}
```

②低通滤波器程序。

```
float lpf_1_filter_2(filter_lpf_1 * lpf_1, float dt)
{
return lpf_1->old_data + (dt / (1 / (2 * PI * lpf_1->factor) + dt)) * (lpf_1->new_data - lpf_1
->old_data);
}

void update_complementary_filter(cpt_filter_t * ptr, float dt)
{
if(ptr->obs_dataPtr == 0)
{
ptr->err = * ptr->obs_dataPtr_int - * ptr->main_dataPtr;
}else
{
ptr->err = * ptr->obs_dataPtr - * ptr->main_dataPtr;
}

ptr->err = LIMIT(ptr->err, -ptr->Err_LIMIT, ptr->Err_LIMIT);

ptr->KD_out = ptr->KD * (ptr->err - ptr->last_err);

ptr->last_err = ptr->err;
ptr->KP_out = ptr->err * ptr->KP;

ptr->KI_int += ptr->err * ptr->KI;
ptr->KI_out = ptr->KI_int * ptr->KI;
ptr->KI_out = LIMIT(ptr->KI_out, -ptr->KI_LIMIT, ptr->KI_LIMIT);
```

```
* ptr->main_dataPtr += (ptr->KP_out + ptr->KI_out + ptr->KD_out) * dt;
}
```

2. 一阶高通滤波器的传递函数

(1)工作原理

在理解了无源一阶低通滤波器的基本原理、特点、程序算法案例之后，我们来了解一下高通滤波器，这是一种与低通滤波器的特性完全相反的电路。高通滤波器可以滤除频率低于截止频率的信号，最简单的高通滤波器是“一阶高通滤波器”，它的特性一般用一阶线性微分方程表示，它的左边与无源一阶低通滤波器完全相同，仅右边是激励源的导数而不是激励源本身。当较低的频率通过该系统时，没有或几乎没有什么输出，而当较高的频率通过该系统时，只会受到较小的衰减。

实际上，对于极高的频率而言，电容器相当于“短路”一样，这些频率，基本上都可以在电阻两端获得输出。换言之，这个系统适合通过高频信号，而对低频信号有较大的阻碍作用。图 5-7 是一个最简单的“一阶高通滤波器”。

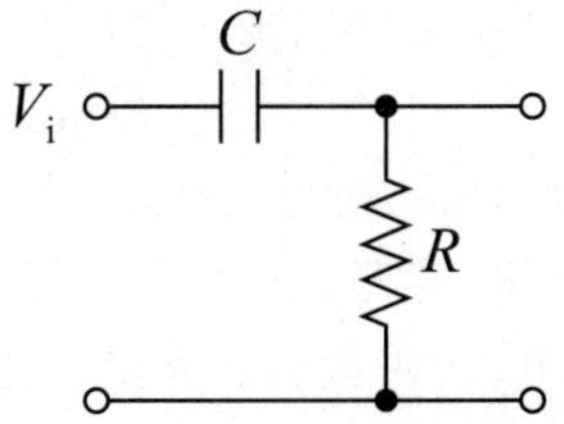

图 5-7 一阶高通滤波器电路

该电路的输入信号为 V_i，输出信号为 V_o，电阻阻抗为 R，电容容抗为 $\frac{1}{j\omega C}$，则有：

$$I=\frac{V_i}{\frac{1}{j\omega C}+R} \tag{5-19}$$

$$V_o=IR=\frac{V_i}{\frac{1}{j\omega C}+R}\times R$$

$$\frac{V_o}{V_i}=\frac{R}{\frac{1}{j\omega C}+R}$$

令 $s=j\omega$，则其传递函数为：

$$T_{(S)}=\frac{R}{\frac{1}{sC}+R}=\frac{RCs}{RCs+1} \tag{5-20}$$

令 $\tau=RC$，可得：

$$T_{(S)}=\frac{\tau s}{\tau s+1} \tag{5-21}$$

将传递函数转化为微分形式：

$$RC\frac{dy(t)}{dt}+y(t)=RC\frac{dx(t)}{dt} \tag{5-22}$$

代入可得：

$$y(k)=\frac{RC}{RC+T}(k-1)+\frac{RC}{RC+T}[x(k)-x(k-1)] \tag{5-23}$$

令滤波系数 $a=\frac{RC}{RC+T}$，a 的定义域为(0—1)，得出(相关符号均按程序中使用的变量和符号进行书写)：

$$y(k) = a*y(k-1)+a*(x(k)-x(k-1)) \tag{5-24}$$

式中，y(k)为本次滤波值，y(k－1)为上次滤波值，x(k)为本次采样值，x(k－1)为上次采样值。当 a＝1

时，无滤波效果；当 a<1 时，不断弱化上次滤波的值，使采样间的差值相对强化，也就是在不断变弱上次滤波值的基础上增加本次采样值。

3. 互补滤波器数字化的实现

(1)融合理论分析

结合无源一阶低通滤波器和一阶高通滤波器的差分方程可得：

$$y(k)=\frac{RC}{RC+T}[y(k-1)+\Delta x(k)]+\frac{T}{T+RC}x(k) \tag{5-25}$$

以计算陀螺仪和加速度仪融合求角度为例：

$$y(k)=\frac{RC}{RC+T}[y(k-1)+\Delta x_{\text{gyro}}(k)]+\frac{T}{T+RC}x_{\text{acc}}(k) \tag{5-26}$$

相关代码为：

angle=(factor) * (angle+gyro * dt)+(1-factor) * (x_acc)　　(5-27)

其中，factor 为互补滤波因子，定义域为(0,1)。

传感器数据融合的方式有很多种，常用的是互补滤波和卡尔曼滤波。互补滤波算法的优点是算法简单，代码量和运算量都比较小，并且能够在一定程度上补偿不同传感器的优势。但是它的缺点也很明显，由于每个传感器分配的权重固定，因此并不能根据实际传感器的测量运动来进行优化调整。卡尔曼滤波则是最好的线性滤波器，基于最小方差的无偏估计，它采用最优误差估计的方法来动态调整传感器各自权重的分配，实现自适应滤波。

(2)气压传感器和 IMU 数据融合的方法

①融合的方法。

在无人机高度控制中，不仅高度很重要，速度也很重要。通过气压计获取了高度值后，还需要知道速度值，通过对高度值进行微分，即可得到速度值。在获取速度值之前，需要对气压计数据进行滤波，否则无人机会不稳定。由于气压计本身存在一定的误差，而且更新速度只有 20～50Hz，因此需要一个更新频率较快的传感器，数据互补，则可得到更加精准的高度和速度数据，这个传感器就是加速度计。通过对 Z 轴加速度进行二阶积分，可以直接得到 Z 轴的高度和速度数据，这些数据长期是不稳定的，但更新速度快，再搭配气压计，通过气压计修正加速度计就可以得到比较精准的数据了。

加速度计的数值需要使用世界坐标系下的数据，还需要进行一个坐标系下的数据转换，现在已经有两组高度和速度数据，再通过一个互补滤波器，就可以较快地收敛无人机的状态了。如图 5-8 所示，由于加速度计数据含有高频噪声，因此对其做一个低通滤波，而气压计存在零点误差，所以对气压计数据做一个高通滤波处理。再将气压计获取的高度数据和速度数据进行数据融合，融合的公式如下。融合的高度值：

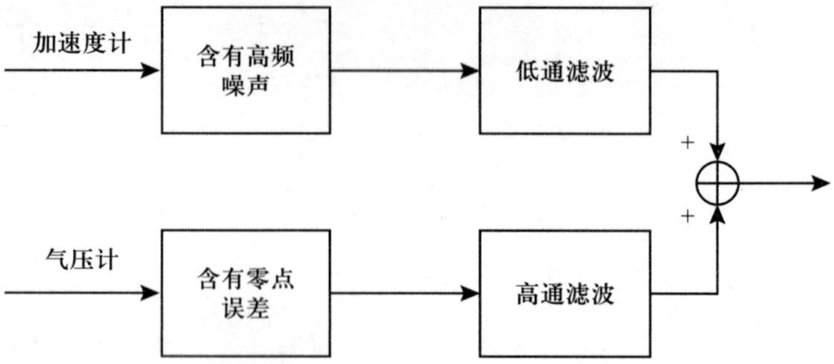

图 5-8　气压计和加速度计数据融合算法框图

$$S_1+=K_1(S_0-S_1)d_t \tag{5-28}$$

融合的速度值：

$$V_1+=K_2(V_0-V_1)d_t \tag{5-29}$$

式中，K 代表融合系数，d_t 代表更新时间，S_0 代表利用气压计计算的高度，V_0 代表利用气压计计算的垂直方向的速度，S_1 代表利用加速度计计算的高度，V_1 代表利用加速度计计算的垂直方向的速度。

②程序实现。

```
void rangefinder_pretreatment(float dt)
{
RangeFinderManager. fabs_cos_pitch_roll =
fabs(cos(imu. Attitude. pitch / 57. 29f) * cos(imu. Attitude. roll / 57. 29f));
if(SystemInfo. MoudleGroupPtr->vl53lx_managerPtr->moudle. bCheck)
{
RangeFinderManager. rangefinder_type = obs_iraser;
static float last_rangefinder = 0;              //从 VL53L1 获取高度数据
RangeFinderManager. rangefinder =MoudleGroup. vl53lx_managerPtr->range. distance;
RangeFinderManager. rangefinder=RangeFinderManager. rangefinder *
RangeFinderManager. fabs_cos_pitch_roll;
                                                //原始传感器数据,单位:cm/s
RangeFinderManager. rangefinder_velocity= safe_div(RangeFinderManager. rangefinder - last_rangefinder,
dt,0);
                                                //跟踪微分器,对高度进行微分,得到速度值
RangeFinderManager. rangefinder_velocity=LIMIT(RangeFinderManager. rangefinder_velocity, -200,200);
                                                //对速度值做限幅处理
RangeFinderManager. last_velocity=RangeFinderManager. rangefinder_velocity;
last_rangefinder = RangeFinderManager. rangefinder;
wcz_h_fus. fix_KP = 2. 0f;                       //高度融合系数
wcz_hs_fus. fix_KP = 0. 4f;                      //速度融合系数
}
else
if(SystemInfo. MoudleGroupPtr->spl0601_managerPtr->Moudle. bCheck)
{
static float last_rangefinder = 0;
static float velocity_tmp = 0;
float obs[2];
SystemInfo. MoudleGroupPtr->spl0601_managerPtr->Moudle. bUpdate = false;
                                                //从气压计获取高度数据
RangeFinderManager. rangefinder_type=obs_barometer;
RangeFinderManager. rangefinder=MoudleGroup. spl0601_managerPtr->alt;
Tracking_Differentiator(RangeFinderManager. rangefinder , &RangeFinderManager. rangefinder_velocity,
0. 01f, 0. 02f , &spl06_1td);
                                                //原始传感器数据,单位:cm/s
RangeFinderManager. rangefinder_velocity = LIMIT(RangeFinderManager. rangefinder_velocity, -400, 400)
* 0. 5f;
RangeFinderManager. Sensor. bUpdate = true;
wcz_h_fus. fix_KP = 1. 4;                        //高度融合系数
wcz_hs_fus. fix_KP = 0. 7f;                      //速度融合系数
}
RangeFinderManager. rangefinder = kalman1_filter(&RangeFinderManager. kalman_rangefinder, RangeFind-
erManager. rangefinder);
                                                //获取一维卡尔曼滤波数据,获取最优的高度数据
```

```
    RangeFinderManager.rangefinder_velocity = kalman1_filter(&RangeFinderManager.kalman_rangefinder_velocity, RangeFinderManager.rangefinder_velocity);
    }
```

加速度计和气压计的互补滤波融合,要学会调试系数,最好可以调出相应变量,然后观看其曲线变化。一般要先了解互补滤波的核心思想再去调试,效果会更好,气压计会受风的影响,加速度计会受震动的影响,所以调试时会有各种实际影响因素。对于一般的无人机系统,定高都是可以调试的,所以调试前也需要了解加速度计、气压计的各方面性能以及优、缺点。

1.3 气压传感器的配置方法及数据的读取

在前面的内容中,我们讲述了 SPL06-001 的基本作用,这里,我们将详细讲述 F150-Y410PLUS 中用到的气压传感器,重点深入讲解程序中的 SPL06.c、SPL06.h、alt_control.c、alt_control.h 等程序文件中寄存器的配置方法和有关算法。

1.3.1 数据结构

在 SPL06.h 里面,我们先来查看一下 #define 的几个头文件:

```
#define HW_ADR_L                            // SDO LOW,传感器的地址是 0x77(默认)或 0x76(如果 SDO 引脚下拉到 GND)
#define HW_ADR   HW_ADR_L≪1                 //左移一位为从机地址
#define CONTINUOUS_PRESSURE   1             //连续压力测量
#define CONTINUOUS_TEMPERATURE   2          //连续温度测量
#define CONTINUOUS_P_AND_T   3              //连续压力和温度测量
#define PRESSURE_SENSOR 0                   //表示气压计
#define TEMPERATURE_SENSOR   1              //表示温度计
#define OFFSET_COUNT   30                   //表示偏移量
```

下面这个结构体是一个存放着校准系数的结构体:

```
typedef struct
{
int16_t i16C0;
int16_t i16C1;
int32_t i32C00;
int32_t i32C10;
int16_t i16C01;
int16_t i16C11;
int16_t i16C20;
int16_t i16C21;
int16_t i16C30;
}SPL06Param_t;
```

这个结构体共有九个参数,我们可以在 SPL06-001 的数据手册中去查看,而在本程序中是直接给定了这些参数的。在 SPL06.c 文件中,void CalcParam(void)直接写定了校准系数,根据数据手册,我们可以直接从寄存器中读取相关的校准系数。

```
void CalcParam(void)
{
g_SPL06Manager.Param.i16C0 = 204;
g_SPL06Manager.Param.i16C1 = -261;
g_SPL06Manager.Param.i32C00 = 80469;
g_SPL06Manager.Param.i32C10 = -54769;
g_SPL06Manager.Param.i16C01 = -2803;
g_SPL06Manager.Param.i16C11 = 1226;
g_SPL06Manager.Param.i16C20 = -10787;
g_SPL06Manager.Param.i16C21 = 183;
g_SPL06Manager.Param.i16C30 = -1603;
}
```

下面这个结构体用于存放测得的原始数据，SPL06Param_t Param 包含了校准系数；uint8_t u8Chip_id 是芯片的 ID；int32_t i32RawPressure，存放原始的压力数据；int32_t i32RawTemperature，这个参数存放原始温度数据；int32_t i32KP 和 int32_t i32KT 分别是压力比例因子和温度比例因子，通过查看数据手册中的温度和压力比例因子(表 5-2)可对补偿比例因子进行配置，在前述课程中已经讲到要通过这一比例因子来计算压力和温度；float fGround_Alt 是上次高度值；float fALT 是相对海平面的高度值；float fRelative_Alt 是高度变化量；float fTemperature 是当前温度；float fPressure 是当前气压；float fLast_Pressure 是后一次的气压；float fOffset 是一个偏移量(传感器相对于一个精确值的偏移量)；bool Check，用于检查气压芯片与单片机是否通信成功。所有成员通过 SPL06Manager_t 来管理，共有 14 个变量，这个结构体的数据很重要，必须要熟记，以便能更好地理解程序。

```
typedef struct
{
SPL06Param_t Param;                //校准系数
uint8_t u8Chip_id;                 //芯片 ID
int32_t i32RawPressure;            //原始压力数据
int32_t i32RawTemperature;         //原始温度数据
int32_t i32KP;                     //压力比例因子
int32_t i32KT;                     //温度比例因子
float fGround_Alt;                 //上次高度值
float fALT;                        //相对海平面的高度值
float fRelative_Alt;               //高度变化量
float fTemperature;                //当前温度
float fPressure;                   //当前气压
float fLast_Pressure;              //后一次的气压
float fOffset;                     //偏移量
bool Check;                        //通信检查
}SPL06Manager_t;
```

表 5-2 温度和压力比例因子

过采样率	比例因子（KP or KT）
1（single）	524288

续表5-2

过采样率	比例因子（KP or KT）
2 times（Low Power）	572864
4 times	3670016
8 times	7864320
16 times（Standard）	253952
32 times	516096
64 times（High Precision）	1040384
128 times	2088960

1.3.2 函数功能文件

SPL06.c 文件中的几个头文件及函数的意义：

```
#define PRS_CFG 0x06                                   //压力寄存器的配置地址
#define TMP_CFG 0x07                                   //温度寄存器的配置地址
#define MEAS_CFG 0x08                                  //传感器操作模式和状态寄存器的地址
#define CFG_REG 0x09                                   //中断和 FIFO 配置寄存器
#define PRODUCT_ID  0x0D                               //产品 ID
#define CONST_PF0.1902630958                           //(1 / 5.25588f)压力因子
#define SPL06_Check I2C_Read_Byte(HW_ADR, 0x0D)        //传感器 ID 地址 0x0D,有效值 0x10
```

SPl06.c 中的几个#define 文件相当重要，我们来一一进行解读。PRS_CFG 0x06 为压力寄存器配置地址，TMP_CFG 0x07 为温度寄存器配置地址，大家可以查阅数据手册中的描述；PRS_CFG 的数据配置为 0x01、0x14、0x26 和 TMP_CFG 的数据配置为 0x00、0x00、0x20 分别代表应用于气象站、室内导航以及运动，各种模式在其他一列中有详细的配置，见表 5-3。

表 5-3 测量设置与用例示例

用例	精度	压力寄存器配置地址：0x06	温度寄存器配置地址：0x07	其他
气象站（低功耗、背景模式）	5 Pa 的精度	0x01	0x00	开始背景测量（增加 0x08）
室内导航（标准精度、背景模式）	10 cm 的精度	0x14	0x00	启用 P 位移（addr 0x09），开始背景测量（addr 0x08）
运动（高精度、高速率、背景模式）	5 cm 的精度	0x26	0x20	启用 P 位移（addr 0x09），开始背景测量（addr 0x08）

MEAS_CFG 为传感器的工作模式和状态寄存器，其地址为 0x08，具体内容见表 5-4。

表 5-4 MEAS_CFG 配置

功能	位	类型	描述
COEF_RDY	7	读	启动后,系数将读入系数寄存器。0 代表系数还不可用;1 代表系数可用
SENSOR_RDY	6	读	气压传感器在启动后自行初始化。0 代表传感器初始化未完成;1 代表传感器初始化完成。建议在传感器完成自初始化之前不要开始测量
TMP_RDY	5	读	温度测量功能已准备就绪;1 代表新的温度测量功能已准备就绪
PRS_RDY	4	读	压力测量功能已准备就绪;1 代表新的压力测量功能已准备就绪。采购计量时清除
	3		保留
MEAS_CTRL	2:0	读/写	设置测量模式和类型:待机模式为 000;在命令模式中,001 为压力测量,010 为温度测量,011/110 为保留;在背景模式中,101 为连续的压力测量,110 为连续的温度测量,111 为连续的压力和温度测量

CFG_REG 的地址是 0x09,其中,第 0 位配置为 0,是 4 线 SPI 接口,配置为 1,是 3 线 SPI 接口;第 1 位使能或者关闭 FIFO,配置为 0 是使能 FIFO,配置为 1 是关闭 FIFO;第 2 位 PRS_SHIFT 是压力结果移位,配置为 0 不移位,配置为 1 右移位,但要注意,当过采样率大于 8 时,必须配置为 1;第 3 位 TMP_SHIFT 是温度结果移位,配置为 0 不移位,配置为 1 右移位,同样,当过采样率大于 8 时,必须配置为 1;第 4 位 INT_TMP 是温度测量完成或产生中断,配置为 0 中断关闭,配置为 1 中断打开;第 5 位 INT_PRS 是压力测量完成或产生中断,配置为 0 中断打开,配置为 1 中断关闭;第 6 位 INT_FIFO,当 FIFO 满时产生中断,配置为 0 中断打开,配置为 1 中断关闭;第 7 位 INT_HL 是中断(在 SDO 引脚上)激活级别,配置为 0 活动级别高,配置为 1 活动级别低,这个寄存器的配置非常重要。PRODUCT_ID 寄存器的地址为 0x0D,复位值为 0,该地址的 0～3 位存放的是版本的 ID,而 4～7 位存放的是产品的 ID。以上是在本程序中必须配置的寄存器,接下来,我们来看看其他寄存器,PSR_B2、PSR_B1、PSR_B0 三个 8 位寄存器的地址是 0x00、0x01、0x02,正好组合成一个 24 位的数据,分别对应压力数据的高 23～16、15～8、7～0 位,这三个寄存器用来保存压力的数据,也就是说,我们可以直接操作这些寄存器并读出真实的压力值。压力数据寄存器包含 24 位(3 字节)的补充压力测量值。再来看一下,TMP_B2、TMP_B1、TMP_B0 三个寄存器的地址是 0x03、0x04、0x05,分别对应温度数据的高 23～16、15～8、7～0 位,这三个寄存器用来保存温度的数据,也就是说,我们可以直接操作这些寄存器并读出温度值。前面已经阐述过一个 32 位的 FIFO 队列,如果启用 FIFO,则寄存器将包含 FIFO 压力和温度结果(请参阅 FIFO 操作)。否则,寄存器将包含压力测量结果,读取后也不会清除。目前,我们已经认识了寄存器表(表 5-5)中 0x00～0x09 的寄存器地址,可以继续学习地址为 0x0A～0x28 的寄存器。

表 5-5 寄存器表

寄存器名	地址	Bit7	Bit6	Bit5	Bit4	Bit3	Bit2	Bit1	Bit0	复位状态
PSR_B2	0x00	PSR[23:16] (r)								00H
PSR_B1	0x01	PSR[15:8](r)								00H
PSR_B0	0x02	PSR[7:0](r)								00H
TMP_B2	0x03	TMP[23:16] (r)								00H
TMP_B1	0x04	TMP[15:8] (r)								00H
TMP_B0	0x05	TMP[7:0] (r)								00H

续表5-5

寄存器名	地址	Bit7	Bit6	Bit5	Bit4	Bit3	Bit2	Bit1	Bit0	复位状态
PRS_CFG	0x06	—	PM_RATE [2:0] (rw)			PM_PRC [3:0] (rw)				00H
TMP_CFG	0x07	TMP_ EXT (rw)	TMP_RATE [2:0] (rw)			TM_PRC [3:0] (rw)				00H
MEAS_CFG	0x08	COEF_ RDY (r)	SENSOR_ RDY (r)	TMP_ RDY (r)	PRS_ RDY (r)	—	MEAS_CRTL[2:0] (rw)			00H
CFG_REG	0x09	INT_ HL (rw)	INT_ SEL[2:0] (rw)			TMP_ SHIFT_ EN (rw)	PRS_ SHIFT_ EN (rw)	FIFO_ EN (rw)	SPI_ MODE (rw)	00H

中断状态寄存器 INT_STS 的地址为 0x0A，其低三位有效，其他位保留，第 0 位压力测量中断的状态，0 表示被激活，1 表示未被激活。第 1 位 INT_TMP 表示温度测量中断状态，0 表示激活，1 表示未被激活。第 2 位 INT_FIFO_FULL 表示 FIFO 中断的状态，0 表示未被激活，1 表示被激活。FIFO 状态寄存器 FIFO_STS 的地址为 0x0B，第 0 位 FIFO_EMPTY，被硬件置 0 表示 FIFO 不为空，被硬件置 1 表示 FIFO 为空。第 1 位 FIFO_FULL 置 0 表示 FIFO 不满，置 1 表示 FIFO 满，其他位为保留位。寄存器 RESET 为软件复位与 FIFO 满寄存器，地址为 0x0C，第 0～3 位写入“1001”以生成软重置。软重置与开机重置相同的序列运行。第 4～6 位为保留位。第 7 位 FIFO_FLUSH ，从 FIFO 中读出所有数据后，写入“1”来清除所有旧数据。前面多次提到校准系数，校准系数寄存器包含用于计算补偿的压力和温度值。在本程序中，我们直接给它进行赋值，也可以直接从芯片的寄存器中读出，这些寄存器的地址是 0x10～0x21。

还有一个寄存器 Coefficient Source 的地址是 0x28，这是配置校准系数来源的寄存器。内部温度传感器的校准系数基于 ASIC 温度传感器或 MEMS 温度传感器。此设置在温度中可配置该寄存器的第 7 位 TMP_COEF_SRCE，0——内部温度传感器（针对温度传感器 ASIC）；1——外部温度传感器（针对气压传感器 MEMS）。在选择性地配置以上寄存器之后，我们再继续了解 SPL06. c 中的每一个函数的作用。

1. I^2C 读取 1 个字节的函数

```
uint8_t I2C_Read_Byte(uint8_t device, uint8_t reg)
{
uint8_t data = 0;
HAL_I2C_Mem_Read(&hi2c1, device, reg , I2C_MEMADD_SIZE_8BIT, &data, 1, 0xff);
return data;
}
```

该函数的作用是读取寄存器函数，第一个参数是元器件地址，第二个参数是寄存器地址，数据大小为 1 个字节，函数里调用硬件 I^2C 读取函数，具体可以去程序中跟踪这个函数的意义。

2. I^2C 写入 1 个字节的函数

```
void I2C_Write_Byte(uint8_t device, uint8_t reg, uint8_t data)
{
HAL_I2C_Mem_Write(&hi2c1, device, reg, I2C_MEMADD_SIZE_8BIT, &data, 1, 0xFF);
```

```
}
```

该函数的作用是写入寄存器中一个数据，第一个参数是要写入元器件的地址，第二个参数是要写入寄存器的地址，第三个是要写入的数据，内部同样调用了硬件 I^2C 里面的写函数，具体去程序中跟踪。

有了这两个函数，我们就可以利用飞控对气压传感器的各种参数进行设置了，就是把上面讲述的寄存器表中想要配置的功能的值通过 I^2C 协议写入芯片，而当要判断寄存器状态时，去读取相关寄存器的值。这是大部分芯片操作的基本方式，在学习了前面几款芯片之后，对这两个函数的应用也就更加熟悉了。

3. I^2C 初始化函数

```
void SPL06_Init(void)
{
if(SPL06_Check == 0x10)                    // 获取 SPL06 ID
{
g_SPL06Manager.Check = true;
}else
{
g_SPL06Manager.Check = false;
}
g_SPL06Manager.i32RawPressure = 0;
g_SPL06Manager.i32RawTemperature = 0;
g_SPL06Manager.u8Chip_id = 0x34;
CalcParam();
SetRate(PRESSURE_SENSOR, 128, 32);
SetRate(TEMPERATURE_SENSOR, 32, 8);
SelectMode(CONTINUOUS_P_AND_T);
HAL_Delay(3000);
UpdateSPL06Info();
g_SPL06Manager.fGround_Alt = g_SPL06Manager.fALT;
}
```

可以看到，在程序的头文件中，SPL06_Check 被定义为 I2C_Read_Byte(HW_ADR, 0x0D)，与气压传感器的 ID 0x10 进行对比，就能够判断设备的连接是否正常。接下来就是对前面讲到的 SPL06Manager_t 这个结构体中的数据进行初始化，温度的原始值、压力的原始值都配置为 0；u8Chip_id = 0x34，这个函数为初始化校准系数；SetRate(PRESSURE_SENSOR, 128, 32)、SetRate(TEMPERATURE_SENSOR, 32, 8)，在这里分别配置了气压传感器、温度传感器的重复采样次数和比例因子；SelectMode(CONTINUOUS_P_AND_T)，这个函数是设置工作模式的函数，追踪其数，是头文件定义的变量，CONTINUOUS_P_AND_T 为 3，继续追踪到函数 void SelectMode(uint8_t mode)，里面调用了 I2C_Write_Byte(HW_ADR, 0x08, mode + 4)，第一个参数是元器件的地址，第二个参数是寄存器的地址，第三个则是要写入的数据，4+3 转换成二进制就是 00000111，低 3 位为 111，就是前面阐述的连续压力和温度测量。

4. 设置气压传感器的采样率以及过采样率

```
void SetRate(uint8_t u8_Sensor, uint8_t u8_SmplRate, uint8_t u8_OverSmpl)
{
```

```
uint8_t u8Reg = 0;                          // 状态标志位
int32_t i32KT = 0;                          // 温度初始化
switch(u8_SmplRate)                         // 设置压力测量速率
{
case 2:
u8Reg |= (1 << 4);
break;
case 4:
u8Reg |= (2 << 4);
break;
case 8:
u8Reg |= (3 << 4);
break;
case 16:
u8Reg |= (4 << 4);
break;
case 32:
u8Reg |= (5 << 4);
break;
case 64:
u8Reg |= (6 << 4);
break;
case 128:
u8Reg |= (7 << 4);
break;
case 1:
default:
break;
}
switch(u8_OverSmpl)                         // 设置压力过采样率
{
case 2:
u8Reg |= 1;
i32KT = 1572864;
break;
case 4:
u8Reg |= 2;
i32KT = 3670016;
break;
case 8:
u8Reg |= 3;
i32KT = 7864320;
break;
case 16:
i32KT = 253952;
u8Reg |= 4;
```

```
break;
case 32:
i32KT = 516096;
u8Reg |= 5;
break;
case 64:
i32KT = 1040384;
u8Reg |= 6;
break;
case 128:
i32KT = 2088960;
u8Reg |= 7;
break;
case 1:
default:
i32KT = 524288;
break;
}
}
```

调用 SetRate(PRESSURE_SENSOR, 128, 32)设置压力的测量速率和压力过采样率,压力补偿系数也是在这个函数中实现的,该函数有三个参数,第一个是传感器(0 为气压传感器,1 为温度传感器);第二个是采样率;第三个是补偿系数。前面已经讲到配置压力过采样率和补偿系数的寄存器 PRS_CFG,其地址是 0x06。本程序中 SetRate(PRESSURE_SENSOR, 128, 32)压力采样率配置为 128 Hz,压力过采样率配置为 32 Hz。温度校准系数 i32KT = 516096,也就是第 6~4 位配置为 111,第 3~0 位配置为 0101,于是,u8Reg 就被设置成 01110101,再通过函数 I2C_Write_Byte(HW_ADR, 0x06, u8Reg)写入寄存器。SetRate(TEMPERATURE_SENSOR, 32, 8)的原理也是一样的。

5. 获取温度原始值的函数

```
void GetRawTemp(void)
{
uint8_t u8Data[3] = {0};
u8Data[0] = I2C_Read_Byte(HW_ADR, 0x03);
u8Data[1] = I2C_Read_Byte(HW_ADR, 0x04);
u8Data[2] = I2C_Read_Byte(HW_ADR, 0x05);
g_SPL06Manager.i32RawTemperature = (int32_t)u8Data[0] << 16 | \
                                   (int32_t)u8Data[1] << 8  | \
                                   (int32_t)u8Data[2];
g_SPL06Manager.i32RawTemperature = (g_SPL06Manager.i32RawTemperature & 0x800000)? \
                                   (0xFF000000|g_SPL06Manager.i32RawTemperature) : \
                                   (g_SPL06Manager.i32RawTemperature);
}
```

在之前的寄存器中,地址 0x03、0x04、0x05 存放着测量的温度数据,通过 I^2C 读函数把温度数据读到 u8Data[3]这个数组中,这个数组存放着不同的位的数据,将数据存放在之前定义的 g_SPL06Manager.i32RawTemperature 中,后面的语句 g_SPL06Manager.i32RawTemperature &0x800000)? \

(0xFF000000|g_SPL06Manager.i32RawTemperature)：\(g_SPL06Manager.i32RawTemperature)是C语言的三目运算符，如果最高位为1，则将数据高8位置1，否则直接取测量值。

6. 获取压力测量值的函数

```
void GetRawPressure(void)
{
uint8_t u8Data[3] = {0};
u8Data[0] = I2C_Read_Byte(HW_ADR, 0x00);
u8Data[1] = I2C_Read_Byte(HW_ADR, 0x01);
u8Data[2] = I2C_Read_Byte(HW_ADR, 0x02);
g_SPL06Manager.i32RawPressure = (int32_t)u8Data[0] << 16 | \
                                (int32_t)u8Data[1] << 8  | \
                                (int32_t)u8Data[2];
g_SPL06Manager.i32RawPressure = (g_SPL06Manager.i32RawPressure & 0x800000):\ (0xFF000000 | g_
                                SPL06Manager.   i32RawPressure ):   \   ( g   _   SPL06Manager.
                                i32RawPressure);
}
```

该函数的作用是从此前讲到的寄存器地址0x00、0x01、0x02中读取压力数据的值并存放于g_SPL06Manager.i32RawPressure，方法和上面获取温度数据的方法相同。

7. 根据数据校准系数和测量数据计算温度值

```
float GetTemp(void)
{
float fTCompensate = 0;
float fTsc = 0;
fTsc = g_SPL06Manager.i32RawTemperature / (float)g_SPL06Manager.i32KT;
fTCompensate =  g_SPL06Manager.Param.i16C0 * 0.5 + \
                g_SPL06Manager.Param.i16C1 * fTsc;
return fTCompensate;
}
```

8. 根据数据校准系数和测量数据计算压力值

```
float GetSPL06Press(void)
{
float fTsc = 0;
float fPsc = 0;
float fqua2 = 0;
float fqua3 = 0;
float fPCompensate = 0;
fTsc = g_SPL06Manager.i32RawTemperature / (float)g_SPL06Manager.i32KT;
fPsc = g_SPL06Manager.i32RawPressure / (float)g_SPL06Manager.i32KP;
fqua2 = g_SPL06Manager.Param.i32C10 \
        + fPsc * (g_SPL06Manager.Param.i16C20 \
        + fPsc* g_SPL06Manager.Param.i16C30);
fqua3 = fTsc * fPsc * (g_SPL06Manager.Param.i16C11 \
```

```
            + fPsc * g_SPL06Manager. Param. i16C21);
    fPCompensate = g_SPL06Manager. Param. i32C00 \
                + fPsc * fqua2 + fTsc * g_SPL06Manager. Param. i16C01\
                + fqua3;
    return fPCompensate;
    }
```

温度和压力的计算公式在前面已经讲述过，这里不再赘述。

9. 更新高度值

```
void UpdateSPL06Info()
{
GetRawTemp();                                          // 更新温度值
GetRawPressure();                                      // 更新压力值
g_SPL06Manager. fPressure = GetSPL06Press();    // 更新校准后的压力值
/* tropospheric properties (0-11km) for standard atmosphere */
/* temperature at base height in Kelvin, [K] = [°C] + 273.15 */
const double T1 = 15.0 + 273.15;
/* temperature gradient in degrees per metre */
const double a = -6.5 / 1000;
/* gravity constant in m / s/s */
const double g = 9.80665;
/* ideal gas constant in J/kg/K */
const double R = 287.05;
/* current pressure at MSL in kPa */
double p1 = 101325.0 / 1000.0;
/* measured pressure in kPa */
double p = g_SPL06Manager. fPressure / 1000.0;
                                     // Altitude = (((exp((-(a * R) / g) * log((p /
                                        p1)))) * T1) - T1) / a;
g_SPL06Manager. fALT = (((pow((p / p1), (-(a * R) / g))) * T1) - T1) / a;
                                     // 获取高度数据
g_SPL06Manager. fRelative_Alt = (int16_t)((int16_t)(g_SPL06Manager. fALT * 1000)-(int16_t)(g_
                        SPL06Manager. fGround_Alt * 1000))/1000.0f;
}
```

1.4 高度控制器以及程序设计

1.4.1 油门和高度控制

本教材的遥控器是采用STM32F103C8T6这颗芯片设计的，两个遥感电位器将采集到的模拟信号送入单片机进行处理，遥控器上“左侧两档开关+右侧三挡开关”的组合分别对应自稳模式、定高模式、定点模式、锁定模式。要想实现高度控制，其核心是控制油门值，油门增加，产生的拉力增加，无人机向上起飞；油门减少，产生的拉力减少，无人机降落。通过控制无人机的油门值让无人机保持在某一高度，在这个过程中，需要控制的量可以设定为两个：一是无人机的位置量；二是无人机在空中的速度量。

让无人机的位置处在某一设定的位置，并且让此处的 Z 轴速度为 0，即可控制无人机在空中保持稳定的高度。

前面讲述，在中低空或高空飞行时，可以将气压计作为无人机的高度输出的传感器，但是气压计有一些缺点，需要其他传感器进行弥补，气压计在空中容易受到气流和温度的干扰，有烟尘的地方，气压计的工作也会受到影响；气压计在低空高度变化的时候不那么敏感，存在固定的误差区；气压计的更新速度慢，在 20～50 Hz。气压计和激光测距传感器都是高度传感器，能直接输出高度值，但是刷新速度不快，激光测距传感器在短距离内可以得到更加精准的值，但长距离则无法工作。但从长时间的角度来说，这样的传感器仍然具有较强的观测性，可以作为修正传感器使用。在无人机的高度值测出来之后，速度值就可以通过高度值对时间进行微分，但由于无人机高度经常变化，所以使用观测传感器进行速度测量有一定的风险。无人机在高度变化的时候，速度值变化很快，在作为参考值时要衡量。但我们还有一个传感器可以使用，那就是加速度计。那么，如何获取无人机在 Z 轴的速度和高度呢？此处给出几种方法。Z 轴的速度值和高度值可以对加速度进行二阶积分，但是这些数值从长期来看是不稳定的。任何误差在积分过程中都会被累计，但是加速度计有一个好的特性，即更新速度非常快，可以达到 500 Hz 左右，控制器的更新频率在 50～100 Hz，这样的更新频率需要高速的控制器才能发挥好的效果。对观测传感器进行修正，可将数值修正到有效值附近。

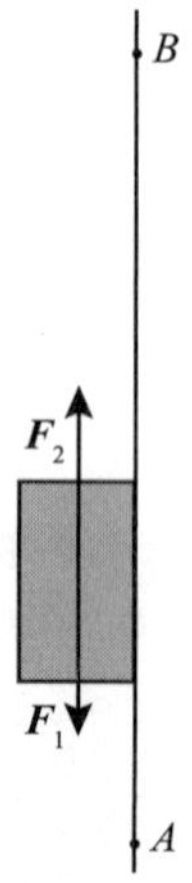

图 5-9　滑块模型

为了更形象地说明控制器要解决的问题，此处引入一个滑块模型来说明（图 5-9），滑块同时受到 $\boldsymbol{F}_1$ 和 $\boldsymbol{F}_2$ 两个力的作用，而 $\boldsymbol{F}_1$ 是一个方向确定且大小不变的力，但是 $\boldsymbol{F}_2$ 的力量未知。此时可以操控 $\boldsymbol{F}_2$，$\boldsymbol{F}_2$ 的大小可控，但方向相反。现在要设计一个控制器，控制器控制力 $\boldsymbol{F}_2$，使滑块从 A 点滑到 B 点，整个过程迅速并且精准。无人机就像这个滑块，$\boldsymbol{F}_1$ 就是重力，$\boldsymbol{F}_2$ 就是四个螺旋桨带来的升力，通过控制 $\boldsymbol{F}_2$ 的大小来控制无人机在空中的位置和稳定飞行。

1.4.2　高度控制 PID 设计

高度控制采用串级 PID 控制，本程序的设计思想是输入值由遥控器给定，将气压计检测的高度数据与加速度计通过二阶积分获取的高度值进行融合，与期望值进行比较产生一个偏差值，将其送入外环控制器，将外环控制器输出的速度值与气压计和加速度计的融合值进行比较，偏差送入内环控制器。控制电机转速，使无人机在垂直方向上达到预设高度。图 5-10 是高度控制 PID 的结构设计图。

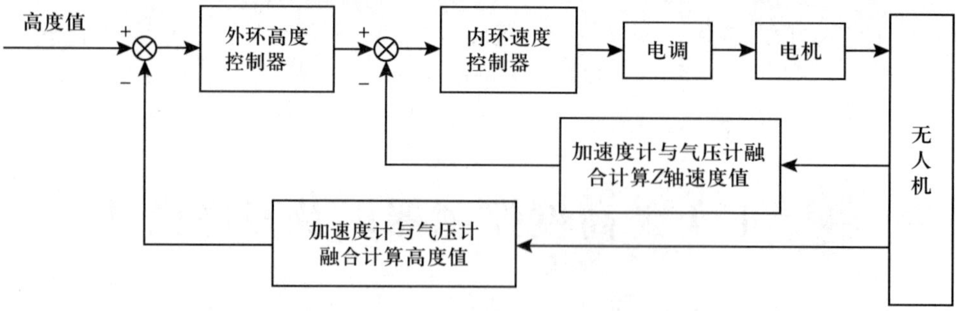

图 5-10　高度控制 PID 的结构设计

1.4.3　高度控制程序设计

利用飞控读传感器数据是最简单的。传感器读取的数据会有波动，如果直接将这些数据送入处理器处理，无人机就会发生抖动，于是就需要对数据进行处理。在前面课程的学习中，已经学习了卡尔曼滤波的基本概念，以及加速度计和陀螺仪数据之间融合的算法。本小节的任务是通过气压传感器让飞机稳定在空中，实现定高飞行。算法非常简单，但也可以重新设计算法，比如让气压传感器的数据和MPU6050在Z轴上的加速度进行融合，本小节也会提供样例程序以供参考。

1. 数据结构

在alt.control.h中，有一个高度控制模式选择的枚举类型，里面包含两种模式：正常模式和一键着陆模式。

```
typedef enum
{
alt_ctrl_normal,                        // 正常模式
alt_ctrl_autoland,                      // 一键着陆模式
numofalt_ctrl_list,
}alt_ctrl_mode_t;
```

以下是一个着陆步骤的枚举类型，包含三个变量：等待、着陆和上锁。

```
typedef enum
{
waiting,
landing,
lock,
}land_step_t;
```

下面的结构体非常重要，必须要熟悉里面的各项参数。

```
typedef struct
{
alt_ctrl_mode_t alt_ctrl_mode;          // 包含一个结构体，下面阐述
float alt_desired;                      // 高度的期望值
land_step_t land_step;                  // 包含一个上面的着陆步骤的结构体
float althold_est_thr;                  // 高度控制的油门值
float alt_measure;                      // 高度控制的测量值
float takeoff_speed;                    // 起飞速度
float alt_speed;                        // 垂直速度
float alt_acc;                          // 垂直加速度
uint16_t thr_est;                       // 油门
float alt_output;                       // 高度输出
} AltitudeControl_t;
```

下面的结构体是用于高度数据融合处理的结构体。

```
typedef struct
{
float Position[Axis_Num];               // 位置估计量
float Speed[Axis_Num];                  // 速度估计量
float Acceleration[Axis_Num];           // 加速度估计量
float Pos_History[Axis_Num][Num];       // 历史惯导位置
float Vel_History[Axis_Num][Num];       // 历史惯导速度
```

```
float Acce_Bias[Axis_Num];              // 惯导加速度漂移估计量
float Last_Acceleration[Axis_Num];
float Last_Speed[Axis_Num];
}INS;
```

还有一个模式选择的枚举。

```
typedef enum
{
Stabilize_Mode = 0,
Altitude_Hold,                          //定高模式
Loiter,
AutoLand,                               //一键降落
Formation,
Num_Of_Mode,
} Mode_t;
```

以上是用于高度控制的保存数据、数据处理、模式选择等结构体，需记住其含义。

2. 高度处理函数

在 alt. control. c 程序中，有以下几个函数。

(1)更新高度控制

此函数的作用是更新高度控制，执行的流程是判断是否为高度保持，然后解锁，将气压计与加速度计融合后的高度信息和速度信息送入 PID 控制器进行运算，接着更新 PID 控制器，更新内环的期望值，最后更新内环 PID 控制器。

```
void update_altitude_control(float dt)
{
static uint8_t step = 0;
float exp_alt_velocity;
if (Altitude_Hold ==  1)
{
if(disarmed())
{
PIDGroup[PID_Height_Pos]. measured = ZKHD_Ins. Position[0];
PIDGroup[PID_Height_Spd]. measured = ZKHD_Ins. Speed[0];
                                                //PID 控制器更新
update_pid(&PIDGroup[PID_Height_Pos], dt); //更新内环期望值
switch(alt_control. alt_ctrl_mode)
{
case alt_ctrl_normal:
PIDGroup[PID_Height_Spd]. desired = PIDGroup[PID_Height_Pos]. out;
break;
case alt_ctrl_autoland:
PIDGroup[PID_Height_Spd]. desired = AUTO_LAND_SPEED;
break;
default:
```

```
break;
}
                                        //更新内环 PID 控制器
update_pid(&PIDGroup[PID_Height_Spd], dt);
alt_control.alt_output = PIDGroup[PID_Height_Spd].out;
}else
{
reset_landing();
}
}
}
```

(2)对数据进行融合处理

以下函数的作用是将气压计的速度值与高度值分别与加速度计在垂直方向上的速度值和高度值进行融合,然后作为高度与速度的测量值送入 PID 控制器。

```
void est_system_status(float dt)
{
static float KI = 1;
static float KP = 2;
ZKHD_Ins.Speed[0] += 0.2f * (RangeFinderManager.raw_rangefinder_velocity - ZKHD_Ins.
                Speed[0]) * dt;                          //速度值融合
ZKHD_Ins.Position[0] += 1.5f * (RangeFinderManager.rangefinder - ZKHD_Ins.Position[0]) * dt;
                                                         //高度值融合
}
```

3. 程序设计

先来看一下以下枚举,pid.h 中共有二十个成员(查看源程序),这些都是需要 PID 进行调节的参数,而 7、8、9 三个参数分别为高度值、速度值以及加速度值,就是进行定高设置的三个输入值,但其实本程序中只用到了两个:PID_Height_Pos=7、PID_Height_Spd=8。

```
typedef enum
{
PID_Height_Pos=7,
PID_Height_Spd=8,
PID_Height_Acc=9,
} PID_list_t;
```

再来看一下以下结构体,主要存放了比例控制系数 KP、积分控制系数 KI、微分控制系数 KD、偏差量、目标值、期望值、输出值,由于进行积分数据处理,误差累计越来越大,所以还有限幅值,等等。

```
typedef struct
{
float KP;                     //比例值
float KI;                     //积分值
float KD;                     //微分值
float Err;
```

```
float desired;                    //目标值
float measured;
float out;
float Err_LimitHigh;
float Err_LimitLow;
float offset;                     //偏差
float prevError;                  //(previous erro
float integ;                      //积分输出
float IntegLimitHigh;             //积分限幅
float IntegLimitLow;
float OutLimitHigh;
float OutLimitLow;
float KPout;
float KIout;
float KDout;
} pidinfo_t;
```

接来下，我们来看一下 pid. c。这是 PID 初始化的程序。这个程序非常简单，就是对之前定义的结构体进行初始化。当然，这些参数是要经过经验和实验才能得到的，也是进行 PID 参数调节的理论依据。提到 PID 参数的整定，很多人都觉得很难调，但如果对程序进行深入的了解之后，就会觉得很简单。在程序中，需要重点关注本次高度控制有关的几个 PID 参数。

```
void pid_init(void)
{

PIDGroup[PID_Height_Pos].KP = 3.5f;
PIDGroup[PID_Height_Pos].OutLimitHigh = 150;
PIDGroup[PID_Height_Pos].OutLimitLow = -100;
PIDGroup[PID_Height_Spd].KP = 5.3f;
PIDGroup[PID_Height_Spd].KI = 0.9f;
PIDGroup[PID_Height_Spd].KD = 0.3f;
PIDGroup[PID_Height_Spd].IntegLimitHigh = 70;
PIDGroup[PID_Height_Spd].IntegLimitLow = -70;
PIDGroup[PID_Height_Spd].OutLimitLow = 100;
PIDGroup[PID_Height_Spd].OutLimitHigh = 900;

}
```

下面这个函数就是 PID 处理的核心程序，这个函数需要输入两个参数：第一个是结构体指针，第二是数据的采样时间 dt。控制高度，就是传入高度结构体数据指针，将输入高度的期望值和气压传感器、GPS 或其他传感器返回来的数据做一个比较，产生一个偏差，将偏差进行比例放大、微分控制、积分控制，产生输出量去控制电机，最终达到期望的高度。在程序运行中，期望值和高度结构体数据都是实时更新的。

```
void update_pid(pidinfo_t * pid, const float dt)
{
```

```
float deriv = 0;
pid->Err = pid->desired - pid->measured + pid->offset;      // 当前角度与实际角度的误差
if (pid->Err_LimitHigh ! = 0 && pid->Err_LimitLow ! = 0)
{
pid->Err = LIMIT(pid->Err, pid->Err_LimitLow, pid->Err_LimitHigh);
}
pid->integ += pid->Err * dt;
if (pid->IntegLimitHigh ! = 0 && pid->IntegLimitLow ! = 0)
{
pid->integ = LIMIT(pid->integ, pid->IntegLimitLow, pid->IntegLimitHigh);
}
deriv = -(pid->measured - pid->prevError) / dt;
pid->KPout = pid->KP * pid->Err;
pid->KIout = pid->KI * pid->integ;
pid->KDout = pid->KP * deriv;
pid->out = pid->Kpout + pid->Kiout + pid->Kdout;            // PID 输出
if (pid->OutLimitHigh ! = 0 && pid->OutLimitLow ! = 0)
{
pid->out = LIMIT(pid->out, pid->OutLimitLow, pid->OutLimitHigh);
}
pid->prevError = pid->measured;                              // pid->Err;微分先行(变式)用法
}
```

有时候,采用单环的 PID 控制即可使参数达到期望值,但有时候需要再串一个 PID 控制器,以使系统的运行更加可靠,无人机飞行更加稳定。以下是一个串级 PID 控制程序的设计。

```
void claccascade_pid(pidinfo_t * pidrate, pidinfo_t * pidange, const float dt)
{
                                                             // 串级 PID 控制
update_pid(pidange, dt);                                     // 更新角度环
pidrate->desired = pidange->out;                             // 将外环的输出给内环的输入
update_pid(pidrate, dt);                                     // 更新速度环
}
```

习　题

1. 气压传感器的作用是什么？SPL06-001 与控制器通信的接口电路有哪些？请具体说明一下。

2. 写出根据气压传感器测量的参数计算无人机离地面的高度公式,并说明公式参数的含义。

3. 什么是数据融合？什么是互补滤波？阐述一阶高通滤波器和无源一阶低通滤波器的原理,并举例说明数据融合。

4. 阐述气压计和加速度计数据融合的原理,并举程序应用的案例加以说明。

实践任务

请完成任务活页单元 5 模块 1 中的任务 1、任务 2。

模块 2　定 点 飞 行

模块描述

通过前面定高模块的学习，已经可以让无人机实现定高飞行，但这时候，无人机在水平方向的位置不受控制，并不能稳定在空中，于是就需要再给无人机加一个水平位置控制器，这就是定点。通常，定点飞行需要加装 GPS 模块、光流传感器，这些模块的优、缺点决定了它们不同的应用场景。对于初学者来说，选择光流传感器入手会比较容易，本次课程选取的是湖南优象科技有限公司的光流传感器，该公司提供了丰富的应用资料和数据手册。经过本模块的学习，可以让小型无人机稳稳地悬停在空中。

本模块将从六个小节进行介绍，并通过任务光流传感器数据读取和定点飞行调试来锻炼学生的动手能力。

学习目标

1. 知道光流芯片的内部结构、使用方法，能够看懂数据手册。
2. 能够读出传感器的输出数据、根据数据手册编写相关代码，并具备调试光流传感器的能力。
3. 知道光流传感器与 IMU 等传感器数据融合的方法。
4. 知道 PID 控制算法，具备设计水平位置 PID 控制器的基本能力。
5. 知道无人机 PID 参数调试的方法。

2.1 ｜ 光流传感器与导航

随着数字成像技术和数字信号处理技术的发展，相机作为一种光流传感器开始被应用到科研当中，同时出现许多基于图像处理和图像识别的算法，能够通过图像传感器的数据估计出视觉图像中的物体形态、类别、距离和位置信息，这些相关技术和理论发展成为一个独立的学科——机器视觉。21 世纪以来，随着处理器、传感器等硬件技术的不断提高，无人机作为智能机器人中的典型代表，其工作过程变得越来越智能化。对无人机需求的不断提高，也促进了科研人员以及工程师们对无人机智能化技术进一步的开发。目前，以卫星导航技术作为导航方式的无人机定点悬停具有不容忽视的误差，最终难以实现在一个固定区域内稳定的悬停。此外，还有通过光学动作捕捉系统来实现无人机定点悬停的方法。

这种定位方式的精度极高，但是只适用于室内便于布置相机、光强度不高的环境，价格十分昂贵，且无人机的飞行只能在相机可以捕捉到的范围内，十分受限。光流传感器的诞生为实现无人机的定点悬停提供了一种新的解决方式。光流传感器的定位精度要高于GPS等卫星导航技术，并且价格低廉，适合消费级无人机的应用，也有益于降低集群飞行无人机系统的难度。本模块将在已有的四旋翼无人机技术基础上，结合新的光流传感器测量技术，实现高精度定点悬停功能。

光流，从本质上来说是在三维空间中视觉感应可以感觉到的运动模式，可以说是一种简单适用的图像处理表达式，它通过一幅图像序列中的图像亮度来表现它的运动模式，也就是一个点在图像表面上的运动速度在视觉成像平面的表达。光流传感器，也叫视觉传感器，即视觉运动感知系统，其原理是利用一个或多个视觉传感器系统，通过它采集图像序列，并利用图像序列中的像素强度数据的时域变化和相关性来确定各自的像素位置的运动，从而通过算法识别图像中的物体相对于视觉传感器几何中心的运动信息，即研究图像灰度在时间上的变化与景象中的物体结构及其运动的关系。在一般情况下，光流是由相机运动、场景中的目标运动与两者的共同运动产生的相对运动引起的，如果所拍摄的物体本身是相对惯性系禁止的，那么系统所识别的相对运动就是视觉传感器，即光流传感器设备本身所在载体相对于惯性系的运动。光流的计算方法大致可以分为三类：基于匹配的方法、频域的方法和梯度的方法。一幅图像是由很多个像素点组成的，在一个二维平面中，每一个像素点都有一个坐标，可以抽象地对比为一个鼠标传感器在这幅图像的位置，只要鼠标传感器运动，根据鼠标传感器与像素点坐标的对比，便可以指导移动的方向和坐标，同时，根据当前的高度可以计算出移动的距离。

从理论上来说，光流传感器也能够获取无人机的十五个状态量，但是由于它本身的很多缺陷，例如成像质量限制、视觉尺度限制、光线噪声污染、工作范围和性能缺陷、算法复杂以及运算量大，在实际应用中也是与其他传感器组合使用的。在光流传感器的算法中，应用范围最广的算法是1981年布鲁斯·德·卢卡斯(Bruce D Lucas)与金出武雄(Takeo Kanade)发明的Lucas-Kanade算法，这种算法可计算出连续拍摄图像序列上的光流信息，并从中提取出相对运动速度。但算法本身提取出的相对运动信息是基于图像传感器的像素点信息的，没有包含尺度信息，因此只能得到运动速度是每秒多少个像素点，而无法得知每秒运动了多少米。恢复尺度的方法是增加一个超声波传感器以测量拍摄对象和光流传感器平面之间的距离，从而把像素运动恢复成实际的相对运动。

2.1.1 优象光流传感器

1. 优象光流芯片

(1)概念

以优象光流芯片U30为例，它是国内首款拥有自主知识产权的光流芯片，可应用于消费级无人机视觉，包括无人机跟踪、稳象、避障、运动相机等。在无人机上已应用成熟。优象光流芯片是一款通过视觉方法实时检测小微型飞行器(四旋翼无人机等)水平位移的智能视觉芯片，用于实现小微型飞行器的自动定点悬停。优象光流芯片首先采集图像传感器的连续图像数据作为输入，然后检测出连续图像序列在水平 X、Y 方向的位移，最后输出相应的位移检测结果。

(2)特性

① 图像输入：支持2种CMOS图像传感器类型，即格科微GC0328、比亚迪BF3901；支持DVI并行图像数据接口和SPI图像数据接口。

② 图像输出：支持图像调焦，光流芯片会把采集的CMOS图像通过SPI接口输出。

③ 参数配置：光流芯片通过UART串口进行芯片参数和CMOS参数设置；上位机通过UART串口与光流芯片通信。

④ 支持50Hz、60Hz两种交流电室内灯光频闪模式(Flicker)。

⑤ 支持24MHz、48MHz两种晶振频率。

(3)接口

① 一个 DVI 并行图像数据输入接口:用于采集 CMOS 图像数据(格科微 GC0328)。

② 一个 SPI 图像数据输入接口:与 DVI 接口复用引脚,用于采集 CMOS 图像数据(比亚迪 BF3901)。

③ 一个 I^2C master 接口:用于与 CMOS 图像传感器连接,进行 CMOS 参数的设置。

④ 一个 UART 串口:用于与上位机(飞控板等)通讯、配置光流芯片参数、输出位移结果。UART 串口支持两种波特率模式,即 19 200 bps 和 115 200 bps,通过控制光流芯片 PIN(BAUD_SEL)的电压拉高、拉低,实现波特率选择,低电平为 19 200 bps,高电平为 115 200 bps。串口配置信息包括数据位、无数据校验位、1 个起始位、1 个停止位。

⑤ 一个 SPI 图像数据输出接口:用于调焦。光流芯片把从 CMOS 传感器采集的图像数据进行必要的转换,再通过此 SPI 接口输出。用于调焦的输出图像分辨率为 120×120 px。

优象光流芯片与图像传感器芯片等组成光流传感器。光流传感器通过 UART 串口和上位机进行数据交互,其中,上位机进行光流传感器的参数配置,光流传感器发送光流检测结果。调焦测试模块是在工厂生产光流传感器的时候使用的,用来对 CMOS 图像进行调焦、测试。

图 5-11 是优象光流芯片 U30 的外部引脚,Host UART 用于和上位机或单片机通信;SPI 接口用于输出标准的 MTK 图像;CMOS 图像传感器连接 I^2C master SCLK/SDATA、D0～D7/CSD0;X_P、X_N 接晶体振荡器;BAUD_SEL 与单片机引脚相连;CONFIG_SEL 为寄存器配置;ECLK_SEL 为外部时钟设置。

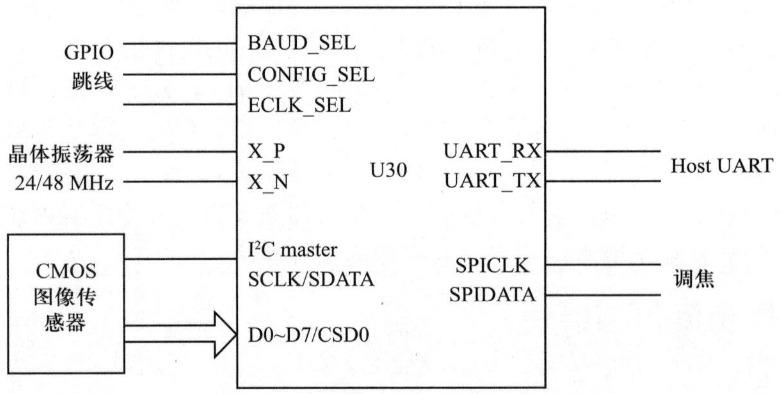

图 5-11 优象光流芯片 U30 的外部引脚

2. 优象光流传感器

优象光流传感器英文简称为 UP-FLOW,包括光流主板、光流相机。模块核心芯片采用自主研发的光流芯片 U30。光流传感器用于检测无人机在飞行过程中水平方向的移动,并将结果传输给飞控,飞控再结合高度数据,控制无人机,实现自动悬停。搭载优象光流芯片的产品有多种,这里以该公司的产品 UP-FLOW-LC-302-3C 为例进行介绍。

(1)外形尺寸

图 5-12 为 UP-FLOW-LC-302-3C 主板尺寸结构示意图,尺寸为:长 22 mm、宽 14 mm。

(2)功能结构图

图 5-13 是光流传感器的功能框图,光流传感器在无 GPS 环境,实时检测无人机水平移动距离,实现对无人机的高精度定位。利用相机拍摄画面从而获取无人机位移信息,通过拍摄获取图像数据后送入主板,在主板中经光流计算通过 UART 输出给飞控,以便控制无人机水平移动距离,达到悬停的目的。

图 5-12　UP-FLOW-LC-302-3C 主板尺寸结构

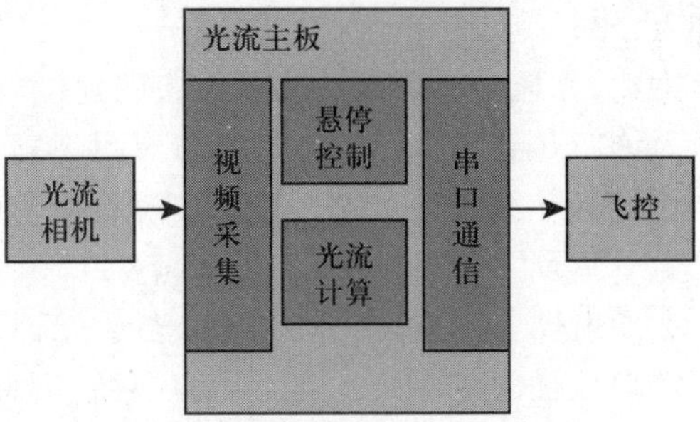

图 5-13　光流传感器的功能框图

(3)数据帧格式

优象光流传感器可以通过串口输出数据,其数据帧格式见表 5-6。

表 5-6　优象光流传感器数据帧格式

序号		包数据	内容说明
1	包头	0xFE	数据包的开始标识
2		0x0A	数据包字节数(固定值 0x0A)
3	光流数据结构体	flow_x_integral 的低字节	X 像素点累计时间内的累加位移(RADIANS * 10000)[除以 10000 乘以高度(mm)后为实际位移(mm)]
4		flow_x_integral 的高字节	
5		flow_y_integral 的低字节	Y 像素点累计时间内的累加位移(RADIANS * 10000)[除以 10000 乘以高度(mm)后为实际位移(mm)]
6		flow_y_integral 的高字节	
7		integration_timespan 的低字节	上一次发送光流数据到本次发送光流数据的累计时间(us)
8		integration_timespan 的高字节	
9	光流数据结构体	ground_distance 的低字节	预留,默认为 999(0x03E7)
10		ground_distance 的高字节	
11		valid	状态值: 0(0x00)为光流数据不可用, 245(0xF5)为光流数据可用
12		versio	光流传感器的版本号
13	检验值	XOR	3-12 字节异或
14	包尾	0x55	数据包的结束标识(固定值 0x55)

2.1.2　VL53L1X 激光测距传感器

1. 简介

前面讲述，光流传感器无法测量对象的速度，必须配合距离传感器。优象光流芯片 U30 配备了 ST 公司的激光测距传感器 VL53L1X，实物如图 5-14 所示，测距能力达到 4m，测距频率快至 50Hz。它采用微型可回流焊封装，集成了一个单光子雪崩二极管(SPAD 接收阵列)，一个 940 nm 不可见激光 1 类发射器，物理红外滤波器和光学元器件，可在各种环境条件下实现最佳测距功能。由于封装小巧，因此它很容易被集成到设备中。与传统红外传感器不同，VL53L1X 采用最新一代 TOF 技术，无论目标颜色还是反射率，都可以进行绝对距离测量，还可以对接收阵列上的 ROI(感兴趣区域)大小进行编程，从而减小传感器的 FoV(视场角)。激光测距传感器的特征如下。

图 5-14　VL53L1X

(1)完全集成的微型模块。

(2)与 VL53L0X FlightSense™ 测距传感器引脚兼容。

(3)可以快速、准确地进行长距离测距。

(4)典型的 FoV：27°。

(5)在接收阵列上可编程 ROI 大小，可以减小传感器 FoV。

(6)在接收阵列上可编程 ROI 位置，从主机提供多区域操作控制。

(7)易于集成。

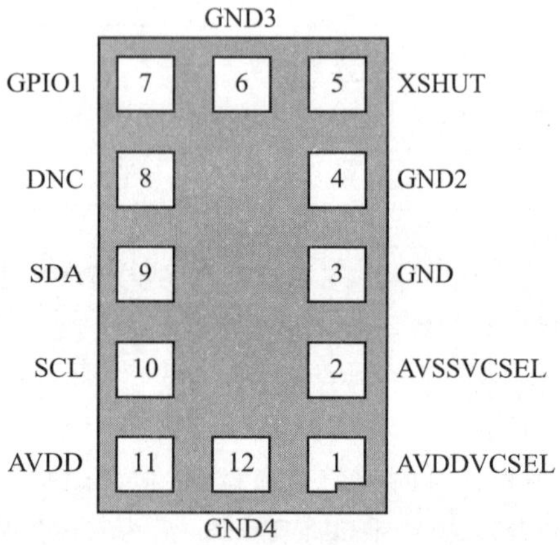

图 5-15　VL53L1X 外部引脚

2. 元器件引脚

VL53L1X 一共有 12 个引脚，图 5-15 是该传感器的外部引脚图，表 5-7 是每一个引脚的详细说明。

表 5-7　VL53L1X 引脚说明

序号	引脚	说　明
1	AVDDVCSEL	VCSEL 电源正
2	AVSSVCSEL	VCSEL 电源负
3	GND	接地
4	GND2	接地
5	XSHUT	数字量输入口
6	GND3	接地
7	GPIO1	中断输出，开漏输出，必须外部上拉
8	DNC	悬空
9	SDA	I^2C 串行数据
10	SCL	I^2C 串行时钟输入
11	AVDD	电源正

续表5-7

序号	引脚	说　明
12	GND4	接地

3. 典型电路应用

图 5-16 为 VL53L1X 的典型电路应用，其中，第 9、10 管脚为 I^2C 接口，当上电时，传感器会进入待机模式，如果不需要进入待机模式，直接上拉电阻即可，然后传感器会直接进入测距模式；7 脚是中断引脚，也需要上拉电阻；8 脚必须处于悬空状态。

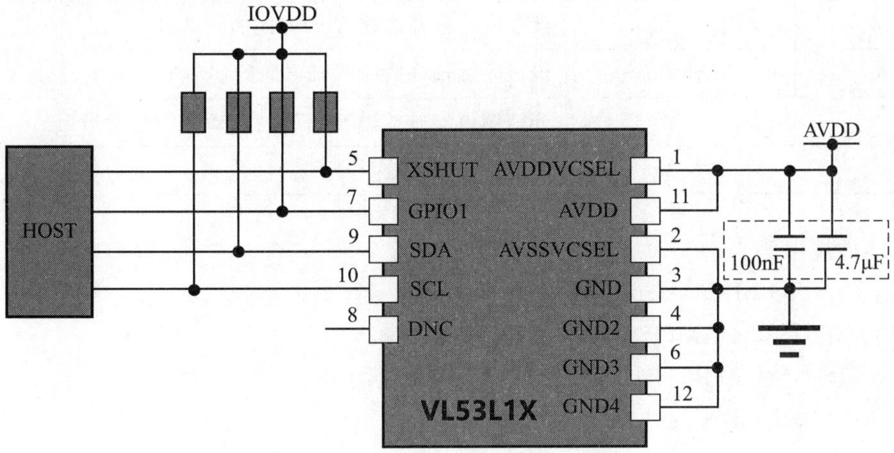

图 5－16　VL53L1X 的典型电路应用

4. 原理

激光测距传感器使用激光来对被测物体进行准确测距，一般都带有激光发射器和光电元器件。激光发射器发射一束细小的激光，被测物体反射该激光后由光电元器件检测到，通过计时器测定激光从发射到接收的时间，计算出观测者与被测物体之间的距离，计算公式如下：

$$D=\frac{1}{2}ct$$

其中，D 表示观测者与被测物体的距离，c 表示光速（$c=3\times10^8\ \mathrm{m/s}$），$t$ 表示光往返一次需要的时间。

2.1.3　PX4Flow 光流传感器

国内很多厂商已经开始研究设计自己的光流传感器，上面讲述的优象光流传感器，基本上能满足四旋翼无人机的定点要求。国内做得好的当属大疆无人机的光流传感器，也就是大疆精灵 3 上的超声波和光流传感器，而市面上常用到的光流传感器为 APM 采用的 Optical Flow 和 PIXHAWK 采用的 PX4Flow。

在无人机上，光流定位通常是借助无人机底部的一个相机采集图像数据，然后采用光流算法计算两帧图像的位移，进而实现对无人机的定位的。这种定位手段配合 GPS 可以在室外实现对无人机的精准控制，并且在室内没有 GPS 信号的时候，也可以实现对无人机的高精度定位，从而实现更加平稳的控制。光流传感器通过 IAS 以一定速率连续采集物体表面图像，再由 DSP 对所产生的图像数字矩阵进行分析。由于相邻的两帧图像总会存在相同的特征，通过对比这些特征点的位置变化信息，便可以判断出物体表面特征的平均运动，这个分析结果最终被转换为二维的坐标偏移量，并以像素数形式存储在特定的寄存器中，从而实现对物体运动的检测。

在中科浩电的 E360-D 工程实训机上，使用的光流传感器为 PX4Flow，这是一款开源的光流传感器。在 PX4Flow 的模块上,有 USB、UART 和 I^2C 接口。在 USB、UART 的数据输出时,采用的是 MAVLink 协议包,然后根据 MAVLink 协议包手册进行数据解析,主要数据帧格式见表 5-8。

表 5-8　PX4Flow 光流传感器数据帧格式

数据位	数据类型	描述
time_usec	64 位	数据帧的时间戳标志
sensor_id	8 位	SensorID 传感器 ID 标识符
flow_x	16 位	X 轴方向相对运动像素移动量
flow_y	16 位	Y 轴方向的相对运动像素移动量
flow_comp_m_x	32 位 float	经过陀螺仪补偿的 X 轴方向的移动量
flow_comp_m_y	32 位 float	经过陀螺仪补偿的 Y 轴方向的移动量
quality	8 位	光流图像的质量,0 表示最差,255 表示质量最高
ground_distance	32 位 float	图像传感器到地面的距离

PX4Flow 硬件规格为:

① STM32F407,168 MHz Cortex-M4 核心处理器。

② 752×480 MT9V034 CMOS 图像传感器。

③ L3GD20 三轴陀螺仪(用于计算传感器本身相对地面角度变化的补偿)。

④ 16 mm M12 镜头(集成红外滤光片)。

⑤ 外形尺寸:48 mm×38 mm。

⑥ 功耗:115 mA/5 V。

作为一款基于 STM32 开发的硬件,光流传感器同样需要加载固件,同时,还需要在加载完固件之后,对相机的焦距进行调整,然后进行光流传感器固件的加载与校准。

2.1.4　超声波传感器

1. 超声波传感器的简介

在前面的描述中,我们知道在优象光流传感器模块上安装了 ST 公司的激光测距传感器,根据高度缩放可以轻松地测量出水平方向上 X 和 Y 轴的速度等信息,这里讲的超声波传感器的测距原理和激光测距传感器的一样。在 PX4Flow 光流传感器模块上安装超声波传感器,测量速度和位置等信息。应用于无人机上,则是控制无人机在水平方向上的位置、速度等信息,使无人机稳定在空中。

人类耳朵能听到的声波频率为 20 Hz 至 20 kHz。当声波的振动频率大于 20 kHz 或小于 20 Hz 时,我们便听不见了。因此,频率高于 20 kHz 的声波被称为“超声波”。因其方向性好,穿透能力强,易获得较集中的声能,在水中传播距离远,可用于测距、测速、清洗、焊接、碎石、杀菌消毒等,在医学、军事、工业、农业上有很多应用,如超声波清洗机,超声波加湿器,医学检查 B 超、彩超,超声波探伤仪等。

音是由振动产生的,能够产生超声波的装置就是超声波传感器,习惯上称为超声换能器或超声探头。超声探头主要由压电晶片组成,既可以发射超声波,也可以接收超声波。构成晶片的材料有许多种,晶片的大小,如直径和厚度也各不相同,因此每个探头的性能是不同的,使用前必须预先了解它的性能。

常用的是压电式超声波传感器,它是利用压电晶体的谐振来工作的。压电式超声波传感器探头内部有两个压电晶片和一个共振板。当它的两电极外加脉冲信号,其频率等于压电晶片的固有振荡频率时,压电晶片将会发生共振,并带动共振板振动,产生超声波,这时它就是压电式超声波发生器。反之,如果两电极未外加电压,当共振板接收到超声波时,将压迫压电晶片振动,将机械能转换为电信号,这时它就成为压电式超声波接收器了。压电式超声波传感器就是利用压电效应的原理将电能和超声波相互转化的，即在发射超声波的时候，将电能转换成超声波发射出去；在接收时，则将超声波振动转换成电信号。

2. 超声波传感器的原理

最常用的超声测距方法是回声探测法，超声波发生器向某一方向发射超声波，在发射的同时计数器开始计时；超声波在空气中传播，途中碰到障碍物面阻挡就立即反射回来，超声波接收器收到反射回的超声波就立即停止计时。超声波在空气中的传播速度为 340 m/s，根据计时器记录的时间 t，就可以计算出发射点距障碍物面的距离 s，即 $s=340t/2$。超声波发射电路：由 555 定时器产生 40 kHz 的脉冲信号，加到超声波传感器的引脚上，使内部的压电晶片产生共振，向外发射超声波。

图 5-17 是超声波传感器接线图，接线方式：VCC、Trig（控制端）、Echo（接收端）、GND。超声波传感器基本工作原理：采用 I/O 口 Trig 触发测距，给大于 10 μs 的高电平信号；模块自动发送 8 个 40 kHz 的方波，自动检测是否有信号返回，有信号返回，则通过 I/O 口向 Echo 输出一个高电平，高电平持续的时间就是超声波从发射到返回的时间。

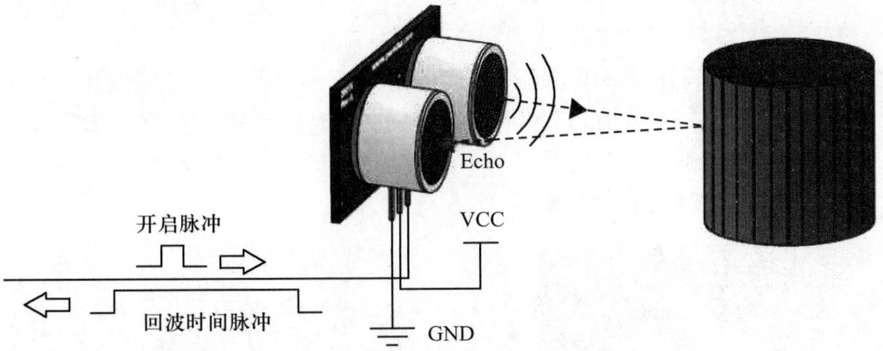

图 5-17　超声波模块接线图

超声波接收电路：由于超声波接收探头产生的电信号非常弱，需要进行放大处理，因此，由晶体管和运算放大器 LM324 构成放大电路，对接收信号放大后，驱动继电器。

一般采用集成的信号放大器芯片，对信号进行放大处理。CX20106 是 SONY 公司的专用集成前置放大器，图 5-18 是该芯片内部结构图，由前置放大器、限幅放大器、带通滤波器、检波器、积分器、整形电路组成。其中，前置放大器具有自动增益控制功能，可以保证在超声波传感器接收较远反射信号输出微弱电压时有较高的增益；在近距离输入信号强时不会过载。

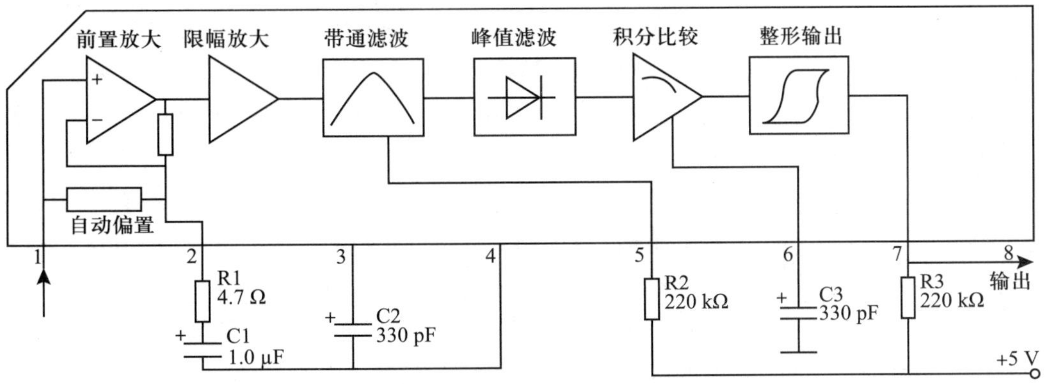

图 5-18　CX20106 内部结构图

超声波也是一种声波，其速度 V 与温度有关。在使用时，如果传播介质温度变化不大，则可近似认为超声波速度在传播的过程中是基本不变的。如果对测距精度要求很高，则应通过温度补偿的方法对测量结果加以数值校正，校正公式为：

$$V=331.4+0.607T$$

式中，T 为实际温度，单位为℃，V 为超声波在介质中的传播速度，单位为 m/s。

通过嵌入式微处理器控制口发一个 10 μs 以上的高电平，启动超声波传感器模块发出 8 个 40 kHz 的周期电平。然后开启定时器，再延时 100 μs 左右以避免发射探头的余振干扰。接着，通过在 while 循环中查询外部中断是否已经捕获到回波信号，一旦检测到回波信号则输出回响信号。回响信号的脉冲宽度与所测的距离成正比。由此，通过发射信号到接收到回响信号的时间间隔就可以计算得到距离。建议测量周期为 60ms 以上，以防止发射信号影响回响信号。超声波传感器的主要性能指标包括：

① 工作频率。工作频率就是压电晶片的共振频率。当加到它两端的交流电压的频率和晶片的共振频率相等时，输出的能量最大，灵敏度也最高。

② 工作温度。由于压电晶片材料的居里点一般比较高，特别是诊断用超声探头使用功率较小，所以工作温度比较低，可以长时间地工作而不失效。医疗用超声探头的温度比较高，需要单独的制冷设备。

③ 灵敏度。主要取决于制造晶片本身。机电耦合系数大，灵敏度高。市场上有很多超声波模块，价格、性能不一。

下面介绍基于 STM32F407 的 KS103 超声波传感器的使用，图 5-19 是该模块的外形。KS103 超声波模块使用串口/I²C 接口与主机通信，自动响应主机的 I²C/串口控制指令；包含温度补偿的距离探测，同时可以在 1 ms 内检测光强；探测范围，1～8 m 及 1～10 m；5 s 未收到 I²C 控制指令自动进入 uA 级休眠，并可随时被主机 I²C 控制指令唤醒。

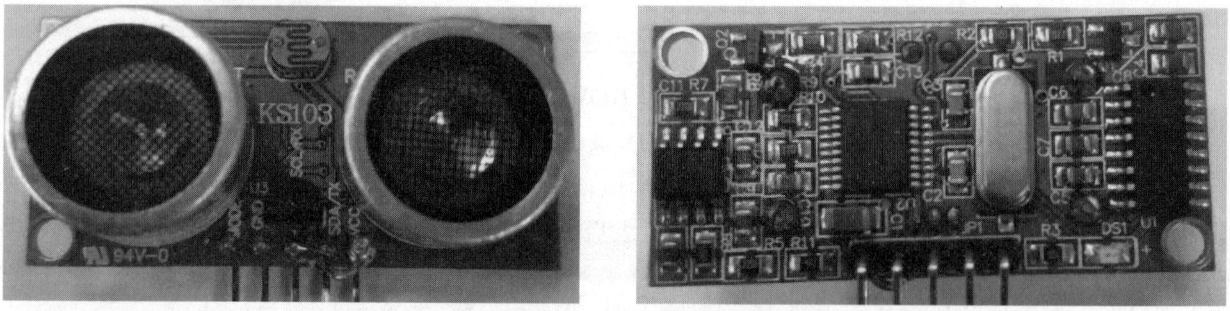

图 5-19　KS103 超声波传感器外形

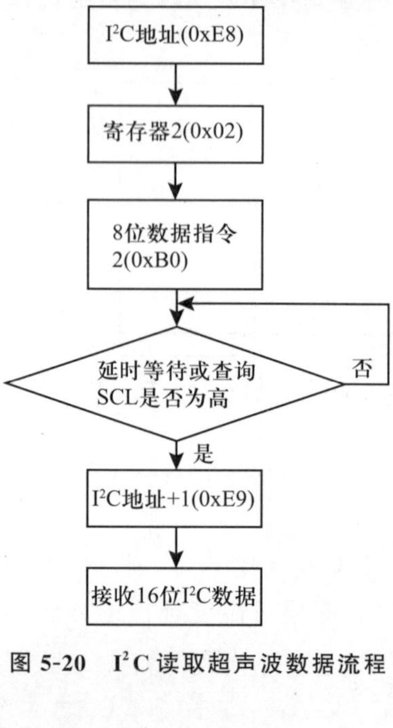

图 5-20　I²C 读取超声波数据流程

KS103 超声波模块的工作模式主要有：

(1)TTL 串口模式

在 KS103 超声波上，连线引脚上的标识有：VCC、SDA/TX、SCL/RX、GND 及 MODE。模块在上电之前，MODE 需要接 0 V 地，上电后模块将工作于 TTL 串口模式。如果模块在上电后再将 MODE 引脚接 0 V 地，将工作于 I²C 模式。因此，处于 TTL 串口模式时需要 5 根线来控制，其中，VCC 用于连接＋5V(3.0～5.5V 均可)电源；GND 用于连接电源地；SDA/TX 连接 MCU 或 USB 转 TTL 模块的 RXD；SCL/RX 连接 MCU 或 USB 转 TTL 模块的 TXD。

在使用时，最好使用 5V 标准电压，电压低会影响精度和稳定性。模块的默认 I²C 地址是 0xE8，可修改。模块在上电后，背面的 LED 会闪烁，提示操作者工作的地址。上电后快闪两下代表二进制的“1”，慢闪一下代表“0”，一共 8 位。串口模式很占用串口资源，可以使用官方的上位机进行测试，以鉴定模组的好坏。在确认模组没问题后，选用 I²C 接口进行开发，如此，一条总线就可以挂载多个模块，只需要总线寻址便可。

(2)I^2C 模式

如图 5-20 所示，在使用 I^2C 模式时，硬件方面需要注意几点：SCL 及 SDA 线均需要由主机接一个 4.7K(阻值 1～10K 均可)电阻到 VCC；I^2C 通信速率不要高于 100 kbit/s，因为模块的 I^2C 最大速率只有 100 kbit/s。

2.2 光流数据与 IMU 数据融合

本节内容将以优象光流传感器为例，介绍光流数据与 IMU 数据的融合。

2.2.1 光流数据与 IMU 数据融合简介

光流传感器可以感知无人机水平方向的运动信息(速度、位移)，将该运动信息反馈给飞控系统，再结合无人机的高度数据，无人机便可以实现高精度的自主悬停。U30 输出原始的光流数据并不是直接输出给 PID 控制使用的，这些数据需要进行加工处理，才能供飞控使用。对 U30 输出数据的处理有两种方式：一是只使用纯光流数据，经过滤波处理得到无人机的位移与速度信息；二是将光流数据与 IMU 数据进行融合，以得到飞控 PID 控制所需要的位移和速度信息。只使用纯光流数据进行控制，平滑性与抗环境干扰性会差一些，但好处是处理简单，需要调试的参数少，且在悬停时与第二种方式的效果差不多，建议初次使用时先采用该方式，先运行整个控制框架；将光流数据与 IMU 数据融合，如果 IMU 的加速度计数据处理得好，那么各个方面的性能会好很多，如果处理不好或加速度计输出的数据比较差，反而会适得其反，且处理相对比较复杂，细节较多，调试更困难，因此在单纯用光流传感器效果不理想，且调试一段时间后还没有改善时，才建议采用本方式。此外，光流传感器还携带了激光测距传感器，可以准确测出高度信息。

2.2.2 光流位移和速度的计算方法

根据官方给出的手册，光流数据经解码与处理后得到 X、Y 方向上的光流数据，在程序中分别用 flow_dat.x、flow_dat.y 来表示，因此，对光流数据的处理也是基于这两个变量的。

(1)速度计算方法

```
speed_x =(h * flow_dat.x/ (integration_timespan * 0.000001)) * 100
speed_y = (h * flow_dat.y/(integration_timespan * 0.000001)) * 100
```

其中，h 为测量高度，单位为 m；integration_timespan 为相邻两次光流传感器输出的间隔时间，单位为 μs；100 是为了将单位 m 转换为 cm。

(2)位移计算方法

```
sum_flow_x += speed_x * (integration_timespan * 0.000001)
sum_flow_y += speed_y * (integration_timespan * 0.000001)
```

该位移默认开始悬停点为零，计算的是在后续累积时间内，无人机距离该初始位置点的水平位移，单位为 cm。

2.2.3 光流数据与 IMU 数据的处理与控制

图 5-21 是光流数据处理与控制流程。由于计算的速度帧率不是很高，且帧间的速度信息可能差别比较大，因此可以根据控制需要，选择对计算的速度进行低通滤波，但不宜引入过大的延时。理论上，在速度计算之前需要进行旋转补偿，但在初始测试时，可以暂时先不考虑，先运行整个框架。如果悬停效果可以接受，就不用进行旋转补偿；如果悬停时低频震荡且调试不好 PID 参数，就可能需要进行补偿。

对光流位移量处理时，有些细节需要注意，在某些情况下需要清除该累积位移与控制积分量，情况一，打摇杆后需要清零，否则松摇杆后无人机会往前进的反方向后退一段距离；情况二，起飞前或正在起飞时需要清零，否则无人机会斜着起飞，即起飞上升时无人机往一边严重漂移；情况三，悬停时，累积距离大于一定范围。在只使用气压计进行定高而没有超声波传感器时，由于气压计会有很大漂移，因此输出的高度要做限制。首先，限制高度要非负，其次，在较低高度时可以使用固定高度，我们在测试时一般将高度固定为 1 m，实际测试后发现，在实际高度 5 m 以下，使用该固定高度都能有较好的悬停效果。当实际高度比较高时，可以适当提高该固定高度。

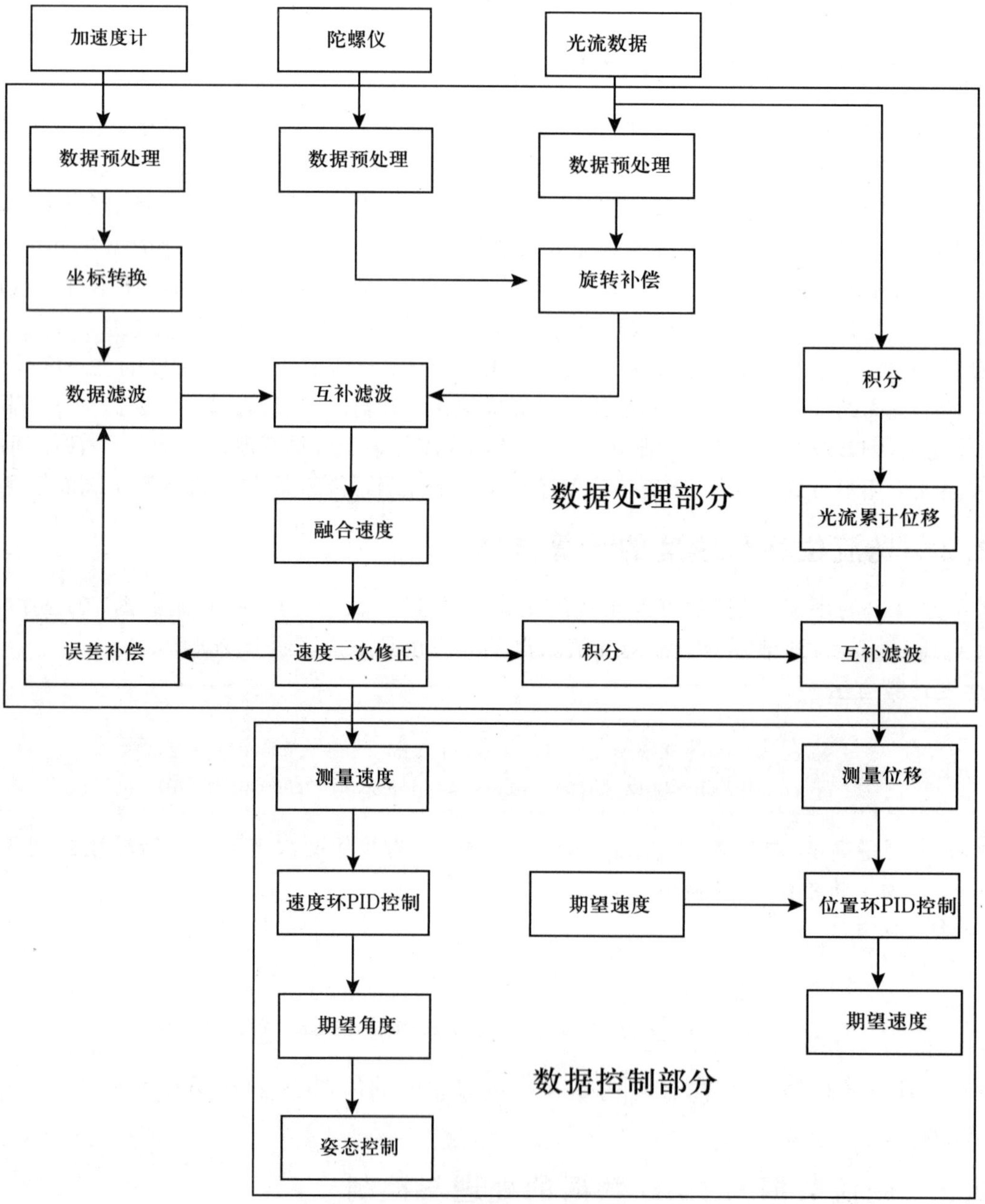

图 5-21　光流数据处理与控制流程

2.2.4　光流数据与 IMU 数据的融合处理方法

一般来说，单独使用光流数据也能够获取较好的静态悬停效果，如果对光流传感器的动态性能有较高要求，比如实现更好的抗风、位移控制、目标跟随等高级功能，则需要将光流数据与 IMU 数据融合，以获取更加精确、平滑、实时的数据。具体实现可以参考优象的官方计算过程。

第一步：确定使用高度。在只使用气压计高度时，高度不是很准确，因此根据气压计的输出值，对使用的高度进行分段处理，在实际调试中可以根据无人机不同高度是否震荡进行调整，使无人机不震荡即可。

第二步：光流角速度的计算。speed_x 为线速度，speed_x 不乘高度即为光流角速度，表示为 fx = flow_dat. x/ (integration_timespan * 0.000001)，同理可求 fy，单位为 rad/s。

第三步：光流传感器旋转补偿。该步骤是提升性能核心，否则不能支持比较大的 PID 控制参数，表现为加大控制参数后无人机震荡。基本思想是使用 IMU 的陀螺仪角速度对光流传感器进行旋转补偿，目的是使无人机在只有旋转没有平移时，光流传感器最终输出为零。

补偿公式为：

```
fx_gyro_fix = ((fx+LIMIT(((gyro_lpf_y)/57.3f),-flow_t1,flow_t1)) * 10 * use_height)
fy_gyro_fix = ((fy-LIMIT(((gyro_lpf_x)/57.3f),-flow_t2,flow_t2)) * 10 * use_height)
```

以 X 方向的补偿为例，其中，fx_gyro_fix 为旋转补偿后的输出，单位为 mm/s；fx 为光流角速度；(10 * use_height)为使用的高度值，单位为 mm；(gyro_lpf_y)/57.3 为陀螺仪输出角速度，单位为 rad/s；flow_t1 为对陀螺仪输出的限幅，值的大小由 fx 的输出最大值决定，因为陀螺仪的输出是远远大于光流传感器的输出范围的，所以限幅可以避免过度补偿；gyro_lpf_y 为原始的陀螺仪角速度，经低通滤波后得到：LPF_1_(3.0f,dT,gyro_x,gyro_lpf_x)，目的是使光流传感器输出的相位与陀螺仪相位一致。

第四步：求水平航向坐标系下加速度值 a(n)（该坐标系与俯仰角、滚转角为零时的机体坐标系重合）。由姿态角可以获取姿态旋转矩阵，在 yaw=0 时得到的旋转矩阵，即所求 R，再使用 a(n)=R * a(b)求得目标向量值，包括 X、Y、Z 三个方向的加速度值，其中，a(b)为机体加速度计测量向量，即传感器原始输出值，单位是 mm/s^2。

第五步：加速度积分获取速度，并与光流传感器进行互补滤波，获取初步的融合速度 f1_fx.out。

第六步：融合速度修正。由于加速度计积分有漂移，因此可能造成融合的速度在悬停或运动中会漂移真实值，而光流数据的计算是没有漂移及累积误差的，因此以光流数据为参考，对 f1_fx.out 做一个二次修正，得到最终的融合速度输出 f_out_x。

2.3 水平位置 PID 控制器设计

由光流传感器获取无人机水平漂移的速度与位移后，即可根据这些信息进行控制。以悬停为例，期望的位移为零，反馈的即光流的测量值，一般采用的是串级的 PID 控制，即位置环+速度环控制，输出期望角度给姿态控制环。图 5-22 为水平位置 PID 控制器。

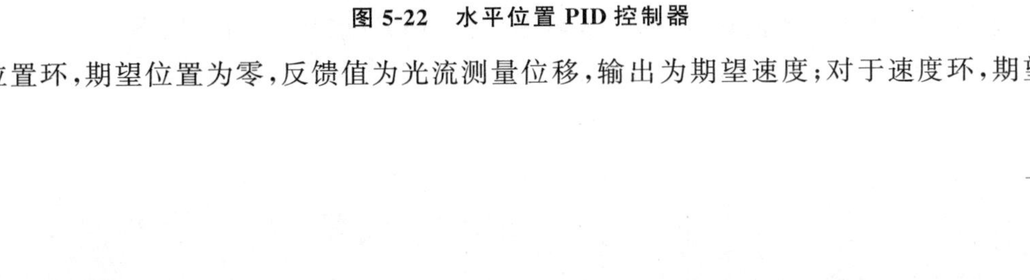

图 5-22 水平位置 PID 控制器

对于位置环，期望位置为零，反馈值为光流测量位移，输出为期望速度；对于速度环，期望值为位置环的输出，反馈值为光流测量速度，速度环输出为期望角度或期望加速度。理论上，输出应为期望加速度，并通过非线性转换为期望角度，从而传递给姿态环。这里的输出直接是期望角度，这是因为在小角度时，一般认为期望加速度与角度是线性相关的。定点控制中比较重要的一点，要确保外环的执行频率低于内环的执行频率，否则会造成系统的不稳定，比如，位置环的控制周期为 40 ms，则速度环的控制周期为 20 ms，等等。控制量在某些情况下需要清零，特别是控制积分量，比如，在打摇杆、起飞时或一键翻滚时。

前面讲述了无人机姿态解算，现在来说一下水平 PID 控制器、高度 PID 控制器和姿态 PID 控制器的协同配合。图 5-23 是无人机飞行过程控制流程图，互补滤波进行的姿态解算的更新频率为 500 Hz。MCU 通过 I^2C 总线读取加速度计、陀螺仪、磁力计的测量数据，并对加速度计的数据进行低通滤波，对陀螺仪和磁力计的数据进行偏置调整，经过数字互补滤波器的数据融合之后，即可输出三轴姿态数据（yaw、pitch、roll）。

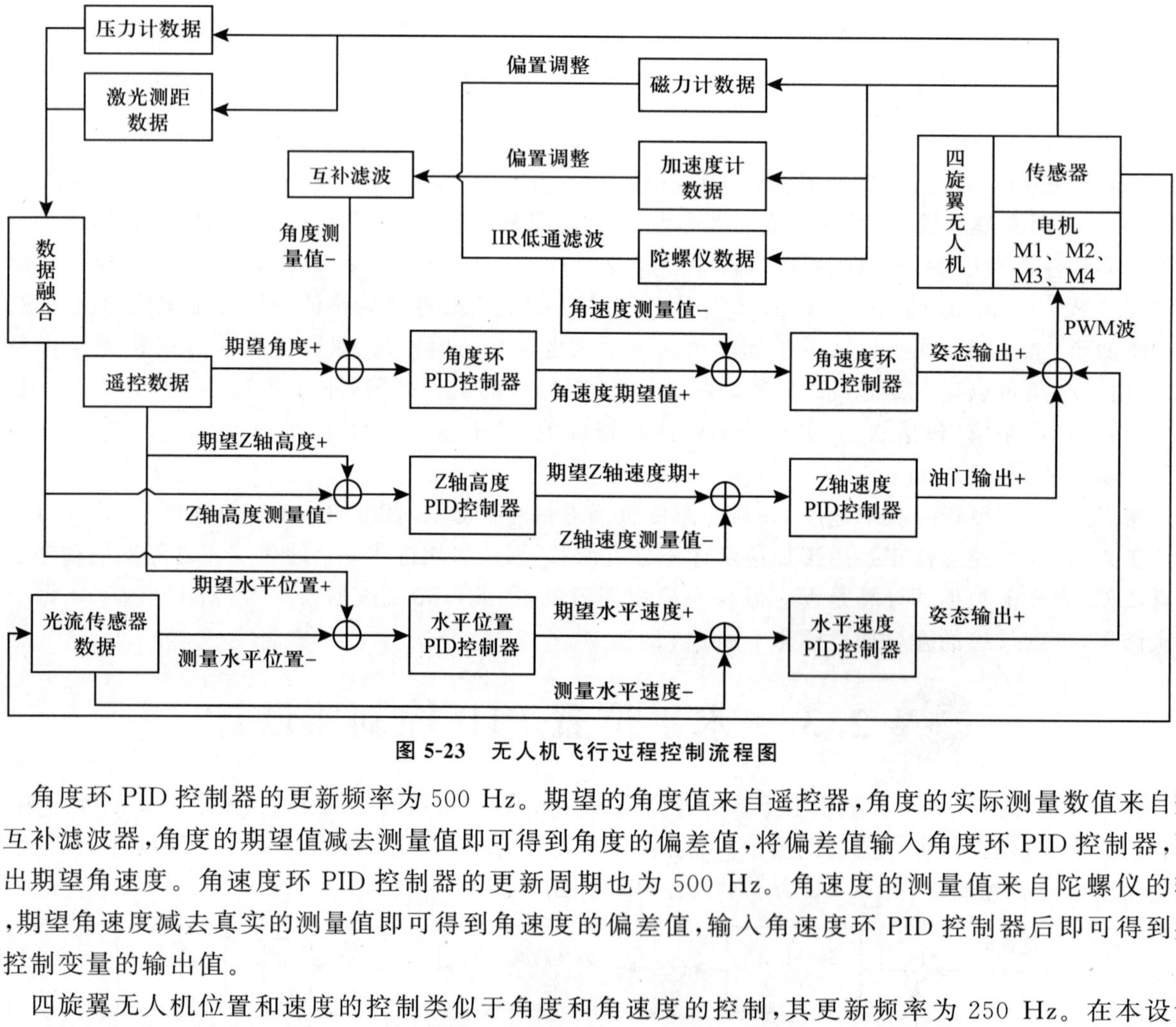

图 5-23　无人机飞行过程控制流程图

角度环 PID 控制器的更新频率为 500 Hz。期望的角度值来自遥控器，角度的实际测量数值来自数字互补滤波器，角度的期望值减去测量值即可得到角度的偏差值，将偏差值输入角度环 PID 控制器，可输出期望角速度。角速度环 PID 控制器的更新周期也为 500 Hz。角速度的测量值来自陀螺仪的输出，期望角速度减去真实的测量值即可得到角速度的偏差值，输入角速度环 PID 控制器后即可得到姿态控制变量的输出值。

四旋翼无人机位置和速度的控制类似于角度和角速度的控制，其更新频率为 250 Hz。在本设计中，遥控的输出设置为定高模式：在遥控油门无输出的时候，四旋翼无人机在空中处于定点悬停的状态。高精度气压计以及激光测距传感器的数据通过融合可以得到 Z 轴上的位置和加速的值。其融合过程为加权求取平均值，得到高度值之后对时间进行微分即可得到速度值。平均值 Z 轴的期望高度来自遥控器，减去测得的实际 Z 轴高度即可得到高度偏差，输入 Z 轴高度控制 PID 控制器即可得到期望速度值，减去实测的 Z 轴速度值得到的偏差，输入 Z 轴速度控制 PID 控制器，就可以得到四个电机油门动力值的大小。在水平方向上，期望的水平位置和水平速度来自对光流传感器的数据分析，期望的水平位置来自遥控器，同样经过串级 PID 控制器得到输出值。由于四旋翼无人机水平位置的调整是通过改变其姿态角来实现的，因此水平位置串级 PID 控制器的输出也为姿态数据。将姿态数据与油门数据结合即可得到驱动电机的 PWM 波的占空比数值，从而控制四旋翼无人机达到想要的飞行状态。

2.4 水平位置 PID 控制程序设计

2.4.1 数据结构体

水平位置 PID 控制器程序设计的有关函数在 pos_control.c 中，下面讲解程序的实现过程。

以下结构体是 pos_control.h 中的结构体 pos_control_t，包含了 PID 控制的 *X*、*Y* 方向上的速度和位置期望值以及输出。

```
typedef struct
{
float pos_desired_velocity_x;                //水平 X 方向的速度期望值
float pos_desired_velocity_y;                //水平 Y 方向的速度期望值
float pos_desired_position_x;                //X 方向位置的期望值
float pos_desired_position_y;                //Y 方向位置的期望值
float pos_ctrl_out_x;                        //X 方向的位置输出
float pos_ctrl_out_y;                        //Y 方向的位置输出
pidinfo_t * pid_pos_ptr_x;                   //X 方向的位置 PID 指针
pidinfo_t * pid_pos_ptr_y;                   //Y 方向的位置 PID 指针
pidinfo_t * pid_vel_ptr_x;                   //X 方向的速度 PID 指针
pidinfo_t * pid_vel_ptr_y;                   //Y 方向的速度 PID 指针
} pos_control_t;
```

2.4.2 函数实现

函数 1：pos_control.c 文件中的 void pos_control_init(void)，该函数的作用是对相关的 PID 参数进行初始化，如期望值以及需要做 PID 控制的位置和速度指针，要注意此处也是串级 PID 控制。

```
void pos_control_init(void)
{
PIDGroup[PID_Pos_Vel_x].desired = 0;
PIDGroup[PID_Pos_Vel_y].desired = 0;
pos_control.pid_pos_ptr_x = &PIDGroup[PID_Pos_Location_x];
pos_control.pid_pos_ptr_y = &PIDGroup[PID_Pos_Location_y];
pos_control.pid_vel_ptr_x = &PIDGroup[PID_Pos_Vel_x];
pos_control.pid_vel_ptr_x = &PIDGroup[PID_Pos_Vel_y];
}
```

函数 2：pos_control.c 文件中的 void update_position_control(float dt)，无人机定点悬停采用串级 PID 控制，分为位置控制和速度控制。以下提供了两种思路。

1. 做速度控制和位置控制

```
#ifdef USE_FMU_IMU                                    //光流传感器位置环
PIDGroup[PID_Pos_Location_x]. measured=ZKHD_Ins. Position[_PITCH];
                                                      //status_estimate. imu_position. x
update_pid(&PIDGroup[PID_Pos_Location_x], dt);
PIDGroup[PID_Pos_Location_y]. measured=ZKHD_Ins. Position[_ROLL];
                                                      // status_estimate. imu_position. y;
update_pid(&PIDGroup[PID_Pos_Location_y], dt);
if(SystemInfo. FMUflgPtr->Mode == Formation)
{
                                                      // 光流传感器速度环
PIDGroup[PID_Pos_Vel_x]. desired = shell_control. exp_velocity. x;
PIDGroup[PID_Pos_Vel_y]. desired = shell_control. exp_velocity. y;
}else
{
if (shell_control. exp_velocity. x == 0 && shell_control. exp_velocity. y == 0)
{
                                                      // 光流传感器位置环
PIDGroup[PID_Pos_Vel_x]. desired = PIDGroup[PID_Pos_Location_x]. out;
PIDGroup[PID_Pos_Vel_y]. desired = PIDGroup[PID_Pos_Location_y]. out;
}
else
{
                                                      // 光流传感器速度环
PIDGroup[PID_Pos_Vel_x]. desired=shell_control. exp_velocity. x;
PIDGroup[PID_Pos_Vel_y]. desired = shell_control. exp_velocity. y;
}
}
                                                      // 更新水平控制器的测量值,此值来源于预估
                                                      信号
PIDGroup[PID_Pos_Vel_x]. measured=ZKHD_Ins. Speed[_PITCH];
PIDGroup[PID_Pos_Vel_y]. measured = ZKHD_Ins. Speed[_ROLL];
                                                      // 速度环 PID 控制器更新
update_pid(&PIDGroup[PID_Pos_Vel_x], dt);
update_pid(&PIDGroup[PID_Pos_Vel_y], dt);
                                                      // 光流传感器速度输出
pos_control. pos_ctrl_out_x = -PIDGroup[PID_Pos_Vel_x]. out;
pos_control. pos_ctrl_out_y = -PIDGroup[PID_Pos_Vel_y]. out;
```

2. 去掉光流坐标限定

去掉光流坐标限定方法：

① 只做速度控制。

② 打摇杆后重新计算位置。

```
#ifdef OPTFLOW_IMU
```

```
#ifdef POS_SPEED_CONTROL                              // 只做速度控制
PIDGroup[PID_Pos_Vel_x].measured = status_estimate.imu_velocity.x;
PIDGroup[PID_Pos_Vel_y].measured = status_estimate.imu_velocity.y;
PIDGroup[PID_Pos_Vel_x].desired = shell_control.exp_velocity.x;
PIDGroup[PID_Pos_Vel_y].desired = shell_control.exp_velocity.y;
                                                      // 速度环 PID 控制器更新
update_pid(&PIDGroup[PID_Pos_Vel_x], dt);
update_pid(&PIDGroup[PID_Pos_Vel_y], dt);
#endif
#ifdef POS_LOCATION_CONTROL
                                                      // 打摇杆后重新计算位置,光流传感器位置环
static bool re_set_pos_x = false;
static bool re_set_pos_y = false;
if (shell_control.exp_velocity.x == 0 && shell_control.exp_velocity.y == 0)
{
#define MAX_ERR_VELOCITY30
if(PIDGroup[PID_Pos_Vel_x].Err < MAX_ERR_VELOCITY)
{
                                                      // 光流传感器位置环
PIDGroup[PID_Pos_Vel_x].desired = PIDGroup[PID_Pos_Location_x].out;
if(re_set_pos_x)
{
re_set_pos_x = false;
status_estimate.imu_position.x = 0;
shell_control.exp_location.x = 0;
}
}else
{
                                                      // 光流传感器位置环
PIDGroup[PID_Pos_Vel_x].desired = 0;
}

if(PIDGroup[PID_Pos_Vel_y].Err < MAX_ERR_VELOCITY)
{
                                                      // 光流传感器位置环
PIDGroup[PID_Pos_Vel_y].desired =
PIDGroup[PID_Pos_Location_y].out;
if(re_set_pos_y)
{
re_set_pos_y = false;
status_estimate.imu_position.y = 0;
shell_control.exp_location.y = 0;
}
}else
{
PIDGroup[PID_Pos_Vel_y].desired = 0;
```

```
}
}
else
{
re_set_pos_y = true;
re_set_pos_x = true;
                                                        // 光流传感器速度环
PIDGroup[PID_Pos_Vel_x]. desired = shell_control. exp_velocity. x * 0.5f;
PIDGroup[PID_Pos_Vel_y]. desired = shell_control. exp_velocity. y * 0.5f;
if(shell_control. exp_velocity. x ! = 0)
{
reset_pid_info(&PIDGroup[PID_Pos_Vel_x]);
}
if(shell_control. exp_velocity. y ! = 0)
{
reset_pid_info(&PIDGroup[PID_Pos_Vel_y]);
}
}
PIDGroup[PID_Pos_Location_x]. measured = status_estimate. imu_gnd_position. x;
update_pid(&PIDGroup[PID_Pos_Location_x], dt);
PIDGroup[PID_Pos_Location_y]. measured = status_estimate. imu_gnd_position. y;
update_pid(&PIDGroup[PID_Pos_Location_y], dt);
PIDGroup[PID_Pos_Vel_x]. measured = status_estimate. imu_velocity. x;
PIDGroup[PID_Pos_Vel_y]. measured = status_estimate. imu_velocity. y;
                                                        //速度环 PID 控制器更新
update_pid(&PIDGroup[PID_Pos_Vel_x], dt);
update_pid(&PIDGroup[PID_Pos_Vel_y], dt);
#endif
```

2.5 光流传感器与激光测距传感器程序设计

2.5.1 光流数据读取

以下函数的作用：使用串口 3 通过 DMA 的方式读取光流传感器的数据。

```
bool up_optflow_init()
{
up_optflow_manager. enable_lpf = false;
HAL_UART_Receive_DMA(&huart3, raw_buff, 14);      //使用串口接收数据，接收到的数据存放数组 raw
                                                  _buff
return false;
}
```

以下函数是 update_optflow_data()的核心，作用是：读取光流数据，光流数据与陀螺仪数据进行融合，当无人机只做旋转运动时候，让光流传感器无数据输出；当无人机做水平运动的时候，光流传感器才输出数据，最后，根据激光测距传感器的高度值计算无人机的实际速度值。

① 求像素的移动速度，将单位转换为 cm/s，并对光流传感器速度做限幅处理。

```
up_optflow_manager.Velocity_x=up_optflow_manager.up_optflow.flow_x_integral /
up_optflow_manager.time_s / 10000.0f;
up_optflow_manager.Velocity_y=up_optflow_manager.up_optflow.flow_y_integral /
up_optflow_manager.time_s / 10000.0f;
LPF_1_(15,0.02f,up_optflow_manager.Velocity_x,up_optflow_manager.Velocity_x_lpf)
LPF_1_(15,0.02f,up_optflow_manager.Velocity_y,up_optflow_manager.Velocity_y_lpf)
```

② 对陀螺仪解耦合并做相位滞后。

```
up_optflow_manager.Gyro_x = LIMIT(gyro_rs_x, -100, 100);
up_optflow_manager.Gyro_y = LIMIT(gyro_rs_y, -100, 100);
LPF_1_(4, 0.02f, up_optflow_manager.Gyro_x, up_optflow_manager.Gyro_x_phase);
LPF_1_(4, 0.02f, up_optflow_manager.Gyro_y, up_optflow_manager.Gyro_y_phase);
```

③ 使光流数据与陀螺仪数据同步。

```
up_optflow_manager.Velocity_uncoupled_x = (up_optflow_manager.Velocity_x_lpf -
up_optflow_manager.Gyro_x_phase);
up_optflow_manager.Velocity_uncoupled_y = (up_optflow_manager.Velocity_y_lpf -
up_optflow_manager.Gyro_y_phase);
```

④ 数据融合处理。

```
up_optflow_manager.Acc_tmp_x[0] = (up_optflow_manager.Velocity_uncoupled_x - Last_Velo_x) /
                                  0.02f;
up_optflow_manager.Acc_tmp_y[0] = (up_optflow_manager.Velocity_uncoupled_y - Last_Velo_y) /
                                  0.02f;
Last_Velo_x = up_optflow_manager.Velocity_uncoupled_x;
Last_Velo_y = up_optflow_manager.Velocity_uncoupled_y;
```

⑤ 计算地速，乘以高度值，单位为 cm/s。

```
up_optflow_manager.Ref_gnd_vel_x = up_optflow_manager.Velocity_uncoupled_x *
up_optflow_manager.Ref_height;
up_optflow_manager.Ref_gnd_vel_y = up_optflow_manager.Velocity_uncoupled_y *
up_optflow_manager.Ref_height;
up_optflow_manager.Ref_gnd_vel_x = LIMIT(up_optflow_manager.Ref_gnd_vel_x, -200.0f, 200.0f);
up_optflow_manager.Ref_gnd_vel_y = LIMIT(up_optflow_manager.Ref_gnd_vel_y, -200.0f, 200.0f);
up_optflow_manager.Position_x += up_optflow_manager.Ref_gnd_vel_x *
up_optflow_manager.time_s;
up_optflow_manager.Position_y += up_optflow_manager.Ref_gnd_vel_y *
up_optflow_manager.time_s;
```

2.5.2 VL53L1X 激光测距驱动程序

激光测距的主要数据结构体如下：

```
typedef struct
{
VL53L1X_t VL53L1X_Type;
zRange_t range;
Moudle_t moudle;
uint8_t RangeStatus;            // 测量状态
uint8_t Time;                   // 测量时间
uint8_t Mode;                   // 测量模式
int16_t Distance;               // 测量距离
int16_t Distance_Fix;           // 校准后的距离
int16_t Distance_D;
int16_t Distance_O;
uint8_t is_valid,re_valid;
uint8_t ssi,ssi_cnt;
uint8_t reInit_cnt;
uint8_t is_use;
}VL53L1X_manager_t;
```

在前面的光流测量水平方向的速度中,离不开高度的测量。该无人机测量高度传感器是 VL53L1X 传感器,更新数据的程序如下:

```
void update_VL53L1X(void)
{
int status;
static uint8_t offline_count = 0;
static uint8_t cnt = 0;
uint8_t isDataReady;
Get_Systime(&delta_VL53L1X);
if(! VL53L1X_manager. moudle. bCheck)
{
return ;
}
switch(VL53L1X_manager. VL53L1X_Type)
{
case VL53L1X_TYPE:
VL53L1X_manager. range. distance = VL53L1XReadRangeContinuousMillimeters() * 0. 1f;
                                //单位 cm break;
case VL53L1X_TYPE:
                                //status = VL53L1X_GetMeasurementDataReady(&dev, &isDataReady);
if(dataReady())
{
read(0);
VL53L1X_manager. RangeStatus = ranging_data. range_status;
if(VL53L1X_manager. RangeStatus<2)
{
if(++cnt>3)
{
```

```
cnt = 3;
if(! VL53L1X_manager. is_valid) VL53L1X_manager. re_valid = 1;              //激光测距重新有效
VL53L1X_manager. is_valid = 1;
}
if(ranging_data. range_mm>3000) cnt = VL53L1X_manager. is_valid = 0;       //超出量程
VL53L1X_manager. Distance = ranging_data. range_mm * 0. 1f;
//VL53L1X_manager. Distance_Fix = VL53L1X_manager. Distance *
my_cos(imu_data. angle * ANG_2_RAD);
VL53L1X_manager. Distance_D = VL53L1X_manager. Distance - vl53lx_manager. Distance_O;
VL53L1X_manager. Distance_O = VL53L1X_manager. Distance;
VL53L1X_manager. range. distance = VL53L1X_manager. Distance;
if(ABS(vl53lx_manager. Distance_D)>50) cnt = VL53L1X_manager. is_valid = 0;
                                                                            //数据跳变太大
VL53L1X_manager. ssi_cnt++;
}
else
{
cnt = VL53L1X_manager. is_valid = 0;                                        //无效测量
VL53L1X_manager. moudle. bCheck = false;
}
break;
default:
break;
}
}
}
```

2.5.3 KS103 超声波测距驱动程序

基于 I^2C 驱动的 KS103 的控制程序如下：

```
u8 KS103_ReadOneByte(u8 address, u8 reg)
{
u8 temp=0;
IIC_Start();                        //启动 IIC 通信
IIC_Send_Byte(address);             //发送从机地址
IIC_Wait_Ack();                     //等待应答
IIC_Send_Byte(reg);                 //发送寄存器地址
IIC_Wait_Ack();                     //等待应答
IIC_Start();                        //启动 IIC 通信
IIC_Send_Byte(address + 1);         // 进入接收模式
IIC_Wait_Ack();                     //等待应答
delay_us(50);
temp=IIC_Read_Byte(0);              // 读取数据
IIC_Stop();                         // 停止通信
return temp;
```

```
}
void KS103_WriteOneByte(u8 address,u8 reg,u8 command)
{
IIC_Start();                         //启动 IIC 通信
IIC_Send_Byte(address);              // 发送从机地址
IIC_Wait_Ack();                      //等待应答
IIC_Send_Byte(reg);                  // 发送寄存器地址
IIC_Wait_Ack();
IIC_Send_Byte(command);              // 发送命令
IIC_Wait_Ack();                      //等待应答
}
```

2.6 PID 参数调试

2.6.1 调试工具

众所周知，PID 参数调试是最难的一部分，也是最核心的一部分，PID 参数是否合理直接影响四旋翼无人机飞行的效果。下面就介绍一下 FT150_PLUS 四旋翼无人机的 PID 参数调试方法，这里使用中科浩电的 PC 工具箱(图 5-24)进行 PID 参数调试。

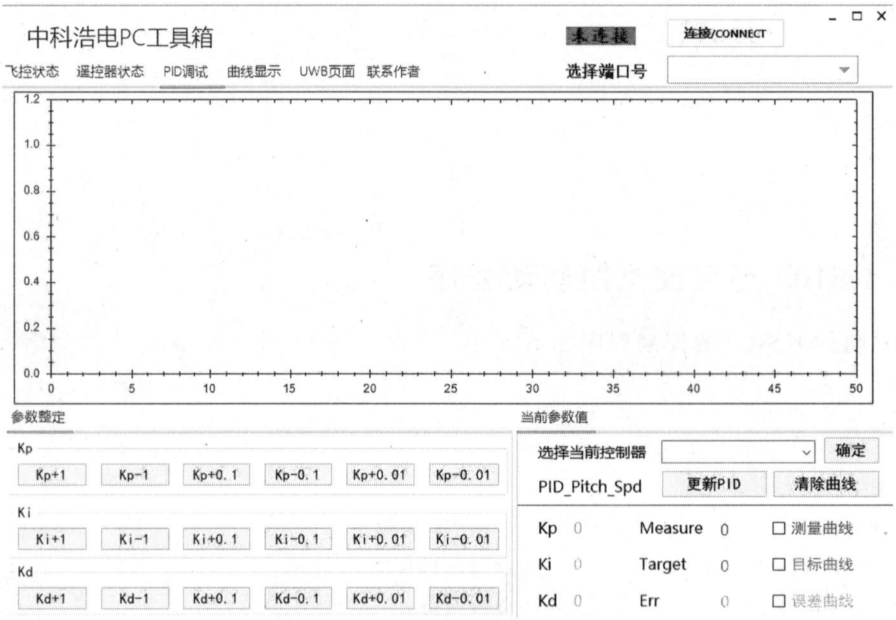

图 5-24 中科浩电的 PC 工具箱

每个通道的控制参数均包含比例、积分和微分三项。在选择当前控制器里面共有 18 个 PID 参数，本次调参包括姿态控制器的 pitch(俯仰)、roll(滚转)、yaw(偏航)的内环(角速度环)以及外环(角度环)，高度控制器的高度 PID 内环(速度环)以及外环(高度环)，还有水平位置控制器的内环在 X、Y 方向上的速度环以及外环(位置环)共三类控制器。

比例项 P 用来控制响应，PID 参数调试的原则是在不产生振动的情况下让比例系数 P 值尽可能高，也就是在没有超调量的情况下，尽可能让输出达到指定值。这样调节的直接效果是，无人机的动作响应非常快，跟随性很好，延迟小。一般来说，比例系数 P 值越高，控制力越强，太大则容易振荡，太小控制力就弱，机体运动响应慢，不能迅速修正角速度的误差，表现为跟随性不佳。

积分项 I 是对积分周期内误差情况的累积，主要用于修正系统的误差偏移，有辅助 P 的作用。I 值太小会产生长时间的偏移，太大则表现为系统对控制的反应能力下降，反应迟缓。累积误差表现的就是无人机的漂移，如果在没有输入控制力或没有打舵的时候无人机仍然漂移一边，则可以通过积分调节来修正无人机的漂移。

微分项 D 控制的是某个量是否很快达到目标值，并且是否会过冲，它相当于对 P 的一个负向阻尼作用，主要用于抑制机体振荡过冲。如果快速打摇杆，无人机可能会超出指定的输出控制量，然后就会形成机体振动，增加微分项 D 可以修正这种抖动，因此微分需要和比例一同调节。

由于 PID 参数是将不同的量纲数据进行转换，因此参数获取与系统调试密切相关，并且需要经过大量的粗调和微调实验。

2.6.2 调试方法

以四旋翼无人机为例，PID 参数调试方法是一般都先调 pitch 和 roll 方向，让无人机能自稳，自稳后再调节 yaw 方向的 PID，否则无人机会自旋，从而不方便调试。调节是先调内环，再调外环；先调 P 值，再调 I 值和 D 值。定高 PID 参数调试是比较麻烦的，调试过程按照正常的 PID 参数调试方法，先调 P 值再调 I 值，最后调 D 值，反复调试后发现，无人机依旧很难定在一定高度范围内。经过分析，可以发现使用气压计定高，气压数据有很大的滞后性，并且无人机飞行过程垂直向下的风也会干扰气压读数。所以，调试时不管怎么调 P 值，出现的现象是要么慢慢地上升或慢慢地下降，要么快速地上升、下降，根本不受控制。根据 PID 理论中 D 的抑制超调和干扰作用，增加 D，无人机更加稳定了；当 D 值增加到很大时，可以发现，推动油门，无人机反而不受控制了，说明 D 值太大，将 P 的作用抑制了。

PID 三项的意义：P 是系统平衡的回复力；I 是消除误差，有辅助 P 的作用；D 是阻尼，有抑制超调和干扰的作用。调试时一般先调 P，找到临界震荡的 P 值，然后减小一点 P 值，增加 I 消除静态误差，最后增加 D 抑制干扰。要不要加 I 和 D 需根据实际情况而定，但在调试定高 PID 参数时，需要同时调试 P 值和 D 值。PID 参数调试是比较烦琐的事情，需要耐心观察现象并分析原理。

2.7 使用事项及常见问题处理

2.7.1 光流传感器使用事项

① 光流传感器的检查。拿到光流芯片后，首先需要检查镜头表面是否有塑料薄膜、水珠、划痕等，确保镜头表面干净，并确保无元器件或连线松动等影响镜头成像效果的问题。

② 光流传感器的安装。在无人机上安装光流传感器时，尽量保证镜头保持水平，不要有倾斜角度，光流传感器与机体坐标系不要有偏航方向的夹角且在机架的旋转中心，即光流传感器的轴与机体坐标系的轴应尽量保持重合。

③ 在初始调试时，接上光流传感器后，使用上位机观察是否有输出，验证输出值是否与光流传感器坐标系定义一致，比如往左水平运动，光流传感器 Y 是否为正；水平向右运动，光流传感器 Y 是否为负，且输出值是否在合理范围等。

④ 确保光流传感器的输出与机体控制坐标系的一致性，即实飞测试前需要验证光流传感器的控制输出值与期望给无人机的控制指令是否一致(手拿着无人机水平移动，看输出是否符合预期)，避免控制指令的不匹配导致的无人机乱飞现象。

⑤ 在初始调试时，应尽量选择光照充足，地面纹理丰富且不反光，无风的环境进行，避免引入环境的干扰因素。

2.7.2 悬停常见问题处理

① 完全没有悬停效果，现象与没接光流传感器是一样的。首先应检查板子上电是否正常，硬件线是否连接好，镜头是否被遮挡，如果都没发现问题，再用上位机检查是否有数据输出。

② 无人机往某个方向乱飞，漂移很快，像失控的感觉，而没有加光流传感器时反而漂移慢一些。原因可能是：镜头安装方向与程序里写的方向不一致；环境光线明、暗变化比较大，比如有闪光灯；程序中光流传感器控制部分有些数据没清零，比如起飞时与打摇杆后积分量没清零。

③ 无人机缓慢飘，方向随机，但又比没光流传感器时要好，表现为无操作时，往一个方向飘后，还会往回飘。原因可能是地面环境纹理太差，比如纹理差的木地板、水泥地面、反光大理石地面等，或者是环境光线太差。

④ 无人机开始时能够正常悬停，悬停一段时间后开始往一个方向漂移，原因可能是：程序算法处理上，光流传感器的权重是动态的，某些原因导致悬停时间长后，光流传感器权重减弱，无法抑制漂移；姿态解算的欧拉角由于震动或温度等出现较大误差，时间久后无人机本身姿态倾斜，光流传感器在最大输出后也补偿不了该误差。

⑤ 无人机一开始就震荡，可能是 PID 控制参数太大；滤波比较厉害，使输出数据有延时，造成低频震荡；输入数据不平滑，PID 控制中又有 D 项，使无人机高频震荡。

⑥ 无人机的性能变差，比如电机、桨叶磨损，震动大，所以输入数据后噪声变大。

⑦ 光流传感器旋转补偿没有做好，尤其是数据同步与限幅。

习　题

1. 什么是无人机的定点控制？说一说其与定高控制的区别。
2. 光流传感器的工作原理是什么？作用是什么？
3. 光流传感器、激光测距传感器、超声波传感器、气压计以及 GPS 模块都具有高度测量的作用，说一说它们的区别。
4. 光流数据与 IMU 数据融合的方法是什么？举程序例子说明。
5. 以优象光流传感器为例，阐述光流位移和速度的计算方法。
6. 为什么要对光流传感器进行旋转补偿？阐述用陀螺仪对光流传感器进行旋转补偿的方法。
7. 阐述水平位置 PID 控制器的设计思路，举程序例子说明。
8. 无人机 PID 控制器的调试方法是什么？

实践任务

请完成任务活页单元 5 模块 2 中的任务。

【单元小结】

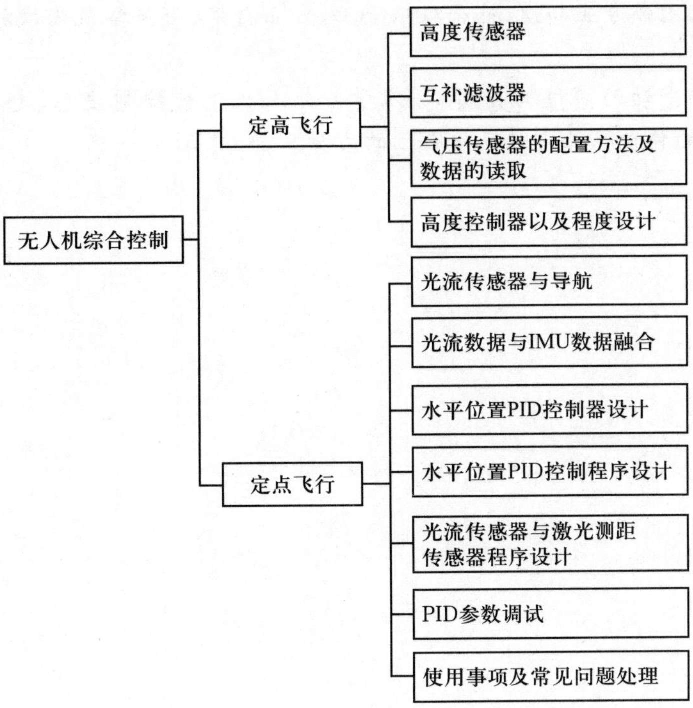

【思政案例】

弘扬航空报国精神

2022年11月12日，习近平总书记的回信在航空工业集团沈飞“罗阳青年突击队”中引起热烈反响：“希望你们继续弘扬航空报国精神，心往一处想，劲往一处使，在推动航空科技自立自强上奋勇攀登，在促进航空工业高质量发展上积极作为，争做有理想、敢担当、能吃苦、肯奋斗的新时代好青年，为全面建设社会主义现代化国家、全面推进中华民族伟大复兴作出新贡献。”

2012年11月23日，歼15完成首次着舰，而研制现场总指挥罗阳却在十几小时后因突发心脏病而谢幕海天间。在他离开的十余年里，“罗阳精神”已成为一面旗帜、一种基因，融入航空人的精神血脉中。越来越多的航空人成为“罗阳青年突击队”的一员，赓续接力，让“罗阳精神”的旗帜在一线高高飘扬。十余年来，这些队员的身影活跃在航空工业科研生产经营第一线，在“急、难、险、重、新”的任务中勇担重任、勇挑大梁，成为开拓祖国航空事业的中坚力量。

在歼15舰载机首次在辽宁舰成功起降10周年和“航空报国英模”罗阳牺牲10周年时，习近平总书记给航空工业沈飞“罗阳青年突击队”队员们的回信，在航空工业“罗阳青年突击队”中引起强烈反响。队员们纷纷表示，面向未来，将深入学习习近平总书记重要回信精神，持续学习贯彻好党的二十大精神，为实现航空科技自立自强、加快高质量发展、建设航空强国贡献力量。

航空工业首席技能专家方文墨：这封“沉甸甸”的回信让我们深切感受到总书记对广大航空人的关心与关怀。请总书记放心，我们将始终牢记总书记的殷切嘱托和谆谆教诲，继续弘扬航空报国精神，推动航空技术的自立自强，促进国防建设的高质量发展，让青春在建设航空强国的火热实践中绽放光芒，让党的二十大绘就的美好蓝图在我们青年一代手中变成现实。

航空工业沈飞理化测试中心金相室主任康凯：通过学习回信，我真切感受到了总书记对二十万航空有志青年的信任和关怀。当前正是中国航空事业跨入高质量发展的关键时期，机遇和挑战并存。我们作为“罗阳青年突击队”的成员，将牢记总书记的嘱托，以党的二十大美好蓝图为奋斗目标，继承和发扬“罗阳精神”，立足岗位，增强专业知识，排除艰难险阻，自立自强，为托举最强战机和捍卫祖国蓝天而努力拼搏！

希望同学们以这些生动的事迹为指引，深入学习无人机飞行控制技术，走技能成才、技能报国之路，为国家无人机制造的伟大事业贡献一份自己的力量。

单元6　无人机导航和测控系统

模块1　　无人机导航系统基础知识

模块描述

操作者在遥控无人机飞行的过程中，需要实时知道无人机的位置。无人机在自主飞行的过程中，要时刻知道自己的位置、自己要去哪个位置和怎么去目的地。也就是说，无人机自主飞行需要导航系统来解决这三个问题。

本模块以企业实际产品为例，完成无人机导航系统、定位方法的学习，为后续理论学习和技能训练打下基础。

本模块分为惯性导航系统认识、卫星导航系统认识及其他导航系统认识。通过室内导航系统飞行测试，帮助学生理解无人机自主飞行导航系统的基础知识。

学习目标

1. 知道导航基本概念。
2. 知道惯性导航系统、卫星导航系统、UWB 定位系统的结构和特点。
3. 会分析 UWB 定位系统原理。
4. 培养学生认真、严谨、踏实的工作态度以及沟通协作能力。

无人机要自主完成预定的飞行任务，首要任务就是从所在地飞往目的地，在飞往目的地的过程中，需要引导系统来完成这一任务，这一系统统称为导航系统。飞行控制系统与导航系统组合构成了真正的飞行控制系统。导航（Navigation）就是引导航行的简称，是指将载体从一个位置引导到另一个位置的过程。能够向载体的操作者或控制系统提供载体的位置、速度、航向、姿态等即时运动状态的系统称为导航系统。当导航系统与自动控制器组合使用时，它相当于一个敏感测量模块，使载体保持在一定的航线或路线上；当独立使用时，提供导航参数给操作者，以便载体按一定航线或路线航行。

对于无人机导航来说，根据获得导航参数的手段不同，大致可以分为自主式导航和非自主式导航两大类。不需要外界信息，独立完成导航任务的是自主式导航，而必须依靠地面设备或其他装置才能完成导航任务的是非自主式导航。

自主式导航主要有惯性导航和多普勒雷达导航。惯性导航，是指利用惯性元器件测量无人机相对于惯性空间的运动参数，如加速度，并在给定运动条件下，计算出无人机的速度、距离、位置及姿态方位等导航参数，以便引导无人机顺利完成预定的飞行任务。多普勒雷达导航，是指利用无人机速度变化，在发射波和反射波之间产生的频率差，即多普勒频移的大小，来测量无人机相对地面的速度，进而完成导航任务。多普勒雷达导航的主要特点是不需要地面站，自主性强，但是，它工作时必须发射电波，容易受干扰和暴露自己，当接收不到反射波时，还会完全丧失工作能力。

非自主式的导航主要有无线电导航、天文导航、卫星导航和组合导航等。无线电导航，是指利用无线电波在均匀介质和自由空间内直线传播及恒速两大特性引导航行。无线电导航的主要优点是精度较高；缺点是必须有地面站配合工作，电波易受干扰，容易暴露自身。目前，应用广泛的卫星导航系统有GPS全球定位系统、北斗卫星导航系统和GLONASS全球导航系统。它们都是利用无线电波传播的直线性和恒速性实施测距定位，以及利用无人机与卫星之间的多普勒频移进行的导航方法。天文导航，是指在一定时刻，天空中的星体与地球的地理位置相对固定，利用这一特点，观察星体确定无人机位置。

本模块主要介绍惯性导航系统、卫星导航系统及其他导航系统。

1.1 惯性导航系统认识

1.1.1 惯性导航系统的基本组成与原理

惯性导航系统(INS)是不依赖外部信息，只靠惯性测量元器件测量载体相对于惯性空间的位置、方向和速度，并经过计算后实施导航任务的导航系统。

1. 惯性导航系统的基本组成

一个完整的惯性导航系统通常由加速度计、陀螺仪、计算机和控制显示器等组成。

① 加速度计。加速度计利用牛顿第二定律测量无人机加速度，以确定无人机的位置、速度并产生跟踪信号。

② 陀螺仪。陀螺仪是惯性导航系统的核心部件。它为加速度计提供一个准确的安装基准和测量基准，以保证无人机飞行中，加速度计的空间指向是不变的。只有陀螺仪能够实现这个要求，因此又叫陀螺仪稳定平台。无人机相对该平台在方位上的偏角反映了航向，无人机相对该平台在水平两个轴向上的偏角反映俯仰和翻滚。

③ 计算机。对测量的参数进行数学计算，同时不断计算出修正平台位置的指令信号和补偿加速度等。

④ 控制显示器。显示各种导航参数。

2. 惯性导航系统的基本原理

惯性导航系统是一个可以保持自主的空间基准的系统，从原理上讲，各种类型的惯性导航系统都可以用几何学的观点来解释。加速度计和陀螺仪组成惯性测量装置，又称惯性导航组合。三轴陀螺仪用来测量无人机的沿三个轴做转动运动的角速度，三个加速度计用来测量无人机的三个平移运动的加速度，计算机根据测得的加速度和角速度计算出无人机的速度和位置，控制显示器向计算机输入无人机的初始运动参数和位置参数，还可以显示飞行过程中的导航参数，必要时可以进行控制操作，以实现惯性导航系统的更多功能。

惯性导航系统以牛顿力学定律为基础，依靠安装在无人机上的加速度计和陀螺仪测量无人机在三个轴向上的运动加速度和角速度，经积分运算能够得到导航坐标系中的速度、偏航角和位置信息等。

用加速度计测量无人机的加速度,在给定运动初始条件下,由导航计算机算出无人机的速度、距离和位置;由陀螺仪测量无人机的角运动,并经转换、处理,输出无人机的姿态角和航向。位置信息可由以下公式来计算:

$$V = V_0 + \int_0^t \alpha \mathrm{d}t \tag{6-1}$$

$$L = L_0 + \int_0^t V \mathrm{d}t \tag{6-2}$$

其中,加速度 α 由加速度计测量提供,单位为 $\mathrm{m/s^2}$;V_0 和 L_0 是速度和位移的初始值,单位为 m/s;速度 V 和位移 L 可分解为无人机三个线运动自由度方向的分量。

惯性导航系统不仅可以给出即时速度和即时位置,还可以测量无人机的飞行姿态。惯性导航系统基本原理框图如图 6-1 所示。

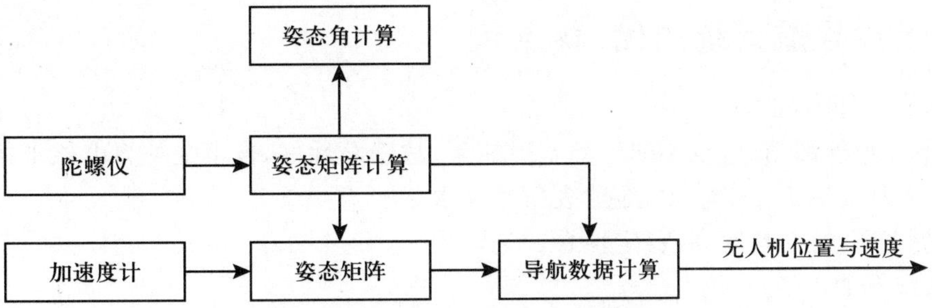

图 6-1　惯性导航系统基本原理框图

1.1.2　惯性导航系统的分类

惯性导航系统可分为平台式惯性导航系统和捷联式惯性导航系统两大类。平台式惯性导航系统是将加速度计安装在一个陀螺仪稳定平台上,以平台坐标系为基准测量无人机运动参数的惯性导航系统;捷联式惯性导航系统不再有实体的陀螺仪稳定平台,而是将陀螺仪和加速度计直接安装在无人机上。

1. 平台式惯性导航系统

平台式惯性导航系统(简称平台式惯导)基本原理框图如图 6-2 所示,其核心部分是一个实体的陀螺仪稳定平台,平台上的三个实体轴,重现了所要求的地理坐标系三个轴所需的三个加速度分量。

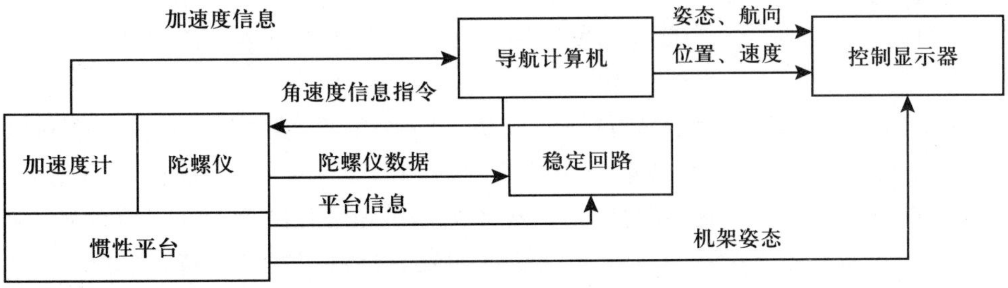

图 6-2　平台式惯性导航系统基本原理框图

2. 捷联式惯性导航系统

虽然捷联式惯性导航系统(简称捷联式惯导)没有了实际的陀螺仪稳定平台,但这个“平台”的概念和功能还是存在的。只不过“平台”由导航计算机来实现,实现过程是先将陀螺仪测量的绕机体的三个角速度,通过导航计算机实时计算,完成由机体坐标系向类似实际平台的平台坐标系的转换,并得到姿态矩阵表达式。以这个数学解析的“平台”为基础,再将机体坐标系各轴上的加速度信号变换为沿“平台”坐标系各轴上的加速度信号，完成前面这些变换后，再进行导航参数计算。同时，利用这个姿态矩阵，还可求得无人机的姿态和航向信号。捷联惯导系统的基本原理框图如图 6-3 所示。姿态矩阵的计算，加速度信号的坐标系的变换以及姿态航向角的计算，这三项解析过程实际上就代替了实际平台的功能，通常称为“数学解析平台”或“虚拟平台”。

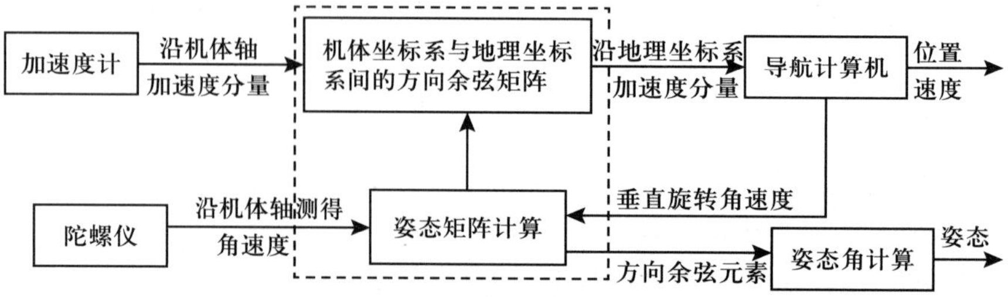

图 6-3　捷联惯导系统的基本原理框图

1.1.3　惯性导航系统的优、缺点

惯性导航系统有如下优点：

① 工作时不依赖外部信息，也不向外部辐射能量，故隐蔽性好，也不受外界电磁干扰。

② 可全球、全时段地工作于空中、地球表面乃至水下。

③ 数据更新率高，短期精度高，稳定性好。

惯性导航系统有如下缺点：

① 因导航信息通过积分产生，所以定位误差随时间的延长不断增大，导致长期精度差。

② 每次使用之前需要较长的时间进行初始对准。

③ 惯性导航系统有固定的漂移率，会造成无人机产生运动误差，因此，需要采用一定手段对惯性导航系统进行定时修正，以获取持续准确的参数。

1.1.4　惯性导航系统的发展

1687 年，牛顿三大定律的建立，成为惯性导航系统的理论基础；1852 年，傅科(Foucault)提出陀螺仪的定义、原理及应用的设想；1908 年，安修茨(Hermann Anschütz-Kaempfe)研制出世界上第一台摆式陀螺罗经，这些研究成果为惯性导航系统的发展奠定了基础。

20 世纪 40 年代，德国 V-2 火箭代表了世界上第一个惯性导航系统的应用。

20 世纪 50 年代，0.5 n mile/h 的单自由度液浮陀螺仪平台式惯导系统研制成功，从此开始被广泛应用在飞机、舰船上。

20 世纪 60 年代，动力谐调式挠性陀螺仪研制成功。1966 年，美国吉尔福特公司研制出挠性陀螺仪惯导系统，为后来挠性陀螺仪惯导系统在航空中的广泛应用打下了基础。1968 年，漂移约为 0.005°/h 的 G6B4 型动压陀螺仪研制成功。这一时期，还出现了另一种惯性传感器——加速度计。此外，在技术理论研究方面，1960 年激光技术的出现为激光陀螺仪的发展提供了理论支持；捷联式惯性导航系统理论研究也趋于完善。

20 世纪 70 年代，静电陀螺仪研制成功，机械支撑被高压静电场支撑取代，核潜艇和远程飞机上也先后装备静电陀螺仪平台式惯性导航系统。此时，出现了一些新型陀螺仪、加速度计和相应的惯性导航系统，人们开始进一步研究如何提高 INS 的性能。

20 世纪 80 年代以后，以激光陀螺仪、光纤陀螺仪为代表的捷联式惯性导航系统得到飞速发展和广泛应用，并且，出现了采用微机械结构和控制电路工艺制造的 MEMS。

目前，惯性导航技术发展的目标是实现高精度、高可靠性、数字化、小型化、低成本、应用领域更加广泛。随着RLG、FOG、MEMS等新型固态陀螺仪的逐渐成熟，陀螺仪的精度不断提高，漂移量可达10°/h。大容量的数字计算机技术的进步，使SINS在低成本、短期中精度惯性导航系统中呈现取代平台式惯性导航系统的趋势。

1.2　卫星导航系统认识

卫星导航是利用卫星发出的无线电信号进行导航定位的技术，它是以卫星为空间基准点，用户终端发出无线电信号，来确定用户位置、速度和时间的。卫星导航系统可以向各类用户和运动平台实时、连续地提供准确位置、速度和时间信息，具有高精度、实时性、全天候等特点。

1964年建成的用来对核潜艇提供全球导航定位的子午导航卫星系统(NNSS)，又称多普勒卫星定位系统，是人类历史上诞生的第一代卫星导航系统。NNSS可以提供全球定位，但是，无法满足连续、实时定位的要求和精密大地定位的精度要求。因此，在NNSS的基础上，开始研制全球卫星导航系统(Global Navigation Satellite System，GNSS)。

卫星导航系统一般由空间星座、地面监控、用户设备三部分组成，主要是通过不断对目标物体进行定位而实现导航功能的。目前，全球的卫星导航系统主要有美国的全球定位系统(GPS)、俄罗斯全球导航卫星系统(GLONASS)和中国的北斗卫星导航系统(BDS)等。

1.2.1　全球定位系统(GPS)

全球定位系统(GPS)是美国第二代卫星导航系统，具有全天候、全方位统一坐标定位，任意地点、任何时间内精确定位，快速移动物体瞬时定位等优点。随着卫星技术、通信技术，特别是半导体大规模集成电路和高频集成电路的发展，GPS的造价已大大降低。因此，这一技术正在被很快地推广到民用的各个领域。

1. GPS的基本组成

GPS由空间卫星、地面控制系统和用户设备三个部分组成。

① GPS的空间卫星，由均匀分布在六个近圆形轨道上的24颗GPS工作卫星和3颗在轨备用卫星组成，如图6-4所示。每颗GPS工作卫星都发出用于导航定位的信号，GPS用户利用这些信号进行工作。

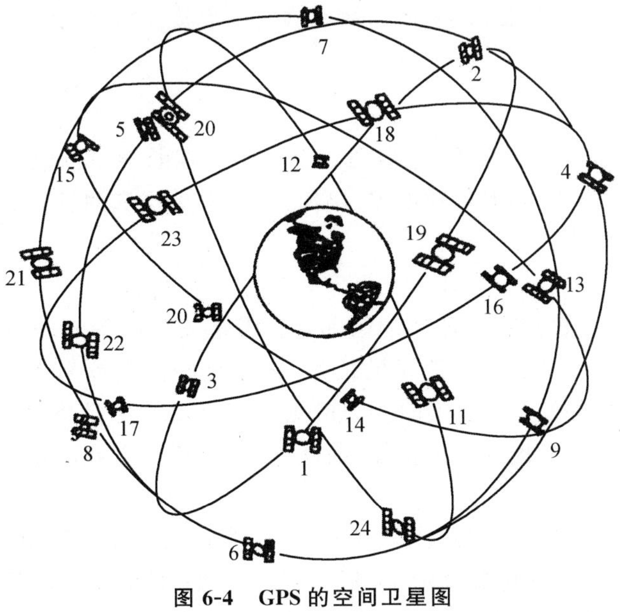

图6-4　GPS的空间卫星图

② 地面监控系统，包括一个主控站、五个监测站和三个地面控制站。主控站从各监测站收集数据，并计算卫星的星历、卫星钟差修正参数等，将计算结果传送给地面控制站，当每颗卫星运行到地面控制站上空时，地面控制站将这些数据注入卫星的存储器，按预定程序进行发播。监测站连续对每颗卫星进行跟踪观测，并将测得的数据进行预处理后传送给主控站。地面控制站也称作地面天线(GA)，与卫星之间有通信链路。

③ 用户设备，GPS的用户设备由GPS接收机、数据处理软件及相应的用户设备组成。它的作用是收集卫星信号，测量接收机天线至卫星的伪距离和距离的变化率，并解调出卫星轨道参数等数据。根据这些数据，进行导航定位等工作。

2. GPS 导航原理

GPS卫星发射5种频率的载波信号，这些信号主要是：

① C/A码，又称为粗捕获码，C/A码是普通用户用来测量卫星到用户接收机之间距离的一种主要信号。

② P码和Y码，P码，又称为精码，是10 MHz的伪随机噪声码。在实施反电子欺骗(AS)时，P码与W码生成保密的Y码，这时，一般用户无法利用P码进行导航定位。

③ 导航信息，其信号频率为50 Hz，包含GPS卫星的轨道参数、卫星钟改参数及其他一些系统参数。用户一般需要利用此导航信息来计算某一时刻GPS卫星在地球轨道上的位置，导航信息也称为卫星星历。

GPS导航定位的基本原理：实际上就是通过4颗已知位置的卫星来确定GPS用户接收机的位置。当GPS卫星正常工作时，不断发射导航电文。导航电文是由0和1二进制码组成的伪随机码，表示卫星星历、工作状况、时钟改正等信息。当用户接收到导航电文时，提取卫星时间并将其与自己的时钟进行对比，如卫星时钟和地面时钟同步，引进一个 $t-T_i$(卫星发射信号与接收机接收信号之间的时间差)，乘以无线电波传播速度 c(约 3×10^8 m/s)，可得知卫星与用户的伪距 S_i。即：

$$S_i=c*(T-T_i) \tag{6-3}$$

其中，T_i 为第 i 颗卫星时间坐标，为已知量，单位为s。

利用导航电文中的卫星星历数据推算出4颗卫星发射电文时所处位置(X_i，Y_i，Z_i)，为了求出接收机的位置 x、y、z，由接收机到4颗卫星的伪距 S_i 公式6-3得到公式6-4，通过公式6-4列写4个方程，联立起来便可求出4个未知数 x、y、z 和 t，从而确定用户接收机空间和时间坐标。

$$S_i=c*(t-T_i) \tag{6-4}$$

3. GPS 定位方法

GPS定位测量中存在的误差主要有：接收机自身硬件存在的误差、属于设备的内在误差，这两种误差无法消除；接收机的公有误差，如卫星钟误差、星历误差、电离层和对流层误差，可以通过差分技术完全消除。GPS定位方法主要有以下4种。

(1)差分法定位

差分法定位是在GPS接收机相对较近的已知坐标点上安放一个GPS基准站，此基准站也可以接收到为地面接收机提供位置信息的4颗卫星的信号，根据这些信号算出坐标值，然后与已知的坐标比较，得出坐标的偏差量，然后将偏差量或实时测得的载波相位发送给GPS接收机，接收机根据接收到的信息进行修正。差分法定位可以提高定位精度，因此，可在对精度要求较高的情况下使用。

(2)伪距法定位

伪距法定位是目前用途最广的一种技术。GPS把距离作为基本观测量，通过对4颗卫星同时进行的伪距测量，即可解算出接收机的位置。由于测距可在极短的时间内完成，故可用于动态用户。伪距法定位测距是通过GPS接收机接收卫星发射的伪随机码在所测距离上的延迟时间来推算出单程距离的,因此要求卫星与接收机的时钟严格同步。如果两个时钟不同步,那么所测量的传播延迟时间中不仅包含了卫星到接收机之间的距离所引起的传播延迟,还包含了两个时钟间的钟差,这样测得的距离不是用户与卫星之间的真实距离,所以叫伪距。将所有卫星的测距误差传输给用户,利用此测距误差来修正测量的伪距,然后用户利用修正后的伪距可以得到自己的位置。伪距法定位可以将公共误差抵消,提高定位精度,但随着动态用户到基准 GPS 接收机距离的增加又出现了系统误差。

(3)载波相位法定位

载波相位法定位又称为 RTK 技术。与伪距法差分法定位原理相同,由基准站通过数据链实时将其载波观测量及站坐标信息一同传送给用户。用户接收 GPS 二星的载波相位与来自基准站的载波相位,组成相位差分观测值进行处理,实时得到厘米级的定位结果。载波相位法分为差分法和修正法两类,差分法是将基准站采集的载波相位发送给用户进行解算;修正法与伪距法、差分法相同,基准站将载波相位修正量发送给用户,以修正载波相位,算出坐标。

(4)PPK 法定位

载波相位法定位利用基准站和移动站进行直接、实时的无线电通信,但是如果距离过远,就会导致无法精准定位,于是就有了动态后处理技术(PPK 技术)。PPK 法定位,由基准站和移动站组成。工作原理:同步观测、记录一台基准站接收机和至少一台移动站接收机对卫星的载波相位的测量值,然后,使用 GPS 处理软件进行线性组合,得到虚拟的载波相位测量值,确定卫星与接收机之间的相对位置,然后通过坐标转换得到移动站在地方坐标系中的坐标。PPK 法定位特点是测量后再处理数据,在测量过程中不受通信距离的影响。

4. GPS 的应用

(1) GPS 在军事领域的应用

在军事上,GPS 除为战机、战舰和陆军在全世界任何地方执行军事任务提供比其他导航系统更精确的航行保障之外,还可以作为武器系统的组成部分。GPS 在军事领域的应用主要有以下几种:

① 用于各种精密打击武器的制导,目前各种弹道导弹、巡航导弹、炸弹和炮弹均已开始装备卫星导航与惯导组合导航系统,使命中精度大为提高,极大地改变了作战方式;

② 用于各种精确的定位,如海上、陆上的布雷、扫雷,空中扫雷、侦察,海上、陆上救援,火炮及雷达阵地布列,快速测绘等;

③ 用于各种军事通信系统;

④ 用于武器试验场的高速武器,如导弹及反导弹的跟踪和精确轨道测量,雷达威力及精度校验等。

(2) GPS 在民用领域的应用

GPS 在民用领域中的应用十分广泛,方式种类繁多,使用的技术发展非常迅速。GPS 在工、农、林、渔、旅游、公安、医疗急救、土建、搜救、电信、地质勘探、地理信息、地震预测、大地测绘、海上作业、气象预报等各行各业及科学研究中得到应用,渗透国民经济各个方面。

(3) GPS 在交通运输领域的应用

在交通运输领域,GPS 首先是用作导航,然后再结合其他,如数据通信、计算机与数据库,以及其他传感器技术,形成交通管理系统。由于空中、陆上和水上交通情况不同,对导航和交通管理系统的要求不同,因而所用系统也有所差异。

① GPS 在空中交通中的应用。空中航行分为航路(终端区)和进近(着陆)两个阶段。虽然对 GPS 的应用研究起步很早,但航空对安全性的要求非常高,所以现在还未能大量推广。这里有两个原因,一个是政治原因,GPS 实质是一种军用系统,美国自身使用没有问题,但对国际民航界来说就有一些问题;二是技术原因,GPS 在精度和完善性方面不能满足航空导航的要求,连续性和可用性也差一些。总之,GPS 的航空应用可以带来很大的利益,同时也有许多问题需要进一步解决。

② GPS 在陆地交通中的应用。GPS 在车辆导航的基础上,结合各种设置在道路上的传感器,运用

计算机及数据库技术，数据通信与显示技术，形成智能交通系统(ITS)。ITS可以提供多种服务，如出发前为旅客提供旅游信息，中途对驾驶员提供信息、路线引导，撞车前的应急措施和自动车辆操控等。ITS的实施将明显改变陆路交通的状况。

③ GPS在水上交通中的应用。水上交通分为远洋、岸区、海港以及内河四个航行阶段。远洋航行远离大陆，导航主要是为航行提供正确制订行驶计划的能力以及避开与海上暗礁或小岛相撞的危险，导航精度一般在2～4 n mile(1n mile=1.852 km)(2drms)，更新率2 h以内一次即可。

岸区指离海岸区50 n mile以内或者至大陆架边缘(水深200 m)的区域。在这个区域内，单行道水路至少有1 n mile宽，双行道水路有2 n mile宽。导航目的是不让船只在这个区域内迷路或误入危险区。为了确保船只的航行安全，要求导航精度为0.25 n mile(2drms)，定位数据更新间隔为2 min。

在海港航行阶段，船只一般在明确规定的航道上行驶。在海港入口航行阶段，为了保障航行安全，要求导航定位精度为8～20 m(2drms)，定位数据至少每6～10 s更新一次。对在这个区域内进行资源勘探的船只，要求定位精度为1～5 m(包括预测精度和重复精度均如此)，数据更新率为1次/s。现有的导航系统都达不到这样的精度要求，因此，对于海港/海港入口区域的导航，现在用固定或浮在海面上的视觉导航设施、雷达和声音告警信号来完成。海用DGPS系统必须与电子海图显示信息系统(ECDIS)相集成后，才能满足这个航行阶段的导航要求。美国、中国及一些其他国家在沿海建设DGPS台，以供船只在海港入口阶段使用。

(4)GPS在测绘领域的应用

GPS是一种不依赖于时间的全天候系统，它只要标定点都能看到卫星，不需要标定点之间必须相互看到。利用GPS信号的载波，最多用1小时就能完成工作，并且，精度可以达到厘米级。

测绘与动态载波相位跟踪不一样，是从一个准确已知位置出发，连续跟踪信号相位来完成的。载波相位多值性是用较长时间的信号观测得到的。

1.2.2 全球导航卫星系统(GLONASS)

1. GLONASS的概况

俄罗斯全球导航卫星系统，简称GLONASS(Global Navigation Satellite System)，是全世界第二个全球导航卫星系统。与美国GPS相似，GLONASS也开设民用窗口。

在20世纪70年代中期，苏联已开始着手研发GLONASS。1982年10月，系统首颗卫星入轨。在苏联解体后，俄罗斯继承了GLONASS。在1993—2000年，先后有20余颗卫星并网。近年来，俄罗斯增加了对GLONASS的拨款，加大了系统研发力度。

GLONASS的正式组网比GPS还早，但是苏联的解体让GLONASS受到很大影响，正常运行卫星数量大减，甚至无法为俄罗斯本国提供全面的导航服务。到了21世纪初，随着俄罗斯经济的好转，俄罗斯推出了GLONASS-M和更现代化的GLONASS-K卫星更新星座。

GLONASS与GPS在技术上有以下3点不同。

① 坐标系不同。GPS使用世界大地坐标系(WGS-84)，而GLONASS使用苏联地心坐标系(PZ-90)。

② 时间标准不同。GPS时间标准与世界协调时关联，GLONASS则是与莫斯科标准时关联。

③ 卫星发射频率不同。GPS的卫星信号采用码分多址体制，每颗卫星的信号频率和调制方式相同，靠不同的伪码区分不同的卫星信号；GLONASS的抗干扰能力更强，目前可采用码分多址体制，但GLONASS也可采用频分多址体制，靠不同的频率来区分不同的卫星，每组频率的伪随机码相同。

2. GLONASS的组成

GLONASS主要由星座空间、地面控制系统和用户设备组成。

(1)星座空间

GLONASS的星座空间也由24颗卫星和3颗备用卫星组成，原理与GPS类似，不过，其24颗卫星分布在3个轨道平面上，这3个轨道平面两两相隔120°，同平面内的卫星之间相隔45°。每颗卫星都在19100 km高、64.80倾角的轨道上运行，轨道周期为11h 15 min，这种轨道群体结构配置可保证至少有5颗卫星发出的信号能同时被位于地球表面和近地空间任何点的用户接收到。

(2)地面控制系统

GLONASS星座由地面控制站组(GCS)运作，即地面控制系统。地面控制系统包括一个系统控制中心(在莫斯科区的Golitsyno)和一个指令跟踪站(CTS，网络分布于整个俄罗斯境内)。CTS跟踪着GLONASS可视卫星，它遥测所有卫星，进行测距数据的采集和处理，并向各卫星发送控制指令和导航信息。在GCS内有一些量子光学跟踪站利用激光测距数据进行周期修正，为此，所有GLONASS卫星上都装有激光反射镜。GCS中有一个中央同步器，它具有一台高精度氧原子钟以满足同步要求，由它形成GLONASS系统时间标准。中央同步器使GLONASS系统时间和俄罗斯国家时间UTC样本(SU)同步。

(3)用户设备

GLONASS用户设备在俄罗斯发展缓慢，第一个原因是俄罗斯才建立起市场经济体制，仍然主要依靠国营力量研制、生产GLONASS接收机；第二个原因是GLONASS投入运行较晚，且系统运行不可靠；第三个原因是GLONASS采用频分多址体制，用户设备较复杂，苏联对其技术保密。

3. GLONASS的工作方法

用户可利用GLONASS卫星不断播放的导航信号来确定坐标、速度和时间。GLONASS的每颗卫星都播放标准精度导航信号和高精度导航信号两种无线电导航信号。用户的导航接收机可自动接收不少于4颗卫星播放的信号，并对接收机至卫星的伪距及其变化的速度进行测量。在对卫星播放的信号进行测量的同时，将导航信息分离出来、加工处理。接收机的处理器对测量值和导航信息同时进行处理，计算出用户的三维坐标、速度分量及精确的时间。

1.2.3 北斗全球卫星导航系统(BDS)

北斗全球卫星导航系统(BDS)是继美国的GPS、俄罗斯的GLONASS之后，第三个成熟的全球卫星导航系统，是中国科研人员研制、开发的区域性有源三维卫星定位与通信系统。北斗全球卫星导航系统(简称“北斗”)致力于向全球用户提供高质量的定位、导航和授时服务。

1. 北斗的概述

目前，全世界有中国北斗、美国GPS、俄罗斯GLONASS和欧盟GALILEO四大卫星导航系统。其中，美国GPS、俄罗斯GLONASS已建成并投入使用。中国北斗、欧盟GALILEO处于建设阶段。北斗向全球用户提供开放服务和授权服务两种形式，开放服务是指在服务区免费提供定位、测速和授时服务，定位精度为10 m，授时精度为50 ns，测速精度为0.2 m/s；授权服务是指向授权用户提供更安全的定位、授时和通信等服务。2000年以来，中国已成功发射8颗“北斗导航试验卫星”，建成了北斗导航试验系统(第一代系统)，该系统具备在中国及其周边地区范围内的定位、授时、报文和GPS广域差分功能。随着建设和服务能力的发展，北斗已在交通运输、渔业、测绘、电信、水利监测、气象预报、森林防火和国家安全等领域得到广泛应用。

2. 北斗的组成

北斗主要由空间部分、地面控制系统和用户终端三部分组成。

北斗空间部分由若干地球静止轨道卫星、倾斜地球同步轨道卫星和中圆地球轨道卫星三种轨道卫星组成，即两颗工作卫星和一颗备用卫星(一个轨道平面)。卫星不发射导航电文，也不配备高精度原子钟，只是用于在地面中心站与用户终端之间进行双向信号中继。

地面控制系统包括一个配有电子高程图的地面中心站、地面网管中心、测轨站、测高站和数十个分布在全国各地的地面参考标校站，主要用于控制卫星的工作，对卫星定位、测轨，调整卫星运行轨道、姿态，测量和收集校正导航定位参量，以形成用户定位修正数据，并对用户精确定位。

用户终端为收发器，用来接收中心站通过卫星转发来的信号和向中心站发射通信请求。根据不同的需要和应用环境，北斗用户机可分为普通型、通用型、授时型、指挥型和多模型五种。

3. 北斗的功能

北斗有快速定位、短报文通信、精密授时和军用功能四大功能，可为服务区域内用户提供高精度、全天候、快速实时定位服务，定位精度 20～100 m；水平精度 100 m(1 g)，设立标校站之后可达到 20 m。工作频率为 2 400～2 500 MHz。系统容纳的最大用户数为 540 000 户/h。

北斗用户终端具有双向短报文通信功能，用户可以一次传送 40～60 个汉字的短报文信息。采用全球移动通信系统（GSM）短消息的方式实施短报文通信业务。利用 GSM 的短消息功能基本可满足系统通信的需要，通过短信息方式发送数据，其成本远低于其他方式。

北斗具有精密授时功能，可提供 20～100 ns 时间的同步精度。

北斗的军事功能与 GPS 类似，例如，移动目标的定位、武器载体发射位置的快速定位、搜救及排雷的定位等。

4. 北斗的工作原理

北斗的 35 颗卫星在离地面 2 万多千米的高空上，以固定的周期环绕地球运行，使在任意时刻、在地面上的任意一点都可以同时观测到 4 颗以上的卫星。工作过程是：由中心控制系统向卫星 1 和卫星 2 同时发送信号，经卫星转发器向服务区内的用户发播，中心控制系统和两颗卫星的位置均是已知的。用户回应其中一颗卫星的询问信号，同时向两颗卫星发送响应信号，经卫星转发回中心控制系统。中心控制系统接收并解调用户发来的信号，根据用户的申请服务内容进行相应的数据处理。对定位申请需要中心控制系统测出两个时间延迟。第一个时间延迟是从中心控制系统发出询问信号，经某一颗卫星转发给用户，用户发出定位响应信号，经同一颗卫星转发回中心控制系统的延迟；第二个时间延迟是从中心控制发出询问信号，经上述同一卫星转发给用户，用户发出响应信号，经另一颗卫星转发回中心控制系统的延迟。由上面两个时间延迟可以计算出用户到第一颗卫星的距离及用户到两颗卫星的距离之和，从而得知用户处于一个以第一颗卫星为球心的球面，和以两颗卫星为焦点的椭球面之间的交线上。另外，中心控制系统从计算机内的数字化地形图查到用户高程值，可知用户处于某一与地球基准椭球面平行的椭球面上。从而使中心控制系统计算出用户所在点的三维坐标，这个坐标值被加密后发送给用户。

5. 北斗的特点

北斗与美国的 GPS、俄罗斯的 GLONASS 相比，增加了通讯功能，在全天候快速定位时，其定位精度与 GPS 相当。其优点主要有：同时具备定位与通信功能，无需其他通信系统支持；覆盖中国及周边国家、地区，通信无盲区，全天候服务；特别适合用户大范围监控与管理；独特的中心节点式定位处理和指挥型用户机设计；高强度加密设计，具有安全、可靠、稳定的自主系统。不足主要有两点：北斗一号系统属于有源定位系统，系统容量有限，定位终端比较复杂；北斗一号系统属于区域定位系统，目前只能为中国以及周边地区提供定位服务。

北斗的建设与发展目标是发展产业和推广应用，遵循开放性、自主性、兼容性和渐进性的建设原则，强调质量安全和应用效益，要建成系统，更要用好系统。

1.3 其他导航系统认识

1.3.1 室内导航系统

由于GPS等卫星导航系统依赖在用户接收机点能观测到的卫星数目,因此,用户在室内或有遮挡物时,导航信号会变弱,导致不能及时为用户提供实时的导航服务。在实际应用中,如医院病人看护、农业大棚、温室、室内停车场、矿井下等定位导航场景,常用的室内定位导航系统主要有以下几种。

1. UWB 定位系统

UWB是一种无载波通信技术,利用的是纳秒至微秒级的非正弦波窄脉冲传输数据。UWB定位系统具备时间分辨率高、穿透力强、功耗低、抗干扰能力强、安全性高等优点,常用于通信与定位领域,特别是在GNSS,如GPS、BDS、GLONASS、GALILEO信号覆盖不到的场景。

UWB定位系统的定位原理与GPS相似,ANCHOR(基站)相当于天上的卫星,TAG相当于用户端的GNSS接收机,CONSOLE(控制台)相当于地面的监控站。ANCHOR一般作为参考位置点,安装于固定参考点;TAG一般作为待定位点,安装于待定位载体(无人机、无人车等)上;CONSOLE一般用于监控系统的运行状态并向其他节点(ANCHOR、TAG)下发指令,接到计算机。

如图6-5所示,UWB属于电磁波,其在真空中的传播速度与光速相同。通过测量TAG(T)到ANCHOR(A_0、A_1、A_2)的飞行时间,乘以光速后,可以获得TAG到ANCHOR的距离(d_0、d_1、d_2)。通过到多个ANCHOR的距离与参考ANCHOR的坐标,可以列出多组球面方程,然后用数学方法求解出用户的坐标。

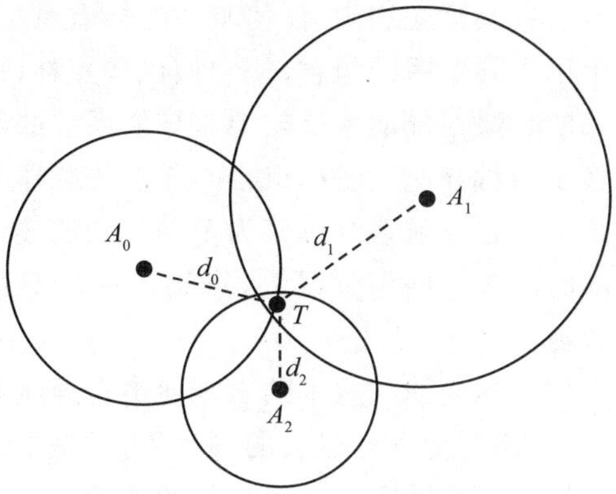

图6-5 三边定位原理示意图

在获得定位信息后,如果已知环境信息(障碍物位置、可走的路径等),同时知道想去的位置,则可实现实时导航功能。

2. 超声波传感器/光流传感器组合定位系统

在室内定位导航时,可以通过超声波传感器获取无人机距离地面的高度,并用光流传感器获取水平方向的速度,然后融合IMU数据,实现无人机在室内的悬停(前面章节有介绍)。

超声波测距原理是指先计算从发出超声波到检测到发出的超声波的时间,同时根据声速计算出物体的距离。超声波在空气中的传播速度为340 m/s,根据计时器记录的时间 t,就可以计算出发射点距障碍物的距离 s($s=340\ t/2$)。

光流传感器测算的是空间中的运动物体在观测成像平面上的像素运动的“瞬时速度”。当观测对象不动、无人机水平移动时,这时光流计算结果可以估算为无人机的水平速度。通常是借助于无人机底部的一个相机采集图像数据,然后采用光流算法计算两帧图像的位移,进而实现对无人机的定位。这种定位方式配合GPS可以在室外实现对无人机的精准控制,在室内没有GPS信号的时候,也可以实现对无人机的高精度定位,实现更加平稳的控制。

3. 单目视觉 SLAM 定位系统

视觉SLAM是指利用相机来完成环境的感知,从而实现自主定位与导航。单目视觉SLAM具有小范围内定位精度高、硬件成本低、任何环境都不需要先验信息、不易受外界干扰等优点,是近年来的热门研究方向。采用的单目相机功耗低、质量轻,比双目相机更节省计算资源,比深度相机测距范围更广，可适用于室内、室外等多种场景，这使单目视觉 SLAM 定位系统与无人机平台的结合具有先天优势。

4. 激光 SLAM 定位系统

激光 SLAM 的提出最早是在机器人领域。激光 SLAM，即同步定位与地图构建，指的是机器人从未知环境的某地点出发，在运动过程中通过重复观测到的环境特征来定位自身位置和姿态，再根据自身位置构建周围环境的增量式地图，从而达到同时定位和地图构建的目的。

激光 SLAM 的工作原理：在每一个角度的方向上，激光雷达测出以激光雷达为圆心的点到反射点的距离，记录在某种形式的地图上，不同的外部环境有不同的地图特征。配备了激光雷达的无人机在移动时，通过 IMU 计算出移动距离，激光雷达得到新的增量式地图，与原来的地图对比，在移动距离不大的情况下，通过地图特征匹配可得出无人机的移动距离。但这个数据并不准确，若要获得准确的数据，需做数据融合。

1.3.2 组合导航系统

在实际应用中，任何单一的导航系统总是难于满足各类导航的要求。组合导航系统是将两个或两个以上导航系统组合，使它们优势互补，来提高整个系统的导航性能，满足不同用户的多种需求。最常见的是惯性导航系统与卫星导航系统的组合，也是现在应用比较成熟的导航系统组合方式。我们常把多于两种导航设备的组合叫作多传感器组合导航系统。

组合导航系统可分为重调式和滤波处理式两大类。其中，重调式组合导航系统主要抑制惯性导航随时间增大的定位误差，直接用一种导航系统的输出去校正另一种导航系统的输出，实现起来比较容易。

卡尔曼滤波技术的出现使组合导航系统向更深层次发展成为可能。卡尔曼滤波技术采用递推计算方法，不需要存储过去的测量值，只是根据当时的测量值和前一时刻的估计值，按照一组递推公式，用计算机实时地计算出所需信号的估值。滤波器处理的是原始测量值，更有利于克服被组合设备各自的缺点，从而取得最佳组合效果。但使用卡尔曼滤波技术实现组合导航可能会出现计算量过大的问题，并且“发散”现象会造成定位误差增大。解决这两个问题的办法通常是修改系统模型和改进算法。

1. GPS/惯性组合导航系统

(1)概述

惯性导航系统是一种不依赖于外部信息、不发射能量的自主式导航系统，抗干扰能力强，可以提供载体的位置、速度、航向和姿态角，并且数据更新频率高，短期精度和稳定性好。但主要缺点是导航定位误差会随时间增长，难以进行长时间的独立工作。每次使用之前初始对准时间较长，无法满足要求有快速反应能力的应用场景。

GPS 是一种高精度的全球三维实时导航的卫星导航系统，具有导航定位的全球性和高精度特点。但 GPS 接收机的工作受使用环境和飞行机动的影响，当无人机的机动超过 GPS 接收机的动态范围或者动态误差超过允许值时，会使 GPS 接收机不能正常工作。由于 GPS 接收机数据更新频率低，因此难以满足无人机实时控制的要求。GPS 的缺点是信号易被遮挡、易受电子干扰影响。

GPS/惯性组合导航系统克服了各自缺点，取长补短，导航精度高于两个系统单独工作的精度，有效地提高了惯导的性能和精度。惯导的辅助可以提高 GPS 跟踪卫星的能力，提高接收机的动态特性和抗干扰能力。

GPS/惯性组合导航系统主要应用于航空，一般用于飞机的航路导航和预警机及战斗机的任务导航，还可以用于陆地车辆和航海导航。差分 GPS 与惯导的组合还可用于飞机的进场着陆，一般的军、民用飞机都装有惯导，实现这种组合并不会带来较大的经济负担。

(2)组合方式和算法

GPS 接收机和惯导根据不同的任务要求采用不同的组合方式和算法。

① 组合方式。按照组合深度,可以把 GPS/惯性组合导航系统大体分为三类,分别是非耦合方式组合、松耦合方式组合和紧密耦合方式组合。

非耦合方式组合是 GPS 和惯导仍独立工作,功能互补、耦合,数据单向传输,没有反馈,采用简单运算的外部处理器。这是一种最简单的组合方式,其工作方式是用 GPS 给出的位置、速度信息直接重调惯导的输出,或把惯导和 GPS 输出的位置和速度信息进行加权平均。非耦合方式组合框图如图 6-6 所示。

松耦合方式组合框图如图 6-7 所示,与非耦合方式组合不同,它是将位置、速度信息组合,采用卡尔曼滤波器作为组合处理器,组合处理器与 GPS 和惯导之间有反馈。组合工作比较简单,用 GPS 和惯导输出的位置和速度信息的差值作为测量值,经组合处理器,估计惯导的误差,然后对惯导进行校正。两个系统仍独立工作,使导航信息有一定余度。缺点是 GPS 的位置和速度误差与时间相关,特别是在应用卡尔曼滤波器时,此缺点更明显。

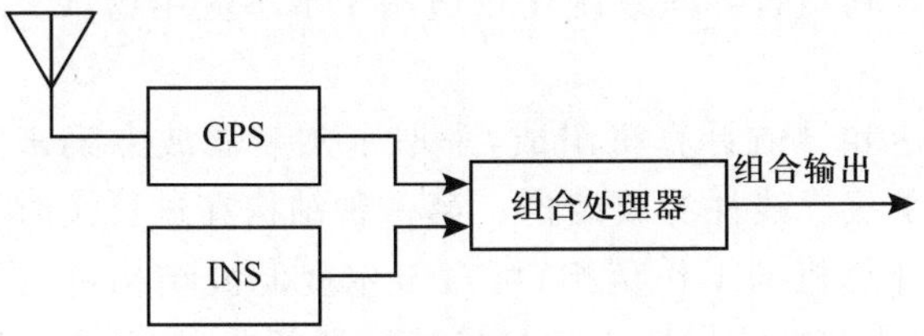

图 6-6 非耦合方式组合框图

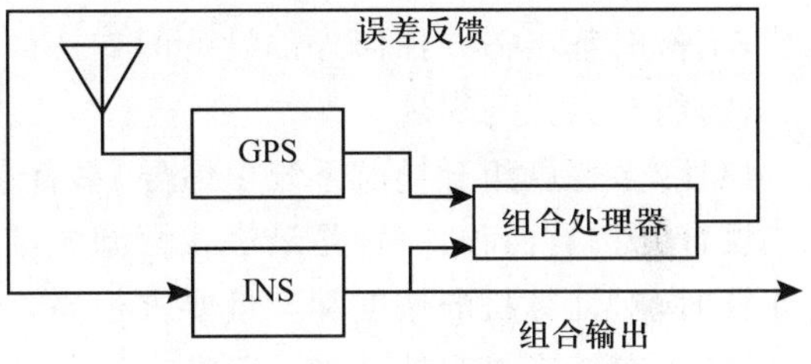

图 6-7 松耦合方式组合框图

紧密耦合方式组合框图如图 6-8 所示,GPS 和惯导不再是独立工作的导航系统,只是作为一个传感器使用。GPS 接收机和惯导相互辅助,分别提供伪距和伪距变化率,紧密耦合方式组合即是伪距和伪距变化率的组合。

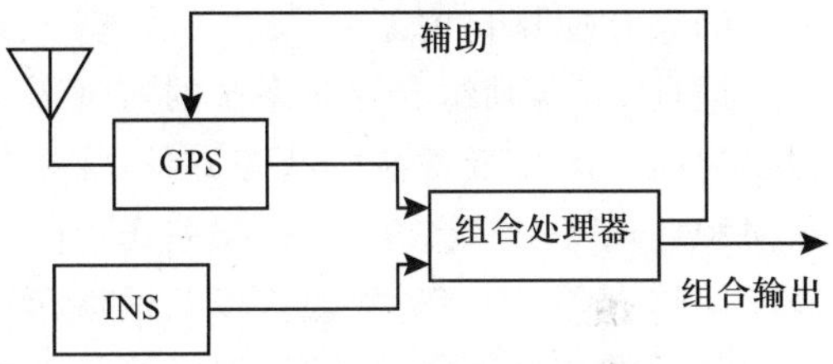

图 6-8 紧密耦合方式组合框图

② 算法。一般有两种组合算法:滤波算法和选择算法。

滤波算法。这里所述的滤波是指根据统计特性,从带有干扰的测量中得到被估计量的统计滤波,而不是通常以频率调谐方式取出所需信号的信号滤波。我们采用的是利用上一时刻的估计以及实时得到的测量进行实时估计的卡尔曼滤波算法,该算法能以线性递推的方式来估计组合导航的状态,便于计算机实现。

选择算法。在采用选择算法的情况下,只要 GPS 用户设备指示的解在其可接受的精度范围内,就选取 GPS 指示的 PVT 作为系统的导航解。当要求的输出速率高于 GPS 用户设备所能提供的速率时,可在相继 GPS 两次数据更新之间以惯导的数据进行内插。在 GPS 信号中断期间,惯导解自 GPS 最近一次有效解起进行外推。

2. GPS/多普勒组合导航系统

(1)概述

多普勒导航系统(DNS)是一种自主式无线电导航设备,由工作频率在 1345 GHz 的收发信机、2~4 个天线(大多采用 4 个)和导航计算机组成。DNS 能进行完全自主的导航;飞行前不需要调整和预热,使用简单、反应快速;由于雷达以很陡的角度指向地面,发射功率小且不易被探测和干扰,波束很窄,隐蔽性和抗干扰性好;测得的平均速度的精度很高,且几乎可以全天候工作(雨天除外)。但 DNS 需要内部或外部的垂直基准信息,以便把速度信息变换到地球参考坐标系上。DNS 是一种推测航法的系统(由速度和航向推出位置),定位误差随时间积累。

(2)组合方式与实现

GPS虽然是一种能全天、全球为用户提供高精度位置、速度和时间信息的星基无线电导航系统,但它受美国军方控制,数据更新频率较低,且在大机动飞行和受干扰时无法实现定位。

GPS和DNS的组合使用,可提高整个组合系统的定位精度和工作的可靠性。通常有两种组合方案,第一种方案是位置修正,利用GPS给出的位置信息,实时地对DNS进行校准,并把校准信息作为DNS积分的起始点。第二种方案是卡尔曼滤波器组合,卡尔曼滤波器组合有两种组合办法,一种是用GPS和DNS输出的位置和速度信息或两者的差值作为测量值,经卡尔曼滤波器,估算DNS最佳的导航参数或导航参数误差,再对DNS进行开环或闭环校正;一种是用伪距、伪距变化率组合,与前一种卡尔曼滤波器的组合不同的是,测量值是伪距和伪距变化率,不是位置和速度。

3. 惯性/多普勒组合导航系统

(1)概述

DNS导航定位必依赖惯导提供定位时所需的垂直基准和航向信息。惯导与DNS都是自主式导航系统,工作时都不需要任何外部设备的支持。惯性/多普勒组合导航系统比较适用于军事应用场景。

(2)组合方式与实现

惯性/多普勒组合导航系统由惯导、多普勒导航雷达和导航计算机组成,采取卡尔曼滤波方案来实现。设计结构有两种:一种是最优线性滤波结构,一种是次优线性滤波结构。第一种结构在进行实时滤波计算时,对计算机的速度和容量要求很高,为了减轻计算机的工作负担,可对卡尔曼滤波结构进行简化,以减少存储容量和计算量。而经过简化的滤波器的滤波性能比原来的最优滤波器差些,故称之为次优滤波器。实践证明,在计算机速度和容量受制约的情况下,次优卡尔曼滤波器在组合导航系统中具有更大的实际应用价值。

惯性/多普勒组合导航系统的实现需要经过建立数学模型和设计卡尔曼滤波器两步。建立数学模型要列写出卡尔曼滤波的状态方程,需要先确定状态方程状态变量。所选的状态包括东向和北向速度、东向和北向平台误差角、方位误差角、纬度误差、经度误差、陀螺漂移、加速度计零偏、多普勒测地速时的速度偏移误差、刻度系数误差以及偏流角误差。观测方程测量值为惯导计算出的速度值与多普勒导航雷达测得的速度值之差,这样选择测量值的优点是所建立的测量方程是线性的。然后进行卡尔曼滤波器的设计。将建模后得到的状态方程和测量方程离散化后,就可得到卡尔曼滤波方程。

4. 多传感器组合导航系统

GPS是受美国军方控制的系统,出于导航对抗的需要,它不仅采取所谓的选择可用性措施(SA),故意降低C/A码的导航精度,而且将P码变Y码发射,使不知密码的用户不能使用P/Y码,GPS导航资源可能随时不再提供。因此,世界各国都在寻求多种技术途径来减少使用GPS的风险。多传感器组合导航系统的出现,将会摆脱过分依赖GPS的弊端。多于两个传感器的组合系统叫作多传感器组合导航系统,如GPS/GLONASS/INS、GPS/JTIDS/INS等。多传感器组合导航系统的状态变量和观测量的总数较多,滤波器状态和观测量的双重增加,使计算量大大增加;容错能力差,任意一个传感器的错误都会被传播到全部导航状态和传感器偏差估计中。为降低在滤波器中过大的计算量,可采用两级级联的滤波结构,但在某些应用场景会出现精度和稳定性变差的情况。

习　题

1. 惯性导航系统的基本原理是什么?惯性导航系统如何分类?
2. 惯性导航系统的优、缺点有哪些?
3. 常见的卫星导航系统有哪些?

4. 常见的室内导航系统有哪些？
5. GPS 的组成和导航原理是什么？
6. 卫星导航系统向无人机提供哪些信息？
7. GPS 在民用领域有哪些应用？
8. 什么是组合导航系统？组合导航系统的特点是什么？
9. GPS/惯性组合导航系统有哪几种组合方式？

实践任务

请完成任务活页单元 6 模块 1 中的任务。

模块 2　无人机测控系统

模块描述

在视距范围内，操作人员能用遥控器直接操控无人机按作业航线飞行。但是，对于视线外的区域，单独用遥控器直接遥控无人机很难完成安全飞行，因此，需要无人机指挥系统来完成，也就是要在地面设置地面站对无人机进行远程操控，需要事先规划和设定无人机飞行任务和航迹。在飞行过程中，地面操作人员还需要时刻了解无人机飞行状况，随时操控无人机。

本模块以企业的地面站软件为例，在软件上完成无人机飞行任务和航线规划，为实际的视距外飞行训练打下基础。

学习目标

1. 知道无人机测控系统。
2. 知道无人机飞行任务规划与航迹规划。
3. 会使用地面站软件。
4. 培养学生严谨、认真的工作态度以及职业素养。

2.1　测控系统认识

2.1.1　概述

无人机的测控系统包括地面站指挥系统和无线电遥控系统。虽然没有驾驶员在无人机上操作，但需要地面操作人员进行远程操控。无人机的飞行需要事先规划和设定无人机的飞行任务和航迹。在无人机飞行过程中，地面操作人员要随时了解无人机的飞行情况，并根据实际需要来操控无人机，调整无人机的姿态和航迹，及时处理飞行中遇到的特殊状况，以保证飞行安全和飞行任务的顺利完成。此外，地面操作人员还要通过数据传输链路操控机上任务载荷的工作状态。地面操作人员要完成这些指挥控制与操作功能，除了需要数据传输链路传输数据和指令外，还需要为任务规划与指挥控制相应功能提供支持的设备或系统，即无人机的任务规划与指挥控制站，简称地面站（Ground Control Station，GCS）。

地面站的设备有很多，如手持遥控器、手机、平板遥控、手环、语音控制器等，有的包含多个席位、配套齐全的设备。规模较大的军用无人机测控系统需要有由多人独立操控无人机系统的地面站。实现由单个机组成员从一个地面站操控多架无人机是未来无人机操控的终极目标之一。地面站的主要功能是进行无人机的任务规划、指挥控制与显示记录等。任务规划包括飞行航迹的规划与实时重规划，以及任务载荷的工作规划与重规划；指挥控制包括起飞、降落控制，无人机操控，任务载荷操控和数据链路控制；显示记录包括飞行状态参数、航迹、载荷状态的显示与记录，以及情报的处理与分发。

2.1.2　测控系统的组成

测控系统由地面设备和机载设备两部分组成。地面设备由测控链路和通信设备组成，其中，测控链路设备包括测控天线（定向）、天线座及伺服、双工器、高频头、跟踪接收机、遥测接收机、测控终端、遥控发射和及功放、航迹处理、显示及记录、图像（工业摄像机）显示等；机载设备包括遥测发射天线、遥控接收天线、测控终端遥控发射机、电源变换器等。

无人机数据传输链路是无人机测控系统的重要组成部分。在无人机测控系统中，除了有线的数据传递，还有无线的数据传递。随着机载任务设备的不断完善和增加，地面终端与机载平台之间的数据交互量也在逐步提高，所以一条可靠、稳定的数据传输链路是非常重要的。

根据《中华人民共和国无线电频率划分规定》及我国频谱使用情况，划出以下三种频段用于无人驾驶航空器系统：840.5～845 MHz，该频段可用于无人驾驶航空器系统的上行遥控链路，其中，841～845 MHz也可采用时分方式用于无人驾驶航空器系统的上行遥控和下行遥测链路；1 430～1 444 MHz，该频段可用于无人驾驶航空器系统下行遥测与信息传输链路；2 408～2 440 MHz，该频段可用于无人驾驶航空器系统上行遥控、下行遥测与数据传输链路的备份频段。频段的信道配置，无线电设备发射功率、发射限值和接收机的邻道选择性应符合相关要求。

在无线电设备中，用来发射和接收无线电波的装置称为天线。天线为发射机或接收机与传播无线电波的媒质之间提供所需要的耦合，是无线电设备的一个重要组成部分。天线发射和接收无线电波，必须经过能量转换过程，也就是说，天线不仅仅是发射和接收无线电波的装置，也是一个能量转换器。

无人机测控系统中所用的天线类型，根据天线电磁波发射特点大致可分为全向天线和定向天线。全向天线是能向360°范围发射较强电磁波的天线，其中，最常用的是鞭状天线；定向天线可集中向某一个方向进行电磁波的发射和接收，常见的有八目天线和抛物面天线两种。

无人机通信设备的主要功能是建立一个空、地双向数据传输通道，是连接无人机与地面设备和操作人员的信息桥梁。其基本功能是传输地面遥控指令，接收无人机的飞行状态信息以及传感器的数据。数据传输链路一般有两条：上行遥控链路主要包括地面站向无人机的飞控下达飞行指令、向导航系统下达航迹指令、向任务设备下达操作指令等，这些指令经过压缩加密后发给无人机；下行遥测链路主要包括无人机向地面站传输实时飞行数据，任务设备拍摄的图片、视频等，也要经过压缩加密后传给地面控制中心。数据传输链路的传输装置称为数传电台，数传电台有两个，一个用来连接地面站，一个安装在无人机上连接飞控。还有传输图的图传电台，一般只有一条下行遥测链路，在无人机上安装发射端，地面站安装接收端即可。

2.1.3　测控系统的基本工作原理

为了使任务顺利完成，无人机都具有特殊设定的信号传输规则。测控链路一般为上行遥控信号扩频传输、下行遥测信号调频传输，综合利用上行遥控和下行遥测信息进行测距，直接接收下行宽带信号。基本工作原理主要是遥控和遥测两部分。遥控工作原理是根据特定的传输规则，遥控指令脉冲编码、开关指令分时发送、比例指令实时发送；测控终端接收遥控器发出的控制指令，按传输规则进行编码，形成串行数据流，指令复合序列加密，由发射机经发射天线向机载设备上传。遥测工作原理是根据信号传输规则，系统通过下行通道，向地面站实时传输获得的遥测信号。

2.2 任务规划与航迹规划

2.2.1 任务规划

任务规划是指在地面对无人机完成指定任务所要经历的航线、目标区域、任务内容等方面进行设定与统筹管理，通常包括设定无人机起飞位置、确定任务目标、选择飞行航迹、制订任务载荷的工作规划、配置任务载荷以及实时的任务重规划。其中，任务重规划是指在飞行或完成任务过程中，无人机根据实际环境、态势或任务的变化，有针对性地改变预先设定好的航线或任务属性的过程。任务规划是在确保无人机安全的前提下，为无人机规划出一条最优的飞行航线并控制无人机完成任务。早期的无人机任务规划是基于程序控制的计算机辅助规划，也称手动规划。自动任务规划是无人机任务规划的高级形式及发展趋势。负责完成无人机任务规划的地面设备称为无人机任务规划控制站（MPCS）。

在复杂的任务环境下，单架无人机完成任务的效能是有限的，因此，多机协同完成任务规划将成为任务规划的一个新的发展方向。

2.2.2 航迹规划

航迹规划是无人机任务规划系统的重要组成部分。其具体内容是指依据地形信息和目标信息，综合考虑无人机性能、到达时间、油耗、威胁及飞行区域等约束条件，为无人机规划出一条或多条从起始点到目标点的最优航线，保证无人机圆满完成飞行任务并安全返回。

航迹规划包括飞行前航迹规划和航迹实时重规划两个方面。飞行前航迹规划是指在无人机起飞前，考虑所有已知的条件，借助计算机辅助手段寻找一条最优航迹作为预定航迹；航迹实时重规划是指在无人机飞行过程中，机上的传感器或通信链路感知到一些突发的威胁或环境变化时，重规划系统进行更改预定航迹的过程，也称在线航迹规划。一个完整的航迹规划系统通常由以下几个部分组成，地形数据处理模块、环境信息处理模块、路径生成模块以及路径优化处理模块。其中，路径生成模块通过一定的规划算法，生成从起点到终点的一系列航迹。在航迹规划过程中，对地形、环境的处理是进行规划的前提，它直接决定规划路径的质量，在规划前需要对航拍等方式获取的地形信息进行处理，并通过这些数据构造数字地图，以确定其方差、均值、粗糙度、相关程度等。在无人机进行地形跟随飞行时，针对孤立的山峰和障碍物，考虑无人机纵向机动性的限制，对这类地形进行平滑处理；针对环境，分析出环境的性质，评估飞行危险等级。为了更有效地完成某些任务，需要多架无人机相互配合，这就涉及多机协同航迹规划技术。

2.3 地面站认知

无人机地面站，也称指挥控制站或任务规划与控制站，主要功能是指挥控制与任务规划，是无人机测控系统的监测、控制核心。地面站包含数据处理、图像处理、无线传输、任务规划和远程控制等技术，它是实时采集数据并分析、发出控制指令、显示飞行状态等综合一体的监控系统。

2.3.1 地面站组成与功能

1. 地面站的组成

地面站主要由地面遥控设备、计算机软硬件平台、地面站软件系统和通信链路硬件组成。目前，地面站软件系统支持的计算机硬件、软件平台多式多样，其中，硬件平台包括台式机、笔记本电脑、平板电脑、手机，与多样的硬件平台对应的有电脑端软件系统及平板、手机端软件；软件平台包括 Windows、

Android、Linux、iOS 等。通信链路硬件可以是以下几种：数传电台，指借助 DSP 技术和软件无线电技术实现的高性能专业数据传输电台；无线图传，无线图像传输系统包括图像机载发射端和图像地面接收端；Wi-Fi 通信模块，类似数值电台，常见于消费级旋翼无人机，或地面电台转发 Wi-Fi 信号，传给平板或手机等小型地面站系统；北斗通信模块，利用北斗卫星短报文通信功能，可实现超远距离无人机的监控，北斗通信能将短信和导航结合。

2. 地面站的功能

地面站的工作方式是，软件平台主要将数传电台所接收的无人机上传输来的信号近行处理，转换成虚拟仪表以及电子地图识别的信息，使地面操作人员对无人机的飞行状态以及飞行航迹等一系列飞行信息有一个直观的监测，同时，地面操作人员对无人机飞行状态以及飞行航迹的操作和规划信息，可以通过地面站传输到数传电台进而发射给无人机。

地面站功能主要包括以下几个方面。

① 飞行状态的监测与控制。地面站能够显示无人机测控系统所传回的机载传感器数据，包括姿态数据、位置信息及各操纵通道状态、控制参数及动力设备状态等，便于地面操作人员对无人机飞行状态进行观察。地面操作人员通过地面站能够对无人机进行操控、对飞行控制参数进行修改。无人机地面站能够对无人机的位置以及状态信息进行实时显示，同时控制、规划无人机的飞行航迹，它在无人机的安全飞行、有效完成任务以及跟踪和导航中起着重要作用。

② 地图导航与任务规划。无人机执行的任务大多是在超视距条件下进行的，手动操控和按照任务指令自主飞行，都需要准确、直观地了解无人机当前的地理位置，用于判断其飞行轨迹是否正确。任务规划需要对任务区域地图进行研究，对相应的飞行航线进行标定，设置准确的航点。信息是实现无人机任务规划的前提条件，在地图导航的基础之上，地面站还具有航点编辑功能。

③ 飞行数据的记录与回放。地面站能够监控无人机系统，实时记录飞行过程中各个状态数据，并可进行回放、分析。对飞行数据的分析可以为飞行控制系统调整、飞行过程及状态提供依据和参考信息。

④ 模拟飞行。地面软件系统带有模拟飞行功能，一方面可以用于任务的模拟执行；另一方面可以进行飞行及地面监控的训练。

2.3.2　地面站软件

1. 概述

国外比较出名的地面站软件有：美国无人机飞行系统公司研发的 Ground Pilot、加拿大 Micro Pilot 公司研发的 Horizon，还有一些优秀的开源地面站系统，如美国的 OpenPilot 地面站、法国的 Paparazzi 地面站等。其中，被研究频率最高的是 AMP 官方提供的 Mission Planner(MP) 地面站软件以及 MAV-Link 官方网站提供的 QGroundControl 地面站监控软件。

中国对地面站软件的研究虽起步较晚，但也取得了比较显著的成果，例如，北京麦克普特无人飞行器控制系统有限公司研发的 AP-50、北航某团队研发的 GCS300 地面站、成都纵横自动化技术股份有限公司研发的 APCommander 地面站、优鹰智能科技（深圳）有限公司研发的 Hawk100SW 地面站等。

2. Mission Planner 地面站软件

Mission Planner 地面站软件是开源的，主要适配于 APM 飞控。它具有多种功能，全方位涵盖了调试、飞行、模拟等各种功能，能够为 APM、PIXHAWK 飞控升级最新版本固件；能够对飞控进行参数调整、配置，从而达到性能的最优化；能够在各种地图上以点击操作的方式来规划飞行路径，同时将对应航线生成的飞行任务上传至飞控；能够对飞控上记录的飞行日志信息进行下载和分析；能够以与 PC 上安装的飞行模拟器软件进行交互的方式，来实现半实物仿真功能；在拥有合适的数传电台的情况下，可以在操作无人机的时候同时监测它的状态，通过无线数据传输可以记录下比板载日志功能更多的信息，查看和分析数传日志以及在FPV(第一人称视角)模式下操纵无人机。

(1)电脑端主界面

如图6-9所示，主界面包含软件版本、主要功能选项区域、当前连接的COM口、飞行状态区域、功能菜单栏、快速显示窗口和地图显示区域。

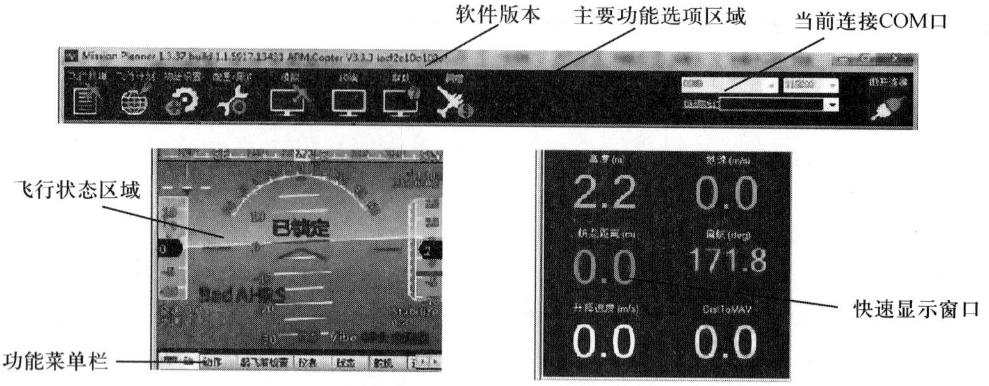

图6-9　电脑端主界面

其中，主要功能选项区域，可进行飞行控制、飞行计划、初始设置、配置调试和模拟飞行等界面的选择。当前连接的COM口右侧是波特率，下方是连接确认按钮等，用来进行飞控与地面站的连接。飞行状态区域显示无人机在飞行中的姿态、速度、GPS和传感器状态等信息，在飞行中可以依据该区域的数据来判断无人机当前的姿态和运行状况。功能菜单栏可以进行自定义设置页面要显示的内容，用户可在功能菜单栏右键单击，勾选“Customize”，将会弹出显示选项窗口，可以选择显示或删除显示窗口。在快速显示窗口中，可以看到界面中主要显示了高度、地速、航点距离、偏航、升降速度和DistToMav(无人机离起始点的距离)6个参数信息。地图显示区域可以显示无人机的当前指向、到达当前航点方向、目标指向和GPS追踪指向，这些信息会在无人机飞行时，实时显示在无人机的位置上，方便用户观察无人机飞行时运动轨迹和预判是否运行正常。除指向信息外，此区域还显示GPS信息，在窗口下方可以进行经纬度信息的模式切换。右键单击地图显示区域，出现飞行至此、飞行至此高度、设置起始点等选择功能。

(2)飞行计划界面

如图6-10所示，飞行计划界面包括航线规划区、航点命令区和航线功能区。

图6-10　飞行计划界面

航线规划区，位于飞行计划界面的中心位置，其范围可以调整。在航线规划区内单击鼠标左键，便会生成航点，多个航点组合起来的连线便是航线。在航线规划区内单击右键，将出现功能选项，可以选择插入航点、设定多边形航线、清除任务等功能。在航线规划区的左上方显示航线距离、与上一点的距离和角度以及与起始点的距离。

航点命令区,在航线规划区域下方。在航点命令区可以为每一个航点设置动作命令、高度等。航点命令区上部能进行航线的航点半径、指旋半径(多旋翼无此项)和默认航线高度设置。菜单栏分别是航点序号、航点命令、命令值、经纬度、航点高度、删除航点、移动航点、坡度、角度、距离和方位。通过设置这些参数,规划每个航点,以保证无人机飞行安全和稳定。

航线功能区,航线规划区域右方是航线功能区。此界面上部可以调整地图坐标信息的显示格式和地图的显示样式;中部是航点文件加载区,可以添加提前画好的航点数据,也可以保存目前的航点文件;下部主要进行航点的重新读取,并把航点写到飞控,在起始位置处可以通过直接填写经纬度设置起始点。

(3)初始状态设置及配置/调试区域

单击初始设置选项,进入无人机的初始设置界面,航线功能区。左边为功能选项区,包括可以安装固件的选择、必要的硬件设置、可选的硬件设置以及遥测数据设置;右侧为功能显示区,会根据不同的功能选项,显示不同的功能内容。

配置/调试区域主要工作是对飞控参数进行调试。此区域可对飞行模式、地理围栏、基本调参、扩展调参、标准参数、高级参数以及全部参数进行设置。

2.3.3 航线规划的作图方法

1. 地面站软件基本功能

选择熟悉的地面站软件,进行航线规划作图(本章节以天途航空云控系统为例进行介绍)。在地址栏中输入地面站网址(http://cloud.ttaviation.com/),进入地面站登录界面注册账号,如图 6-11 所示。

图 6-11 地面站登录界面

进入主界面,在主界面的下面,有一行图标,为快捷键,如图 6-12 所示。

图 6-12 地面站主界面

在左侧竖列图标中选择 PFD 图标,可以查看当前速度、滚转角度等,无人机状态栏会显示无人机俯仰角度、当前高度、飞行数据等信息,方便监控无人机当前的飞行状态。PFD 功能指示图,如图 6-13 所示。

地面站主界面左侧图标除了 PFD 图标,还有无人机列表、坐标、经纬度换算工具、测量工具、航点编

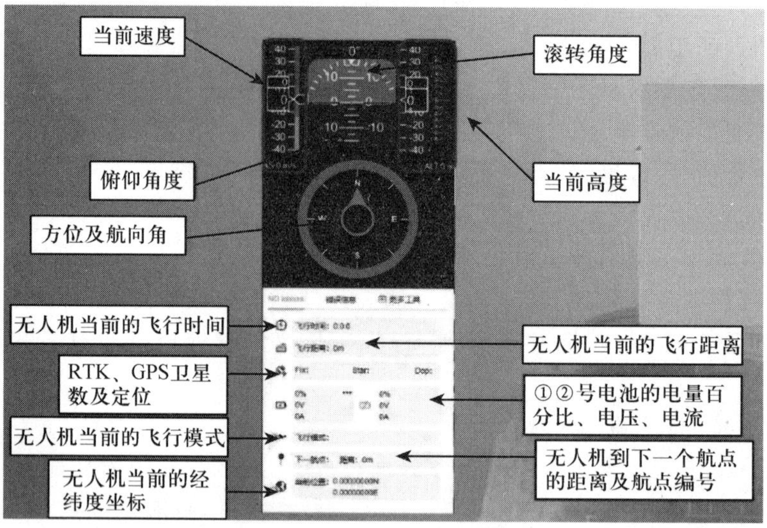

图 6-13　PFD 功能指示图

辑、航线编辑、航线模板图标。在作图和航线规划中可以根据需要选择。

2. 地面站软件作图方法和步骤

地面站软件作图方法常用的有以下 4 种。

(1)拖拽法

例如,规划三角形航线(图 6-14),点 1 到点 2 和点 1 到点 3 距离 30 m,点 0 在点 1 的 270°方向 20 m 处。高度为 25 m,飞行速度为 2 m/s,停留时间为 2 s。

①根据图 6-14,选择主界面左侧航点编辑图标,按点序添加航点,大致构筑出图形,如图 6-15 所示。

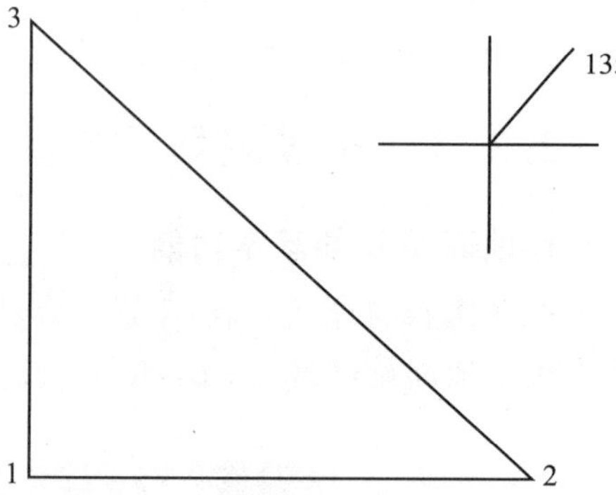

图 6-14　三角形航线

②保持点 1 不动,拖动点 2 到相对于点 1 的 90°方向 30 m 处。

③拖动点 4 与点 1 重合。

④拖动点 3,使点 4 与点 3 相对距离为 30 m,相对角度为 180°。

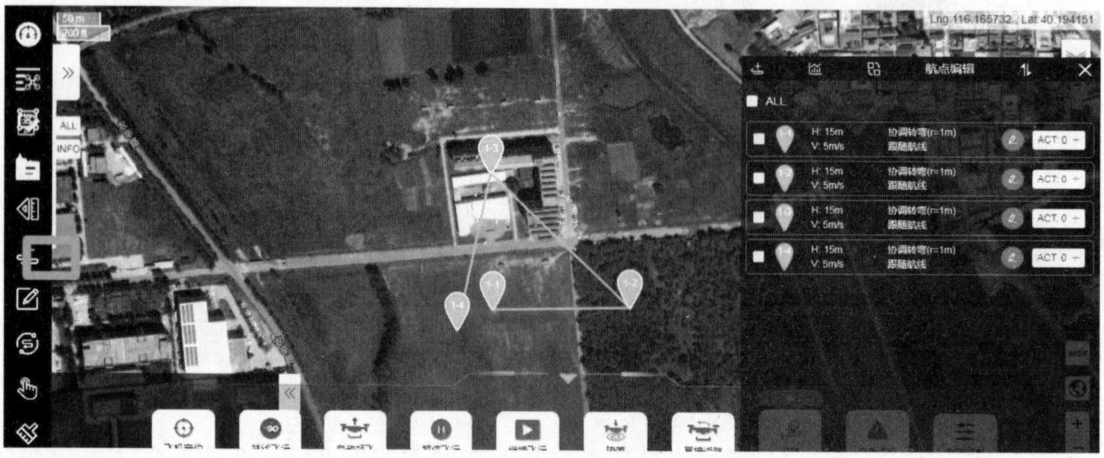

图 6-15　三角形航线图形

⑤经十字坐标,可得 Y 轴正方向为 90°(X 轴正方向为 180°),故拖动图形旋转,将点 1→点 3 指向 90°或将点 1→点 2 指向 90°或 180°,如图 6-16 所示。

⑥根据已知条件，点 0 在点 1 的 270°方向，点 1 在点 0 的 90°方向，距离 20 m 处，使用测量工具以归航点为起点测量，90°方向 20 m 处为终点。拖动图形将点 1 与测量表尺终点重合，即完成图形。

⑦修改航点信息。

(2)测量工具法

选择主界面左侧测量图标，用测量工具做辅助线，可以根据测量工具得出航线的长度和角度，然后画出航线，如图 6-17 所示。

(3)相对坐标法

如果规划一个边长为 30 m 的正六边形航线，采用相对坐标法作图的步骤如下。

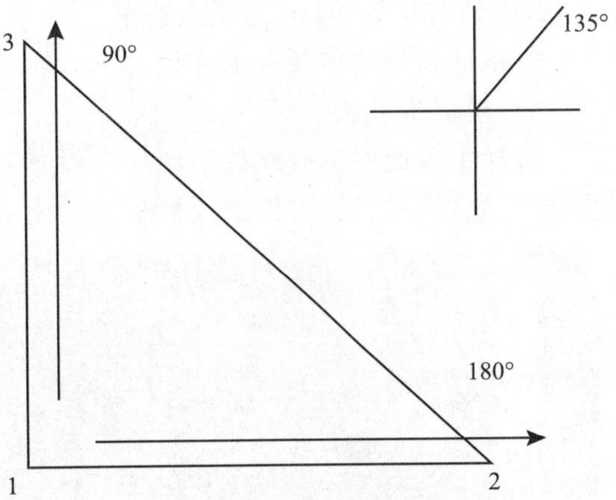

图 6-16 三角形航线设定

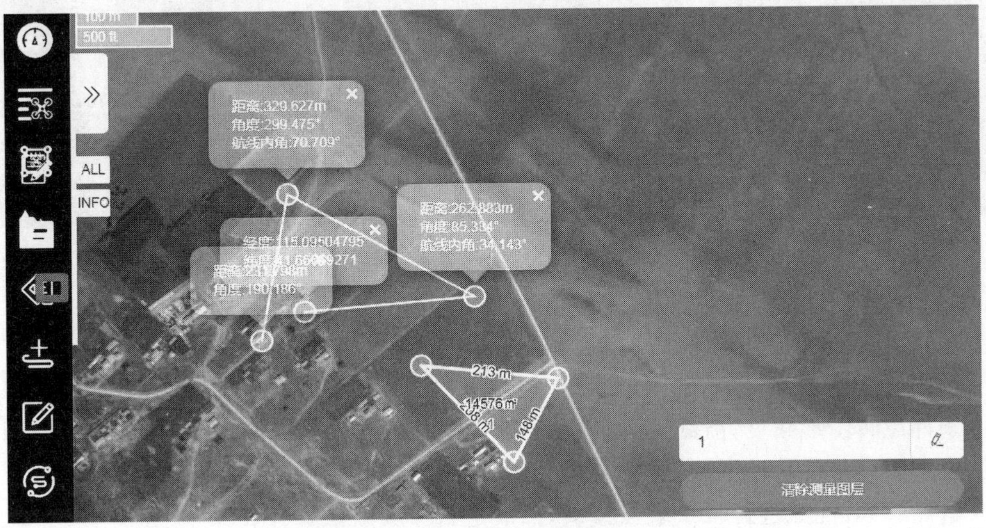

图 6-17 测量工具法规划航线

①根据要求，先规划一个六边形，按顺时针方向添加，如图 6-18 所示。

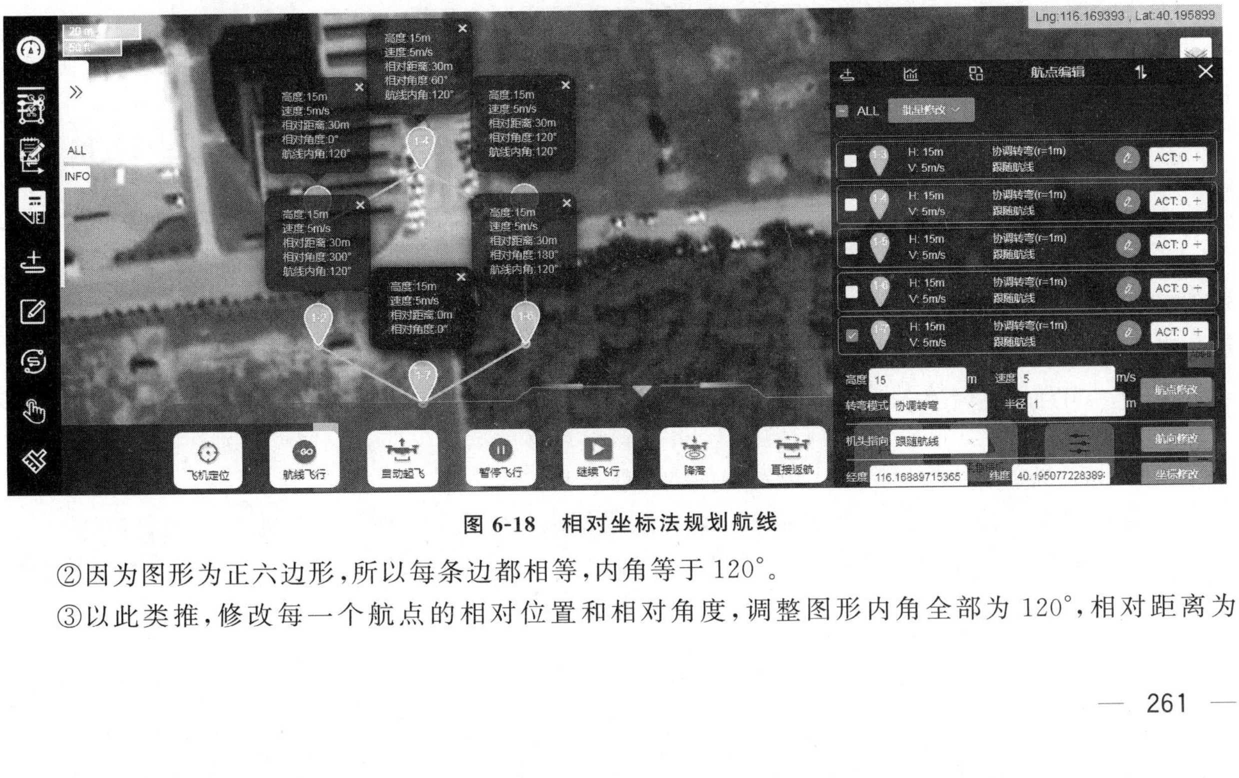

图 6-18 相对坐标法规划航线

②因为图形为正六边形，所以每条边都相等，内角等于 120°。

③以此类推，修改每一个航点的相对位置和相对角度，调整图形内角全部为 120°，相对距离为

30 m,得到边长为 30 m 的正六边形。

④根据条件调整航线的方位,并修改参数。

(4)模板生成法

选择主界面左侧航线模板图标。设置好长度、宽度、间隔距离、旋转角度、是否闭合。然后扫描该区域,导入航点编辑器,得出航线模板自动生成图形,如图 6-19 所示。

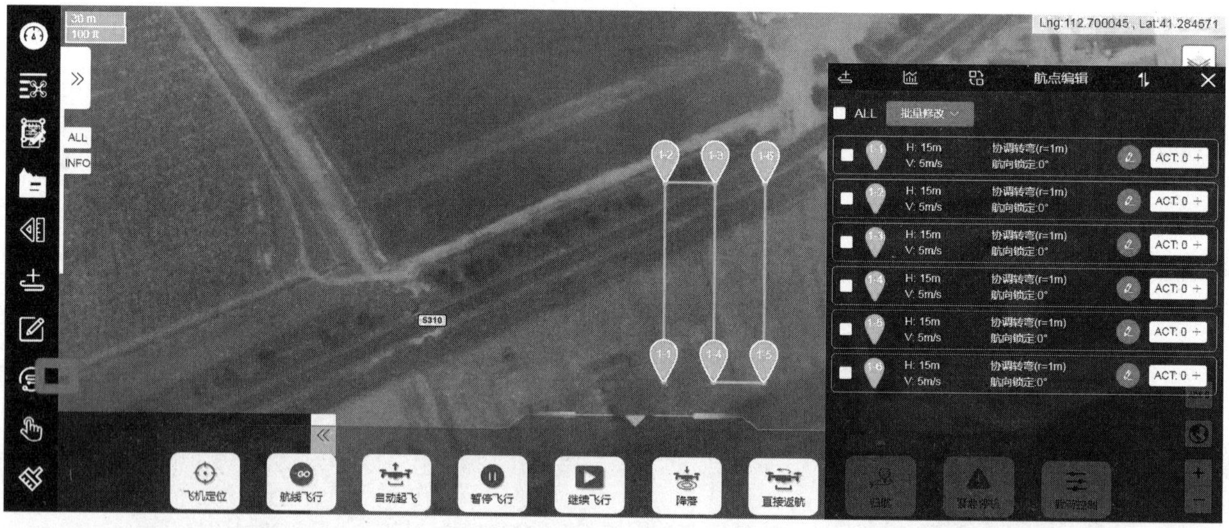

图 6-19　模板生成法规划航线

地面站软件作图步骤通常有 6 步:

① 审清题目,所有数据记录准确,确保理解所有条件,确定难点和画图思路;

② 灵活运用画图方法,画出基础图形,可用相对坐标编辑确保图形精度,切勿浪费时间;

③ 根据条件旋转图形角度,航线方向需在审题时提前确定;

④ 根据位置限制条件移动图形,注意基础题库的默认位置,图形和起降点的位置关系;

⑤ 修改航点参数,优先进行批量航点修改,然后进行单独航点修改;

⑥ 检查所画图形是否满足所有的条件和图形上的位置,检查无误后,保存至服务器。

地面站软件作图注意事项:

① 航点参数显示可以通过点击【添加完成】按钮全部显示或隐藏;

② 在进行测量和航点绘制,无法直接将点放置于其他点上时,可以在空白位置放置后,再按住左键拖动至目标位置;

③ 当出现显示异常的情况时,要保存航线并加载出来;在航线完成绘制后,需要及时保存航线,因为长时间的等待会导致地面站软件自动退出。

④ 当操作错误时,请利用好【撤销】【重做】功能,避免全部删除重画,浪费时间。

⑤ 在增加航点时,判断所需添加的位置,可利用【添加航点】添加,并将该航点移动至指定位置;在利用【插入航点】添加时,需选中指定航点再进行,如在点 1 和点 2 中间增加一个点,需要选中点 2,增加后的点为点 2,原来的点 2 变为点 3。

⑥ 常见增加航点的情况,如保留起降位置至点 1 的航线(说法可能不同),可在图形旋转角度并移动好位置后任意添加一个航点拖至归航点上,并将该航点移动至点 1 前方。需要特别注意的是,按照步骤完成画图后,新的航线顺序不适用原题中的指定航点和航线。

⑦ 航点顺序、扫描航线开口方向需根据具体要求依次完成航点添加逆时针航线、顺时针航线。

⑧ 在航线模板中,偶数航带扫描,逆序航点不能改变开始与结束的开口方向,奇数行带可使用旋转航线和逆序功能改变开口方向。

习　题

1. 测控系统由哪些部分组成？
2. 测控系统的基本工作原理是什么？
3. 什么是任务规划？
4. 什么是航迹规划？
5. 地面站的功能有哪些？
6. 航线规划的作图方法有哪些？
7. 地面站软件作图有哪几步骤？

实践任务

请完成任务活页单元 6 模块 2 中的任务。

【单元小结】

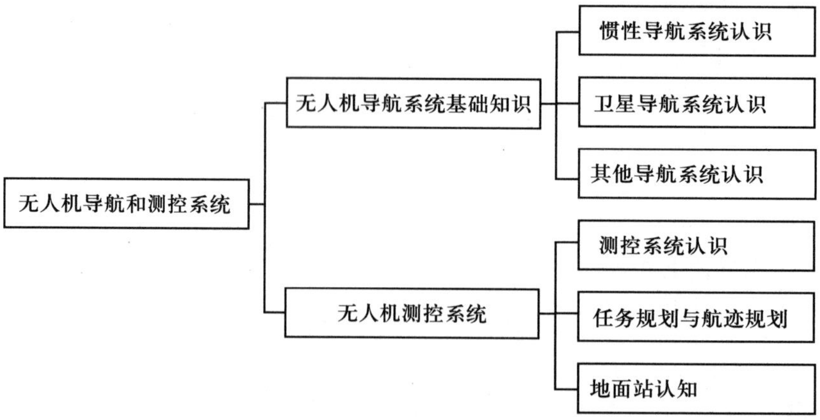

【思政案例】

航天追梦人

2020年12月17日凌晨，一颗明亮的“流星”划过夜空，这是刚刚从38万公里外的月球带回月球样品的嫦娥五号返回器。1时59分，嫦娥五号带着1 731克月球样品顺利返回地球，中国人终于实现了千百年来“上九天揽月”的梦想。

至此，中国探月工程实现“六战六捷”，“绕、落、回”三步走规划圆满收官。

2021年5月15日，天问一号探测器成功着陆在火星乌托邦平原南部，实现了我国首次地外行星着陆，留下了中国人在火星上的第一条印记。

2021年，神舟十二号和神舟十三号乘组，已完成太空出舱等多项任务，并在中国人自己的空间站进行了首次太空授课。

30年来，从一人一天到多人多天，从舱内实验到太空行走，从短期停留到中期驻留，中国人正一步一个脚印地走进属于自己的太空家园——空间站。伴随着一次又一次起飞，中国人在太空中走得越来越远，而我们的梦想却越来越近。

随着北斗三号最后一颗卫星升空，我国终于建成了独立自主、开放兼容的全球卫星导航系统。近30年，几代北斗人坚守建设中国人自己卫星导航系统的初心使命，建成中国的北斗，世界的北斗，一流的北斗。奔向新时代，北斗人将踔厉奋发、笃行不怠，继续为构建人类命运共同体贡献北斗力量。

嫦娥探月、天问问天、神舟逐梦、北斗环宇，几十年来，中国航天人从未停下对宇宙探索的脚步，探索宇宙，是一代代中国航天人不变的情怀与浪漫！未来，中国航天将会走得更稳、更远！

参考文献

[1] 于明清,司维钊.无人机飞行控制技术[M].西安:西北工业大学出版社,2018.

[2] 倪瑛,李楠.无人机导航定位技术[M].北京:航空工业出版社,2020.

[3] 刘振华.无人机导航定位技术[M].西安:西北工业大学出版社,2018.

[4] 远洋航空教材编写委员会.无人机工作系统实用技术:项目式·含活页[M].北京:机械工业出版社,2021.

[5] LinkTrack 数据手册 V2.2[OL].深圳:深圳空循环科技有限公司,2021.

[6] 严赫.无人机地面站软件的设计实现及其数据库应用[D].长春:吉林大学,2019.

[7] 张琪.无人机仿真技术[M].北京:航空工业出版社,2020.

[8] 徐亮.STM32 单片机开发实例:基于 Proteus 虚拟仿真与 HAL/LL 库[M].北京:电子工业出版社,2021.

[9] 张毅刚.单片机原理及应用:C51 编程+Proteus 仿真[M].北京:高等教育出版社,2016.

[10] 沈红卫.STM32 单片机应用与全案例实践[M].北京:电子工业出版社,2017.

[11] 蒙博宇.STM32 自学笔记[M].北京:北京航空航天大学出版社,2014.

[12] 张淑清.嵌入式单片机 STM32 原理及应用[M].北京:机械工业出版社,2022.

[13] 樊卫华.嵌入式控制系统原理及设计[M].北京:机械工业出版社,2022.

[14] STM32F10xxx 参考手册(中文)V10[OL].上海:意法半导体(中国)投资有限公司,2010.

[15] 冯新宇,范红刚,辛亮.四旋翼无人机飞行器设计[M].北京:清华大学出版社,2017.

[16] 林庆峰,谌利,奚海蛟.多旋翼无人机飞行器嵌入式飞控开发指南[M],北京:清华大学出版社,2017.

[17] 嵇越,李磊.无人机高度信息融合技术研究[D].南京:南京航空航天大学,2014.

[18] 王李伟.基于光流传感器的室内定点悬停四旋翼无人机的研究设计[D].长春:吉林大学,2019.

[19] 马明芳,应世杰.无人机组装调试[M].北京:机械工业出版社,2022.

附录

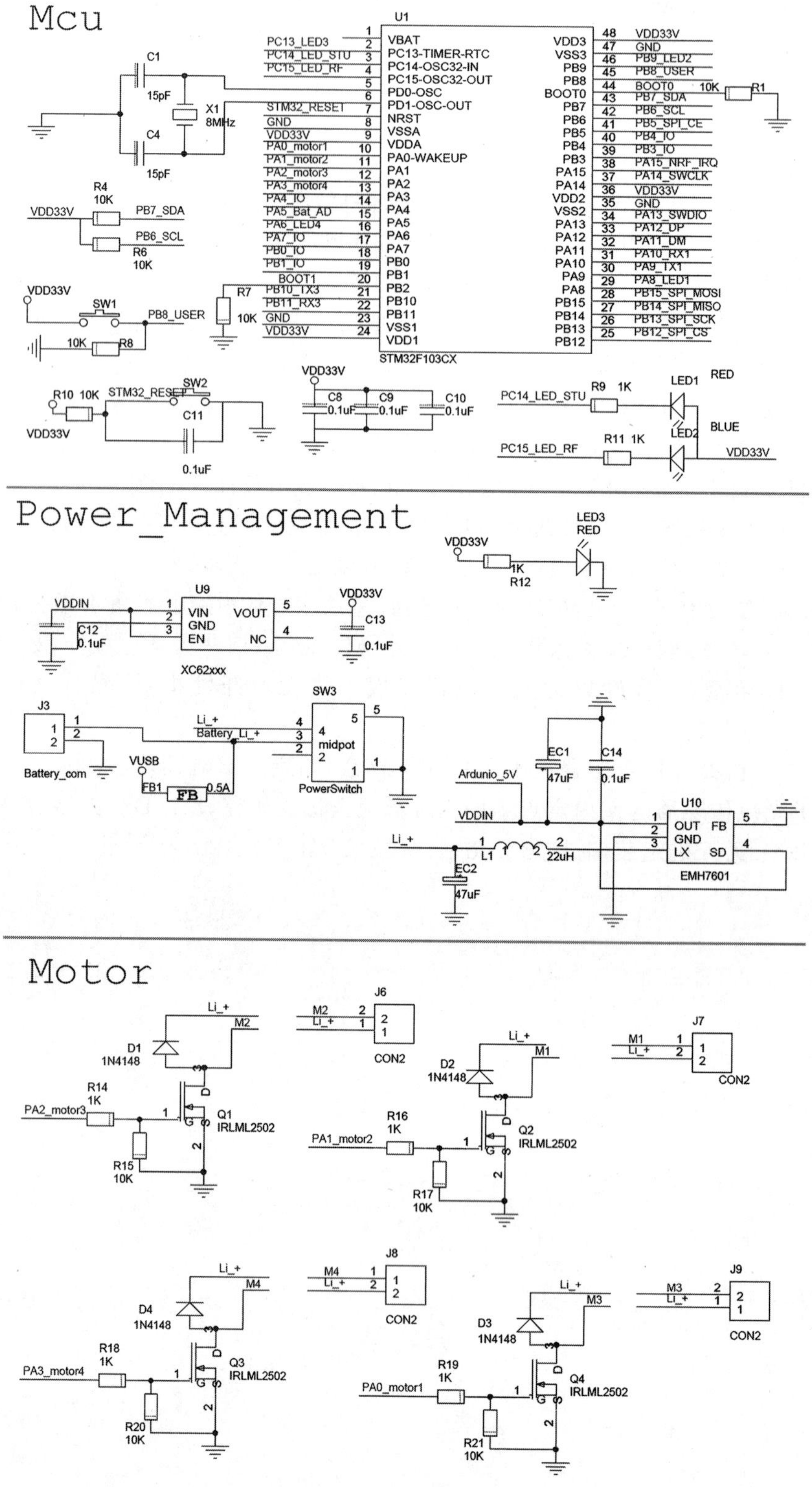

附图 1　飞控模块电路图

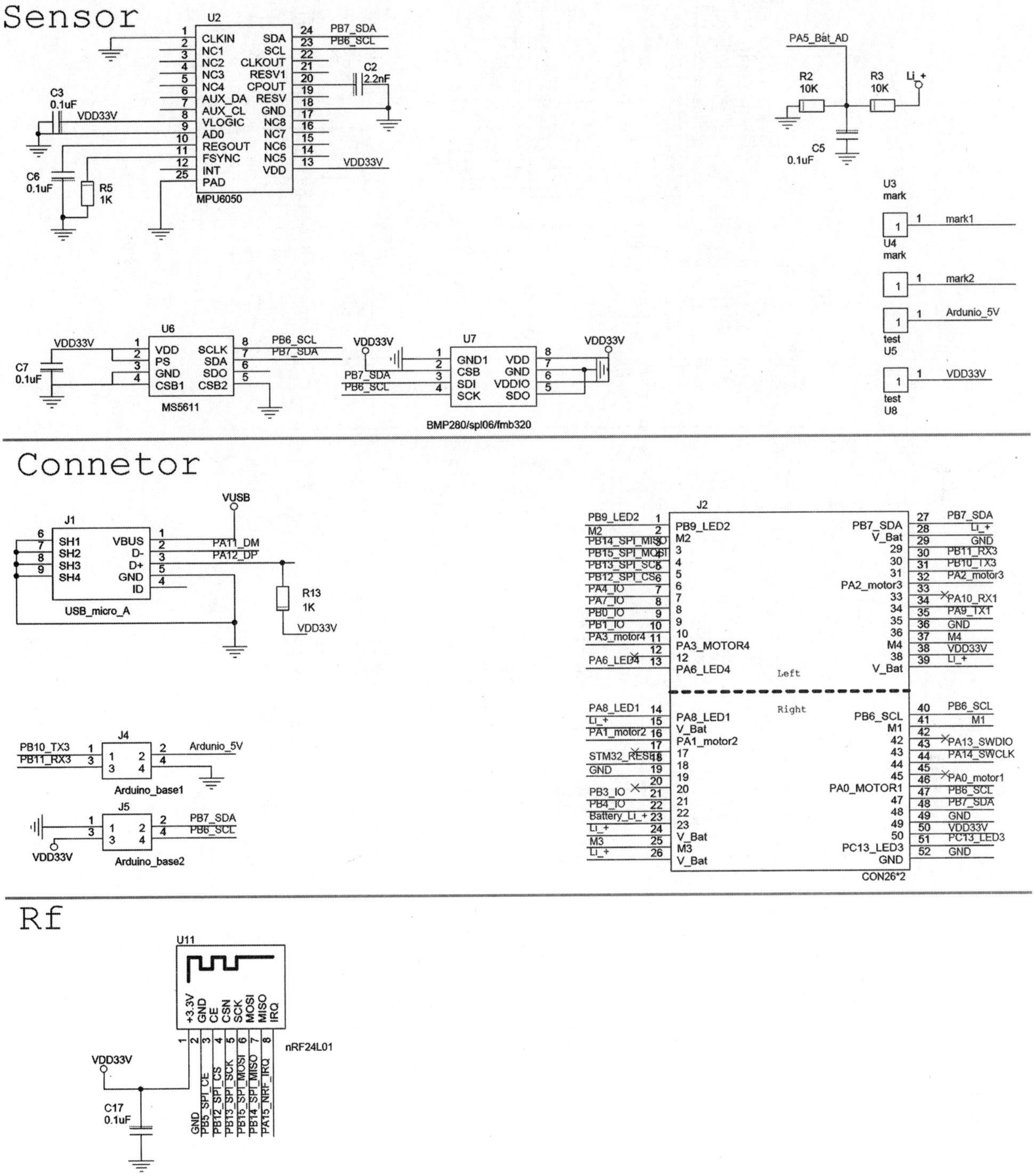
Sensor
U2
MPU6050
CLKIN
NC1
NC2
NC3
NC4
AUX_DA
AUX_CL
VLOGIC
AD0
REGOUT
FSYNC
INT
PAD
SDA
SCL
CLKOUT
RESV1
CPOUT
RESV
GND
NC8
NC7
NC6
NC5
VDD
PB7_SDA
PB6_SCL
C2
2.2nF
C3
0.1uF
VDD33V
C6
0.1uF
R5
1K
PA5_Bat_AD
R2
10K
R3
10K
Li_+
C5
0.1uF
U3
mark
mark1
U4
mark
mark2
Ardunio_5V
test
U5
VDD33V
test
U8
U6
MS5611
VDD
PS
GND
CSB1
SCLK
SDA
SDO
CSB2
C7
0.1uF
U7
BMP280/spl06/fmb320
GND1
CSB
SDI
SCK
VDD
GND
VDDIO
SDO
Connetor
VUSB
J1
USB_micro_A
SH1
SH2
SH3
SH4
VBUS
D-
D+
GND
ID
PA11_DM
PA12_DP
R13
1K
J2
CON26*2
Left
Right
PB9_LED2
M2
PB14_SPI_MISO
PB15_SPI_MOSI
PB13_SPI_SCK
PB12_SPI_CS
PA4_IO
PA7_IO
PB0_IO
PB1_IO
PA3_motor4
PA6_LED4
PA3_MOTOR4
PA8_LED1
V_Bat
PA1_motor2
STM32_RESET
GND
PB3_IO
PB4_IO
Battery_Li_+
M3
PB7_SDA
PA2_motor3
M4
PB6_SCL
M1
PA0_MOTOR1
PC13_LED3
PB11_RX3
PB10_TX3
PA10_RX1
PA9_TX1
PA13_SWDIO
PA14_SWCLK
PA0_motor1
J4
Arduino_base1
PB10_TX3
PB11_RX3
Ardunio_5V
J5
Arduino_base2
PB7_SDA
PB6_SCL
VDD33V
Rf
U11
nRF24L01
+3.3V
GND
CE
CSN
SCK
MOSI
MISO
IRQ
PB5_SPI_CE
PB12_SPI_CS
PB13_SPI_SCK
PB15_SPI_MOSI
PB14_SPI_MISO
PA15_NRF_IRQ
C17
0.1uF

附图 1(续)

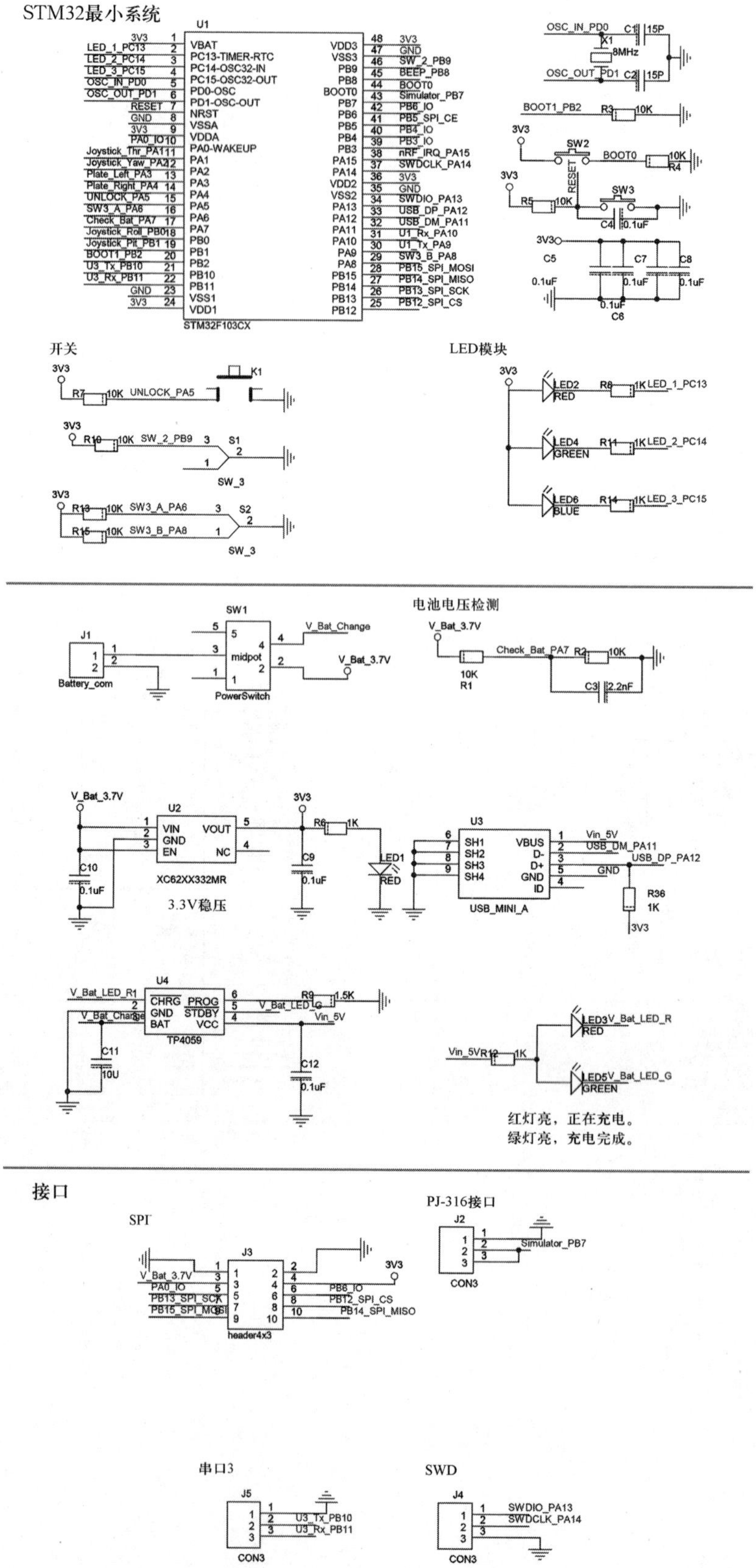

附图 2　遥控器模块电路图

通讯模块-NRF24L01、蓝牙

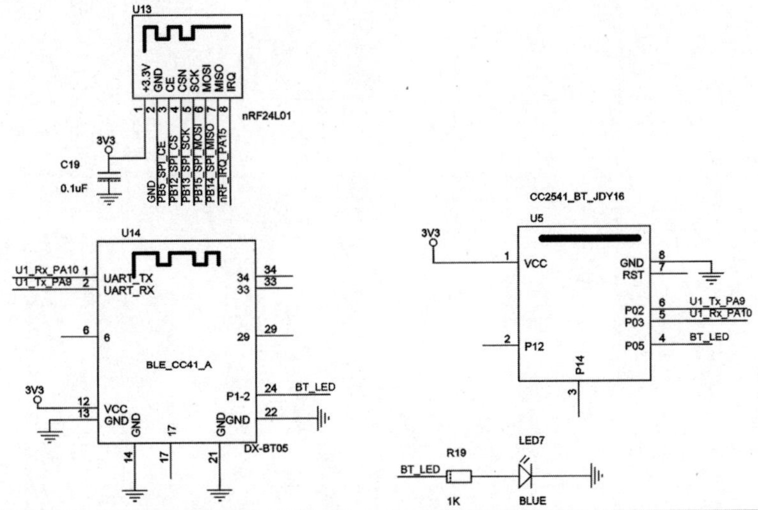

摇杆、按键以及电池容量读取模块

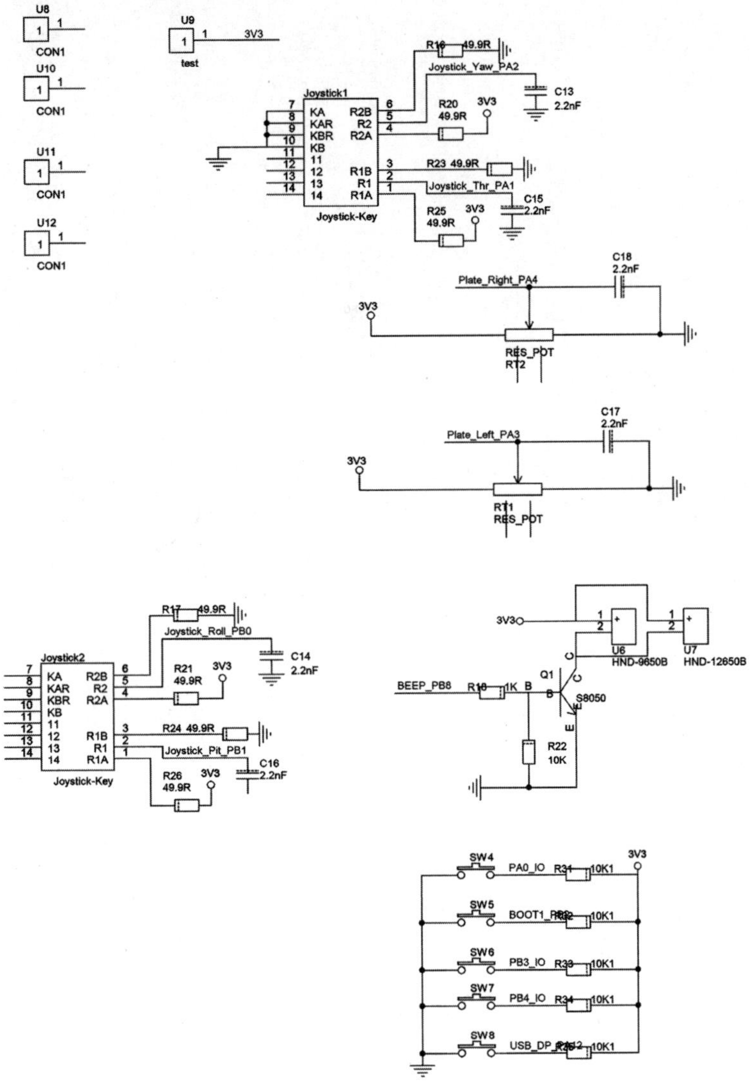

附图 2(续)

无人机飞行控制技术

（任务活页）

学校：____________________

班级：____________________

学号：____________________

姓名：____________________

目录

单元 1 无人机控制基础

单元 2 单片机 STM32 及外设应用

单元 3 无人机遥控器

单元 4　基本飞行控制

单元 5　无人机综合控制

单元 6　无人机导航与测控系统

单元 1　无人机控制基础

模块 1　多旋翼无人机基础知识

任务｜四旋翼无人机的组装

1. 任务目的

知道实验箱的基础使用方法；知道无人机的基础安装方法；知道无人机生产安全知识及相关法律法规；培养专注、认真的工匠精神；提高整理设备和整洁的意识。

2. 实验所需设备

实验所需要的设备和软件见表 1-1。

表 1-1　实验所需设备和软件

序号	设备或软件名称	类型	设备或软件图示
1	创课无人机平台(F150-T401PLUS)	实验箱	
2	STM32CubeMX 开发工具	软件	
3	Keil uVision 5	软件	

3. 实验所需资料

任务活页，以及 Easy 课堂中的视频 1.1.1～1.1.3。

4. 任务分析

(1)各组代表分析、讨论设备中有哪些元器件，并按清单进行清点。

(2)其他组员发表意见。

(3)教师总结、点评讨论结果。

5. 分组情况

请将分组情况填写到表 1-2 中。

表 1-2 学生任务分工表

<table>
<tr><td>班级：</td><td>组名：</td><td>组长：</td></tr>
<tr><td colspan="3">本组成员：</td></tr>
<tr><td colspan="3">分工情况：</td></tr>
</table>

6. 任务步骤

(1)准备好飞控开发实验箱,如图 1-1 所示。

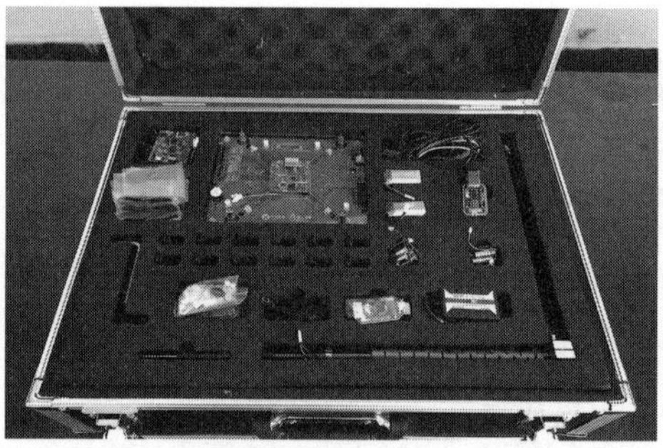

图 1-1 飞控开发实验箱

(2)进入 Easy 课堂,并对比箱内的物料清单,了解箱内的物品名称(参考视频:1.1.1 F150-T401PLUS 实验箱里有什么)。

(3)安装 F150 无人机机架(参考视频:1.1.2 F150 从 0 到 1 组装)。

安装完成的效果图,如图 1-2 所示。

图 1-2 F150 无人机机架

(4)安装 F230 无人机机架(参考视频:1.1.3 F230 从 0 到 1 组装)。

安装完成的效果图,如图 1-3 所示。

图 1-3 F230 无人机机架

注意，桨叶排列顺序如图 1-4 所示，并且建议将电机线缠绕在机臂上，如图 1-3 所示。

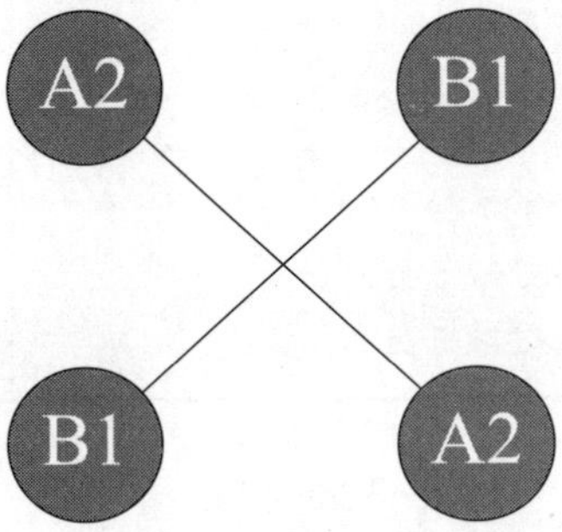

图 1-4 F230 无人机桨叶排列顺序

在飞行前，需要设置机架模式和通信地址（后面会进行讲解）。

7. 记录任务实施过程

填写任务实施过程记录表（表 1-3）。

表 1-3 任务实施过程记录表

序号	任务名称	任务实施详情
1		
2		
3		
4		
5		
6		
7		
8		

8. 任务评价

根据任务完成情况填写评价表(表 1-4)。

表 1-4 任务评价表 **成绩:________**

考核内容	分值	评分标准	自评 10%	互评 10%	教师评 80%	得分
识别 元器件	40	1. 识别不准(每个减 5 分) 2. 字母符号表示不准确(每个减 5 分) 3. 不能画出电路符号(每个减 5 分)				
正确使用 工具及 仪表	40	1. 使用工具方法不正确(一次减 5 分) 2. 工具使用损坏(一次减 10 分) 3. 元器件损坏(一次减 10 分)				
整理	20	1. 工具未整理(每处减 5 分) 2. 元器件未整理(每处减 5 分) 3. 工作台不整洁(每处减 5 分)				

任务拓展:课后,认识其他两种无人机,并尝试安装。

模块知识点梳理:梳理教材单元 1 模块 1 中的知识点,并填入知识点梳理表(表 1-5)。

表 1-5 知识点梳理表

记录人姓名		记录时间		成绩	
知识点	学习内容			学习体会	

单元 2　单片机 STM32 及外设应用

模块 1　STM32 芯片认识及软硬件环境

任务 | STM32 芯片程序下载及调试

1. 任务目的

知道 STM32 单片机程序开发相关的软件与硬件知识；知道 STM32 单片机实物程序下载和调试操作；培养专注、认真的工匠精神；提高整理设备和保持整洁的意识。

2. 实验所需设备

实验所需要的设备和软件见表 2-1。

表 2-1　实验所需设备和软件

序号	设备或软件名称	类型	设备或软件图示
1	创课无人机平台(F150-T401PLUS)	实验箱	
2	STM32CubeMX 开发工具	软件	
3	Keil uVision 5	软件	

3. 实验所需资料

北京中科浩电科技有限公司实验指导书。下载 Easy 课堂文件库中“任务 1 资料”，并且在后续学习和训练中使用，如图 2-1 所示。

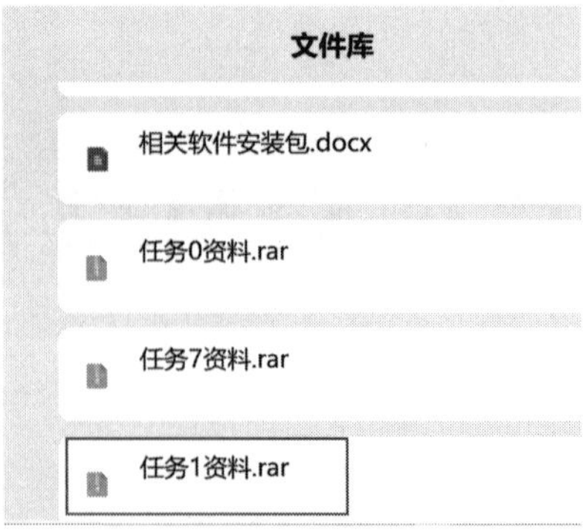

图 2-1　文件库

4. 任务分析

(1)各组代表分析、讨论本次 STM32 芯片程序下载及调试任务需要哪些元器件,并按照清单进行清点。

(2)小组讨论本次任务开始前还需要哪些准备工作。

(3)教师总结、点评讨论结果。

5. 分组情况

请将分组情况填写到表 2-2 中。

表 2-2　学生任务分工表

班级:	组名:	组长:
本组成员:		
分工情况:		

6. 任务步骤

(1)进入 Easy 课堂,并对比物料清单,了解物品名称。

观看视频,如图 2-2 所示,了解如何进行程序烧写、程序编译、程序调试、工程创建等基本操作(参考

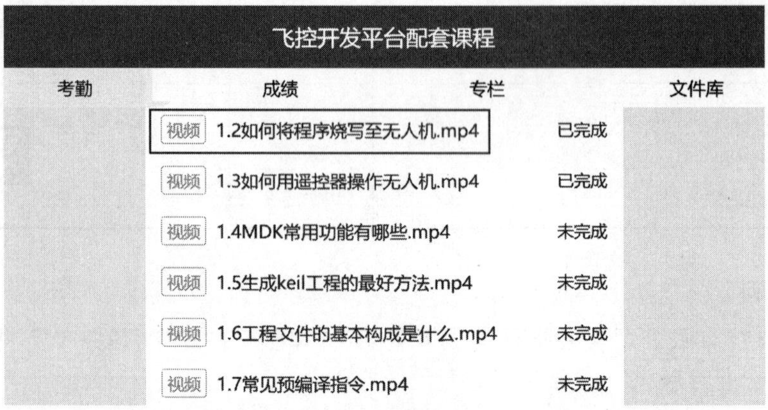

图 2-2　观看视频 1.2

视频 1.2)。

(2)实操代码,在文件库"任务 2 资料\资料\基础实验\实验 0-1 Template 工程模板-新建工程章节使用\USER"中可以看到工程文件,Template 工程模板如图 2-3 所示,也可根据教材单元二模块 2 第 1.2 节介绍的工程创建和初始化方法操作。

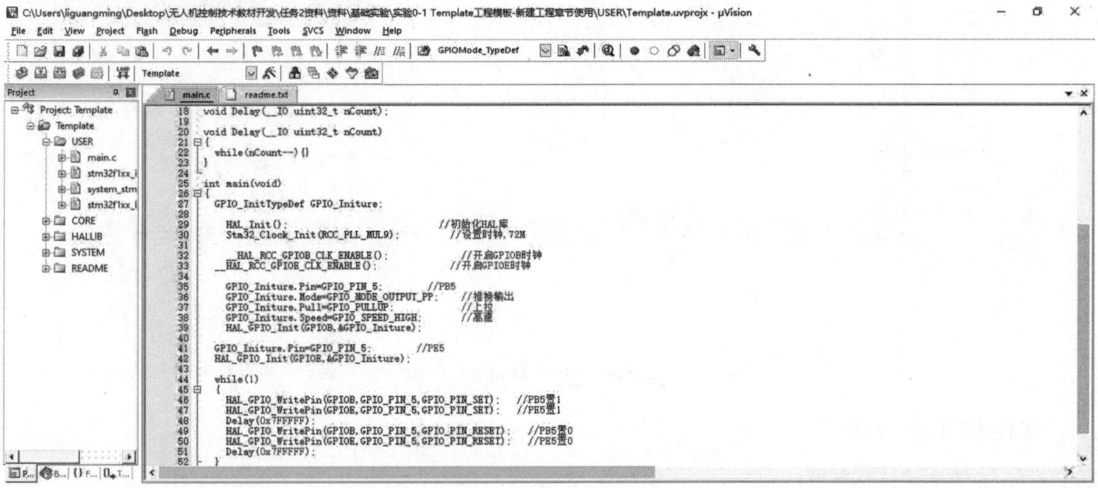

图 2-3　Template 工程模板

(3)按照视频 1.2 操作调试程序,程序是循环闪亮 GPIOB 的 PIN5 引脚和 GPIOE 的 PIN5 引脚控制的 LED 灯,引脚设置通用推挽式输出。按照要求搭建飞控调试硬件平台(图 2-4),可以跳线,将这两个引脚引出来连接两个 LED(如果开发板上没有 PB5 和 PE5 引脚,可以将程序改成 PA4 和 PB4,开发板上引出了这两个引脚)。注意,这里使用的是 3.3 V 的电压驱动 LED 闪亮,所以应选择合适的 LED 灯。

图 2-4　搭建飞控调试硬件平台

(4)将程序烧写到飞控开发板单片机,使单片机运行程序,观察灯是否闪亮(图 2-5)。

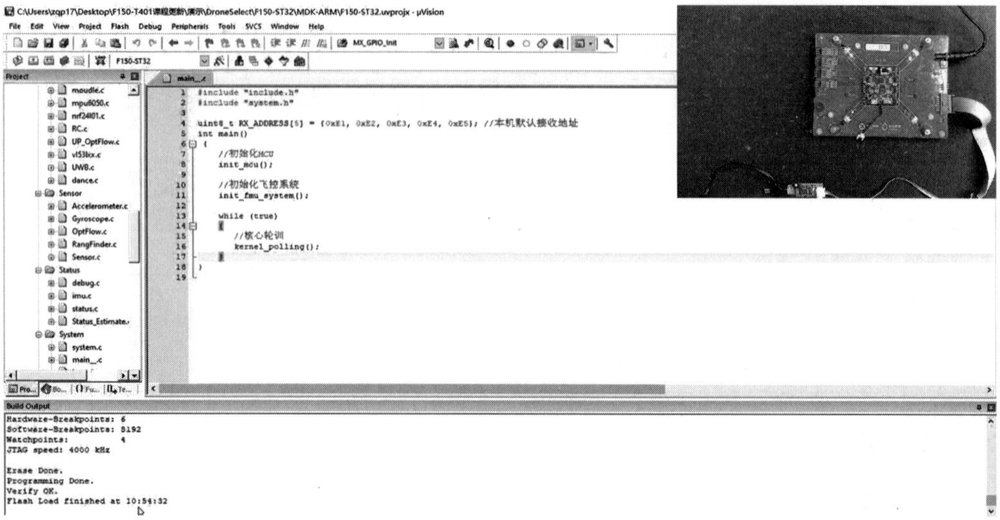

图 2-5 烧写程序调试

7. 记录任务实施过程

填写任务实施过程记录表(表 2-3)。

表 2-3 任务实施过程记录表

序号	任务名称	任务实施详情
1		
2		
3		
4		
5		
6		
7		
8		

8. 任务评价

根据任务完成情况,填写评价表(表 2-4)。

表 2-4　任务评价表　　　成绩：________

考核内容	分值	评分标准	自评 10%	互评 10%	教师评 80%	得分
搭建飞控调试硬件平台	40	1. 操作不规范(一次减 5 分) 2. 操作元器件损坏(一次减 5 分)				
调试烧写程序,分析程序	40	1. 调试不正确(一次减 5 分) 2. 解释核心代码不正确(一次减 5 分) 3. 烧写程序操作不当,未能调试出结果(一次减 10 分)				
整理	20	1. 工具未整理(每处减 5 分) 2. 元器件不整理(每处减 5 分) 3. 工作台不整洁(每处减 5 分)				

任务拓展:课后,查找其他无人机飞控,查阅相应程序烧写方法,并进行对比。

模块知识点梳理:梳理教材单元 2 模块 1 中知识点,并填入知识点梳理表(表 2-5)。

表 2-5　知识点梳理表

记录人姓名		记录时间		成绩	
知识点	学习内容			学习体会	

模块 2　外设应用

任务｜无人机警灯闪烁控制及调试

1. 任务目的

会编写控制 STM32 基本外设的程序；知道 STM32 单片机 GPIO 功能，会通过简单配置寄存器的方式编程控制引脚输入和输出；培养细致、认真的精神，提高团队合作意识。

2. 实验所需设备

实验所需要的设备和软件见表 2-6。

表 2-6　实验所需设备和软件

序号	设备或软件名称	类型	设备或软件图示
1	创课无人机平台(F150-T401PLUS)	实验箱	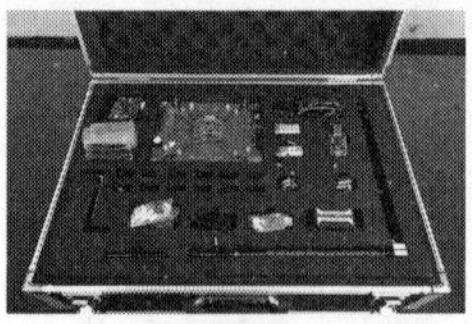
2	STM32CubeMX 开发工具	软件	
3	Keil uVision 5	软件	
4	Proteus 8.13 仿真软件	软件	

3. 实验所需资料

北京中科浩电科技有限公司实验指导书。下载 Easy 课堂文件库中“任务 1 资料”，并且在后续学习和训练中使用，如图 2-6 所示。

4. 任务分析

(1)各组代表分析、讨论本次无人机警灯闪烁控制与调试任务需要用到哪些元器件，并按照清单进行清点。

(2)小组讨论本次任务开始前还需要哪些准备工作。

(3)教师总结、点评讨论结果。

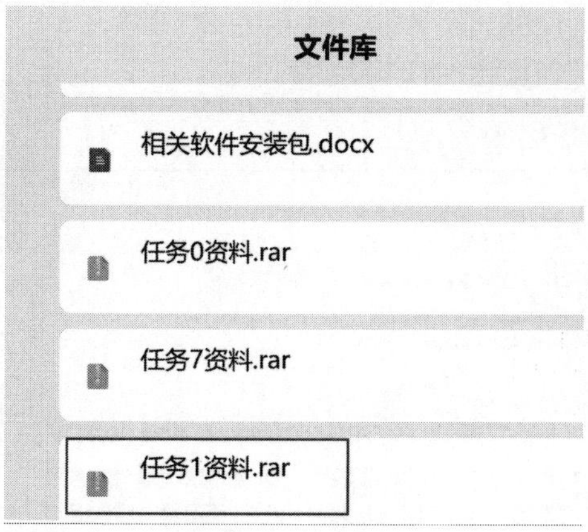

图 2-6　文件库

5. 分组情况

请将分组情况填写到表 2-7 中。

表 2-7　学生任务分工表

班级：	组名：	组长：
本组成员：		
分工情况：		

6. 任务步骤

(1)进入 Easy 课堂,并对比物料清单,了解物品名称。

观看视频 1.4～1.7,如图 2-7 所示,了解用 Keil 软件进行工程创建的方法和技巧等基本操作。

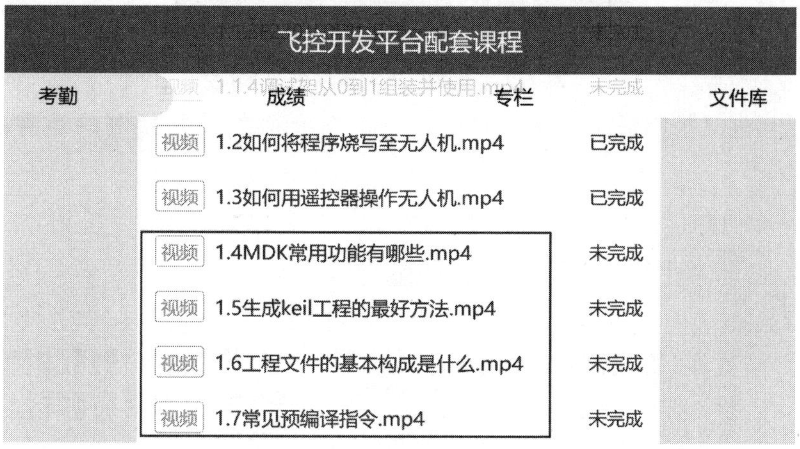

图 2-7　观看视频 1.4～1.7

(2)实操代码,在文件库“任务 2 资料\资料\基础实验\实验 1 跑马灯实验\USER\LED”中可以看到工程文件,LED 工程模板如图 2-8 所示,也可根据教材单元二模块 2 的 1.2 节介绍的工程创建和初始化方法操作。

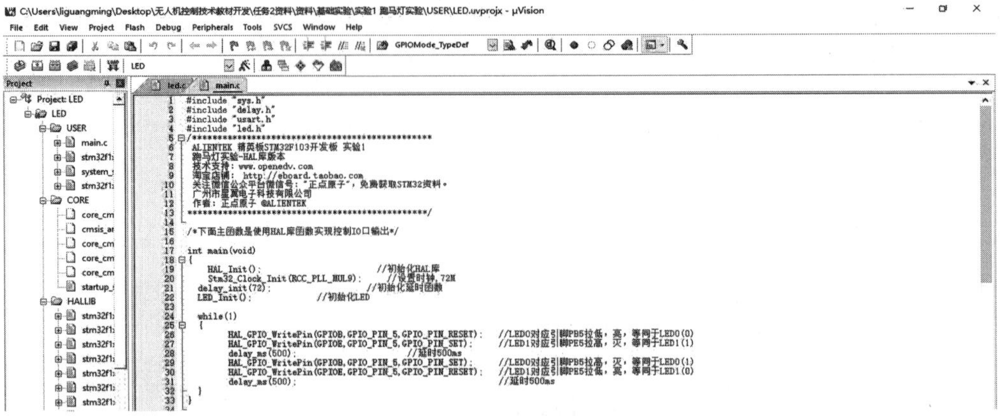

图 2-8　LED 工程模板

(3)按照上次实验的方法调试程序，程序是循环交替亮灭 GPIOB 的 PIN5 引脚和 GPIOE 的 PIN5 引脚控制的 LED 灯。按照要求搭建飞控调试硬件平台(图 2-9)，可以跳线，将这两个引脚引出来连接两个 LED(如果开发板上没有 PB5 和 PE5 引脚，可以将程序改成 PA4 和 PB4，开发板上引出了这两个引脚)。注意，这里使用的是 3.3 V 的电压驱动 LED 闪亮，所以应选择合适的 LED 灯。

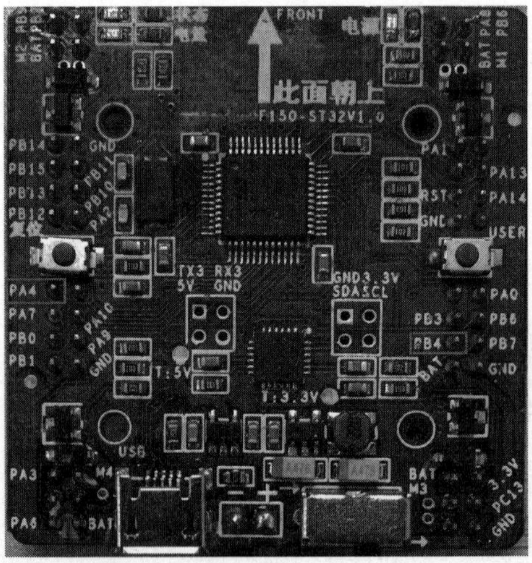

图 2-9　搭建飞控调试硬件平台

(4)分析交替循环闪亮控制程序 main 函数和 LED_Init 函数，分析控制的引脚以及引脚工作模式的设置等参数(图 2-10)。

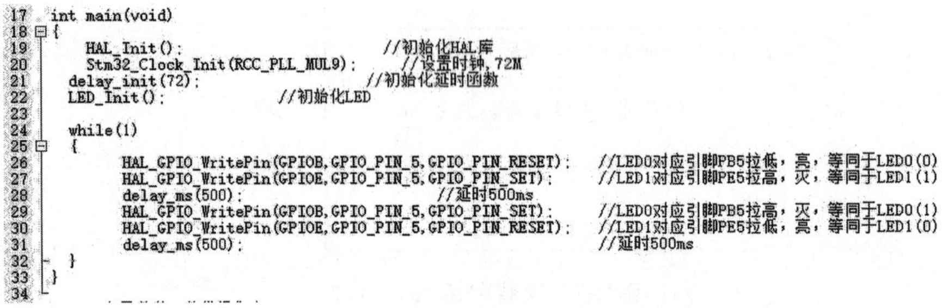

图 2-10　main 函数和 LED_Init 函数

(5)将程序烧写到飞控开发板单片机，使单片机运行程序，观察灯是否闪亮，也可以用 Proteus 8.13

```
void LED_Init(void)
{
    GPIO_InitTypeDef GPIO_Initure;

    __HAL_RCC_GPIOB_CLK_ENABLE();                //开启GPIOB时钟
  __HAL_RCC_GPIOE_CLK_ENABLE();                //开启GPIOE时钟

    GPIO_Initure.Pin=GPIO_PIN_5;            //PB5
    GPIO_Initure.Mode=GPIO_MODE_OUTPUT_PP;      //推挽输出
    GPIO_Initure.Pull=GPIO_PULLUP;              //上拉
    GPIO_Initure.Speed=GPIO_SPEED_HIGH;         //高速
    HAL_GPIO_Init(GPIOB,&GPIO_Initure);

  GPIO_Initure.Pin=GPIO_PIN_5;            //PE5
  HAL_GPIO_Init(GPIOE,&GPIO_Initure);

    HAL_GPIO_WritePin(GPIOB,GPIO_PIN_5,GPIO_PIN_SET); //PB5置1，默认初始化后灯灭
    HAL_GPIO_WritePin(GPIOE,GPIO_PIN_5,GPIO_PIN_SET); //PE5置1，默认初始化后灯灭
}
```

图 2-10(续)

仿真软件按照教材单元二模块 2 第 2.1 节实例要求做循环闪亮 LED 实验。

7. 记录任务实施过程

填写任务实施过程记录表(表 2-8)。

表 2-8　任务实施过程记录表

序号	任务名称	任务实施详情
1		
2		
3		
4		
5		
6		
7		
8		

8. 任务评价

根据任务完成情况，填写评价表（表 2-9）。

表 2-9　任务评价表　　　**成绩：________**

考核内容	分值	评分标准	自评 10%	互评 10%	教师评 80%	得分
搭建飞控调试硬件平台	40	1. 操作不规范（一次减 5 分） 2. 操作元器件损坏（一次减 5 分）				
调试烧写程序，分析程序	40	1. 调试不正确（一次减 5 分） 2. 解释核心代码不正确（一次减 5 分） 3. 烧写程序操作不当，未能调试出结果（一次减 10 分）				
整理	20	1. 工具未整理（每处减 5 分） 2. 元器件不整理（每处减 5 分） 3. 工作台不整洁（每处减 5 分）				

任务拓展：课后，尝试实践流水灯的控制。

模块知识点梳理：梳理教材单元 2 模块 2 中知识点，并填入知识点梳理表（表 2-10）。

表 2-10　知识点梳理表

记录人姓名		记录时间		成绩	
知识点	学习内容			学习体会	

模块 3　电机控制原理

任务　电机速度控制及调试

1. 任务目的

会用 STM32 单片机实现直流电机的控制以及控制算法；知道 STM32 控制直流电机转动的函数；知道 PWM 驱动原理；会搭建控制直流电机的电路；培养认真协作的精神；熟练掌握整理设备的流程。

2. 实验所需设备

实验所需要的设备和软件见表 2-11。

表 2-11　实验所需设备和软件

序号	设备或软件名称	类型	设备或软件图示
1	创课无人机平台(F150-T401PLUS)	实验箱	
2	STM32CubeMX 开发工具	软件	
3	Keil uVision 5	软件	
4	Proteus 8.13 仿真软件	软件	

3. 实验所需资料

北京中科浩电科技有限公司实验指导书。下载 Easy 课堂文件库中“任务 2 资料”，并且在后续学习和训练中使用，如图 2-11 所示。

4. 任务分析

(1)各组代表分析、讨论本次电机速度控制及调试任务需用到哪些元器件，并按清单进行清点。

(2)小组讨论本次任务开始前还需要哪些准备工作。

(3)教师总结、点评讨论结果。

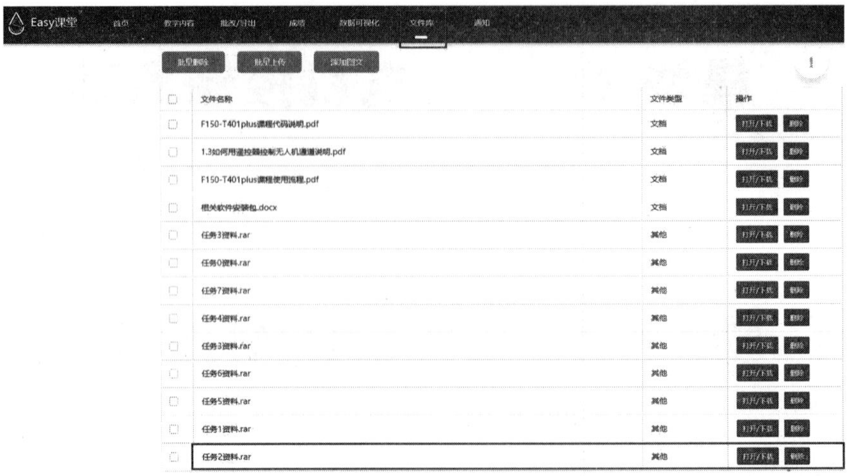

图 2-11　文件库

5. 分组情况

请将分组情况填写到表 2-12 中。

表 2-12　学生任务分工表

班级：	组名：	组长：
本组成员：		
分工情况：		

6. 任务步骤

(1)进入 Easy 课堂,并对比物料清单,了解物品名称。

观看视频 2.5 和 2.6,如图 2-12 所示,了解控制直流电机转动的函数,了解 PWM 驱动原理,会搭建控制直流电机的电路。

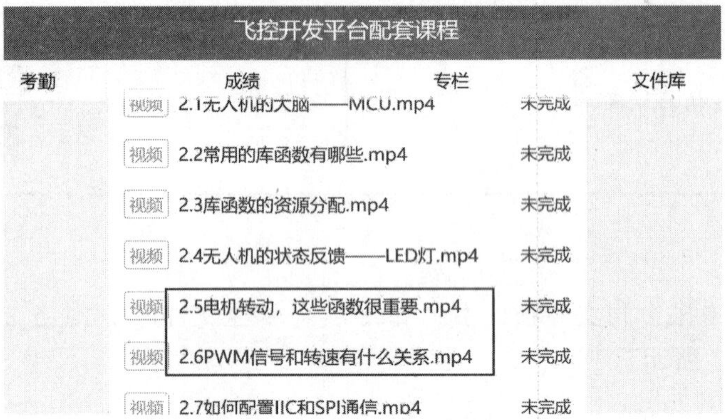

图 2-12　观看视频 2.5 和 2.6

(2)实操代码,在文件库“任务 2 资料\资料\任务二练习代码\完整版\2、Motor\MDK-ARM、Motor”中可以看到工程文件,Motor 工程模板如图 2-13 所示。也可根据教材单元二模块 3 第 3.2 节介绍的工程创建和编程操作。

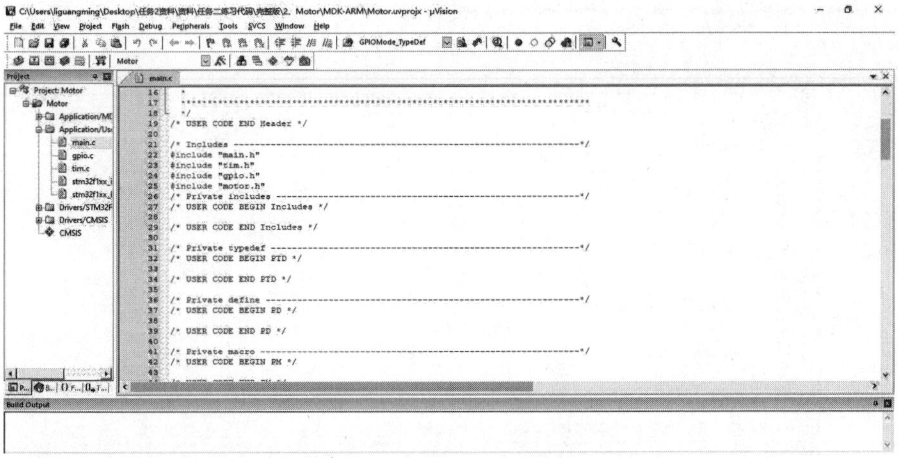

图 2-13　Motor 工程模板

(3)按照要求搭建飞控调试硬件平台，将 STM32 飞控开发板插入 430 飞控平台，控制其中一个电机(图 2-14)。

图 2-14　搭建飞控调试硬件试平台

(4)分析 tim. c 文件、gpio. c 文件、main. c 文件(图 2-15)，分析 TIM2 设置步骤，控制 PMW 输出程序更改频率。

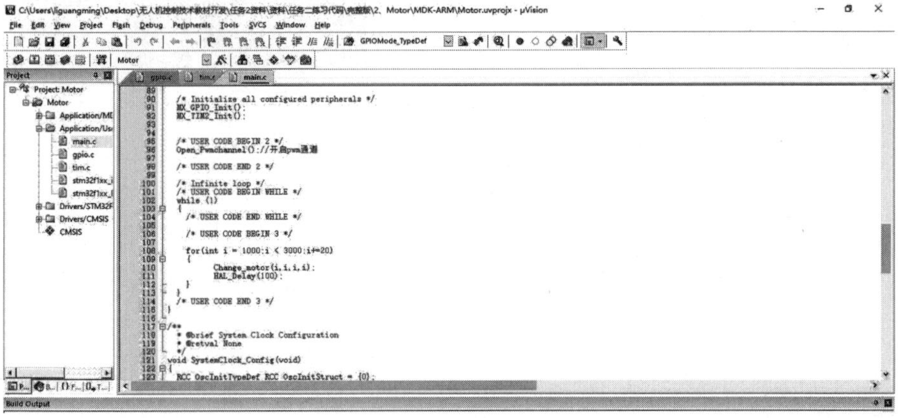

图 2-15　main. c 文件

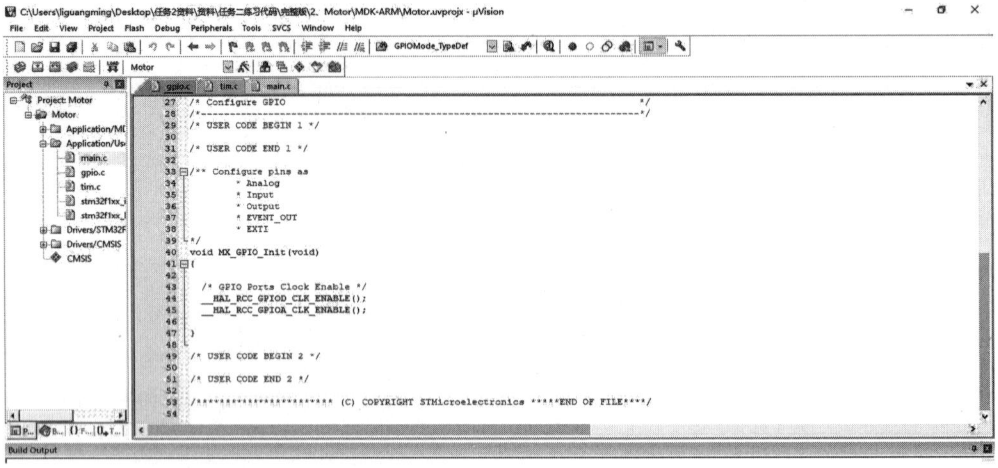

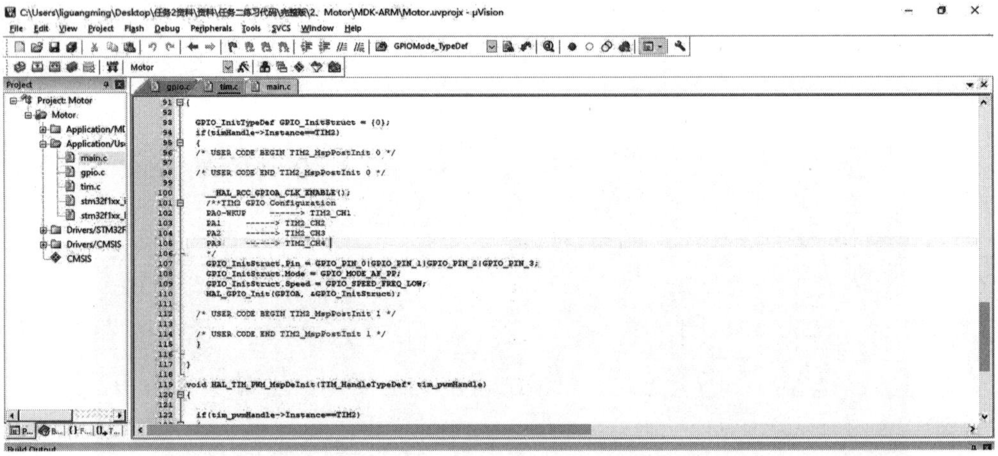

图 2-15(续)

(5)程序调试,如图 2-16 所示。也可以用 Proteus 8.13 仿真软件按照教材单元二模块 3 第 3.2 节实例要求做控制电机实验。

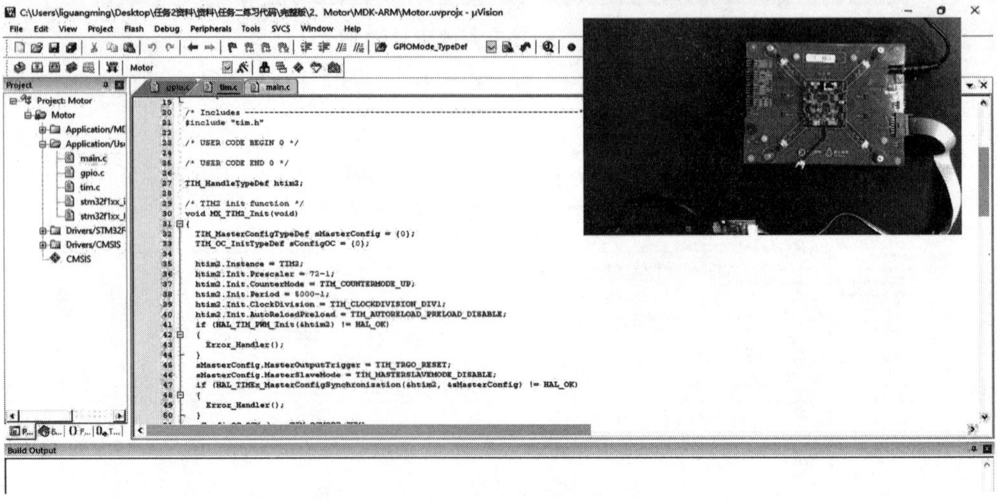

图 2-16　程序调试

7. 记录任务实施过程

填写任务实施过程记录表(表 2-13)。

表 2-13 任务实施过程记录表

序号	任务名称	任务实施详情
1		
2		
3		
4		
5		
6		
7		
8		

8. 任务评价

根据任务完成情况，填写评价表(表 2-14)。

表 2-14 任务评价表 成绩:________

考核内容	分值	评分标准	自评 10%	互评 10%	教师评 80%	得分
搭建飞控调试硬件平台	40	1. 操作不规范(一次减 5 分) 2. 操作元器件损坏(一次减 5 分)				
调试烧写程序，分析程序	40	1. 调试不正确(一次减 5 分) 2. 解释核心代码不正确(一次减 5 分) 3. 电机未能按照程序要求作业(一次减 10 分)				
整理	20	1. 工具未整理(每处减 5 分) 2. 元器件不整理(每处减 5 分) 3. 工作台不整洁(每处减 5 分)				

任务拓展：课后，查找步进电机控制电路，并尝试驱动步进电机实践。

模块知识点梳理：梳理教材单元2模块3中知识点，并填入知识点梳理表（表2-15）。

表2-15 知识点梳理表

<table>
<tr><td>记录人姓名</td><td></td><td>记录时间</td><td></td><td>成绩</td><td></td></tr>
<tr><td>知识点</td><td colspan="3">学习内容</td><td colspan="2">学习体会</td></tr>
<tr><td></td><td colspan="3"></td><td colspan="2"></td></tr>
</table>

单元3 无人机遥控器

模块1 无人机无线通信

任务 无线通信模块调试

1. 任务目的

知道无人机无线通信原理；知道STM32单片机用的NRF蓝牙通信模块的工作原理及STM32单片机实现通信控制的编程要点；培养主动探究的工匠精神；知道整理设备的流程，并能保持整洁。

2. 实验所需设备

实验所需要的设备和软件见表3-1。

表3-1 实验所需设备和软件

序号	设备或软件名称	类型	设备或软件图示
1	创课无人机平台(F150-T401PLUS)	实验箱	
2	STM32CubeMX开发工具	软件	MX
3	Keil uVision 5	软件	

3. 实验所需资料

北京中科浩电科技有限公司实验指导书。下载Easy课堂文件库中“任务3资料”，并且在后续学习和训练中使用，如图3-1所示。

4. 任务分析

(1)各组代表分析、讨论本次无线通信模块调试任务需要用到哪些元器件，并按清单进行清点。

（2）小组讨论无人机无线通信还可以选择哪些通信模块。

（3）教师总结、点评讨论结果。

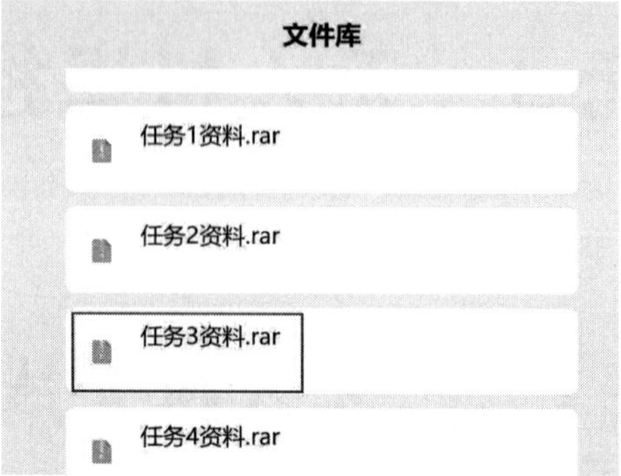

图 3-1　文件库

5. 分组情况

请将分组情况填写到表 3-2 中。

表 3-2　学生任务分工表

班级：	组名：	组长：
本组成员：		
分工情况：		

6. 任务步骤

（1）进入 Easy 课堂，并对比物料清单，了解物品名称。

观看视频 3.1 和 3.2，如图 3-2 所示，了解 NRF 蓝牙通信模块的工作原理及实现通信控制的编程要点。

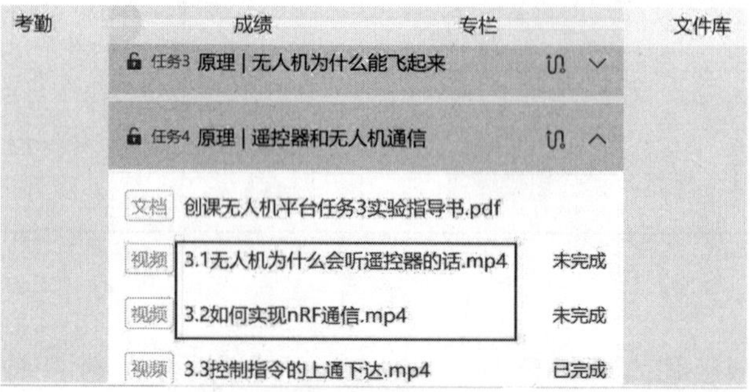

图 3-2　观看视频 3.1 和 3.2

（2）实操代码，在文件库“任务 3 资料\资料\练习代码\3、NRF 通信\MDK-ARM\NRF_Communication”中可以看到工程文件，NRF_Communication 工程模板如图 3-3 所示。

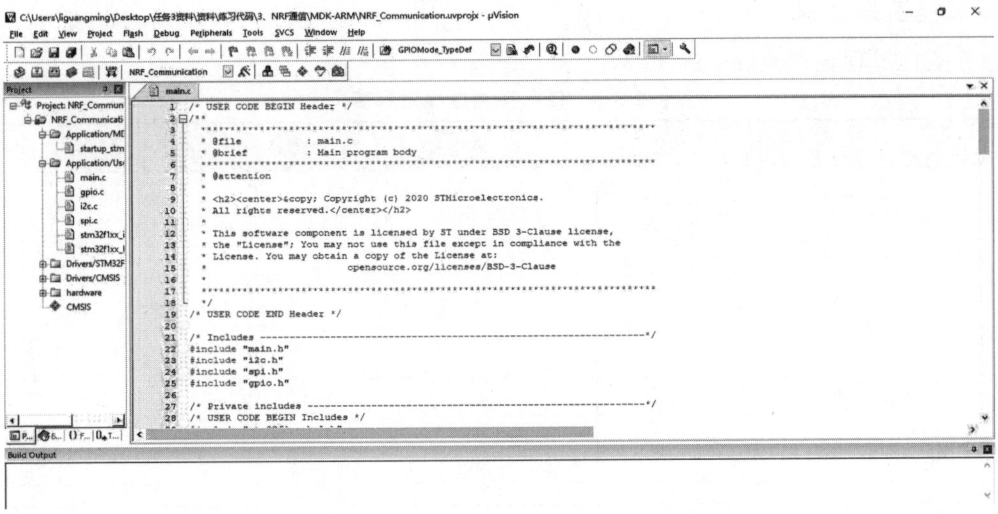

图 3-3　NRF_Communication 工程模板

(3)观看视频 3.2,调试程序,分析 NRF 通信编程的几个步骤对应的代码分别是哪些(图 3-4)。

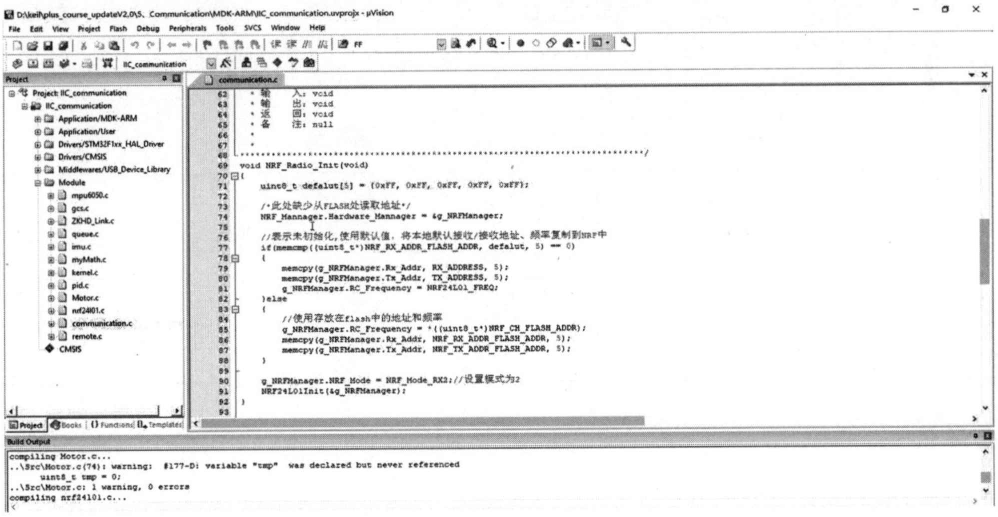

图 3-4　调试程序

(4)将程序烧写到无人机遥控器控制器和无人机飞控(图 3-5),进行简单的应答控制,尝试用遥控器控制无人机飞控信号的闪亮方式的切换,具体的程序可以在 NRF_Communication 工程模板中进行更改。

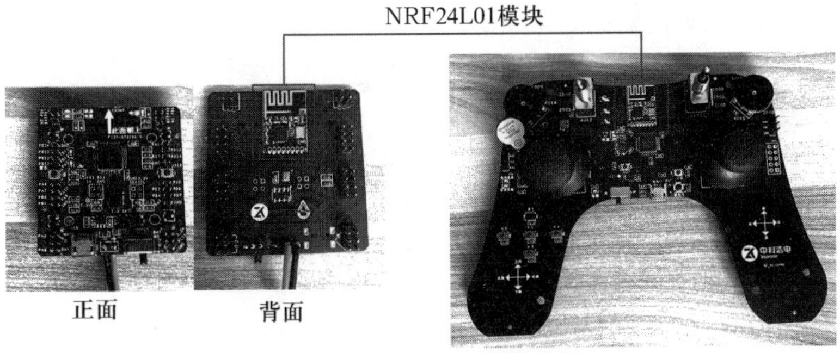

图 3-5　飞控开发板烧写程序测试

7. 记录任务实施过程

填写任务实施过程记录表(表 3-3)。

表 3-3 任务实施过程记录表

序号	任务名称	任务实施详情
1		
2		
3		
4		
5		
6		
7		
8		

8. 任务评价

根据任务完成情况,填写评价表(表 3-4)。

表 3-4 任务评价表 成绩:________

考核内容	分值	评分标准	自评 10%	互评 10%	教师评 80%	得分
搭建 NRF 通信调试平台	40	1. 操作不规范(一次减 5 分) 2. 操作元器件损坏(一次减 5 分)				
调试烧写程序,分析程序	40	1. 调试不正确(一次减 5 分) 2. 解释核心代码不正确(一次减 5 分) 3. 没有调试出应答通信控制结果(一次减 10 分)				
整理	20	1. 工具未整理(每处减 5 分) 2. 元器件不整理(每处减 5 分) 3. 工作台不整洁(每处减 5 分)				

任务拓展：课后，查找其他可以实现无人机通信的模块，并尝试实践。

模块知识点梳理：梳理教材单元3模块1中知识点，并填入知识点梳理表3-5中。

表3-5 知识点梳理表

记录人姓名		记录时间		成绩	
知识点	学习内容			学习体会	

模块 2　遥控器设计

任务 1 | 遥控器校准

1. 任务目的

知道遥控器模块的组成和功能；知道遥控器各个控制信号校准操作；培养细心的习惯；提高整理设备的能力，并保持整洁。

2. 实验所需设备

实验所需要的设备和软件见表 3-6。

表 3-6　实验所需设备和软件

序号	设备或软件名称	类型	设备或软件图示
1	创课无人机平台（F150-T401PLUS）	实验箱	
2	STM32CubeMX 开发工具	软件	MX
3	Keil uVision5	软件	

3. 实验所需资料

北京中科浩电科技有限公司实验指导书。下载 Easy 课堂文件库中“任务 3 资料”，并且在后续学习和训练中使用，如图 3-6 所示。

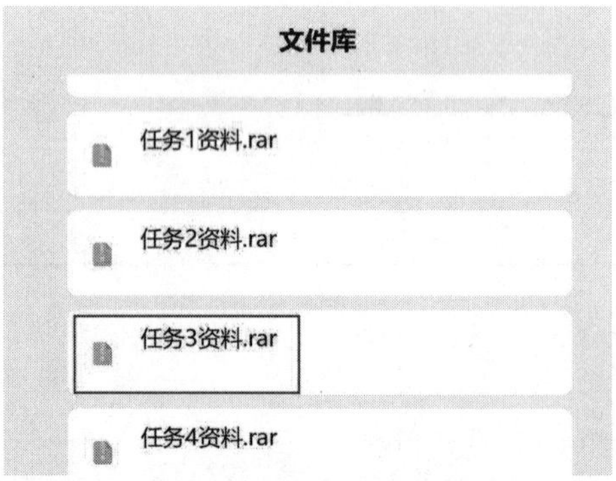

图 3-6　文件库

4. 任务分析

(1)各组代表分析、讨论本次遥控器校准任务需要用到哪些元器件,并按清单进行清点。

(2)小组讨论本次任务开始前还需要哪些准备工作。

(3)教师总结、点评讨论结果。

5. 分组情况

请将分组情况填写到表 3-7 中。

表 3-7　学生任务分工表

班级:	组名:	组长:
本组成员:		
分工情况:		

6. 任务步骤

(1)进入 Easy 课堂,并对比物料清单,了解物品名称。

观看视频 3.3,如图 3-7 所示,了解无人机如何进行遥控器各个控制信号校准操作。

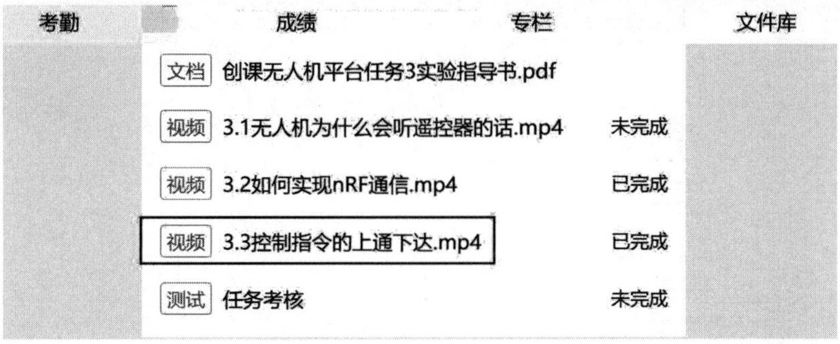

图 3-7　观看视频 3.3

(2)观看视频 3.3 找到飞控和遥控器实操代码,打开工程文件,如图 3-8 所示。

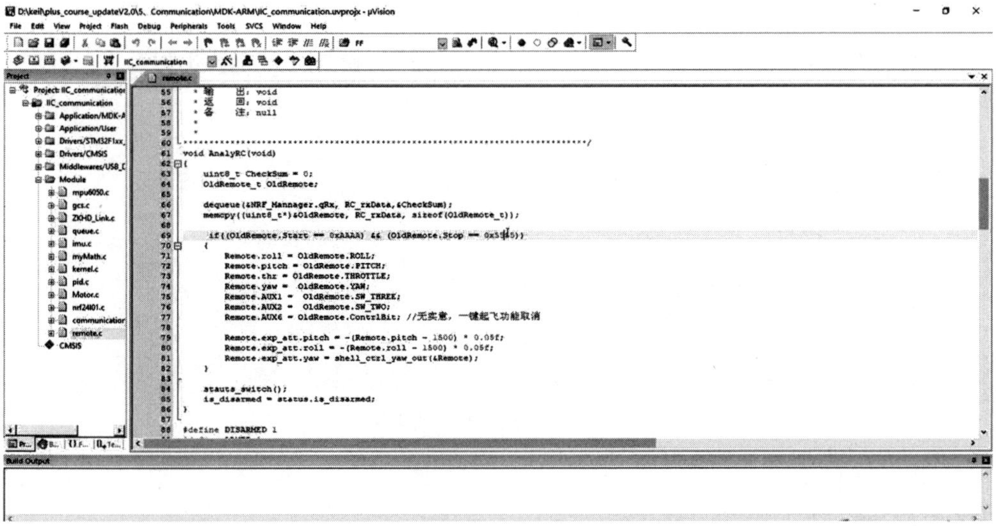

图 3-8　工程文件

(3)如图 3-9 所示，观看视频 3.2，调试程序，在调试过程中查看遥控器各个通道对应的变量和数据。

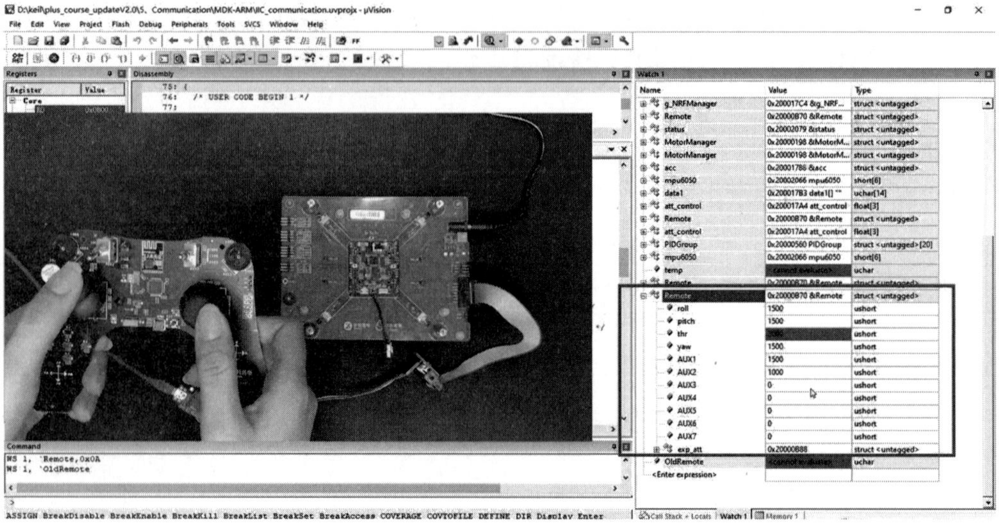

图 3-9　程序调试

(4)如图 3-10 所示，分析遥控器控制无人机位置和姿态的数据，分析遥控器解锁和上锁程序。

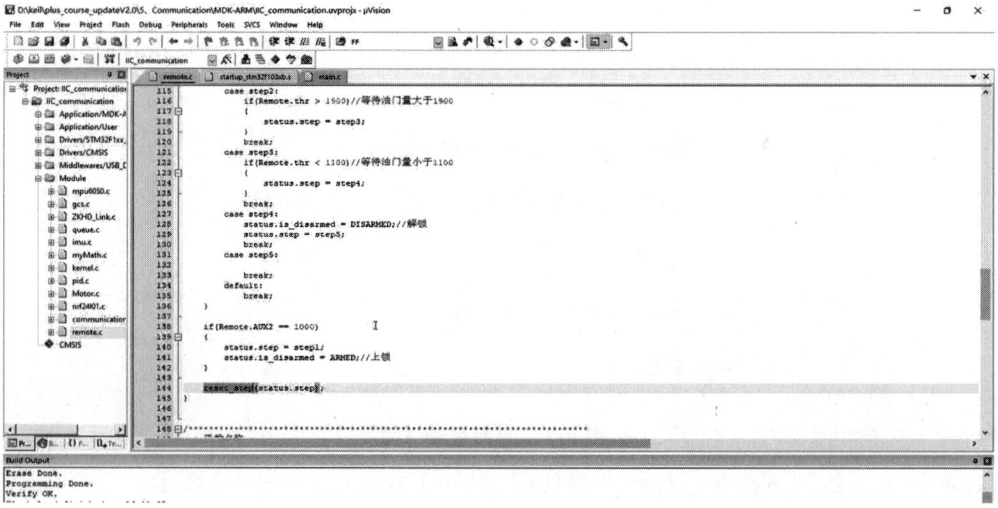

图 3-10　程序分析

(5)观看任务 5 和任务 6，分析遥控器定高控制和定点控制模块程序(图 3-11)。

图 3-11　任务 5 和任务 6

7. 记录任务实施过程

填写任务实施过程记录表(表 3-8)。

表 3-8 任务实施过程记录表

序号	任务名称	任务实施详情
1		
2		
3		
4		
5		
6		
7		
8		

8. 任务评价

根据任务完成情况，填写评价表(表 3-9)。

表 3-9 任务评价表 成绩：________

考核内容	分值	评分标准	自评 10%	互评 10%	教师评 80%	得分
搭建遥控器调试平台	40	1. 操作不规范(一次减 5 分) 2. 操作元器件损坏(一次减 5 分)				
遥控器校准	40	1. 调试不正确(一次减 5 分) 2. 解释核心代码不正确(一次减 5 分) 3. 各个控制通道数据结果不准确(一次减 10 分)				
整理	20	1. 工具未整理(每处减 5 分) 2. 元器件不整理(每处减 5 分) 3. 工作台不整洁(每处减 5 分)				

任务拓展：课后，查找其他品牌的遥控器，并分别对其校准。

模块知识点梳理：梳理教材单元 3 模块 2 中知识点，并填入知识点梳理表(表 3-10)。

表 3-10　知识点梳理表

记录人姓名		记录时间		成绩	
知识点	学习内容			学习体会	

任务 2 | 无人机对码与飞行调试

1. 任务目的

会用 F150-T401PLUS 平台搭建 F150 和 F230 无人机；会无人机对码操作；会用遥控器操纵无人机飞行；培养主动钻研精神；培养主动整理设备和保持整洁的意识。

2. 实验所需设备

实验所需要的设备和软件见表 3-11。

表 3-11 实验所需设备和软件

序号	设备或软件名称	类型	设备或软件图示
1	创课无人机平台(F150-T401PLUS)	实验箱	
2	STM32CubeMX 开发工具	软件	MX
3	Keil uVision 5	软件	
4	中科浩电 PC 工具箱	软件	

3. 实验所需资料

北京中科浩电科技有限公司实验指导书。Easy 课堂的文件库包含无人机和遥控器单片机控制程序，下载资料，并且在后续学习和训练中使用。如图 3-12 所示，下载“上位机”，解压后是“中科浩电 PC 工具箱”免安装版本。

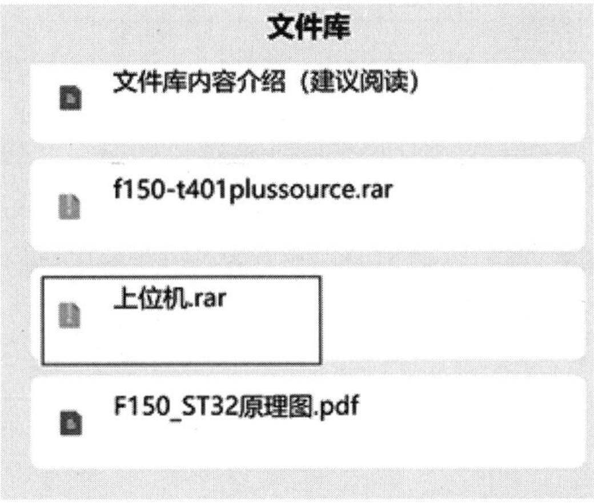

图 3-12 文件库

4. 任务分析

(1)各组代表分析、讨论本次无人机对码与飞行调试任务需要哪些元器件,并按清单进行清点。

(2)小组讨论本次任务开始前还需要哪些准备工作。

(3)教师总结、点评讨论结果。

5. 分组情况

请将分组情况填写到表 3-12 中。

表 3-12　学生任务分工表

班级:	组名:	组长:
本组成员:		
分工情况:		

6. 任务步骤

(1)进入 Easy 课堂,并对比物料清单,了解物品名称。如图 3-13 所示,观看视频 3.1,搭建无人机对码平台。

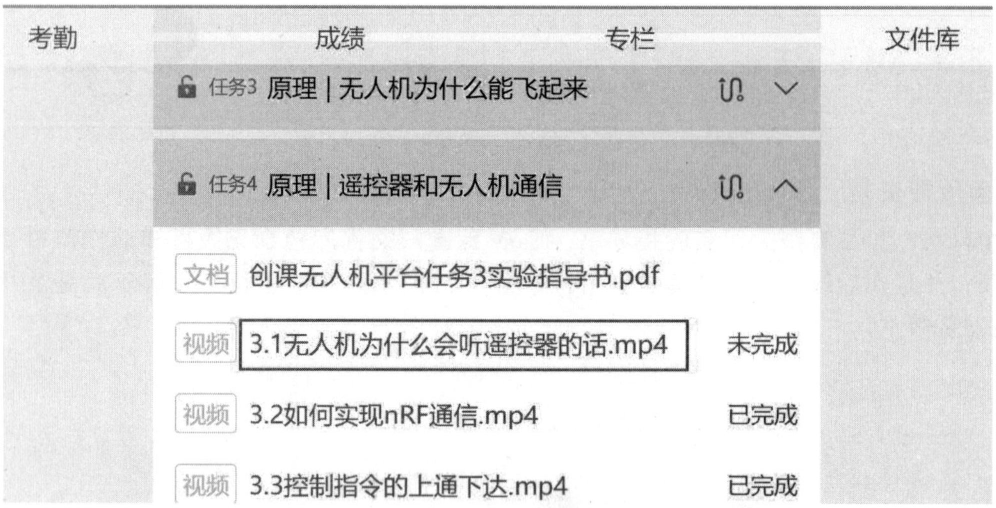

图 3-13　观看视频 3.1

(2)如图 3-14 和图 3-15 所示,进行遥控器对码操作及无人机对码操作。

(3)观看视频 1.3,如图 3-16 所示,了解无人机飞行调试操作。

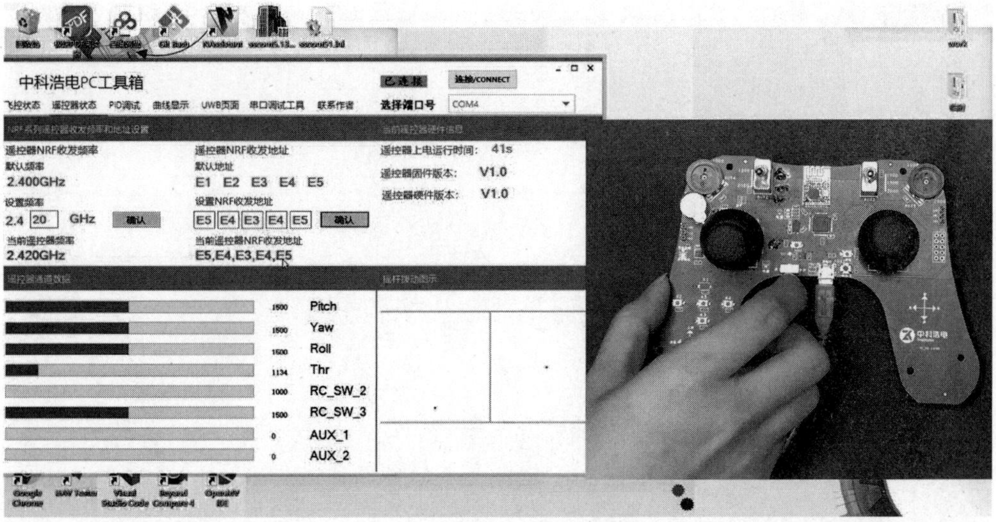

图 3-14 遥控器对码操作

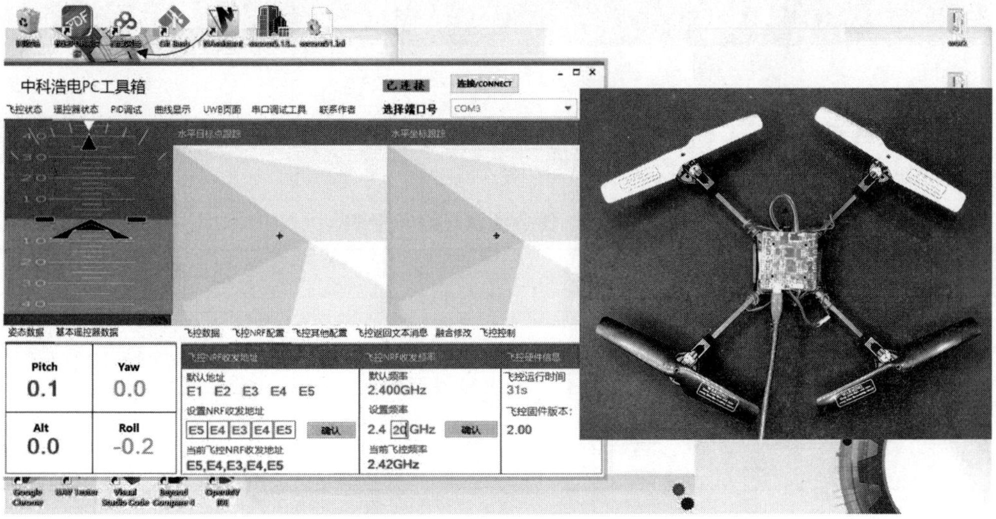

图 3-15 无人机对码操作

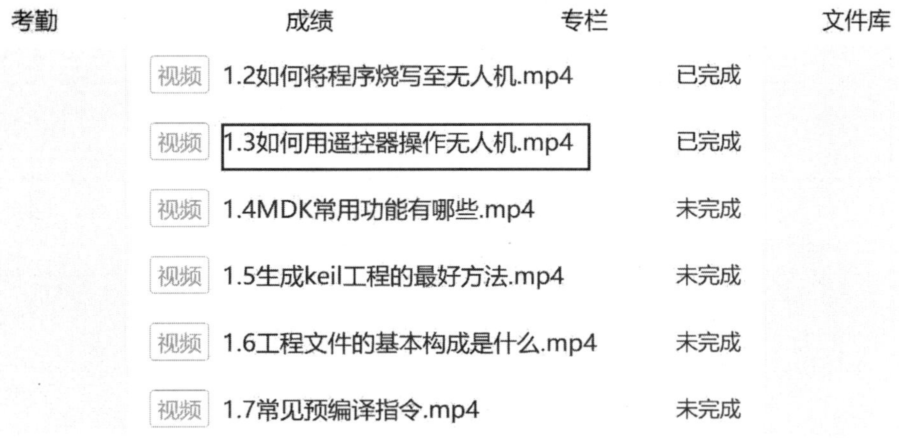

图 3-16 观看视频 1.3

(4)如图 3-17 所示，在无人机飞行的过程中观察其控制稳定性，可以适当调整控制参数。

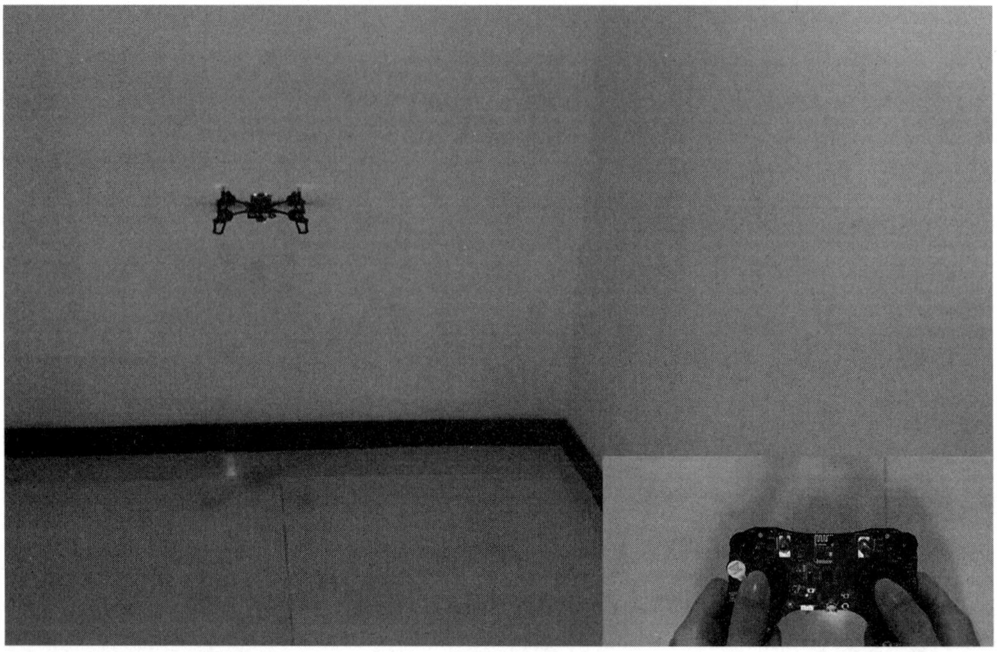

图 3-17　飞行调试

7. 记录任务实施过程

填写任务实施过程记录表(表 3-13)。

表 3-13　任务实施过程记录表

序号	任务名称	任务实施详情
1		
2		
3		
4		
5		
6		
7		
8		

8. 任务评价

根据任务完成情况,填写评价表(表 3-14)。

表 3-14 任务评价表　　成绩:________

考核内容	分值	评分标准	自评 10%	互评 10%	教师评 80%	得分
对码操作	40	1.操作不规范(一次减 5 分) 2.操作元器件损坏(一次减 5 分) 3.对码不成功(减 5 分)				
无人机 飞行测试	40	1.操作不正确(一次减 5 分) 2.无人机发生碰撞损毁(一次减 5 分) 3.测试过程中解释导致控制稳定性差的原因不正确(一次减 10 分)				
整理	20	1.工具未整理(每处减 5 分) 2.元器件不整理(每处减 5 分) 3.工作台不整洁(每处减 5 分)				

任务拓展:课后,总结无人机对码飞行过程中程序出现缺陷、装置出现缺陷后的修正方法。

模块知识点梳理:梳理教材单元 3 模块 3 中知识点,并填入知识点梳理表(表 3-15)。

表 3-15 知识点梳理表

记录人姓名		记录时间		成绩	
知识点	学习内容			学习体会	

单元 4　基本飞行控制

模块 1　无人机的姿态解算

任务｜MPU6050 姿态传感器的数据读取

1. 任务目的

知道无人机的姿态解算；知道姿态传感器 MPU6050 数据的读取方法；会用设备调试、读取姿态传感器 MPU6050 数据；培养小组探究合作精神；培养主动整理设备和保持整洁的意识。

2. 实验所需设备

实验所需要的设备和软件见表 4-1。

表 4-1　实验所需设备和软件

序号	设备或软件名称	类型	设备或软件图示
1	创课无人机平台(F150-T401PLUS)	实验箱	
2	STM32CubeMX 开发工具	软件	MX
3	Keil uVision 5	软件	

3. 实验所需资料

北京中科浩电科技有限公司实验指导书。下载 Easy 课堂文件库中“任务 2 资料”，并且在后续学习和训练中使用，如图 4-1 所示。

4. 任务分析

(1)各组代表分析、讨论设备中有哪些元器件，并按清单进行清点。

(2)各组查找姿态传感器 MPU6050 在飞控核心板上的具体位置。

(3)教师总结、点评讨论结果。

图 4-1 文件库

5. 分组情况

请将分组情况填写到表 4-2 中。

表 4-2 学生任务分工表

班级：	组名：	组长：
本组成员：		
分工情况：		

6. 任务步骤

(1)进入 Easy 课堂,并对比物料清单,了解物品名称。

观看视频 2.11,如图 4-2 所示,了解无人机如何获取姿态传感器数据,并且进行姿态解算。

图 4-2 观看视频 2.11

(2)实操代码,在文件库“任务 2 资料\资料\任务二练习代码\删减版\4、mpu6050\MDK-ARM”中可以看到工程文件,进入工程后,补充 mpu6050.c 文件内的内容,与之相关的函数已经写好,只需要完成第 22 行到 29 行的初始化函数。注意,本节内的姿态传感名称及相关符号均按实际工程文件名称书写。

(3)如图 4-3 所示,完成 mpu6050. c 文件的第 34 行到第 37 行,更新姿态传感器 MPU6050 给出的数据,然后将更新后的数据通过函数 UpdateToGCSMPU6050 发送出来,函数的使用方法可以参考 gcs. c 文件中的注释描述。

图 4-3 更新姿态传感器 MPU6050 数据

(4)查看姿态传感器 MPU6050 数据,如果完成了正确的内容,那么使用伸缩 USB 线连接飞控和电脑,则可以在中科浩电 PC 工具箱中查看发送过来的姿态传感器 MPU6050 数据,它包括 3 轴加速度计和 3 轴陀螺仪数据。

(5)姿态解算,如果对自己的代码没有信心,可以参考"任务 2 资料\资料\任务二练习代码\完整版\4、mpu6050\MDK-ARM"工程文件内的代码。

当获得了姿态传感器的数据后,就可以进行姿态解算了。姿态解算所使用的算法为 Mahony 滤波算法,可以从多个角度去理解这个算法。

观看视频 2. 12,如图 4-4 所示,通过视频了解解算流程和方法。

图 4-4 观看视频 2. 12

查看文档,了解姿态解算的通俗解释。

参考文档:任务 2 资料\资料\姿态解算参考资料\姿态解算原理。

参考文档:任务 2 资料\资料\姿态解算参考资料\四元数结算姿态完全解析及资料汇总。

参考文档:任务 2 资料\资料\姿态解算参考资料\四元数微分方程的推导。

如果学有余力,可以查阅书籍《惯性导航》(后 288 页),扫清解算的知识盲区。

(6)代码实操,在文件库"任务 2 资料\资料\任务二练习代码\删减版\5、imu\MDK-ARM\imu"中可以打开工程文件。进入工程后,补充 kernel. c 文件内的内容,与之相关的函数已经写好,只需要完成第 28 行到第 32 行的注释内容。如图 4-5 所示,这部分内容仅仅是对加速度计的一些操作,并不涉及真正的姿态解算,姿态解算的方法在 update_attitude_quad 函数中实现,若有兴趣可以查看函数实现。

(7)验证,如果完成了正确的内容,那么使用伸缩 USB 线连接飞控和电脑,则可以在中科浩电 PC

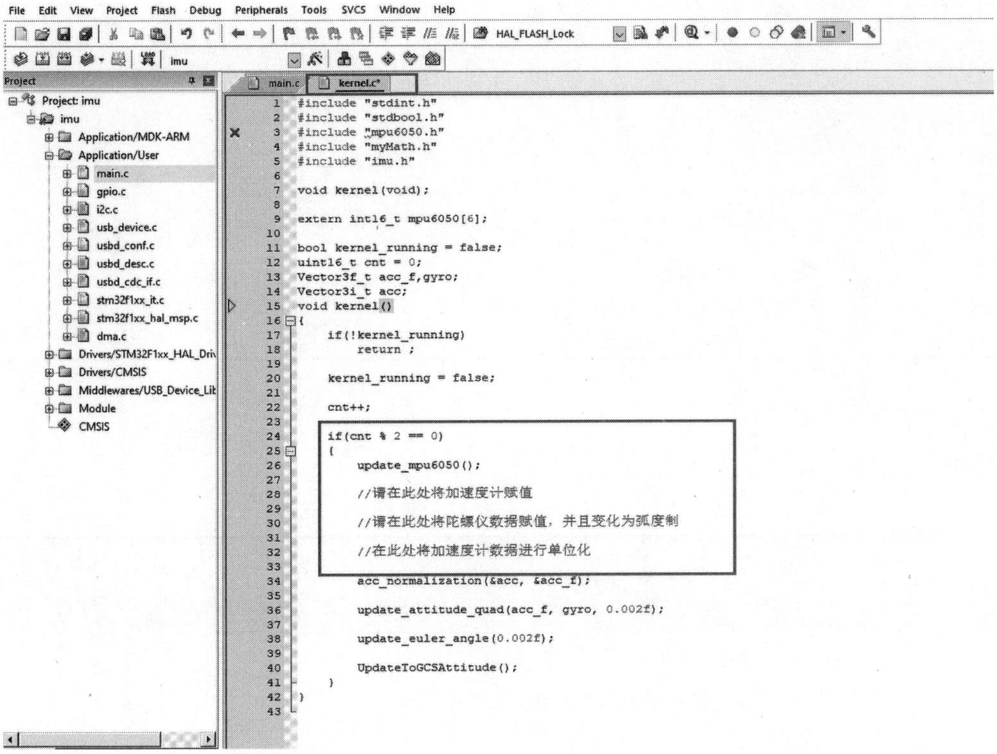

图 4-5 操作加速度计

工具箱中查看发送过来的姿态数据，数据会在上位机上显示。

如果想知道自己写的代码是否正确，可以在任务 2 资料中找到“任务 2 资料\资料\任务二练习代码\完整版\5、imu\MDK-ARM\ imu”工程文件进行对照。由于这是个关键的函数，因此更希望在参照好后，独立编写程序完成数据读取。

7. 记录任务实施过程

填写任务实施过程记录表（表 4-3）。

表 4-3 任务实施过程记录表

序号	任务名称	任务实施详情
1		
2		
3		
4		
5		

续表4-3

序号	任务名称	任务实施详情
6		
7		
8		

8. 任务评价

根据任务完成情况，填写评价表(表4-4)。

表4-4　任务评价表　　　**成绩：________**

考核内容	分值	评分标准	自评 10%	互评 10%	教师评 80%	得分
识别元器件	40	1. 识别不准(一个减5分) 2. 不能分辨元器件功能(一个减5分)				
姿态传感器MPU6050数据读取	40	1. 调试不正确(一次减5分) 2. 不能读取数据(一次减5分) 3. 姿态解算理解不准(一次减5分) 4. 元器件损坏(一次减10分)				
整理	20	1. 工具未整理(每处减5分) 2. 元器件不整理(每处减5分) 3. 工作台不整洁(每处减5分)				

任务拓展：课后，调整无人机姿态，并尝试得到无人机的姿态信息，然后与实际对比。

模块知识点梳理：梳理教材单元4模块1中知识点，并填入知识点梳理表(表4-5)。

表4-5　知识点梳理表

记录人姓名		记录时间		成绩	
知识点	学习内容			学习体会	

模块 2　无人机 PID 控制

任务　姿态控制 PID 参数调试

1. 任务目的

知道无人机自动控制原理；知道经典的 PID 控制器，能完成对无人机 PID 的调试、控制；学会如何设计 PID 控制器，如何对无人机进行控制，如何调整 PID 参数等；培养耐心、认真的精神，以及团队合作的精神。

2. 实验所需设备

实验所需要的设备和软件见表 4-6。

表 4-6　实验所需设备和软件

序号	设备或软件名称	类型	设备或软件图示
1	创课无人机平台(F150-T401PLUS)	实验箱	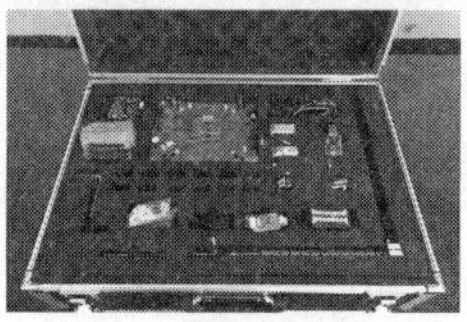
2	STM32CubeMX 开发工具	软件	MX
3	Keil uVision 5	软件	

3. 实验所需资料

北京中科浩电科技有限公司实验指导书。下载 Easy 课堂文件库中“任务 2 资料”，并且在后续学习和训练中使用。

4. 任务分析

(1)各组代表分析讨论设备中有哪些元器件，并按清单进行清点，重点关注调试架和 F230 无人机机架。

(2)其他组员发表意见。

(3)教师总结、点评讨论结果。

5. 分组情况

请将分组情况填写到表 4-7 中。

表 4-7 学生任务分工表

班级：	组名：	组长：
本组成员：		
分工情况：		

6. 任务步骤

(1)进入 Easy 课堂，观看视频 2. 13、2. 14，如图 4-6 所示，无人机的 PID 控制路线需要输入和输出，理清数据输入到最后的电机输出中有哪些环节。

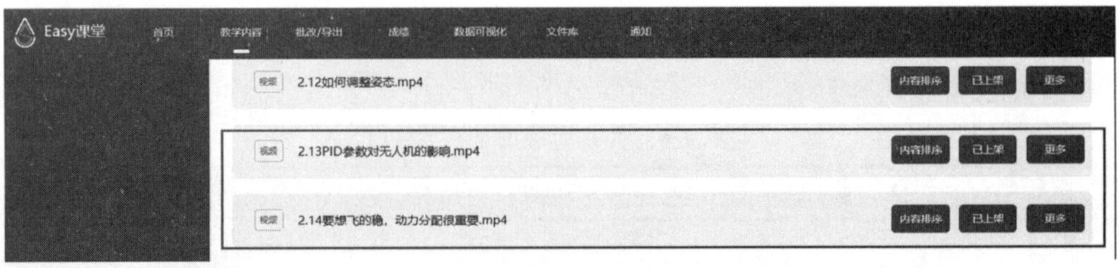

图 4-6 观看视频 2. 13、2. 14

(2)代码实操，在文件库“任务 2 资料\资料\任务二练习代码\删减版\6、pid_control\pid”中可以打开工程文件，在 pid. c 文件中的第 169 行和第 179 行里，如图 4-7 所示，俯仰角和横滚角方向的速度环参数为 0，依照对无人机的理解，尝试修改参数，下载到飞控开发板内，并且让无人机保持稳定。

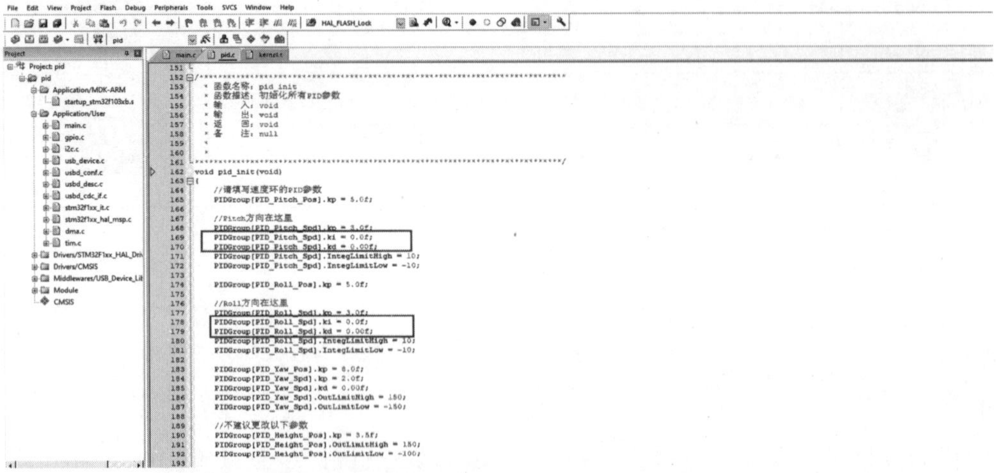

图 4-7 修改俯仰角和横滚角方向的速度环参数

(3)安装调试架，这里需要使用调试架，任务 1 已经讲述了如何安装调试架，在机箱中找到调试架，并且安装好，然后将无人机安装在调试架上方，建议使用 F230 无人机机架进行调试。

(4)PID 参数调试，进入 PID 参数调试页面，在“选择当前控制器”中，选择 PID_Roll_Spd 勾选测量曲线和目标曲线，如图 4-8 所示。

通过对参数整定上的按钮进行操作，选择合适的参数。当无人机能在调试架上稳定，不再摇晃

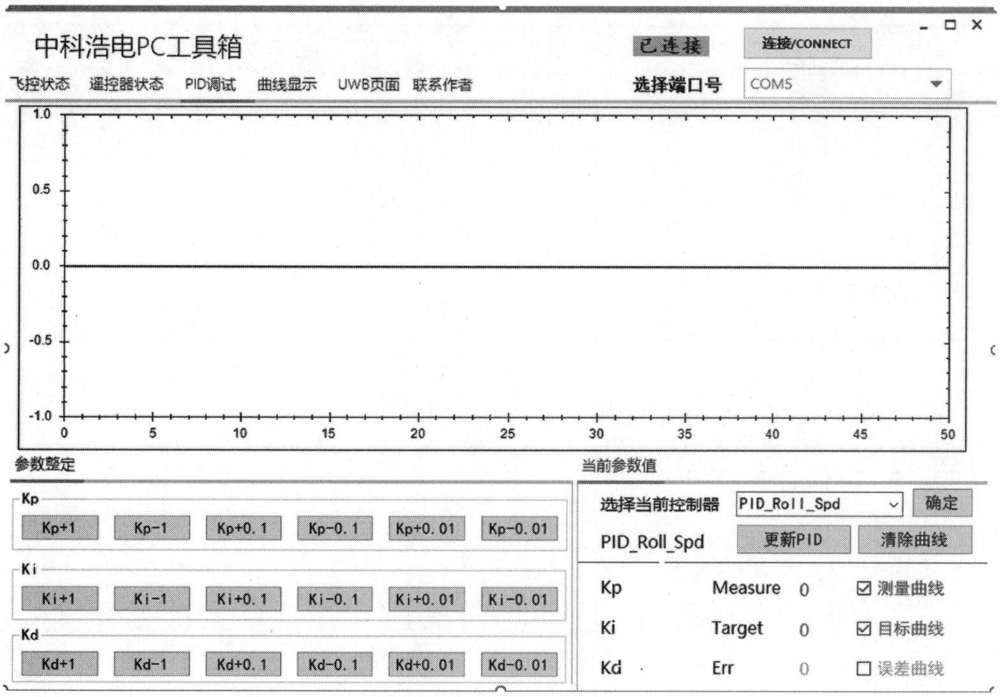

图 4-8　PID 参数调试

时，表示参数整定完成。

如果在飞控上下载飞控源码固件，则可以进行更加完整的参数整定，具体操作可以到任务 8 中查看参考视频，如图 4-9 所示。

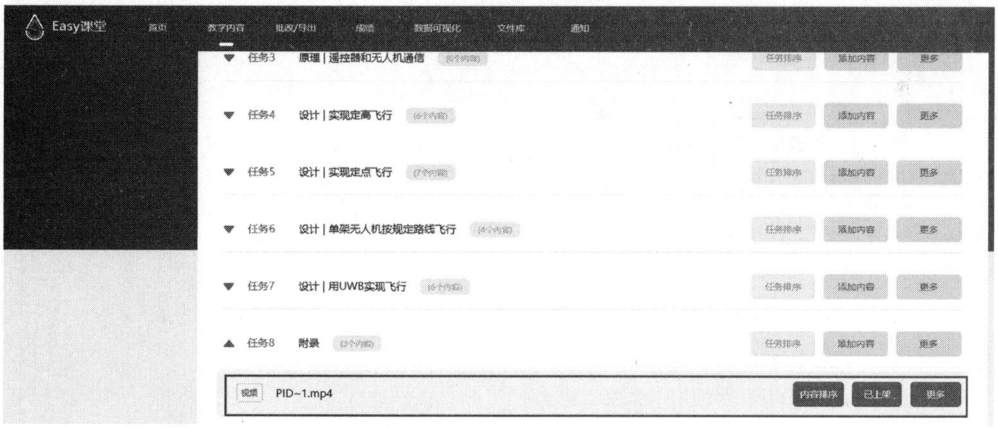

图 4-9　PID 参数整定视频

7. 记录任务实施过程

填写任务实施过程记录表（表 4-8）。

表 4-8　任务实施过程记录表

序号	任务名称	任务实施详情
1		

续表4-8

序号	任务名称	任务实施详情
2		
3		
4		
5		
6		

8. 任务评价

根据任务完成情况，填写评价表(表 4-9)。

表 4-9 任务评价表 **成绩:________**

考核内容	分值	评分标准	自评 10%	互评 10%	教师评 80%	得分
正确安装及使用工具	40	1. 安装不正确(一次减 5 分) 2. 使用工具方法不正确(一次减 5 分) 3. 工具使用损坏(一次减 10 分) 4. 元器件损坏(一次减 10 分)				
调试过程	40	1. 调试步骤不正确(一次减 5 分) 2. 参数偏差大(一次减 5 分) 3. 飞行不够稳定(一次减 10 分)				
整理	20	1. 工具未整理(每处减 5 分) 2. 元器件不整理(每处减 5 分) 3. 工作台不整洁(每处减 5 分)				

任务拓展:课后，尝试采用其他 PID 参数进行实践。

模块知识点梳理:梳理教材单元 4 模块 2 中知识点，并填入知识点梳理表(表 4-10)。

表 4-10　知识点梳理表

记录人姓名		记录时间		成绩	
知识点	学习内容			学习体会	

单元5　无人机综合控制

模块1　　定高飞行

任务1 | 气压计读取无人机高度数据

1. 任务目的

进一步巩固气压传感器的相关知识；能够用气压传感器读取无人机的高度值；培养创新精神。

2. 实验所需设备

实验所需要的设备和软件见表5-1。

表5-1　实验所需设备和软件

序号	设备或软件名称	类型	设备或软件图示
1	创课无人机平台(F150－T401PLUS)	实验箱	
2	STM32CubeMX开发工具	软件	MX
3	Keil uVision5	软件	

3. 实验所需资料

下载Easy课堂文件库中“任务4资料”“任务5资料”，并且在后续学习和训练中使用。

4. 任务分析

(1)读取气压传感器原始数据的方法。

(2)根据读取的原始数据计算无人机地面高度的方法。

(3)教师总结、点评。

5. 分组情况

请将分组情况填写到表 5-2 中。

表 5-2　学生任务分工表

班级：	组名：	组长：
本组成员：		
分工情况：		

6. 任务步骤

(1)进入 Easy 课堂,打开“任务四练习代码\任务五代码\完整版\Alt\MDK-ARM\Alt”文件,如图 5-1 所示。

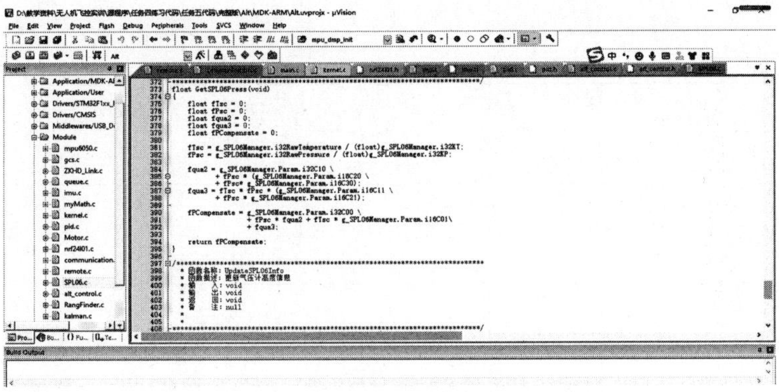

图 5-1　气压计读取高度数据程序(完整版)

(2)查看并分析代码的实现过程。

(3)点击编译、链接,生成目标代码,将代码下载到飞控。

(4)点击 Watch Windows 按钮,在窗口内的[Enter expression]处双击,输入 g_SPL06Manager 变量名称即可跟踪变量。如果已经出现了变量 g_SPL06Manager,则可以不用输入,点击变量旁边的[+]可以查看变量信息,如图 5-2 所示。

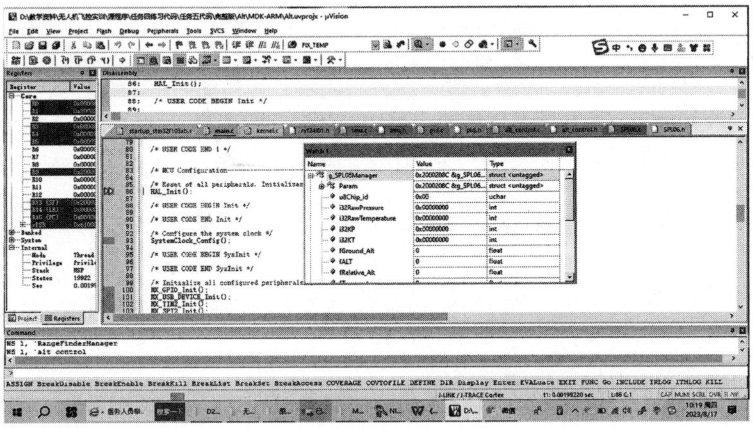

图 5-2　气压计数据 Debug 跟踪调试方法

(5)上下移动飞控,观察高度数据的变化趋势及误差。

(6)代码练习,可以在“任务四练习代码\任务五代码\删减版\Alt\MDK-ARM\Alt”中找到工程文件,在 Module 目录下找到 SPL06.c 文件的第 77 行、第 96 行、第 125 行,补全本实验的遗漏代码。

7. 记录任务实施过程

填写任务实施过程记录表(表 5-3)。

表 5-3　任务实施过程记录表

序号	任务名称	任务实施详情
1		
2		
3		
4		
5		
6		
7		
8		

8. 任务评价

根据任务完成情况,填写评价表(表 5-4)。

表 5-4　任务评价表　　成绩:________

考核内容	分值	评分标准	自评 10%	互评 10%	教师评 80%	得分
方法	40	1. 配置高度传感器的方法阐述不清(一处减 5 分) 2. 读高度传感器原始数据的方法阐述不清(一处减 5 分) 3. 不会计算高度数据(减 10 分)				
实现过程	40	1. 打开、编译、跟踪调试代码(一处不会减 5 分) 2. 编写或者解读代码(一处不会减 10 分) 3. 不能熟练使用软件(减 5 分)				

续表5-4

考核内容	分值	评分标准	自评 10%	互评 10%	教师评 80%	得分
整理	20	1. 工具未整理(每处减 5 分) 2. 元器件不整理(每处减 5 分) 3. 工作台不整洁(每处减 5 分)				

任务拓展:课后,尝试编写气压计读取数据并计算高度的程序,进一步编写气压计与 IMU 数据融合的程序,并调试。

任务2　无人机定高飞行控制及调试

1. 任务目的

掌握加速度计与气压计数据融合的方法;掌握 PID 控制器设计流程;准备好实验所需软、硬件;培养积极思考、认真探究的精神;培养主动协助团队整理设备,保持整洁的意识。

2. 实验所需设备

实验所需要的设备和软件见表 5-5。

表 5-5　实验所需设备和软件

序号	设备或软件名称	类型	设备或软件图示
1	创课无人机平台(F150-T401PLUS)	实验箱	
2	STM32CubeMX 开发工具	软件	
3	Keil uVision 5	软件	

3. 实验所需资料

任务活页。

4. 任务分析

(1)加速度计与气压计为什么要进行数据融合?讨论数据融合的方法。

(2)高度 PID 控制器主要控制哪两个物理量?探讨 PID 控制器的设计方法。

(3)教师总结、点评。

5. 分组情况

请将分组情况填写到表 5-6 中。

表 5-6 学生任务分工表

班级：	组名：	组长：
本组成员：		
分工情况：		

6. 任务步骤

（1）观看视频，了解无人机高度控制器的基本设计思路，对比与姿态控制器设计思路的区别（参考视频：飞行高度稳定；4.3 油门值与高度值的匹配）。

（2）实操代码，可以在"任务四练习代码\任务五代码\完整版\Alt\MDK-ARM\Alt"中找到工程文件 Alt. uvprojx，双击运行工程，可以看到高度控制程序，如图 5-3 所示。

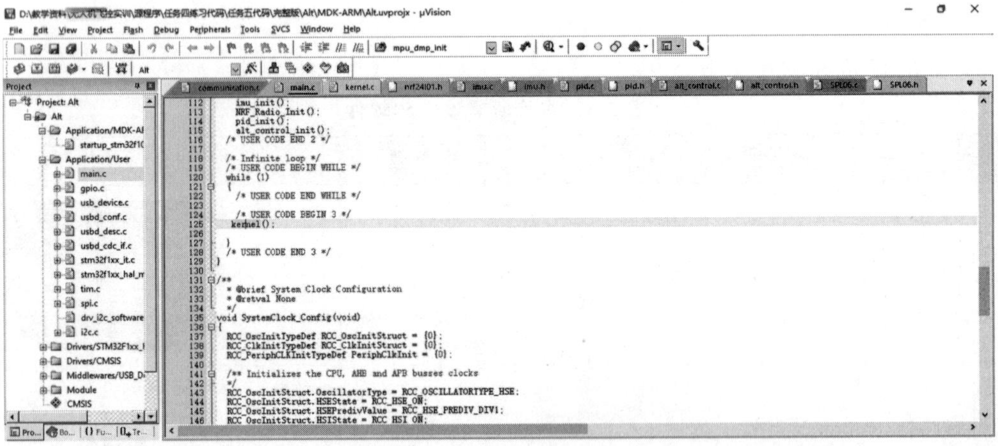

图 5-3 高度控制程序

（3）在 Module 目录下点击 alt_control. c 文件，查看参考的无人机高度控制器控制逻辑，了解无人机高度控制器的设计逻辑，如图 5-4 所示。

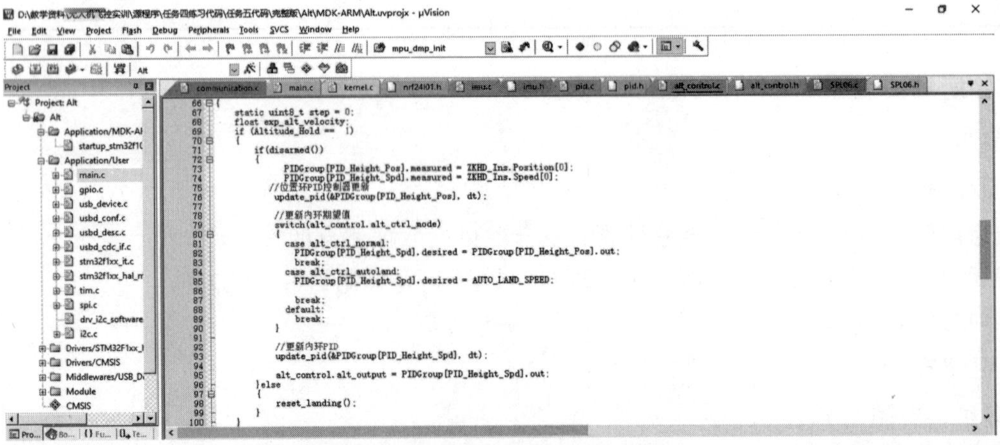

图 5-4 高度控制器的设计逻辑

(4)代码练习,可以在"任务四练习代码\任务五代码\删减版\Alt\MDK-ARM\Alt"中找到工程文件,进入工程后在 alt_control. c 文件中可以看到缺失的代码,如图 5-5 所示。尝试进行创新、变更,修改高度控制器,使其更加稳定,减少无人机在高度上的晃动,控制无人机平稳起飞。

(5)无人机的高度稳定控制器有多种实现方法,可以思考适合自己的方法,并且进行探索。

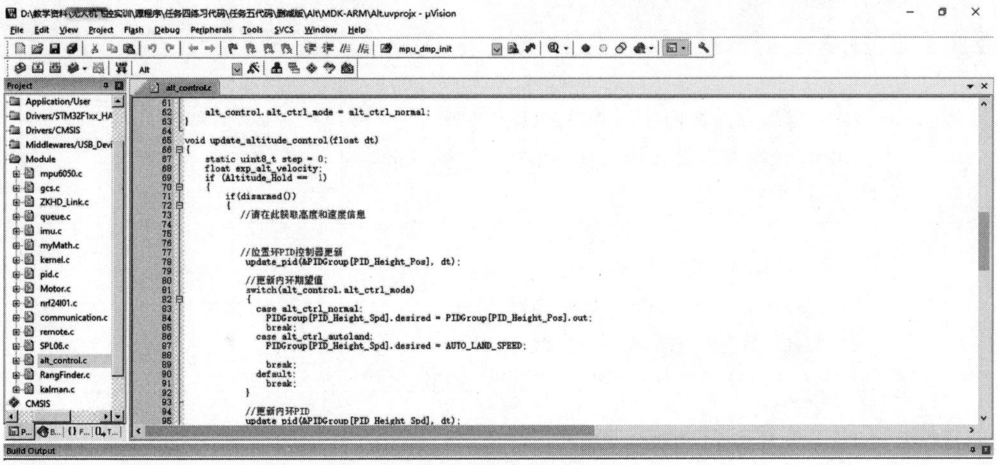

图 5-5 高度控制程序缺失代码

7. 记录任务实施过程

填写任务实施过程记录表(表 5-7)。

表 5-7 任务实施过程记录表

序号	任务名称	任务实施详情
1		
2		
3		
4		
5		
6		
7		
8		

8. 任务评价

根据任务完成情况，填写评价表(表 5-8)。

表 5-8 任务评价表　　成绩：________

考核内容	分值	评分标准	自评 10%	互评 10%	教师评 80%	得分
方法	40	1. 数据融合方法阐述不清(一处减 5 分) 2. PID 控制器设计方法阐述不清(一处减 10 分)				
实施过程	40	1. 打开，编译，跟踪调试(一处不会减 5 分) 2. 编写或者描述代码(一处不会减 10 分) 3. 飞机不能稳定在一定高度(减 10 分)				
整理	20	1. 工具未整理(每处减 5 分) 2. 元器件不整理(每处减 5 分) 3. 工作台不整洁(每处减 5 分)				

任务拓展：课后，尝试编写高度控制 PID 程序，调试各 PID 参数的值，使无人机在定高飞行上更加稳定。

模块知识点梳理：梳理教材单元 5 模块 1 中知识点，并填入知识点梳理表 5-9 中。

表 5-9 知识点梳理表

记录人姓名		记录时间		成绩	
知识点	学习内容		学习体会		

模块 2　　定点飞行

任务　光流传感器数据读取及定点飞行调试

1. 任务目的

熟练使用光流传感器，并会根据光流传感器的数据计算高度和速度；知道光流数据与 IMU 数据融合的方法；探索光流传感器旋转补偿对悬停的意义；能够设计水平控制器；培养积极创新的精神。

2. 实验所需设备

实验所需要的设备和软件见表 5-10。

表 5-10　实验所需设备和软件

序号	设备或软件名称	类型	设备或软件图示
1	创课无人机平台(F150－T401PLUS)	实验箱	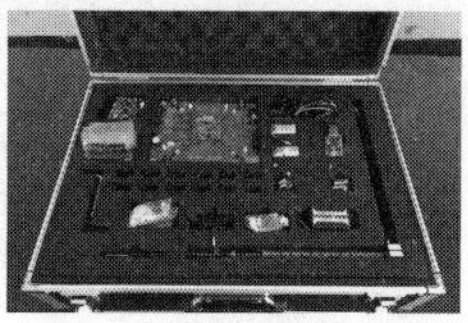
2	STM32CubeMX 开发工具	软件	
3	Keil uVision 5	软件	

3. 实验所需资料

任务活页，并下载 Easy 课堂文件库中“任务 5 资料”“任务 6 资料”，在后续的学习和训练中使用。

4. 任务分析

(1)讨论获取光流数据并计算出高度和速度的方法。

(2)探讨光流数据与 IMU 数据融合的方法。

(3)探索水平控制器的设计方法。

5. 分组情况

请将分组情况填写到表 5-11 中。

表 5-11　学生任务分工表

班级：	组名：	组长：
本组成员：		
分工情况：		

6. 任务步骤

(1)登录 Easy 课堂观看无人机定点的视频，了解无人机高度控制器的基本设计思路，对比与姿态控制器设计思路的区别。如图 5-6 所示，下载光流传感器的所有资料。

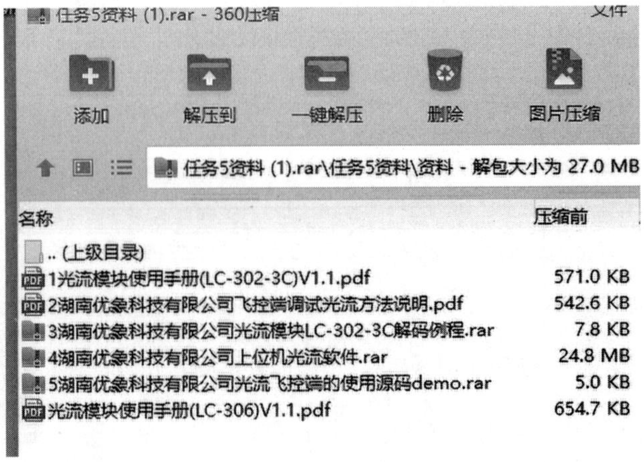

图 5-6　光流传感器资料

(2)实操代码，可以在“任务五练习代码\任务六练习代码\part3 optflow_compleate\MDK-ARM\aptflow”中查看并分析代码的实现过程，工程文件如图 5-7 所示。

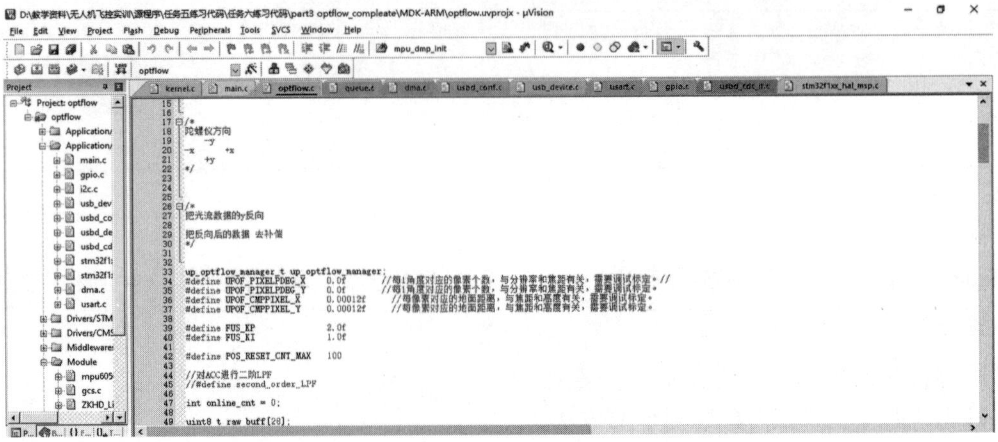

图 5-7　工程文件

(3)将光流传感器安装到飞控，安装时候注意光流的坐标。

(4)编译、链接并下载程序到飞控。

(5)点击 Debug 跟踪、调试 up_optflow_manager_t 结构体中各个数据的变化。

(6)上下移动飞控，跟踪、调试、观察结构体中各参数的变化，验证光流传感器测量的高度是否准确。

(7)打开“源程序\源码\演示\DroneSelect\F150-ST32\MDK-ARM\F150-ST32”,查看文件 Control,打开 pos_control.c 文件,如图 5-8 所示,查看 void update_position_control(float dt)函数中的代码,该代码就是 PID 控制器的设计,请详细阅读并理解,试着自行编写相关代码。

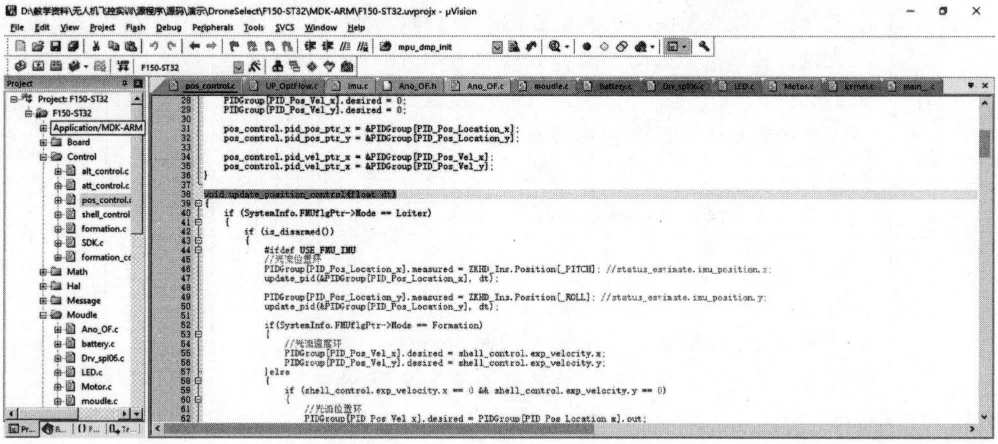

图 5-8　pos_control.c 文件

7. 记录任务实施过程

填写任务实施过程记录表(表 5-12)。

表 5-12　任务实施过程记录表

序号	任务名称	任务实施详情
1		
2		
3		
4		
5		
6		
7		
8		

8. 任务评价

根据任务完成情况,填写评价表(表 5-13)。

表 5-13 任务评价表 成绩:________

考核内容	分值	评分标准	自评 10%	互评 10%	教师评 80%	得分
方法	40	1. 光流传感器数据读取方法阐述不清(一处减 5 分) 2. 光流传感器与加速度计融合方法阐述不清(一处减 5 分) 3. 陀螺仪对光流数据旋转补偿的方法阐述不清(一处减 5 分) 4. 水平控制器设计方法阐述不清(一处减 5 分)				
实施过程	40	1. 打开、编译、链接、调试(一处不会减 5 分) 2. 编写或者解读数据融合程序(错误减 10 分) 3. 编写或者解读陀螺仪对光流数据的旋转补偿(错误减 10 分) 4. 编写或者解读水平控制器程序(错误减 10 分)				
整理	20	1. 工具未整理(每处减 5 分) 2. 元器件不整理(每处减 5 分) 3. 工作台不整洁(每处减 5 分)				

任务拓展:课后,尝试编写读取光流传感器的程序、水平控制器程序、光流与 IMU 数据融合程序。

模块知识点梳理:梳理教材单元 5 模块 2 中知识点,并填入知识点梳理表 5-14 中。

表 5-14 知识点梳理表

记录人姓名		记录时间		成绩	
知识点	学习内容			学习体会	

单元6　无人机导航与测控系统

模块1　　无人机导航基础知识

任务 | UWB 导航飞行调试

1. 任务目的

知道 UWB 导航设备的使用方法；知道导航设备基础安装方法；学会组装 UWB 系统，在无人机上获取 UWB 坐标，完成单架无人机在 UWB 环境下的飞行工作；知道无人机飞行安全知识及相关注意事项；培养主动探究的精神；具有主动和协助组员整理设备的意识，并能保持整洁。

2. 实验所需设备

实验所需要的设备和软件见表 6-1。

表 6-1　实验所需设备和软件

序号	设备或软件名称	类型	设备或软件图示
1	创课无人机平台(F150-T401PLUS)	实验箱	
2	UWB 模块：Nooploop 基站 LinkTrack S	套件	
3	Nooploop 标签 LinkTrack SS	套件	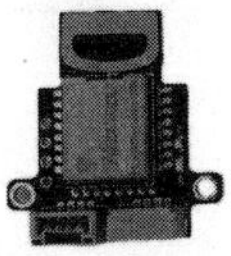
4	充电宝(含 TYPE-C 线)	套件	

续表6-1

序号	设备或软件名称	类型	设备或软件图示
5	GH1.25mm-4P,硅胶连转接线	套件	
6	基站安装支架(三脚架)	套件	

3. 实验所需资料

下载 Easy 课堂文件库中“任务 6 资料”,并且在后续学习和训练中使用。关于无人机飞控源码,直接在文件库中下载 source.rar 即可,如图 6-1 所示。

图 6-1　文件库

4. 任务分析

(1)讨论 UWB 导航有哪些特点。
(2)如何安装 UWB 导航设备?
(3)教师总结、点评。

5. 分组情况

请将分组情况填写到表 6-2 中。

表 6-2　学生任务分工表

班级:	组名:	组长:
本组成员:		
分工情况:		

6. 任务步骤

(1)观看视频并学习路线文档，了解无人机在 UWB 环境下是如何获取无人机坐标数据的。其中，文档信息可以在资料 6 中找到。

参考视频：6.1 UWB 位置数据的获取。

参考文档：LinkTrack_User_Manual_V1.1。

(2)安装 UWB 套件，将 UWB 标签通过螺丝固定在无人机侧面的 3D 打印件上，使用 UWB 的连接线连接到无人机底板上，即可完成 UWB 连接件的安装，如图 6-2 所示。

图 6-2 UWB 连接件的安装

对照“UWB 使用说明书”安装 UWB 套件，说明书位于产品包装中。

(3)将 UWB 上的位置信息通过串口连接到无人机。可以在资料里查看文档(图 6-3)，了解关于 UWB 发送数据的协议帧。使用 UWB 套件下的串口工具可以修改 UWB 的标签。

Nooploop　　Protocol Unpack|协议解析

b3 35 3c 69 99 7b 3f 00 00 00 00 00 00 00 00 5c 58 02 00 f0 1a 21 ff 67 13 82 02 56 73 d3 2b

表 11: NLink_LinkTrack_Tag_Frame0 解析表

Data	Type	Length (B)	Hex	Result
Frame Header	uint8	1	55	85
Function Mark	uint8	1	01	1
tag.id	uint8	1	00	0
reserved	*	1	...	*
{pos.x, pos.y, pos.z} * 1000	int24	9	5e 0b 00	2.91m
			e6 0e 00	3.814m
			ec fb ff	-1.044m
{vel.x, vel.y, vel.z} * 10000	int24	9	83 ff ff	-0.0125m/s
			43 01 00	0.0323m/s
			00 00 00	0m/s
{dis0, dis1, dis2, dis3, dis4, dis5, dis6, dis7} * 1000	int24	24	0d 11 00	4.365m
			7b 0a 00	2.683m
			42 02 00	0.578m
			5c 10 00	4.188m
			00 00 00	0m
			00 00 00	0m
			ff ff ff	-0.001m
			00 00 00	0m

图 6-3 相关文档截图

(4)实操代码,根据给出的源码,把无人机放到 UWB 环境下,查看无人机根据 UWB 通信协议解算出来的空间坐标信息。可以在“任务 6 资料\资料\实验代码\DroneSelect\F150-ST32\MDK-ARM”中找到工程文件,双击工程文件可以看到工程运行界面,如图 6-4 所示。

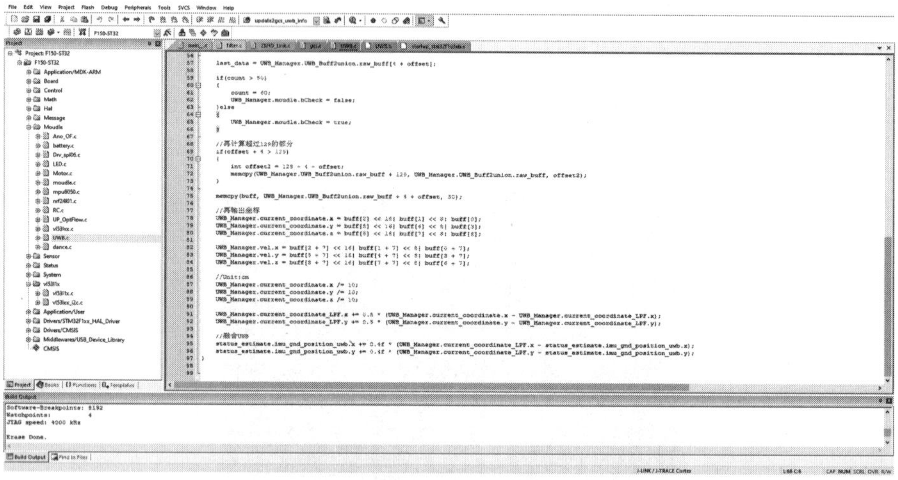

图 6-4　工程运行界面

在实操代码时,点击红色 Start/Stop Debug Session 按钮进入 Debug 状态,如果出现调试错误,请查看任务 10 常见疑问,如图 6-5 所示。

图 6-5　进入 Debug 状态

点击 Watch Windows 按钮,然后在窗口内的空白处双击,可进入变量编辑状态,输入 UWB_Manager 变量名称即可跟踪变量。如果已经出现了变量 UWB_Manager,则可以不用输入,点击变量旁边[+]可以查询变量信息,如图 6-6 所示。

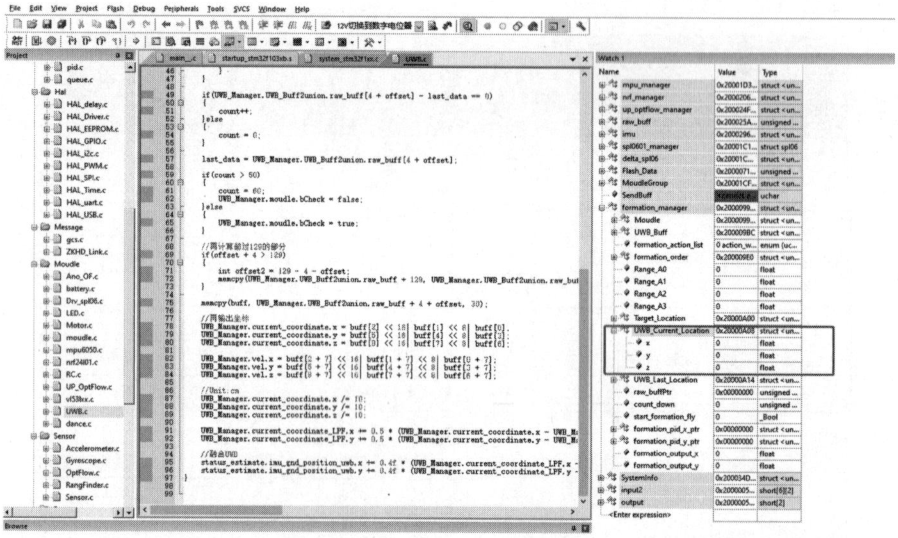

图 6-6　变量信息查询

移动无人机,观察无人机在不同位置下,变量 UWB_Manager. current_coordinate 在 X、Y、Z 方向的不同值变化情况。

(5)空间路线控制,关于空间路线控制器的设计,可以参考飞行源码内关于 formation_control. c 文件下的代码，此部分代码为空间路线控制器设计代码，如图 6-7 所示。

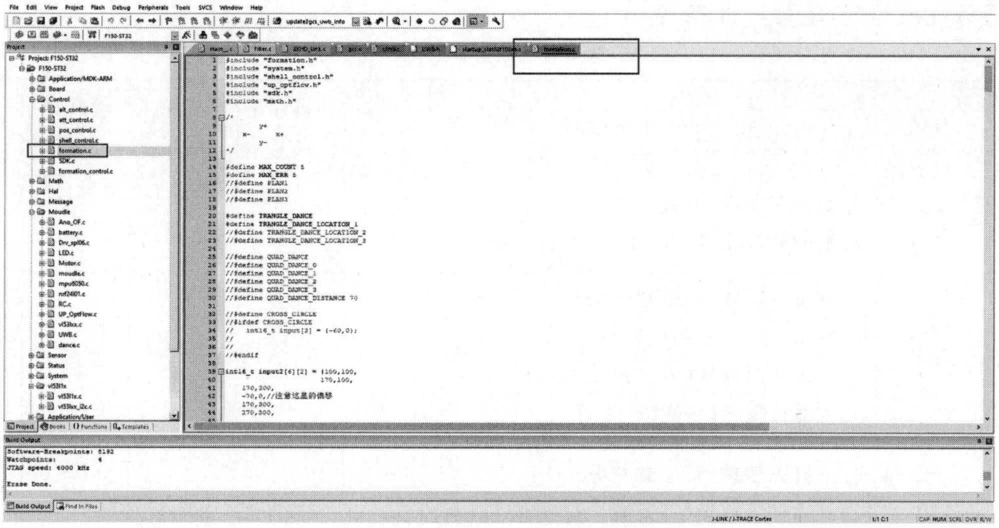

图 6-7 空间路线控制器设计代码

(6)单机路线规划，观看视频，基于在上个任务了解到的无人机位置和无人机通信内容，尝试规划一个简单的飞行路线。空间路线控制器已经准备好，可以直接在 formation_control.c 文件内规划路线。

参考视频：7.2 单机按规定路线飞行。

7. 记录任务实施过程

填写任务实施过程记录表(表 6-3)。

表 6-3 任务实施过程记录表

序号	任务名称	任务实施详情
1		
2		
3		
4		
5		
6		
7		
8		

8. 任务评价

根据任务完成情况，填写评价表(表 6-4)。

表 6-4 任务评价表　　成绩:________

考核内容	分值	评分标准	自评 10%	互评 10%	教师评 80%	得分
识别元器件	40	1. 识别不准(一个减 5 分) 2. 不能分辨元器件功能(一个减 5 分)				
正确安装及使用工具	40	1. 安装不正确(一次减 5 分) 2. 使用工具方法不正确(一次减 5 分) 3. 工具使用损坏(一次减 10 分) 4. 元器件损坏(一次减 10 分)				
整理	20	1. 工具未整理(每处减 5 分) 2. 元器件不整理(每处减 5 分) 3. 工作台不整洁(每处减 5 分)				

任务拓展:课后，查找其他导航技术飞行的案例，并尝试实践。

模块知识点梳理:梳理教材单元 6 模块 1 中知识点，并填入知识点梳理表 6-5 中。

表 6-5 知识点梳理表

记录人姓名		记录时间		成绩	
知识点	学习内容			学习体会	

模块2　无人机测控系统

任务　单机航线规划

1. 任务目的

知道地面站相关注意事项；知道地面站软件使用方法；知道航线规划方法；在地面站软件中模拟飞行；培养细心、耐心的学习精神。

2. 实验所需设备

实验所需要的设备和软件见表6-6。

表6-6　实验所需设备和软件

序号	设备或软件名称	类型	设备或软件图示
1	地面站网站链接：https://cloud.ttaviation.com	网站	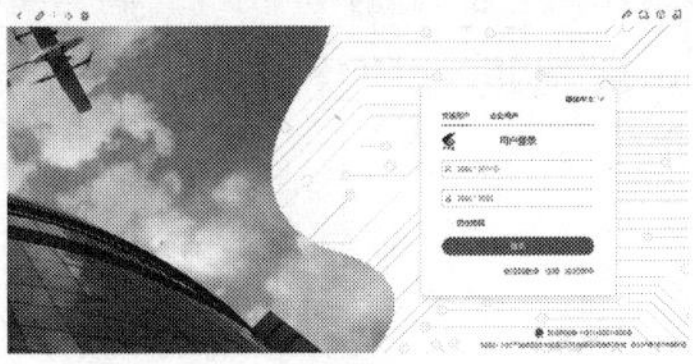
2	配套遥控器	套件	
3	其他硬件	套件	

3. 实验所需资料

地面站软件或网站。

4. 任务分析

(1)说一说地面站软件的使用方法。

(2)航线规划方法有哪些？

(3)教师总结、点评。

5. 分组情况

请将分组情况填写到表6-7中。

表 6-7　学生任务分工表

班级：	组名：	组长：
本组成员：		
分工情况：		

6. 任务步骤

(1)进入地面站,熟悉界面。

(2)规划航线。在以下 5 种航线例题中选择 1 种进行画图。

航线例题 1:如图 6-8 所示,绘制等腰三角形航线,航线要求如下。

A. 起飞点(返航点)根据现场环境等情况进行决定。按图于起飞点前规划一个等边三角形并循环执行,边长为 a,航线相对地面高度为 b,水平速度为 c,垂直速度为 d,转弯方式为停止转弯,对停留时间不作要求。

B. a 值建议为 30 m,b 值建议为 30 m,c 值建议为 3 m/s,d 值建议为 1 m/s。航线方位及各数值可按实际情况进行调整。

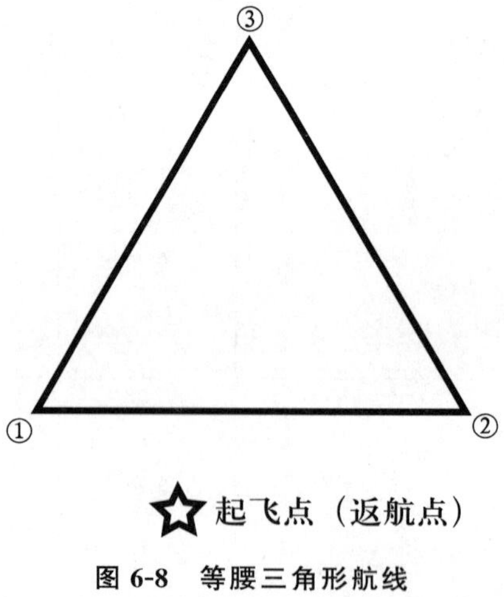

图 6-8　等腰三角形航线

航线例题 2:如图 6-9 所示,绘制等腰直角三角形航线,航线要求如下。

A. 起飞点(返航点)根据现场环境等情况进行决定。按图于起飞点前规划一个等腰直角三角形并循环执行,①②边、③①边边长为 a,∠①为直角航线,相对地面高度为 b,水平速度为 c,垂直速度为 d,转弯方式为停止转弯,对停留时间不作要求。

B. a 值建议为 30 m,b 值建议为 30 m,c 值建议为 3 m/s,d 值建议为 1 m/s。航线方位及各数值可按实际情况进行调整。

航线例题 3:如图 6-10 所示,绘制等边六边形航线,航线要求如下。

A. 起飞点(返航点)根据现场环境等情况进行决定。按图于起飞点前规划一个等边六边形并循环执行,边长为 a,①②③航点相对地面高度为 b,④⑤⑥航点相对地面高度为 c,水平速度为 d,垂直速度为 e,转弯方式为停止转弯,各点停留时间为 f。

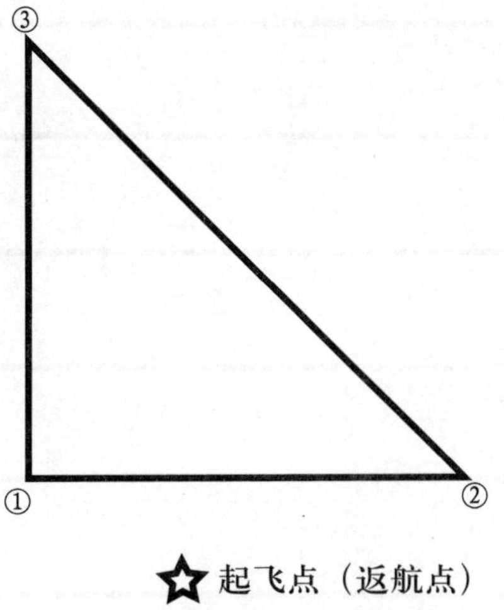

图 6-9　等腰直角三角形航线

B. a 值建议为 30 m(误差≤± 3 m)，b 值建议为 25 m，c 值建议为 30 m，d 值建议为 2 m/s，e 值建议为 1 m/s，f 值建议为 2 s。航线方位及各数值可按实际情况进行调整。

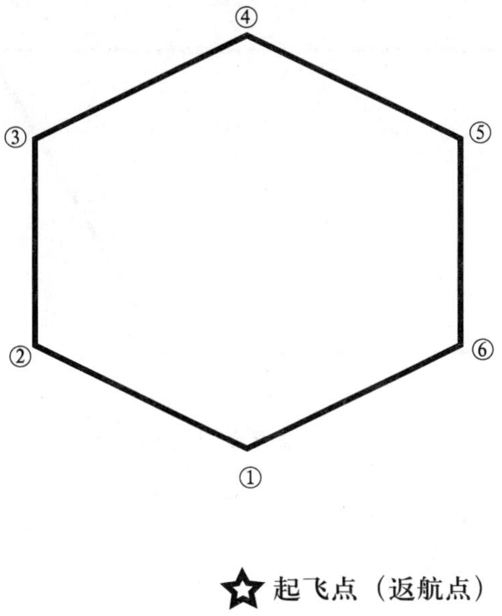

图 6-10　等边六边形航线

航线例题 4：如图 6-11 所示，绘制折线航线，航线要求如下。

A. 起飞点(返航点)根据现场环境等情况进行决定。按图于起飞点前规划折线航线，航线长度为 a，航线间隔为 b，航线相对地面高度为 c，水平速度为 d，垂直速度为 e，转弯模式为停止转弯，对停留时间不作要求。

B. a 值建议为 30 m(误差≤± 3 m)，b 值建议为 10 m(误差≤±1 m)，c 值建议为 30 m，d 值建议为 3 m/s，e 值建议为 1 m/s。航线方位及各数值可按实际情况进行调整。

航线例题 5：如图 6-12 所示，绘制梯形航线，航线要求如下。

A. 起飞点(返航点)根据现场环境等情况进行决定。按图于起飞点前规划一个梯形并循环执行，①②边、②③边边长为 a，③④边边长为 b，∠②＝∠③＝90°，航线相对地面高度为 c，水平速度为 d，垂直速度为 e，转弯模式为停止转弯，对停留时间不作要求。

B. a 值建议为 20 m，b 值建议为 30 m，c 值建议为 30 m，d 值建议为 3 m/s，e 值建议为 2 m/s。

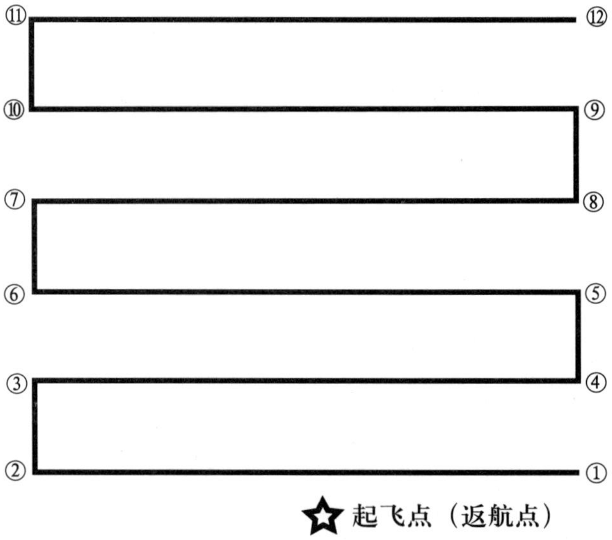

图 6-11　折线航线

航线方位及各数值可按实际情况进行调整。

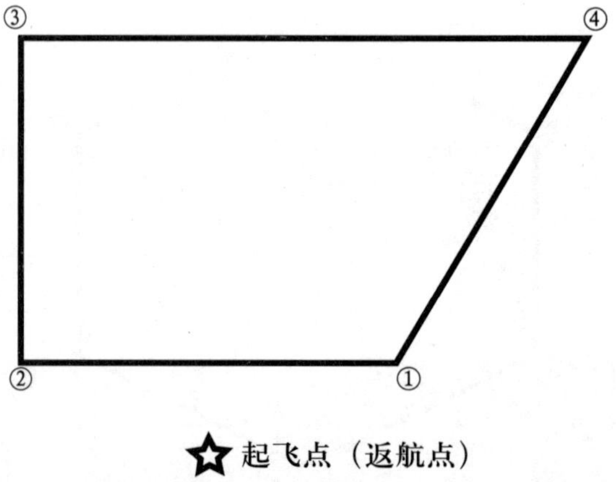

图 6-12　梯形航线

(3)室内模拟飞行及实际飞行,根据实际实验条件进行。

7. 记录任务实施过程

填写任务实施过程记录表(表 6-8)。

表 6-8　任务实施过程记录表

序号	任务名称	任务实施详情
1		
2		
3		

续表6-8

序号	任务名称	任务实施详情
4		
5		
6		
7		
8		

8. 任务评价

根据任务完成情况，填写评价表（表 6-9）。

表 6-9　任务评价表　　　**成绩：________**

考核内容	分值	评分标准	自评 10%	互评 10%	教师评 80%	得分
熟悉地面站功能	30	1. 图标功能识别不准（一个减 5 分） 2. 不能分辨元器件功能（一个减 5 分）				
使用工具绘制航线	30	1. 规划航线错误（一处减 5 分） 2. 方法错误（一次减 5 分） 3. 参数修改错误（一次减 5 分）				
模拟航线飞行	20	1. 改变航线错误（一处减 5 分） 2. 改变方向错误（一处减 5 分） 3. 参数修改错误（一处减 5 分）				
整理	20	1. 工具未整理（每处减 5 分） 2. 元器件不整理（每处减 5 分） 3. 工作台不整洁（每处减 5 分）				

任务拓展：课后，查找其他地面站规划航线方法，并尝试实践。

模块知识点梳理：梳理教材单元 6 模块 2 中知识点，并填入知识点梳理表 6-10 中。

表 6-10　知识点梳理表

记录人姓名		记录时间		成绩	
知识点	学习内容			学习体会	